U0192491

# STC 32 位 8051 单片机
# 原理与应用

丁向荣　编　著

姚永平　主　审

電子工業出版社

**Publishing House of Electronics Industry**

北京 · BEIJING

## 内 容 简 介

本书以 STC 32 位单片机产品系列中的 STC32G12K128 单片机为载体进行编写，其是以抗干扰能力强、价格低、工作速度快、功耗低为目标的 32 位 8051 单片机，在相同的工作频率下，其工作速度可达传统 8051 单片机的 70 倍。

本书基于 STC 大学推广计划实验箱（9.4）（主控单片机：STC32G12K128）介绍应用实例的开发，采用基于寄存器应用编程与基于库函数应用编程相结合、理论与实践相结合、侧重工程实践的编写思路，内容主要包括微型计算机基础、STC32G12K128 单片机应用系统的开发工具、STC32G12K128 单片机的内核、定时/计数器、中断系统、串行端口、A/D 转换模块、比较器、人机对话端口的应用设计、STC32G-SOFT WARE-LIB 函数库、SPI 端口及其应用、I²C 总线端口及其应用、高级 PWM 定时器及其应用、RTC 时钟及其应用、DMA 通道及其应用、CAN 总线及其应用、LIN 总线及其应用、USB 模块及其应用、32 位乘除单元等。

本书可作为高等学校电子信息类、通信类、自动化类、计算机应用类专业"单片机原理与应用"或"微机原理"课程的教材，也可以作为学习 STC8H8K64U 单片机后的升级教材，更是应用 STC8 单片机进行开发的工程师升级转型的理想选择。此外，本书也可作为电子设计竞赛、单片机应用工程师考证的培训教材。

**图书在版编目（CIP）数据**

STC 32 位 8051 单片机原理与应用 / 丁向荣编著. —北京：电子工业出版社，2023.5

ISBN 978-7-121-45513-1

Ⅰ. ①S… Ⅱ. ①丁… Ⅲ. ①单片微型计算机 Ⅳ. ①TP368.1

中国国家版本馆 CIP 数据核字（2023）第 075595 号

责任编辑：张 迪（zhangdi@phei.com.cn）

印　　刷：三河市良远印务有限公司
装　　订：三河市良远印务有限公司
出版发行：电子工业出版社
　　　　　北京市海淀区万寿路 173 信箱　邮编　100036
开　　本：787×1 092　1/16　印张：21.5　字数：619 千字
版　　次：2023 年 5 月第 1 版
印　　次：2023 年 5 月第 1 次印刷
定　　价：79.00 元

凡所购买电子工业出版社图书有缺损问题，请向购买书店调换。若书店售缺，请与本社发行部联系，联系及邮购电话：（010）88254888，88258888。

质量投诉请发邮件至 zlts@phei.com.cn，盗版侵权举报请发邮件至 dbqq@phei.com.cn。

本书咨询联系方式：（010）88254469，zhangdi@phei.com.cn。

# 前　言

单片机技术是现代电子系统设计、智能控制的核心技术，是高等学校应用电子、电子信息、通信、物联网、机电一体化、电气自动化、工业自动化、计算机应用等专业的必修课程。

STC 32 位单片机是 STC 在 STC8H8K64U 系列单片机基础上重点推出的 32 位 8051 单片机，在接口资源、引脚配置上，都与 STC8H8K64U 系列单片机兼容。STC8H8K64U 单片机应用程序可以轻松地升级为 STC32G12K128 单片机应用程序。本书以 STC 32 位单片机产品系列中的 STC32G12K128 单片机为教学平台。STC32G12K128 单片机采用 Keil C251 作为集成开发环境，不仅包含 128KB 的程序存储器和 12KB 的数据存储器，而且其所有的特殊功能寄存器位都可以以位寻址的方式访问，是 STC8 系列单片机学习者与应用工程师升级学习的理想单片机。

为便于学习和应用，STC 单片机的开发方——深圳国芯人工智能有限公司（简称 STC）不仅开发了基于 STC32G12K128 单片机的 STC 大学推广计划实验箱（9.4），方便学校开展实践教学，还开发了"降龙棍""屠龙刀"核心实验板，用于延伸实验、练习。上述设备都纳入了 STC 大学推广计划，为 STC 与各高等学校共建的高性能 STC 单片机实验室的标配设备。不仅如此，STC 还开发了基于 USB 通信的虚拟键盘、7 段数码管、LCD12864、OLED12864 等调试外设，一方面，方便了基于"降龙棍""屠龙刀"核心实验板的实验、实训；另一方面，也有助于 STC 单片机应用工程师在进行应用开发时进行程序调试和监控。

本书基于 STC 大学推广计划实验箱（9.4）（主控单片机：STC32G12K128）开发应用实例，采用基于寄存器应用编程与基于库函数应用编程相结合、理论与实践相结合、侧重工程实践的编写思路，第 2 章～第 9 章采用传统的基于寄存器应用编程的方式介绍相关知识，第 10 章介绍 STC32G12K128 的库函数及其应用方法，第 11 章～第 19 章采用基于库函数应用编程的方式介绍相关资源及其应用。

本书的编排力求实用性、应用性与易学性并重，以提高读者的工程设计能力与实践动手能力为目标，力求让读者熟练掌握 C 语言、STC32G12K128 单片机的开发工具（包括 Keil C251 集成开发环境、STC 在线编程软件及硬件平台等）、STC32G12K128 单片机的资源，以及应用编程。对于每种片上资源，本书都安排了工程训练环节，供教学时进行实验、实践。

为方便读者学习，本书电路图中所用电路图形符号与厂家实物标注（各厂家的标注不完全相同）一致，不进行统一处理。为了更好地帮助大家学习，随书资料包含了教学课件和课后习题答案，读者可以登录华信教育资源网（http://www.hxedu.com.cn）免费注册后进行下载。

本书是 STC 大学推广计划的指定教材，也是 STC 赞助的各种大赛、培训的推荐教材。

本书由丁向荣编著，在创作过程中，STC 在技术上给予了大力支持和帮助，尤其是得到 STC 陈锋工程师直接技术支持，STC 单片机创始人姚永平先生在全书创作过程中一直保持关注，并担任本书的主审；在此，对所有提供帮助的人表示感谢！

由于作者水平有限，书中定有疏漏和不妥之处，敬请读者不吝指正！另外，本书内容不可能面面俱到，若读者想了解更多或更详细的内容，可进一步参考相关技术手册及相应的 DEMO 程序。与本书相关的勘误或活动信息也会动态地公布于 STC 官网。如有建议，可发电子邮件到：181269315@qq.com，与作者进一步沟通与交流。

作者

2023.2 于广州

# 目　　录

# 第 1 章　微型计算机基础

**内容提要：**

本章主要介绍微型计算机必要的基础知识，包括数制与编码等，重点学习微型计算机的基本原理与工作过程，简要介绍 STC 32 位单片机产品系列及其工作特性。

## 1.1　数制与编码

数制与编码是微型计算机的基本数字逻辑，是学习微型计算机的必备知识。数制与编码的知识一般会在数字电子技术等相关课程中讲解，但由于数制与编码知识与当时课程的联系并不密切，所以在微型计算机原理或单片机的教学中，教师普遍感觉到学生这方面的知识不太扎实。因此，我们在下文将对相关知识进行梳理。

### 1.1.1　数制及其转换方法

数制就是计数的方法，通常采用进位计数制，在学习与应用微型计算机的过程中，常用的数制有二进制、十进制和十六进制。日常生活中采用的是十进制计数方法。由于微型计算机只能识别和处理数字信息，因此微型计算机硬件电路采用的是二进制计数方法。但为了更好地记忆与描述微型计算机的地址、程序及运算数字，一般采用十六进制计数方法。

#### 1. 各种数制及其表示方法

二进制、十进制、十六进制的计数规则与表示方法如表 1.1 所示。

表 1.1　二进制、十进制、十六进制的计数规则与表示方法

| 数制 | 计数规则 | 基数 | 各位的权 | 数码 | 权值展开式 | 表示方法 | |
|---|---|---|---|---|---|---|---|
| | | | | | | 后缀字符 | 下标 |
| 二进制 | 逢二进一借一当二 | 2 | $2^i$ | 0、1 | $(b_{n-1}\cdots b_1 b_0.b_{-1}\cdots b_{-m})_2 = \sum_{i=-m}^{n-1} b_i \times 2^i$ | B | $()_2$ |
| 十进制 | 逢十进一借一当十 | 10 | $10^i$ | 0、1、2、3、4、5、6、7、8、9 | $(d_{n-1}\cdots d_1 d_0.d_{-1}\cdots d_{-m})_{10} = \sum_{i=-m}^{n-1} d_i \times 10^i$ | D | $()_{10}$ |
| | | | | | | 通常默认表示 | |
| 十六进制 | 逢十六进一借一当十六 | 16 | $16^i$ | 0、1、2、3、4、5、6、7、8、9、A、B、C、D、E、F | $(h_{n-1}\cdots h_1 h_0.h_{-1}\cdots h_{-m})_{16} = \sum_{i=-m}^{n-1} h_i \times 16^i$ | H | $()_{16}$ |

**注意：** $i$ 是各进制数码在数字中的位置，$i$ 值以小数点为界，往左依次为 0，1，2，3，…，往右依次为 -1，-2，-3，…。

#### 2. 数制之间的转换

数值在任意进制之间的相互转换，其整数部分和小数部分必须分开进行。各进制数的相互转换关系如图 1.1 所示。

1）二进制数、十六进制数转换成十进制数

将二进制数、十六进制数按权值展开式展开，所得数相加，即十进制数。

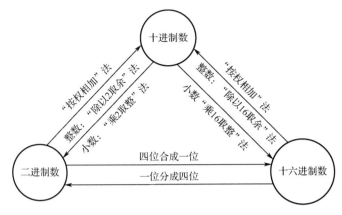

图 1.1　各进制数的相互转换关系

2）十进制数转换成二进制数

十进制数转换成二进制数要将数值分成整数部分与小数部分进行转换，整数部分和小数部分的转换方法是完全不同的。

（1）十进制数的整数部分转换成二进制数的整数部分——"除以 2 取余"法，将所得余数倒序排列，即可得到二进制数的整数部分，如下所示：

$$
\therefore (84)_{10}=(1010100)_2。
$$

（2）十进制数的小数部分转换成二进制数的小数部分——"乘 2 取整"法，将所得整数部分顺序排列，即可得到二进制数的小数部分，如下所示：

$$
\therefore (0.6875)_{10}=(0.1011)_2。
$$

将上述两部分合起来，则有：

$$
(84.6875)_{10}=(1010100.1011)_2
$$

3）二进制数与十六进制数相互转换

（1）二进制数转换成十六进制数。

以小数点为界，往左、往右每 4 位二进制数为一组，每 4 位二进制数用 1 位十六进制数表示，往左高位不够用 0 补齐，往右低位不够用 0 补齐。例如：

$$
(111101.011101)_2=(\underline{0011}\ \underline{1101}.\underline{0111}\ \underline{0100})_2=(3D.74)_{16}
$$

（2）十六进制数转换成二进制数。

先将每位十六进制用 4 位二进制数表示，再将整数部分最高位的 0 去掉，小数部分最低位的 0 去掉。例如：

$$(3C20.84)_{16}=(\underline{0011}\ \underline{1100}\ \underline{0010}\ \underline{0000}.\underline{1000}\ \underline{0100})_2=(11110000100000.100001)_2$$

### 3．数制转换工具

利用计算机附件中的计算器（科学型）可实现各数制之间的相互转换。单击任务栏中的"开始"按钮，依次单击"所有程序"→"附件"→"计算器"，即可打开"计算器"窗口，在该窗口中单击菜单栏中的"查看"菜单，选择"科学型"，此时计算器界面即科学型计算器界面，如图 1.2 所示。

转换方法：先选择被转换数制类型，并在文本框中输入要转换的数字，再选择目标转换数制类型，此时，文本框中的数字就是转换后的数字。例如，将 96 转换为十六进制数、二进制数的步骤为，先选择数制类型为十进制，再在文本框中输入 96，然后选择数制类型为十六进制，此时，文本框中看到的数字即转换后的十六进制数 60；再选择数制类型为二进制，此时，文本框中看到的数字即转换后的二进制数 1100000，如图 1.2 所示。

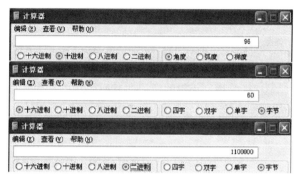

图 1.2　科学型计算器界面

### 4．二进制数的运算规则

（1）加法运算规则：

$$0+0=0,\ 0+1=1,\ 1+1=0（有进位）$$

（2）减法运算规则：

$$0-0=0,\ 1-0=1,\ 1-1=0,\ 0-1=1（有借位）$$

（3）乘法运算规则：

$$0\times0=0,\ 1\times0=1,\ 1\times1=1$$

## 1.1.2　微型计算机中数的表示方法

### 1．机器数与真值

数学中数的正和负用符号"+"和"−"表示，计算机中如何表示数的正和负呢？在计算机中，数据是存放在存储单元内的。每个存储单元是由若干二进制位组成的，其中每一数位或是 0 或是 1，而数的符号或为"+"或为"−"，因此，可用一个数位来表示数的符号。在计算机中，规定用"0"表示"+"、用"1"表示"−"。用来表示数的符号的数位被称为"符号位"（通常为最高数位），于是数的符号在计算机中就被数码化了，但从表示形式上看，符号位与数值位没有区别。

设有两个数 $x_1$，$x_2$：

$$x_1=+1011011B,\ x_2=-1011011B$$

它们在计算机中分别表示为

$$x_1=\underline{0}1011011B,\ x_2=\underline{1}1011011B$$

其中，带下画线部分为符号位，字长为 8 位。为了区分这两种形式的数，我们把机器中以数码形式表示的数称为机器数（$x_1=\underline{0}1011011B$ 及 $x_2=\underline{1}1011011B$），把原来以一般书写形式表示的数称为真值（$x_1=+1011011B$ 及 $x_2=-1011011B$）。

若一个数的所有数位均为数值位，则该数为无符号数；若一个数的最高数位为符号位，其他数位为数值位，则该数为有符号数。由此可见，同一个存储单元中存放的无符号数和有符号数所能表示的数值范围是不同的（例如，存储单元为 8 位，当它存放无符号数时，因有效的数值位为 8 位，该数的范围为 0～255；当它存放有符号数时，因有效的数值位为 7 位，该数的范围为−128～+127）。

## 2. 原码

对于一个二进制数，如果用最高数位表示该数的符号（0 表示 "+"，1 表示 "–"），其余各数位表示数值本身，则称这种表示方法为原码表示法。

若 $x=\pm x_1 x_2 \cdots x_{n-1}$，则 $[x]_{原}=\pm x_0 x_1 x_2 \cdots x_{n-1}$。其中，$x_0$ 为原机器数的符号位，它满足：

$$x_0 = \begin{cases} 0, & x \geqslant 0 \\ 1, & x < 0 \end{cases}$$

## 3. 反码

如果 $[x]_{原}=0 x_1 x_2 \cdots x_{n-1}$，则 $[x]_{反}=[x]_{原}$。

如果 $[x]_{原}=1 x_1 x_2 \cdots x_{n-1}$，则 $[x]_{反}=1 \overline{x_1}\ \overline{x_2} \cdots \overline{x_{n-1}}$。

也就是说，正数的反码与其原码相同，而负数的反码是保持原码的符号位不变，各数值位按位取反。

## 4. 补码

### 1）补码的引进

首先以日常生活中经常遇到的钟表对时为例来说明补码的概念，假定现在是北京时间 8 点整，而一只表却指向 10 点整。为了校正此表，可以采用倒拨和顺拨两种方法：倒拨就是逆时针减少 2 小时，把倒拨视为减法，相当于 10-2=8，时针指向 8；顺拨就是将时针顺时针拨 10 小时，时针同样指向 8，把顺拨视为加法，相当于 10+10=12（自动丢失）+8=8，其中自动丢失的数（12）就称为模（mod），上述加法称为"按模 12 的加法"，用数学式可表示为

$$10+10=12+8=8（\bmod 12）$$

因时针转一圈会自动丢失一个数 12，故 10-2 与 10+10 是等价的，称 10 和-2 对模 12 互补，10 是-2 对模 12 的补码。引进补码概念后，就可以将原来的减法 10-2=8 转化为加法 10+10=12（自动丢失）+8=8（mod12）了。

### 2）补码的定义

通过上面的例子不难理解计算机中负数的补码表示法。设寄存器（或存储单元）的位数为 $n$，则它能表示的无符号数最大值为 $2^n-1$，逢 $2^n$ 进 1（$2^n$ 自动丢失）。换句话说，在字长为 $n$ 的计算机中，数 $2^n$ 和 0 的表示形式一样。若机器中的数以补码表示，则数的补码以 $2^n$ 为模，即

$$[x]_{补} = 2^n + x（\bmod 2^n）$$

若 $x$ 为正数，则 $[x]_{补}=x$；若 $x$ 为负数，则 $[x]_{补} = 2^n + x = 2^n - |x|$，即负数 $x$ 的补码等于 $2^n$（模）加上其真值或减去其真值的绝对值。

在补码表示法中，0 只有一种表示形式，即 0000…0。

### 3）求补码的方法

根据上述介绍可知，正数的补码等于原码。下面介绍求负数补码的 3 种方法。

（1）根据真值求补码。

根据真值求补码就是根据定义求补码，即

$$[x]_{补} = 2^n + x = 2^n - |x|$$

负数的补码等于 $2^n$（模）加上其真值，或者等于 $2^n$（模）减去其真值的绝对值。

（2）根据反码求补码（推荐使用方法）。

$$[x]_{补}=[x]_{反}+1$$

（3）根据原码求补码。

负数的补码等于其反码加 1，这也可以理解为负数的补码等于其原码各位（除符号位外）取反并在最低位加 1。如果反码的最低位是 1，则它加 1 后就变成 0，并产生向次低位的进位。如果

反码的次低位也为 1，则它同样变成 0，并产生向其高位的进位（这相当于在传递进位）。以此类推，进位一直传递到第 1 个为 0 的位为止，于是得到这样的转换规律：从反码的最低位起直到第一个为 0 的位之前（包括第一个为 0 的位），一定是 1 变 0，第一个为 0 的位以后的位都保持不变。由于反码是由原码求得的，所以可得从原码求补码的规律为：从原码的最低位开始到第 1 个为 1 的位之间（包括此位）的各位均不变，此后各位取反，但符号位保持不变。

特别要指出的是，在计算机中凡是带符号的数一律用补码表示且符号位参加运算，其运算结果也用补码表示，若结果的符号位为"0"，则表示结果为正数，此时可以认为该结果是以原码形式表示的（正数的补码即原码）；若结果的符号位为"1"，则表示结果为负数，此时可以认为该结果是以补码形式表示的，若用原码来表示该结果，还需要对结果求补（除符号位外"取反加 1"），即

$$[[x]_{补}]_{补}=[x]_{原}$$

## 1.1.3　微型计算机中常用编码

由于微型计算机不但要处理数值计算问题，还要处理大量非数值计算问题，因此除非直接给出二进制数，否则不论是十进制数还是英文字母、汉字及某些专用符号，都必须编成二进制代码才能被计算机识别、接收、存储、传送及处理。

### 1．十进制数的编码

在微型计算机中，十进制数除了可以转换成二进制数，还可以用二进制数对其进行编码：用 4 位二进制数表示 1 位十进制数，使它既具有二进制数的形式又具有十进制数的特点。二-十进制码又称为 BCD 码（Binary-Coded Decimal），它有 8421 码、5421 码、2421 码、余 3 码等编码，其中最常用的是 8421 码。8421 码与十进制数的对应关系如表 1.2 所示，每位二进制数位都有固定的权，各数位的权从左到右分别为 $2^3$、$2^2$、$2^1$、$2^0$，即 8、4、2、1，这与自然二进制数的位权完全相同，故 8421 码又称为自然权 BCD 码。其中，1010～1111 这 6 个编码属于非法 8421 码，是不允许出现的。

表 1.2　8421 码与十进制数的对应关系

| 十进制数 | 8421 码 | 十进制数 | 8421 码 |
| --- | --- | --- | --- |
| 0 | 0000 | 5 | 0101 |
| 1 | 0001 | 6 | 0110 |
| 2 | 0010 | 7 | 0111 |
| 3 | 0011 | 8 | 1000 |
| 4 | 0100 | 9 | 1001 |

由于 BCD 码低位与高位之间是"逢十进一"，而 4 位二进制数（十六进制数）低位与高位之间是"逢十六进一"，因此在用二进制加法器进行 BCD 码运算时，如果 BCD 码运算的低位、高位的和都在 0～9 范围内，则其加法运算规则与二进制加法运算规则完全一样；如果相加后某位（BCD 码位，低 4 位或高 4 位）的和大于 9 或产生了进位，则此位应进行"加 6 调整"。在微型计算机中，通常设置了 BCD 码的调整电路，每执行一条十进制调整指令，就会自动根据二进制加法结果进行修正。由于 BCD 码低位向高位借位是"借一当十"，而 4 位二进制数（十六进制数）是"借一当十六"，因此在进行 BCD 码减法运算时，如果某位（BCD 码位）有借位，那么必须在该位进行"减 6 调整"。

### 2．字符编码

由于微型计算机需要进行非数值处理（如指令、数据、文字的输入及处理等），因此必须对英文字母、汉字及某些专用符号进行编码。微型计算机系统的字符编码多采用

拓展阅读

美国信息交换标准代码——ASCII 码（American Standard Code for Information Interchange），ASCII 码是 7 位代码，共有 128 个字符（拓展阅读），其中有 94 个字符是图形字符，可通过字符印刷或显示设备打印出来，包括数字 10 个、英文大小写字母 52 个，以及其他字符 32 个；另外 34 个字符是控

制字符，包括传输字符、格式控制字符、设备控制字符、信息分隔符和其他控制字符，这类字符不可打印、不可显示，但其编码可进行存储，在信息交换中起控制作用。其中，数字 0～9 对应的 ASCII 码为 30H～39H，英文大写字母 A～Z 对应的 ASCII 码为 41H～5AH，英文小写字母 a～z 对应的 ASCII 码为 61H～7AH，这些规律对今后码制转换的编程非常有用。

我国于 1980 年制定了国家标准 GB1988—80《信息处理交换用的七位编码字符集》，其中除用人民币符号"￥"代替美元符号"$"外，其余字符与 ASCII 码的字符相同。

## 1.2 微型计算机原理

1946 年 2 月，第一台电子数字计算机 ENIAC（Electronic Numerical Integrator and Computer）问世，这标志着计算机时代的到来。

ENIAC 是电子管计算机，体积庞大，时钟频率仅有 100kHz。与现代计算机相比，ENIAC 各方面的性能都较差，但它的问世开创了计算机科学的新纪元，对人类的生产和生活方式产生了巨大的影响。

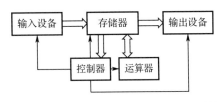

图 1.3  电子计算机的冯·诺依曼经典结构

1946 年 6 月，美籍匈牙利数学家冯·诺依曼提出了"程序存储"和"二进制运算"的思想，构建了由运算器、控制器、存储器、输入设备和输出设备组成的电子计算机的冯·诺依曼经典结构，如图 1.3 所示。

电子计算机技术的发展，相继经历了电子管计算机、晶体管计算机、集成电路计算机、大规模集成电路计算机和超大规模计算机五个时代。但是，电子计算机的结构始终没有突破冯·诺依曼提出的电子计算机的经典结构框架。

### 1.2.1  微型计算机的基本组成

1971 年 1 月，Intel 公司的德·霍夫将运算器、控制器及一些寄存器集成在一块芯片上，组成了微处理器或中央处理单元（以下简称 CPU），形成了以 CPU 为核心的总线结构框架。

微型计算机的组成框图如图 1.4 所示，其由 CPU、存储器（ROM、RAM）、输入/输出端口（I/O 端口）和连接它们的总线组成。微型计算机配上相应的 I/O 设备（如键盘、显示器等）就构成了微型计算机系统。

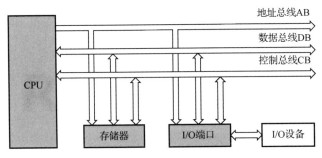

图 1.4  微型计算机的组成框图

#### 1. CPU

CPU 由运算器和控制器两部分组成，是计算机的控制核心。

（1）运算器：运算器由算术逻辑单元（ALU）、累加器（ACC）和寄存器等部分组成，主要负责数据的算术运算和逻辑运算。

（2）控制器：控制器是发布指令的"决策机构"，可协调和指挥整个计算机系统的操作。控制器由指令部件、时序部件和微操作控制部件三部分组成。其中，指令部件是一种能对指令进行分析、处理和产生控制信号的逻辑部件，是控制器的核心部件，通常由程序计数器（Program Counter，PC）、指令寄存器（Instruction Register，IR）和指令译码器（Instruction Decode，ID）三部分组成；时序部件由时钟系统和脉冲发生器组成，用于产生微操作控制部件所需的定时脉冲信号；微操作控制部件根据指令译码器判断出的指令功能形成相应的微操作控制信号，用以完成该指令所规定的功能。

### 2．存储器

通俗来讲，存储器是微型计算机的仓库，包括程序存储器和数据存储器两部分。其中，程序存储器用于存储程序和一些固定不变的常数与表格数据，一般由只读存储器（ROM）组成；数据存储器用于存储运算中的输入数据、输出数据或中间变量数据，一般由随机存取存储器（RAM）组成。

### 3．I/O 端口

微型计算机的 I/O 设备（如键盘、显示器等）有高速的也有低速的，有机电结构的也有全电子式的，由于其种类繁多且速度各异，所以它们不能直接和高速工作的 CPU 相连。I/O 端口是 CPU 与 I/O 设备连接的桥梁，它的作用相当于一个转换器，保证 CPU 与 I/O 设备协调工作。不同的 I/O 设备需要的 I/O 端口不同。

### 4．总线

CPU 与存储器和 I/O 端口是通过总线相连的，总线包括地址总线（AB）、数据总线（DB）与控制总线（CB）。

（1）地址总线：地址总线用于 CPU 寻址，地址总线的多少标志着 CPU 寻址能力的大小。若地址总线的根数为 16，则 CPU 的最大寻址能力为 $2^{16} = 64$KB。

（2）数据总线：数据总线用于 CPU 与外围元器件（如存储器、I/O 端口）交换数据，数据总线的多少标志着 CPU 一次交换数据的能力大小，决定了 CPU 的运算速度。通常所说的 CPU 的位数就是指数据总线的宽度，如 16 位机，就是指计算机的数据总线为 16 位。

（3）控制总线：控制总线用于确定 CPU 与外围元器件交换数据的类型，主要分为读和写两种类型。

## 1.2.2　指令、程序与编程语言

一个完整的计算机是由硬件和软件两部分组成的。上文所述为计算机的硬件部分，是看得见、摸得着的实体部分，但计算机硬件只有在软件的指挥下才能发挥其效能。计算机采取"存储程序"的工作方式，即事先将程序加载到计算机的存储器中，当启动运行后，计算机便自动按照程序进行工作。

指令是规定计算机完成特定任务的指令，CPU 就是根据指令指挥与控制计算机各部分进行协调工作的。程序是指令的集合，是解决某个具体任务的一组指令。在用计算机完成某项工作任务之前，人们必须事先将计算方法和步骤编制成由指令组成的程序，并预先将它以二进制代码（机器代码）的形式存放在程序存储器中。

编程语言分为机器语言、汇编语言和高级语言。

- 机器语言是用二进制代码表示的，是机器可直接识别与执行的语言。因此，用机器语言编写的程序称为目标程序。机器语言具有灵活、可直接执行和速度快的优点，但机器语言的可读性、移植性及重用性较差，编程难度较大。
- 汇编语言是用英文助记符来描述指令的，是面向机器的程序设计语言。采用汇编语言编写程序，既保持了机器语言的一致性，又增强了程序的可读性，并且降低了程序的编写难度。

但使用汇编语言编写的程序，机器不能直接识别，还要由汇编程序（又称汇编语言编译器）转换成机器指令。

- 高级语言是采用自然语言描述指令功能的，与计算机的硬件结构及指令系统无关，它有更强的表达能力，可以方便地表示数据的运算和程序的控制结构，能更好地描述各种算法，而且容易学习和掌握。但用高级语言编写的程序一般比用汇编语言编写的程序长，执行的速度也慢。高级语言并不是特指某一种具体的语言，其包括很多编程语言，如目前流行的Java、C、C++、C#、Pascal、Python、LISP、Prolog、FoxPro、VC 等，这些语言的语法、指令格式都不相同。目前，在单片机、嵌入式系统应用编程中，主要采用 C 语言编程，在具体应用中还增加了面向单片机、嵌入式系统硬件操作的程序语句，如 Keil C51（或称为C51）。

### 1.2.3 微型计算机的工作过程

微型计算机的工作过程就是程序的执行过程，计算机执行程序是一条指令一条指令执行的。执行一条指令的过程分为三个阶段，即取指令、指令译码与执行指令，执行完一条指令后，自动转向执行下一条指令。

（1）取指令：根据 PC 中的地址，在程序存储器中取出指令代码，并将其送到 IR 中。之后，PC 自动加 1，指向下一指令（或指令字节）地址。

（2）指令译码：ID 对 IR 中的指令进行译码，判断出当前指令的工作任务。

（3）执行指令：在判断出当前指令的工作任务后，控制器自动发出一系列微指令，指挥计算机协调动作，从而完成当前指令指定的工作任务。

微型计算机的工作过程示意图如图 1.5 所示，程序存储器从 0000H 地址开始存放了如下所示的指令：

```
ORG  0000H        ;伪指令，指定下列指令从0000H地址开始存放
MOV  A, #0FH      ;对应的机器代码为740FH
ADD  A, 20H       ;对应的机器代码为2520H
MOV  P1, A        ;对应的机器代码为F590H
SJMP $            ;对应的机器代码为80FEH
```

下面分析微型计算机的工作过程。

（1）将 PC 内容 0000H 送地址寄存器（MAR）。

（2）PC 值自动加 1，为获取下一个指令字节的机器代码做准备。

（3）地址寄存器中的地址经地址译码器找到程序存储器的 0000H 单元。

（4）CPU 发出读指令。

（5）CPU 将 0000H 单元内容 74H 读出，并送至数据寄存器中。

（6）将 74H 送至 IR 中。

（7）经 ID 译码，判断指令所代表的功能，操作控制器（OC）发出相应的微操作控制信号，完成指令操作。

（8）根据指令功能要求，将 PC 内容 0001H 送至地址寄存器。

（9）PC 值自动加 1，为获取下一个指令字节的机器代码做准备。

（10）地址寄存器中的地址经地址译码器找到程序存储器的 0001H 单元。

（11）CPU 发出读指令。

（12）CPU 将 0001H 单元内容 0FH 读出，并送至数据寄存器中。

（13）数据读出后根据指令功能直接送累加器（ACC），至此，完成该指令操作。

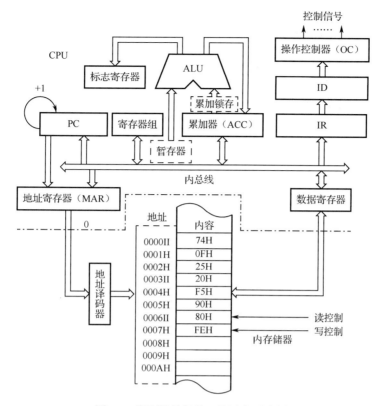

图 1.5 微型计算机的工作过程示意图

## 1.2.4 微型计算机的应用形态

微型计算机从应用形态上主要可分为系统机与单片机。

### 1. 系统机

系统机将 CPU、存储器、I/O 端口电路和总线端口组装在一块主机板（微机主板）上，再通过系统总线和多块适配卡连接键盘、显示器、打印机、硬盘驱动器及光驱等 I/O 设备。

目前人们广泛使用的计算机就是典型的系统机，它具有人机界面友好、功能强、软件资源丰富的特点，通常用于办公或家庭的事务处理及科学计算，属于通用计算机。

系统机的发展追求的是高速度、高性能。

### 2. 单片机

将 CPU、存储器、I/O 端口电路和总线端口集成在一块芯片上，即可构成单片微型计算机，简称单片机。

单片机的应用是嵌入控制系统（或设备）中的，因此属于专用计算机，也称为嵌入式计算机。单片机应用讲究的是高性能价格比，需要针对控制系统任务的规模、复杂性选择合适的单片机，因此高、中、低档单片机是并行发展的。

## 1.3 STC 32 位单片机

STC 32 位单片机是 STC 生产的以超强抗干扰/超低价/高速/低功耗为目标的 32 位 8051 单片机，它具有单时钟、电压范围宽、高速、可靠性高、功耗低、抗静电性能强、抗干扰性能强、加密功能强、不需要外部晶振和外部复位等特点，在相同的工作频率下，STC 32 位单片机的工作速度约为传统 8051 单片机的 70 倍。

### 1.3.1　STC 32 位单片机产品系列

STC 32 位单片机有 3 个系列，分别为 STC32G12K128 系列、STC32G8K64 系列和 STC32F12K60 系列，各系列单片机的资源配置如表 1.3 所示。STC32G12K128 系列包括 STC32G12K128 与 STC32G12K64 两种型号，STC32G6K64 系列包括 STC32G6K64 与 STC32G6K48 两种型号，STC32F12K60 系列包括 STC32F12K60 与 STC32F12K48 两种型号，同系列不同型号单片机的区别是程序存储空间的大小不同，其他资源特性一样。

表 1.3　STC 32 位单片机各系列的资源配置

| 系列名称 | 端口 | 异步串行端口 | 同步串行端口 | 定时器 | A/D 转换器 | 高级PWM | 比较器 | SPI | I²C | I²S | USB | CAN | LIN | RTC | DMA | 彩屏驱动 | I/O中断 | MDU32 | FPM |
|---|---|---|---|---|---|---|---|---|---|---|---|---|---|---|---|---|---|---|---|
| STC32G12K128 系列 | 60 | 2 | 2 | 5 | 15CH*12B | ● | ● | ● | ● |  | ● | 2 | ● | ● | ● | ● | ● | ● |  |
| STC32G8K64 系列 | 45 | 2 | 2 | 5 | 15CH*12B | ● | ● | ● | ● |  |  | 2 | ● | ● | ● | ● | ● | ● |  |
| STC32F12K60 系列 | 45 | 2 | 2 | 5 | 15CH*12B | ● | ● | ● | ● | ● |  | 2 | ● | ● | ● | ● | ● |  | ● |

### 1.3.2　STC 32 位单片机的内核

STC 32 位单片机拥有高速 32 位 8051 内核（1T）：6 个 8 位累加器，16 个 16 位累加器，10 个 32 位累加器，可进行单时钟 32/16/8 位数据读写、单时钟端口读写，其堆栈理论深度可达 64KB，所有的 SFR（80H～FFH）均支持位寻址，且 edata（20H～7FH）全部支持位寻址。

STC 32 位单片机的指令系统包含 268 条功能强大的指令，如 32 位加减指令、16 位乘除指令、32 位算术比较指令等，直接支持 ucOS；硬件方面，STC 32 位单片机扩充了 32 位硬件乘除单元 MDU32（可进行 32 位除以 32 位和 32 位乘以 32 位的运算）。

# 本章小结

数制与编码是计算机的基本数字逻辑，是学习计算机的必备知识。在计算机的学习与应用中，主要涉及二进制、十进制与十六进制；在单片机中，同样存在数据的正负问题，用数据位的最高位来表示数据的正负，"0" 表示正，"1" 表示负，并且用补码形式来表示有符号数。

在计算机中，编码与译码是常见的数据处理工作，最常见的编码有两种：一种是 BCD 码，一种是 ASCII 码。

冯·诺依曼提出了 "程序存储" 和 "二进制运算" 的思想，并构建了由运算器、控制器、存储器、输入设备和输出设备所组成的电子计算机的冯·诺依曼经典结构。

将运算器、控制器及各种寄存器集成在一块芯片上可组成 CPU，CPU 配上存储器、I/O 端口便构成了微型计算机，微型计算机配以 I/O 设备，即可构成微型计算机系统。

一个完整的计算机系统包括硬件与软件两部分，硬件是指看得见、摸得着的实体部分；软件是指挥计算机的指令的集合。简单来说，计算机的工作过程很简单，就是机械地按照取指令→指令译码→执行指令的顺序逐条执行指令。

单片机与系统机分属微型计算机的两个发展方向，均发展迅速，如今分别在嵌入式系统、科学计算与数据处理等领域起着至关重要的作用。

STC 32 位单片机具有高速 32 位的 8051 内核，其指令系统包含 268 条功能强大的指令，如 32 位加减指令、16 位乘除指令、32 位算术比较指令等，直接支持 ucOS。

# 思考与提高

（1）将下列十进制数转换成二进制数。

①67 ②35 ③41.75 ④100

（2）将下列二进制数转换成十进制数和十六进制数。

①10101010B ②11100110B ③0.0101B ④01111111B

（3）写出下列各数（原码）的反码和补码。

①10100110 ②11111111 ③10000000 ④01111111

（4）将下列十进制数以 8421BCD 码形式表示。

①25 ②1024 ③688 ④100

（5）将下列字符以 ASCII 码形式表示。

①STC ②Compute ③MCU ④STC32G12K128

（6）微型计算机的基本组成部分是什么？从微型计算机地址总线、数据总线看，能确认微型计算机哪几方面的性能？

（7）微型计算机的结构相比计算机的经典结构有哪些改进？

（8）简述微型计算机的工作过程。

（9）STC 32 位单片机有几个系列？各系列又有哪几种型号？同系列不同型号的单片机，其主要区别是什么？

# 第 2 章　STC32G12K128 单片机应用系统的开发工具

**内容提要：**

学习单片机就是用单片机设计电子产品（单片机应用系统）。设计过程中，不论程序多简单，都需要通过软件工具将用 C 语言或汇编语言编写的源程序转换为机器能识别的机器代码，并将其下载到单片机中运行。STC32G12K128 单片机应用系统的开发工具包括硬件平台和软件平台。

（1）硬件平台：STC 大学推广计划实验箱（9.4）、"降龙棍"核心板、"屠龙刀"核心板。

（2）软件平台：Keil C251 集成开发环境（主要用于将用 C 语言或汇编语言编写的源程序转换为机器代码）和 STC-ISP 在线编程软件（主要用于将机器代码文件下载到单片机，以及软件模拟仿真和在线仿真）。

## 2.1　Keil C251 集成开发环境

单片机应用程序的编辑、编译一般都采用 Keil 集成开发环境实现，但程序的调试有多种方法，如软件仿真调试、硬件（在线）仿真调试与 Proteus 软件模拟调试等，如图 2.1 所示。

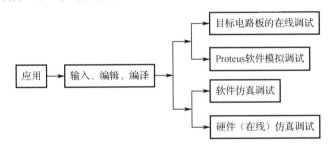

图 2.1　单片机应用程序的编辑、编译与调试流程

Keil 能够实现汇编语言源程序和 C 语言源程序的输入、编辑与编译，生成机器代码文件，还能够实现模拟调试及与目标电路板的在线调试。

### 1. 下载 Keil C251 安装程序

登录 Keil 官网，如图 2.2 所示，单击 C251 选项，按提示输入相关信息，单击"确定"按钮下载 Keil C251 安装程序。

图 2.2　C251 下载界面

## 2. 安装

（1）双击安装程序，如图 2.3 所示，在弹出"License Agreement"界面中勾选"I agree to all the terms of the preceding License Agreement"，单击"Next"按钮进入下一步。

（2）如图 2.4 所示，在弹出的"Welcome to Keil μVision"界面中单击"Next"按钮进入下一步。

图 2.3 "License Agreement"界面          图 2.4 "Welcome to Keil μVision"界面

（3）选择安装路径，默认的安装路径是 C:\Keil_v5，如图 2.5 所示，单击"Next"按钮进入下一步。

图 2.5 选择安装路径

（4）填写个人信息，如图 2.6 所示，单击"Next"按钮进入下一步。

（5）安装完成，如图2.7所示，单击"Finish"按钮结束安装。

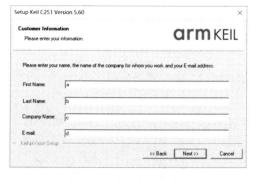 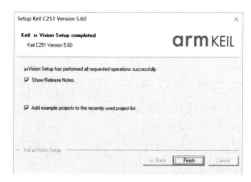

图 2.6 填写个人信息          图 2.7 安装完成

### 3. 添加型号和头文件到 Keil C251 中

使用 Keil C251 之前需要先安装 STC 单片机的型号、头文件与仿真驱动文件，安装步骤如下：

（1）打开 STC-ISP 在线编程软件（可从 STC 官方网站下载），然后在软件右边功能区的"Keil 仿真设置"界面中单击"添加型号和头文件到 Keil 中 添加 STC 仿真器驱动到 Keil 中"按钮，如图 2.8 所示。

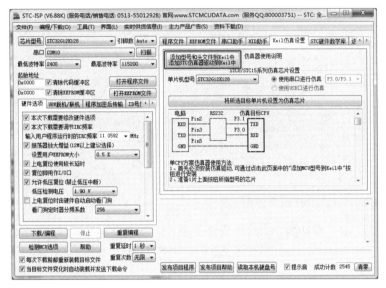

图 2.8 添加型号与头文件

（2）如图2.9所示，在弹出的界面中，将添加路径定位到Keil C251的安装目录（如C:/Keil_v5），单击"确定"按钮。

（3）安装成功后的界面如图 2.10 所示。

图 2.9 选择添加路径          图 2.10 安装成功后的界面

### 4. 应用 Keil C251 进行应用程序的输入、编辑与编译并生成机器代码

1）新建项目文件夹

在项目目标处新建一个当前项目的文件夹，用于存放当前项目的相关文件，如H:/32位8051单片机原理与应用/STC32DEMO。

2）新建项目

（1）打开Keil C251软件，单击"Project"菜单中的"New μVision Project ..."项，在弹出的界面中选择新建项目存储的目标路径，以及输入新建项目的名称，然后保存，如图2.11所示。

（2）选择目标芯片。如图 2.12 所示，在弹出的界面中单击下拉按钮，选择"STC MCU Database"，在 STC 库中选择"STC32G12K128 Series"芯片，然后单击"OK"按钮，完成"demo"项目的创建。

图 2.11　选择新建项目目标路径与设置新建项目名称

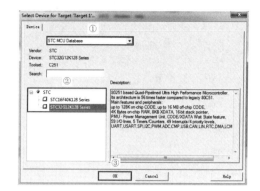

图 2.12　选择目标芯片

3）新建文件

（1）单击"File"菜单中的"New"项，弹出新建文件（Text1）界面，单击保存按钮，如图 2.13 所示。

图 2.13　新建文件

（2）输入源程序文件名与文件类型。在文件保存界面中，输入文件名与文件类型，即 demo.c，单击"保存"按钮，完成"demo.c"的创建，如图 2.14 所示。

图 2.14　设置文件名与文件类型

**注意：** 如源程序文件是 C 语言文件，后缀名为 c；如源程序文件是汇编语言文件，后缀名为 asm。

（3）输入与编辑源程序文件（demo.c），单击"保存"按钮。demo.c 清单如下：

```c
#include<stc32g.h>
#include<intrins.h>
#define uchar unsigned char
#define uint  unsigned int
uchar x=0x01;
sbit k1=P3^2;
/*--------延时函数--------*/
void delay(uint ms)
{
uint i, j;
for(j=0;j<ms;j++)
for(i=0;i<1210;i++);
}
/*--------主函数--------*/
void main(void)
{
while(1)
{
    P1=x;
    if(k1==0)
    {
        x=_crol_(x,1);
        delay(1000);
    }
    else
    {
        x=_cror_(x,1);
        delay(500);
    }
}
}
```

4）将新建文件添加到当前项目中

鼠标右键单击"Source Group 1"并选择"Add Existing Files to Group 'Source Group 1'..."，如图 2.15 所示；在弹出的界面中选择"demo"（即 demo.c），单击"Add"按钮，如图 2.16 所示，关闭添加文件界面。

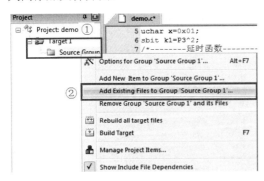

图 2.15　选择添加程序文件

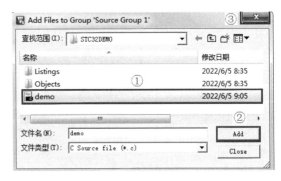

图 2.16　选择添加的程序文件

5）设置编译环境

单击工具栏中的❀按钮，打开编译环境设置界面。

（1）设置项目1：在"Target"标签页中将"CPU Mode"项设为"Source（251 native）"，如图2.17所示。

（2）设置项目2：在"Target"标签页中将"Memory Model"项设为"XSmall:near vars，far const，ptr-4"，如图2.18所示。

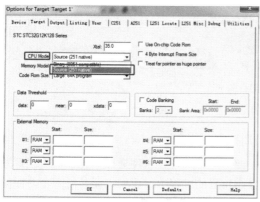

图2.17 "Target"标签页（设置项目1）　　图2.18 "Target"标签页（设置项目2）

（3）设置项目3：当程序大小不超过64KB时，在"Target"标签页中将"Code Rom Size"项设为"Large:variables in XDATA"，如图2.19所示；当程序大小超过64K字节时，在"Target"标签页中将"Code Rom Size"项设为"Huge:64K functions，16M progr"，此时需要保证单个函数及单个文件的代码大小必须在64KB以内，并且单个表格的数据量也必须在64KB以内，同时还需要设置"External Memory"，如图2.20所示。

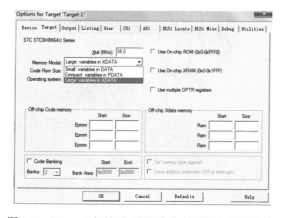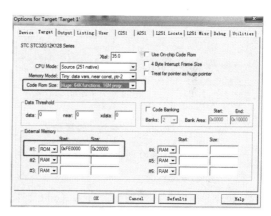

图2.19 "Target"标签页（当程序大小不超过64KB时）　图2.20 "Target"标签页（当程序大小超过64KB时）

（4）设置项目4：若程序空间超过64KB，则在"Output"标签页中必须将"HEX Format"项设为"HEX-386"，只有当程序空间不超过64KB时，此项才可设为"HEX-80"，如图2.21所示。

（5）设置项目5：编译时创建hex文件。勾选"Create HEX File"选项，如图2.21所示。

6）编译程序文件

单击🔲按钮或🔲按钮，Keil C251进入编译过程，编译完成后，界面底部输出窗口（Build Output）显示编译输出信息，如图2.22所示。如有Warning或Error信息，在窗口中，双击该信息，可以直接调转至其在程序中对应的行，以便编程者对程序进行分析与纠错，纠错后再编译，直至显示"0Error(s)"，此时才算编译成功，实际应用中，最好是"0Error(s)，0Warning(s)"。

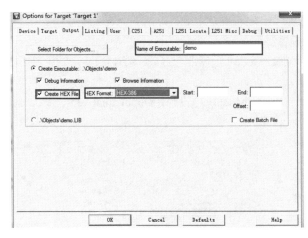

图 2.21 "Output" 标签页

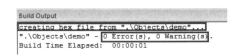

图 2.22 编译输出信息

### 5. 应用 Keil C251 模拟调试（仿真）单片机应用程序

Keil C251 不仅可编辑 C 语言源程序和汇编语言源程序，还可以软件模拟和硬件仿真的形式调试用户程序，以验证用户程序的正确性。在下文介绍仿真的过程中，我们主要学习两个方面的内容：一是程序的运行方式，二是如何查看与设置单片机内部资源的状态。

在编译环境设置界面的 "Debug" 标签页中设置仿真方式，如图 2.23 所示，系统默认设置是模拟仿真；硬件（在线）仿真需要采用 STC-USB Link1 工具，其连接方法如图 2.24 所示。

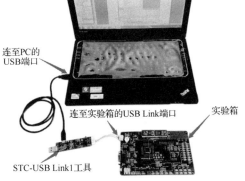

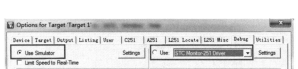

图 2.23 "Debug" 标签页（设置仿真方式）

图 2.24 硬件（在线）仿真连接示意图

在此重点介绍模拟调试（仿真），其步骤如下。

1）进入调试界面

单击工具栏中的 按钮，进入 Keil C251 的调试界面，如图 2.25 所示。

（1）调试工具按钮：从左至右依次为 Reset（复位）、Run（全速运行）、Stop（停止运行）、Step（跟踪运行）、Step Over（单步运行）、Step Out（执行跟踪并跳出当前函数）、Run to Cursor Line（执行至光标处）。单击其中任意工具按钮，系统就会执行该工具按钮对应的功能。

① （复位）：使单片机的状态恢复到初始状态。

② （全速运行）：系统从 0000H 开始运行程序，若无断点，则无障碍运行程序；若遇到断点，则程序在断点处停止，再单击此工具按钮，程序会从断点处继续运行。

**提示：断点的设置与取消**

双击需要设置断点的指令行，即可设置断点，此时在指令行的左边会出现一个红色方框；反之，双击需要取消断点的指令行，则取消该断点。断点主要用于分块调试程序，便于缩小程序故障范围。

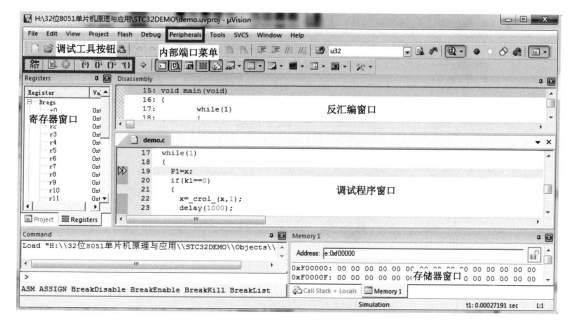

图 2.25　Keil C251 的调试界面

③ （停止运行）：从程序运行状态中退出。

④ （跟踪运行）：每单击该按钮一次，系统执行一条指令，包括子程序（或子函数）中的每一条指令。运用该工具按钮，可逐条指令进行程序调试。

⑤ （单步运行）：每单击该按钮一次，系统执行一条指令，但系统将调用子程序指令当作一整条指令执行。

⑥ （执行跟踪并跳出当前函数）：当执行跟踪操作进入了某个子程序时，单击该按钮，可从子程序中跳出，回到调用该子程序指令的下一条指令处。

⑦ （执行至光标处）：单击该按钮，程序从当前位置运行到光标处停下，其作用与断点类似。

（2）调试程序窗口：调试程序窗口中显示当前调试的源程序，在此可设置程序运行的目标处及设置断点；在跟踪运行或单步运行模式中，通过调试程序窗口可观察到每一步的运行位置。

（3）寄存器窗口：寄存器包括 R0～R14 寄存器（在软件界面上显示的为 r0～r14）、累加器 A、寄存器 B、程序状态字寄存器 PSW、数据指针寄存器 DPTR 及程序计数器 PC 等。在此窗口中可用鼠标左键双击要设置的寄存器，修改其数据。

（4）存储器窗口：存储器窗口用于显示当前程序内部数据存储器、外部（扩展）数据存储器与程序存储器的内容。在 "Address" 地址框中输入存储器类型与地址，存储器窗口即可显示与输入类型相同且起始地址为输入地址的存储单元的内容，通过移动垂直滑动条可查看其他地址单元的内容。在此可修改存储单元的内容。"c：存储器地址" 表示显示的是程序存储区相应地址的内容，"x：存储器地址" 表示显示的是扩展数据存储区（xdata）相应地址的内容，"e：存储器地址" 表示显示的是数据存储区（edata）相应地址的内容。

在显示数据的区域单击鼠标右键，可以在弹出的快捷菜单中选择修改存储器内容的显示格式或修改指定存储单元的内容。

（5）反汇编窗口：反汇编窗口同时显示机器代码程序与汇编语言源程序（或显示 C51 源程序和相应的汇编语言源程序）。

（6）内部端口菜单：通过单击此菜单上的选项可打开内部 I/O 端口的控制窗口，可用于设置内部端口的初始状态及观察程序运行过程中内部端口的当前状态，包括 Interrupt（中断）、I/O-Ports（并行 I/O 端口）、Serial（串行端口）、Timer（定时器）等内部端口的控制窗口。

2）调试用户程序

本示例程序用到 P1 口和 P3 口，P1 口用于显示流水灯信息，P3 口的 P3.2 用于改变流水灯移动的方向。选择 Peripherals→I/O-Ports→P1 菜单命令可调出 P1 口控制窗口，选择 Peripherals→I/O-Ports→P3 菜单命令可调出 P3 口控制窗口，如图 2.26 所示。每个控制窗口的主要内容分 3 行，第 1、2 行代表端口锁存器输出信息，第 3 行代表端口输入引脚信息。信息显示有 2 种形式：①为十六进制，②为二进制，"√"代表高电平，空白代表低电平。通过第 1 行可以设置端口（输出）的初始状态，通过第 3 行可以设置端口输入引脚的信息，可以在①框中输入十六进制信息，也可在②框中单击需要调整的二进制位。

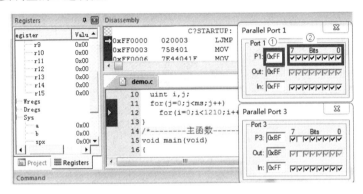

图 2.26　Keil C251 的 P1 口和 P3 口控制窗口

单击全速运行按钮，此时 P3.2 输入高电平，观察 P1 口控制窗口中"√"的移动方向和移动间隔。

单击 P3.2 的输入引脚位，让 P3.2 输入电平为低电平，观察 P1 口控制窗口中"√"的移动方向和移动间隔。

## 2.2　STC32G12K128 单片机硬件实验平台

### 2.2.1　STC 大学推广计划实验箱（9.4）

STC 大学推广计划实验箱（9.4）是基于 STC32G12K128 单片机开发的实验箱，直接通过 USB 端口下载程序，其主控单片机是高端 STC 8 位单片机 STC8G8K64U，除此以外，二者完全一致。下面介绍 STC 大学推广计划实验箱（9.4）（以下简称实验箱）中的各模块电路。

**1．STC32G12K128 单片机最小系统**

STC32G12K128 单片机与外围电路如图 2.27 所示。

**2．STC32G12K128 单片机的引脚**

实验箱中的 STC32G12K128 单片机周边引出了 64 个引脚插孔，如图 2.28 所示，如实际操作中需要，可焊上插针，使用很方便。

**3．电源控制与指示模块**

如图 2.29 所示，该模块的电源控制由开关三极管 Q2、二极管 D7、按键 SW19 及电阻（R46、R47）组成。SW19 未按下时，Q2 导通，系统通电；按住 SW19 时，Q2 截止，系统断电。LED5、R44 构成 USB 输入电源指示电路，LED6、R45 构成系统电源指示电路。

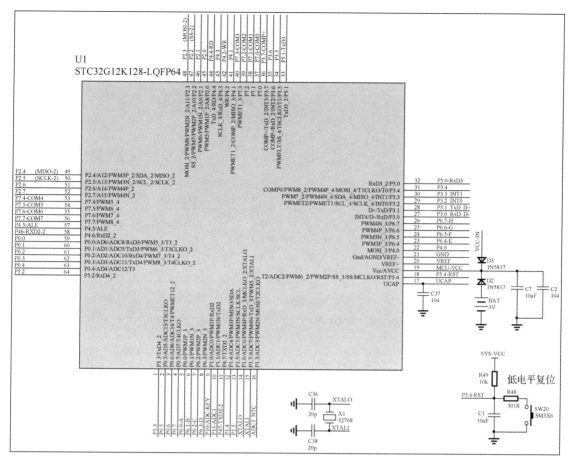

图 2.27　STC32G12K128 单片机与外围电路

图 2.28　实验箱中的 STC32G12K128 单片机

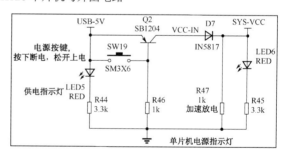

图 2.29　电源控制与指示模块

#### 4．程序下载通信模块

如图 2.30 所示，程序下载通信模块对应 2 种程序下载模式：一是 USB 端口转串行端口，由核心芯片 PL2003（U5）、电容（C16、C19、C20）、电阻（R84、R69、R88）和二极管 D5 组成；二是通过 USB 端口直接下载，USB 端口的 D+、D-分别经 R139、R140 接单片机的 D+（P3.1）、D-（P3.0）。J4、J6 分别为普通 USB 插座和迷你 USB 插座，R56 与 D1 构成稳压电路，R56 为功率电阻，其作用类似电路中的熔断器。实验箱未配置 USB 端口转串行端口程序下载电路，而是直接采用通过 USB 端口下载的方式。

#### 5．独立键盘模块

如图 2.31 所示，独立键盘模块包含 4 组按键电路：R82、SW17 将按键信号经 R10 送至 P3.2 输入，R83、SW18 将按键信号经 R11 送至 P3.3 输入，SW21、R7 与内部上拉电阻将按键信号送至 P3.4 输入，SW22、R8 与内部上拉电阻将按键信号送至 P3.5 输入。按键松开时输出高电平，按键按住时输出低电平。使用 SW21、SW22 按键时，需要编程使能 P3.4、P3.5 内部的上拉电阻。

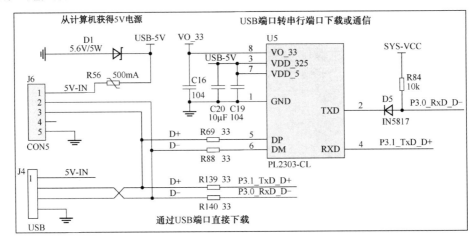

图 2.30　程序下载通信模块

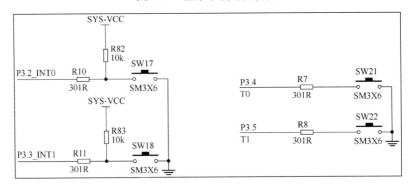

图 2.31　独立键盘模块

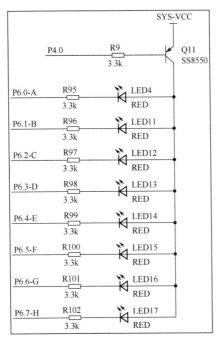

图 2.32　LED 灯显示模块

## 6. LED 灯显示模块

如图 2.32 所示，LED 灯显示模块包含 8 路 LED 显示，低电平驱动：LED4 与 R95 由 P6.0 控制；LED11 与 R96 由 P6.1 控制；LED12 与 R97 由 P6.2 控制；LED13 与 R98 由 P6.3 控制；LED14 与 R99 由 P6.4 控制；LED15 与 R100 由 P6.5 控制；LED16 与 R101 由 P6.6 控制；LED17 与 R102 由 P6.7 控制。三极管 Q11 与 R9 构成该模块电源的控制电路，由 P4.0 控制，当 P4.0 输出高电平时，该模块失电，反之，该模块得电。

## 7. LED 数码管显示模块

如图 2.33 所示，LED 数码管显示模块是通过 8 位 LED 数码管进行显示的，主要由 2 个 4 位 LED 数码管组件（U12、U13）组成，是共阳极数码管，段控制端 a～h 分别由 P6.0～P6.7 控制，每条支路中间串联 1 个限流电阻（R35～R42），位控制端接由 P7 口控制的驱动电路的输出端，P7.0 对应最右边（最低位）的数码管，P7.7 对应最左边（最高位）的数码管。

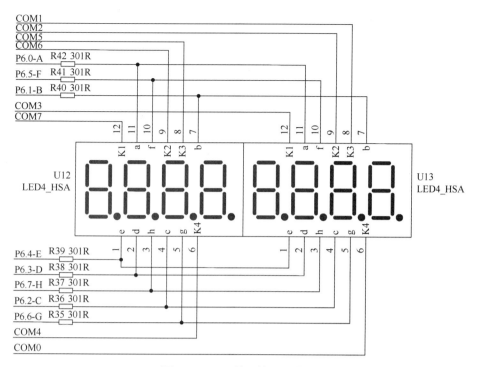

图 2.33　LED 数码管显示模块

## 8. LED 数码管位驱动模块

如图 2.34 所示，P7.0～P7.7 为驱动电路的 8 位输入端，COM0～COM7 为驱动电路的 8 位输出端，对应接 8 位数码管的位控制端。输入低电平时，对应的三极管导通，接通 LED 数码管电源，位控制端输入有效（该显示位显示）；输入高电平时，对应的三极管截止，断开 LED 数码管电源，位控制端输入无效（该显示位不显示）。

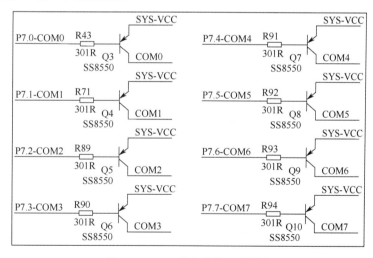

图 2.34　LED 数码管位驱动模块

## 9. 矩阵键盘模块

如图 2.35 所示，这是一个 2×4 的矩阵键盘，共 8 个按键，2 个行输入端分别接 P0.6、P0.7，4 个列输入端分别接 P0.0～P0.3。实际上，通用的标准矩阵键盘一般是 4×4 的矩阵键盘，共 16 个按键，当编程用到的按键数超过 8 个时，建议使用 ADC 键盘。

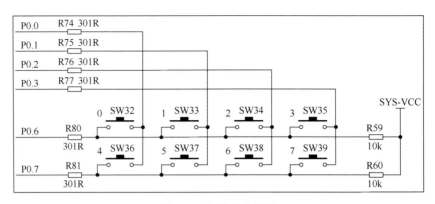

图 2.35　矩阵键盘模块

### 10．基准电压模块

如图 2.36 所示，基准电压模块主要由基准电压芯片 U8（CD431）、R16、R78、R79 和 C24组成，VREF 端为基准电压输出端，输出电压为 2.5V。

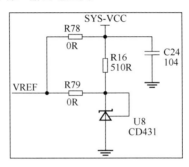

图 2.36　基准电压模块

### 11．NTC 测温模块

如图 2.37 所示，NTC 测温模块由 NTC 电阻、R6 和 C6 组成。当温度变化时，NTC 电阻的阻值发生变化，进而其承受的分压发生变化，通过测量 NTC 电阻两端的电压，可将其按一定规律转化为温度信息，NTC 电阻两端的电压信息通过 A/D 转换模块进入输入通道 3。

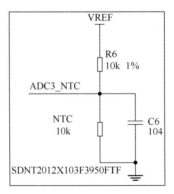

图 2.37　NTC 测温模块

### 12．串行端口 2 的 RS232 通信电路及通信指示电路

如图 2.38 所示，串行端口 2（切换 1 组引脚）的 RS232 通信电路由 RS232 转换芯片 SP3232（U4）、外围电容元件（C9、C10、C11、C29、C12、C13）、D4、R50、R51 及 J2 组成。J2 为 9针 RS232 插座，用于连接 PC 的 RS232 端口。LED9、R54 构成串行端口 2 接收端通信指示电路，LED10、R55 构成串行端口 2 发送端的通信指示电路，当然也可以用作一般的 LED 指示。

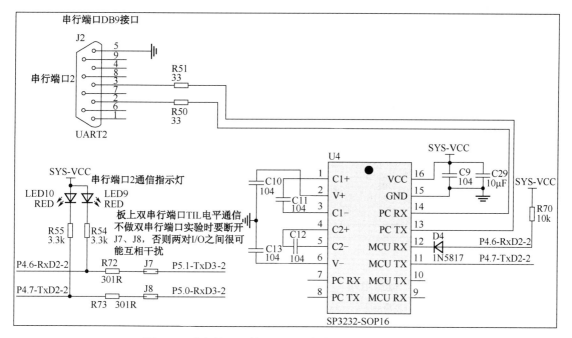

图 2.38 串行端口 2 的 RS232 通信电路与通信指示电路

### 13. 串行端口 2 与串行端口 3 的 TTL 电平通信电路

如图 2.39 所示,当 J7、J8 短路帽被短接,就构成了串行端口 2 与串行端口 3 之间的通信电路。注意,串行端口 2、串行端口 3 的发送、接收引脚都是切换 1 组对应的引脚。

### 14. 红外遥控发射与接收模块

如图 2.40 所示,红外遥控接收模块由红外接收组件(U7)、R1 和 C3 组成。接收到红外信号后,U7 的 OUT 端输出高电平,此信号通过 P3.5 输入单片机。红外遥控发送模块由红外发射管 LED1、三极管 Q1、R4、R5 和 C31 组成,当 P2.7 输出低电平时,Q1 导通,红外发射管 LED1 发射红外信号;当 P2.7 输出高电平时,Q1 截止,红外发射管 LED1 不工作。

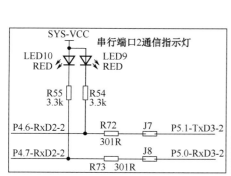

图 2.39 双串行端口 RS232 电平转换模块

图 2.40 红外遥控发射与接收模块

### 15. SPI 端口实验电路

如图 2.41 所示,U11 是 SPI 串行总线存储器(PM25LV040),U15 是 5V-3.3V 电压转换芯片(KX6211A33M5)。

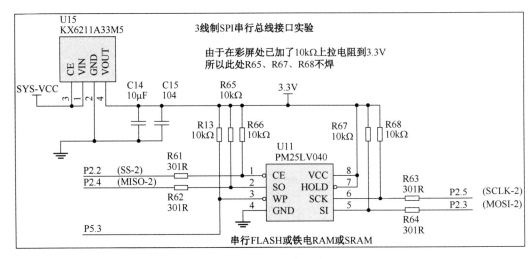

图 2.41　SPI 端口实验电路

### 16．A/D 转换（ADC）键盘电路

如图 2.42 所示，ADC 键盘电路主要由按键 SW1～SW16、电阻 R19～R34 构成。当按住不同的按键时，按键公共端输出不同的电压，经滤波电路（R17、R18、C21）送 A/D 转换模块输入通道 9（P1.0），通过 A/D 转换模块测量电压的大小来确定是哪个按键被按下。

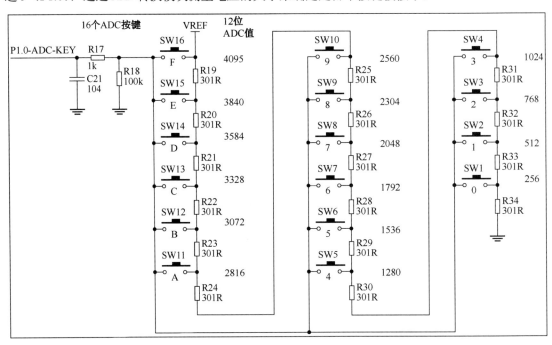

图 2.42　ADC 键盘电路

### 17．PWM 输出滤波电路（D/A 转换）

如图 2.43 所示，PWM 输出滤波电路（D/A 转换）主要由 R2、C4、R3 和 C5 构成，用于对 P2.3 输出的 PWM 信号进行滤波，实现 D/A 转换。

### 18．比较器正极输入电路

如图 2.44 所示，比较器正极输入电路主要由 R12、W1 构成，用于给比较器正极提供直流输入电压。

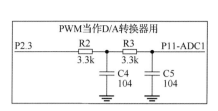

图 2.43　PWM 输出滤波电路（D/A 转换）

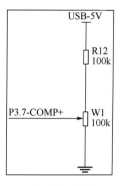

图 2.44　比较器正极输入电路

## 19．蜂鸣器电路

如图 2.45 所示，蜂鸣器电路主要由三极管 T2、蜂鸣器 BEEP1、R87、D6 和 C35 构成。当 P5.4 输出低电平时，T2 导通，蜂鸣器得电发声；当 P5.4 输出高电平时，T2 截止，蜂鸣器断电不工作。

## 20．DS18B20 模块

如图 2.46 所示为 DS18B20 模块。其中，T1 是温度测量芯片 DS18B20（单总线元器件）。

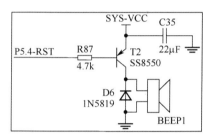

图 2.45　蜂鸣器电路

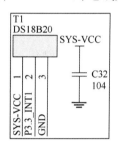

图 2.46　DS18B20 模块

## 21．LCD12864 模块

如图 2.47 所示为 LCD12864 模块。其中，W2 构成对比度调节电路，可用于引出单片机对应的引脚信号。

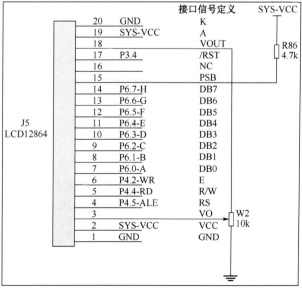

图 2.47　LCD12864 模块

### 22．TFT 彩屏的引脚插座

TFT 彩屏的引脚插座由 J1、J2、J3、J4 插座组成，用于连接 TFT 彩屏，也可用于引出单片机对应的引脚信号，其引脚定义如图 2.48 所示。

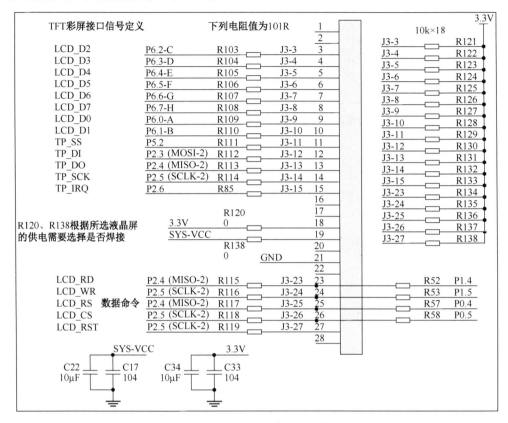

图 2.48　TFT 彩屏的引脚定义

### 23．并行扩展 32KB RAM 电路

如图 2.49 所示为并行扩展 32KB RAM 电路。其中，U9 是 32KB RAM 芯片，地址总线为 15 位，数据总线为 8 位；U10 是 8 位锁存器，当并行总线扩展片外存储器时，U10 用于锁存低 8 位地址总线数据。

### 24．$I^2C$ 电路——24C02

如图 2.50 所示为 $I^2C$ 电路——24C02。其中，U3 是用于进行 $I^2C$ 总线通信的 EEPROM 芯片，24C02 的容量是 2KB。

## 2.2.2　STC32G12K128 单片机迷你核心学习板

STC32G12K128 单片机迷你核心学习板基于 STC32G12K128 单片机开发，每个 I/O 端口都接有 LED 灯指示电路,下载程序直接采用 USB 端口通信,该学习板有 2 个版本:一是 STC32G12K128 转 STC89C52 双列直插引出（又称"降龙棍"核心板），二是 STC32G12K128 直接以 64 引脚引出（又称"屠龙刀"核心板）。

"降龙棍"核心板采用 LQFP48 封装芯片，对标 STC89C52 芯片双列直插引出 40 个引脚，包括电源通断控制电路、复位按钮、P3.2 按钮、P3.3 按钮、电源端口，以及 Type C 端口。

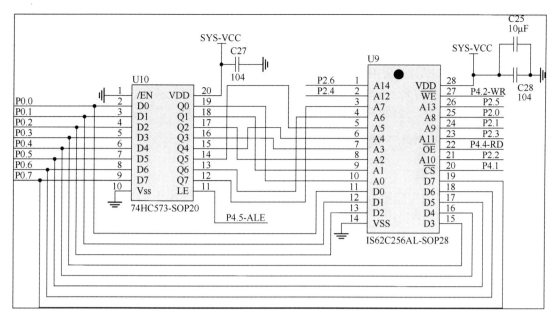

图 2.49 并行扩展 32KB RAM 电路

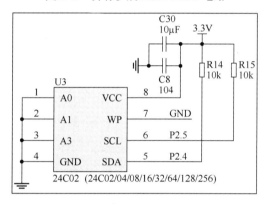

图 2.50 I$^2$C 电路——24C02

"屠龙刀"核心板采用 LQFP64 封装芯片，内置电源通断控制电路、3.3V 电源、复位按钮、P3.2 按钮、P3.3 按钮、P3.4 按钮、P3.5 按钮、测温电路、PWM 输出滤波电路（3 路）、CAN 总线收发器、LIN 总线收发器、STC-USB Link1 端口、基准电源及 Type C 端口等。

无论是"降龙棍"核心板，还是"屠龙刀"核心板，都没有数字、字符显示元器件，为此，STC 为其配置了接 7 段数码管、LCD12864、OLED12864，以及虚拟键盘等的调试端口，便于开展系统设计与程序调试，详见 18.3.1、18.3.2 小节的内容。

## 2.3 在线编程与在线仿真

### 2.3.1 在线可编程（ISP）电路

STC32G12K128 单片机有两种方式下载程序：一种是 USB 端口转串行端口，另一种是直接用 USB 端口通信。

#### 1. USB 端口转串行端口

PC 的 USB 端口与 STC32G12K128 单片机串行端口的通信线路可以采用 CH340G 转换芯片，也可以采用 PL2303-GL 转换芯片。实验箱可以采用 PL2303-GL 转换芯片（可实现在线编程与在线仿真），通信线路如图 2.30 所示，目前市面上在售的实验箱未焊接该部分电路。

**2. 直接用 USB 端口通信**

STC32G12K128 单片机采用最新的在线编程技术，除可以通过 USB 端口转串行端口进行数据传输外，还可直接利用 PC 与 STC32G12K128 单片机的 USB 端口进行通信，实验箱默认采用此方式进行通信，但采用该通信方式时，实验箱目前不支持在线仿真。

### 2.3.2 应用程序的下载与运行

**1. 应用程序的下载**

用 USB 线将 PC 与实验箱的 J4 端口相连。利用 STC-ISP 在线编程软件（以下简称 STC-ISP）可将用户程序下载到单片机中。

STC-ISP 可在 STC 官方网站下载，下载并安装后，运行程序，即可弹出如图 2.51 所示的 STC-ISP 工作界面，按如下步骤操即可完成程序的下载。

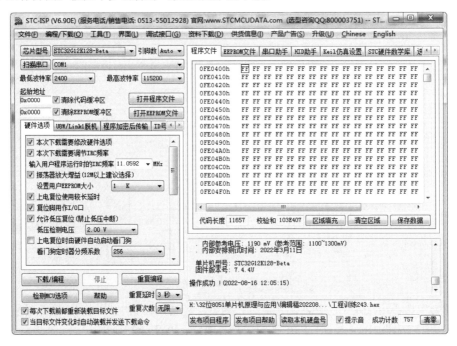

图 2.51　STC-ISP 工作界面

提示：STC-ISP 工作界面的右侧为单片机开发过程中的常用工具。

**步骤 1：** 选择单片机的型号。单片机的型号必须与实际所使用单片机的型号一致。单击"芯片型号"的下拉菜单，找到 STC32G12K128 系列并展开，选择 STC32G12K128-Beta（目前该系列只有这个型号）。

**步骤 2：** 打开文件。打开要下载到单片机中的用户程序，此类用户程序是经过编译而生成的机器代码文件，扩展名为".hex"，如"流水灯.hex"。

**步骤 3：** 设置硬件选项。一般情况下，保留默认设置即可。

提示：根据用户程序设置的时钟频率设置"输入用户程序运行时的 IRC 频率"选项。

图 2.52　建立 USB 端口通信

**步骤 4：** 按住 SW17（P3.2）按键后再按一下 SW19（ON/OFF）按键，重新给单片机上电，等待 STC-ISP "扫描串口（串行端口）"选项中出现 "STC USB Writer（HID1）"（见图 2.52）时，松开 SW17 按键。

**步骤5**：单击"下载/编程"按钮后，开始将用户程序下载到单片机中。下载完毕后，单片机自动运行用户程序。

若勾选"每次下载前都重新装载目标文件"，则当用户程序发生改变后，不需要进行步骤2。若勾选"当目标文件变化时自动装载并发送下载命令"，则当用户程序发生改变后，系统会自动侦测到该变化，并启动"装载用户程序并发送下载命令"流程。该选项只有设置了自动不停电下载时才可勾选，详见2.4.2小节相关内容。

**2．用户程序的在线调试**

本书所述的用户程序是在实验箱中进行调试的，当完成用户程序下载步骤后，实验箱中的单片机将自动运行用户程序。

### 2.3.3　STC-ISP 的其他功能

STC-ISP 除能给目标单片机下载用户程序外，还有许多其他强大的功能，简单说明如下。

（1）Keil C251 集成开发环境的设置：一是添加 STC 系列单片机机型、STC 系列单片机头文件，以及 STC 仿真器；二是生成仿真芯片。

（2）串行端口助手：STC-ISP 可作为计算机 RS232 串行端口的控制终端，控制计算机 RS232 串行端口发送与接收数据。

（3）HID 助手：STC-ISP 可作为 PC 的 USB 控制终端，控制 USB 端口发送与接收数据，而且 STC-ISP 还内嵌了用于 USB 端口通信的 8 位 LED 数码管显示器。

（4）波特率计算器：STC-ISP 可用于自动生成 STC 各系列、型号单片机串行端口应用编程时所需波特率的设置。

（5）软件延时计算器：STC-ISP 可用于自动生成软件延时程序。

（6）定时器计算器：STC-ISP 可用于自动生成定时器初始化设置程序。

（7）指令表：STC-ISP 可提供 STC 单片机的指令系统，包括汇编符号、机器代码、运行时间等。

（8）示例程序：STC-ISP 含有 STC 各系列、型号单片机的应用示例程序。

（9）STC 硬件数学库：STC-ISP 含有用于 STC 各系列、型号单片机的 16 位、32 位乘除法运算及浮点运算的数学函数。

（10）封装引脚：STC-ISP 含有 STC 各系列、型号单片机的引脚图。

（11）选型：使用者可根据需求，通过 STC-ISP 查询 STC 单片机的型号与申请样片。

（12）复位到 ISP 监控程序区：收到用户命令后，STC-ISP 可实现在线不停电下载用户程序（通过串行端口模式或 USB 模式）。

除上述功能外，STC-ISP 还包含程序文件显示、EEPROM 文件显示、U8W/Link1 脱机下载、程序加密传输、ID 号加密、下载口令设置、RS485 控制、MCU 检测、项目程序发布、本机硬盘号读取等功能。

## 2.4　工程训练

### 2.4.1　Keil C251 集成开发环境的应用

**1．工程训练目标**

（1）学会在 Keil C251 集成开发环境（以下简称 Keil C251）中配置 STC 单片机的开发环境。

（2）学会通过 Keil C251 输入、编辑与编译单片机应用程序，生成单片机应用程序的机器代码文件。

（3）学会通过 Keil C251 模拟调试单片机应用程序。

### 2. 关联知识

2.1 节相关内容。

### 3. 任务概述

1）任务目标与电路设计

任务目标：实现流水灯控制。当开关合上时，流水灯左移；当开关断开时，流水灯右移。左移时间间隔为 1s，右移时间间隔为 0.5s。

电路设计：从 P3.2 引脚输入开关信号，开关断开时输入高电平，开关合上时输入低电平；P1 口输出信号控制 8 只 LED，输出高电平时 LED 亮。

2）参考源程序

参考源程序见 2.1 节中的 demo.c。

### 4. 任务实施

（1）下载与安装 Keil C251。

（2）给 Keil C251 添加单片机型号、单片机头文件与仿真驱动。

（3）新建项目文件夹 project241。

（4）应用 Keil C251 输入、编辑与编译用户程序，生成用户程序的机器代码。

①新建名为 project241.uvprojx 的项目，存储类型按默认设置即可。

②新建程序文件，内容见 2.1 节中的 demo.c，名称改为"project241.c"。

**注意**：保存时应注意选择文件类型，若编辑的是汇编语言程序，以.ASM 为扩展名保存；若编辑的是 C51 程序，以.c 为扩展名保存。

③将 project241.c 添加到当前项目中。

④设置编译环境。

a.CPU Mode：Source(251 native)。

b.Memory Model：XSmall。

c.Code Rom Size：Large。

d.HEX format：HEX-386。

e.勾选"Create HEX File"选项。

⑤进行编译与连接，生成机器代码文件。

⑥查看当前项目文件夹中是否有 project241.hex 文件。

（5）调试用户程序。

①从编辑、编译界面切换到调试界面。

②调出 P1 与 P3 控制窗口。

③单击全速运行按钮，观察 P1 端口中"√"（高电平）的移动方向与移动时间间隔。

④设置 P3.2 输入为低电平（去掉 P3.2 位的"√"），观察 P1 端口中"√"（高电平）的移动方向与移动时间间隔。

### 5. 训练拓展

（1）单步调试用户程序。

（2）跟踪调试用户程序。

（3）设置断点，利用断点调试用户程序。

## 2.4.2　STC32G12K128 单片机的在线编程与在线调试

### 1．工程训练目标

（1）学习利用 STC-ISP 向 STC 单片机下载用户程序。

（2）利用 Keil μVision4 集成开发环境与实验箱进行 STC 单片机的在线仿真。

### 2．关联知识

2.1 节、2.2 节和 2.3 节相关内容。

### 3．任务概述

1）任务目标与电路设计

任务目标：实现流水灯控制。当开关合上时，流水灯左移；当开关断开时，流水灯右移。左移间隔时间为 1s，右移时间间隔为 0.5s。

电路设计：从 P3.3 引脚输入开关信号，开关断开时输入高电平，开关合上时输入低电平；从 P6 输出信号控制 8 只 LED 灯，输出低电平时 LED 灯亮；用 P4.0 选通控制 LED 灯的电源，P4.0 为高电平时切断电源，P4.0 为低电平时接通电源。

2）软件设计

（1）程序说明。一是由于单片机复位后除 P3.0、P3.1 外的 I/O 端口都处于高阻状态，在使用 I/O 功能前，必须将 I/O 端口的工作模式设置为准双向端口或其他需要的工作模式；二是根据 CPU 时钟频率的不同，需要设置访问程序存储器与扩展 RAM 的等待时间。为此，为了方便编程，统一设计一个初始化程序文件，即 sys_inti.c，初始化函数为 sys_inti，在主程序文件中，用包含语句将 sys_inti.c 包含进来，在主函数中调用 sys_inti 即可。

（2）sys_inti.c 中程序如下：

```
void sys_inti(void)
{
    P0M1=0;P0M0=0; P1M1=0;P1M0=0;    P2M1=0;P2M0=0;  P3M1=0;P3M0=0;
    P4M1=0;P4M0=0; P5M1=0;P5M0=0;    P6M1=0;P6M0=0;  P7M1=0;P7M0=0;
    //将所有 I/O 端口设置为准双向端口工作模式
    EAXFR = 1;     //允许访问扩展特殊功能寄存器
    WTST = 0;      //设置延时参数，赋值为 0 可将 CPU 执行指令的速度设置为最快
    CKCON=0;       //设置访问 xdata 的速度最快
}
```

（3）project242.c 中程序如下：

```
#include<stc32g.h>
#include<intrins.h>
typedef unsigned char   u8;
typedef unsigned int    u16;
typedef unsigned long   u32;
#define MAIN_Fosc   24000000UL   //设置主时钟频率，下载时按此频率设置
#include "sys_inti.c"
sbit SW18=P3^3;
u8 x=0xfe;
/*---软件延时函数（tms）---*/
void delay_ms(u16 t)
{
    u16  i;
    do{
        i = MAIN_Fosc / 6000;
        while(--i);
```

```
        }while(--t);
}
/*-------------主函数---------------*/
void main(void)
{
    SYS_inti();
    P40 = 0;//使能 LED 指示灯电源
    while(1)
    {
      P6=x;
      if(SW18==0)
      {
          x=_crol_(x, 1);
        delay_ms(1000);
      }
      else
      {
        x=_cror_(x, 1);
        delay_ms(500);
      }
    }
}
```

#### 4．任务实施

（1）新建项目文件夹 project242。

（2）利用 Keil C251 创建项目 project242.uvproj。

（3）新建 sys_inti.c 系统初始化文件。

（4）新建 project242.c 用户程序，将 project242.c 添加到当前项目中，设置编译环境，生成机器代码文件 project242.hex。

（5）应用 STC-ISP，向实验箱中的单片机下载用户程序的机器代码文件 project242.hex。

①用双公头 USB 线连接 PC 与实验箱。

②打开 STC-ISP。

③选择目标单片机的型号。

④选择要下载的程序文件 project242.hex。

⑤选择单片机程序运行的时钟频率（24MHz）。

⑥建立 PC 与单片机之间的 USB 通信。按住 SW17(P3.2)按键，按一下 SW19（电源开关）按键，当观察到扫描串行端口窗口出现 "STC USB Writer(HID1)" 信息时，松开 SW17 按键，完成 PC 与单片机之间的 USB 通信的建立。

⑦单击 "下载/编程" 按钮，启动用户程序的下载，程序下载完成后自动运行。

（6）在线调试用户程序。

①直接观察。默认时，SW18 输出的是高电平，观察流水灯（P6 控制的 LED 灯）的运行情况，这时流水灯应该右移，间隔时间约 500ms。

②按住 SW18 按键，SW18 输出的是低电平，观察流水灯（P6 控制的 LED 灯）的运行情况，这时流水灯应该左移，间隔时间约 1000ms。

### 2.4.3　STC32G12K128 单片机的不停电程序下载

#### 1．工程训练目标

学会在用户程序开发中实现用户程序不停电下载。

## 2．关联知识

使用 STC-USB 通信，使用 USB 库函数包 COMM，相应的 USB 库函数和头文件在此文件夹中。

## 3．任务概述

1）任务目标与电路设计

电路设计同 2.4.2 小节，在 2.4.2 小节任务目标的基础上，实现不停电下载程序。

2）C 语言程序

本任务的程序可直接在 project242.c 的基础上修改（加粗部分）而成。

（1）预编译部分：

```
#include <STC32G.h>
#include "../comm/usb.h"              //增加：USB 调试及复位所需头文件
#include<intrins.h>
//typedef    unsigned char    u8;      //注销，因与 usb.h 中有冲突
//typedef    unsigned int          u16;
//typedef    unsigned long         u32;
......
//USB 调试及复位所需定义
char *USER_DEVICEDESC = NULL;
char *USER_PRODUCTDESC = NULL;
char *USER_STCISPCMD = "@STCISP#";   //设置自动复位到 ISP 区的用户端口命令
```

（2）主函数部分：

```
sys_inti();
//USB 调试及复位所需代码
P3M0 &= ~0x03;
P3M1 |= 0x03;
IRC48MCR = 0x80;
while (!(IRC48MCR & 0x01));
usb_init();
EUSB = 1;    //IE2 相关的中断位操作使能后，需要重新设置 EUSB
EA = 1;      //打开总中断
P40 = 0;     //使能 LED 指示灯电源
```

## 4．任务实施

（1）新建项目文件夹 project243。

（2）将 USB 库函数包（COMM 文件夹）复制到 project243 文件夹所在的目录（文件夹）中。

（3）将 project242 中的 sys_inti.c 与 project242.c 两个文件复制到 project243 文件夹中，并将 project242.c 重命名为 project243.c。

（4）利用 Keil C251 新建项目 project243，并存储在 project243 文件夹中。

（5）将 project243.c 文件添加到当前项目中，将 COMM 文件夹中的 stc_usb_hid_32g 库文件添加到当前项目中。

（6）打开 project243.c 文件，参考上述程序说明添加 USB 调试代码。

（7）设置编译环境，编译、生成机器代码文件 project243.hex。

（8）利用普通 USB 下载程序方法将 project243.hex 文件下载到实验箱的单片机中，并调试。

（9）设置 USB 自定义下载功能。在 STC-ISP 界面的左边中部，选择"收到用户命令后复位到 ISP 监控程序区"选项，并设置相关参数与勾选相关选项，如图 2.53 所示。设置完毕后，当下载程序代码变化时，系统将自动启动自定义下载，实现不停电下载，这将大大提高工作效率。

图 2.53　自定义下载设置（不停电下载）

## 2.4.4　STC32G12K128 单片机 SWD 端口的在线仿真

### 1．工程训练目标

学会用 STC-USB Link1 对 STC32G12K128 单片机进行在线仿真。

### 2．关联知识

STC-USB Link1 的工具外观与引脚如图 2.54 所示。

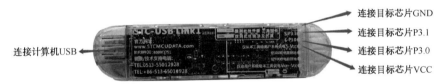

图 2.54　STC-USB Link1 工具的外观与引脚

### 3．任务概述

1）任务目标与电路设计

电路设计同 2.4.2 小节，在 2.4.2 小节任务目标的基础上，实现在线仿真。

2）硬件连接

硬件连接如图 2.55 所示。

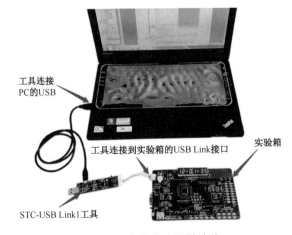

图 2.55　在线仿真硬件连线

3）C 语言程序

C 语言程序同 2.4.2 小节。

**4．任务实施**

（1）将 STC-USB Link1 工具连接到 PC 后，STC-ISP 会立即识别并在界面中显示 "STC-USB Link1 (LNK1)"，如图 2.56 所示。实验箱中的 J9 用短路帽短接。

**注意：** 实验箱电源应接 SWD 仿真器的 VCC。

（2）制作仿真芯片，如图 2.57 所示。

①运行 STC-ISP，进入 "Keil 仿真设置" 标签页。

②选择 "单片机型号" 为 "STC32G12K128-Beta"。

③选择 "使用 SWD 口进行仿真 P3.0/P3.1"。

④单击 "将所选目标单片机设置为仿真芯片" 按钮，下载完成后，芯片就具有仿真功能了。

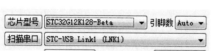

图 2.56　STC-ISP 识别到 STC-USB Link1 工具后的界面　　　　图 2.57　制作仿真芯片

（3）运行 Keil C251，打开 project242 项目。

（4）进入设置编译环境界面，按图 2.58、图 2.59 所示步骤进行 SWD 的仿真设置。

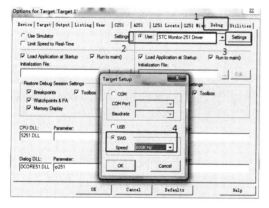

图 2.58　SWD 的仿真设置（1）　　　　　图 2.59　SWD 的仿真设置（2）

（5）进入仿真界面，在 "Command" 信息框中将显示仿真版本号等信息，如图 2.60 所示。

图 2.60　仿真版本号等信息

（6）进行在线仿真，可同时在 Keil C251 和实验箱中观察仿真结果。

①全速运行调试。

②单步运行调试。

③断点调试。

# 本章小结

　　程序的编辑、编译与下载是单片机应用系统开发过程中不可或缺的工作流程。借助 STC 系列单片机的 ISP 在线下载功能，单片机应用系统的开发变得更加简单了。在硬件方面，只要在单片机应用系统中嵌入 PC 与单片机的串行端口通信电路（又称 ISP 下载电路）即可。在软件方面，一是需要用于编辑、编译用户程序（汇编语言或 C 语言）的开发工具（如 Keil C251）；二是需要用户下载软件。单片机应用系统的开发工具非常简单，价格也不高。因此，我们可以利用实际的单片机应用系统开发环境来学习单片机，这相当于每人都拥有一个自己的单片机实验室。

　　Keil C251 不仅具备程序编辑、编译功能，还具备程序调试功能，可对单片机的内部资源（存储器、并行 I/O 端口、定时/计数器、中断系统与串行端口等）进行仿真，可采用全速运行、单步运行、跟踪运行、运行到光标处或设置断点等程序运行模式来调试用户程序，与 STC 仿真器配合可实现硬件在线仿真。

　　STC-ISP 的核心功能是为 STC 系列单片机下载用户程序，除此之外，该软件还具有串行端口助手、软件延时计算、定时器计算、波特率计算、脱机下载、STC 单片机选型与展示 STC 单片机示例程序等功能。

# 思考与提高

## 一、填空题

　　（1）实验箱中在线编程（下载程序）电路采用的 USB 转串行端口的芯片是_____。

　　（2）在 Keil C251 中，既可以编辑、编译 C 语言程序，也可以编辑、编译_____程序。在保存程序文件时，若采用 C 语言编程，其后缀名是_____；若是采用汇编语言编程，其后缀名是_____。

　　（3）在 Keil C251 中，除可以编辑、编译用户程序外，还可以_____用户程序。

　　（4）在 Keil C251 中编译程序时，在允许自动创建机器代码文件状态下，其默认文件名与_____相同。

　　（5）STC 系列单片机能够识别的文件类型为_____，其后缀名是_____。

## 二、选择题

　　（1）在 Keil C251 中，勾选"Create HEX File"复选框后，默认状态下的机器代码名称与_____相同。

　　　　A．项目名　　　　　B．文件名　　　　　C．项目文件夹名

　　（2）在 Keil C251 中，下列不属于编辑、编译界面操作功能的是_____。

　　　　A．输入用户程序　　　　　　　　　　B．编辑用户程序

　　　　C．全速运行程序　　　　　　　　　　D．编译用户程序

　　（3）在 Keil C251 中，下列不属于调试界面操作功能的是_____。

　　　　A．单步运行用户程序　　　　　　　　B．跟踪运行用户程序

　　　　C．全速运行程序　　　　　　　　　　D．编译用户程序

　　（4）在 Keil C251 中，编译过程中生成的机器代码文件的后缀名是_____。

　　　　A．.c　　　　　　B．.asm　　　　　　C．.hex　　　　　　D．.uvproj

　　（5）设置 STC32G12K128 编译环境时，"CPU Mode"选项应设置为_____。

　　　　A．Source(251 native)　　　　B．Binary(8051 compatible)

（6）设置STC32G12K128编译环境时，"Memory Mode"选项应设置为_____。

    A．Tiny         B．XTiny         C．Small

    D．XSmall      E．Large

（7）设置 STC32G12K128 编译环境时，"Code Rom Size"选项应设置为_____。

    A．Small        B．Medium      C．Compact

    D．Huge        E．Large

（8）9.4 版本实验箱的下载通信电路是_____。

    A．USB 端口转串行端口通信         B．直接通过 USB 端口通信

## 三、判断题

（1）STC89C52RC 单片机与 STC32G12K128 单片机在相同封装下，其引脚排列是一样的。
                      （    ）

（2）在 Keil C251 中进行编译的过程中，默认状态下会自动生成机器代码文件。（    ）

（3）在 Keil C251 中，若不勾选"Create HEX File"复选框，就不能调试用户程序。（    ）

（4）Keil C251 既可以用于编辑、编译 C 语言程序，也可以编辑、编译汇编语言程序。（    ）

（5）在 Keil C251 调试界面中，默认状态下选择的仿真方式是软件模拟仿真。（    ）

（6）在 Keil C251 调试界面中，若调试的用户程序无子函数调用，那么单步运行与跟踪运行的功能是完全一致的。                （    ）

（7）在 Keil C251 中，若编辑、编译的程序种类不同，所生成机器代码文件的后缀名也不同。
                      （    ）

（8）STC-ISP 是直接通过计算机、USB 端口与单片机串行端口进行数据通信的。（    ）

（9）STC-ISP 中，在单击"下载/编程"按钮后，一定要让单片机重新上电，才能完成程序下载工作。                （    ）

（10）STC32G12K128 单片机既可用作目标芯片，又可用作仿真芯片。（    ）

（11）STC32G12K128 单片机可不经过 USB 端口转串行端口芯片，直接与 PC 的 USB 端口相连，实现在线编程功能。           （    ）

（12）STC32G12K128 单片机可不经过 USB 端口转串行端口芯片，直接与 PC 的 USB 端口相连，实现在线编程功能，而且可实现在线仿真。    （    ）

## 四、问答题

（1）简述应用 Keil C251 进行单片机应用程序开发的工作流程。

（2）在 Keil C251 中，如何根据编程语言的种类选择保存文件的扩展名？

（3）在 Keil C251 中，如何切换编辑与调试程序界面？

（4）在 Keil C251 中，可以使用哪几种程序调试方法？各有什么特点？

（5）在 Keil C251 中调试程序时，如何观察片内 RAM 的信息？

（6）在 Keil C251 中调试程序时，如何观察片内通用寄存器的信息？

（7）在 Keil C251 中调试程序时，如何观察或设置定时器、中断与串行端口的工作状态？

（8）简述利用 STC-ISP 下载用户程序的工作流程。

（9）怎样通过设置实现下载程序时自动更新用户程序？

（10）怎样通过设置实现当用户程序发生变化时自动更新用户程序并启动下载命令？

（11）STC32G12K128 单片机既可用作目标芯片，又可用作仿真芯片，简述如何制作仿真单片机。

（12）简述 Keil C251 硬件仿真（在线仿真）的设置。

（13）如何实现不停电下载用户程序？

# 第 3 章　STC32G12K128 单片机的内核

**内容提要：**

这里我们提到的 STC32G12K128 单片机内核，实际上是指"泛内核"。本章的学习目标主要是：从宏观上了解 STC32G12K128 单片机的资源配置与引脚功能，对 STC32G12K128 单片机的功能特性有个较全面的了解；重点学习 STC32G12K128 单片机最基础、最基本的知识，包括时钟与复位、存储系统与并行 I/O 端口，以及电源管理。

## 3.1　资源配置与引脚

### 3.1.1　资源配置

#### 1．内核

（1）含高速 32 位 8051 内核（1T），其工作速度约为传统 8051 的 70 倍。

（2）含 49 个中断源，4 级中断优先级。

（3）支持硬件 USB 端口直接下载和普通串行端口下载。

（4）支持硬件 SWD 实时仿真，通过 P3.0/P3.1 进行（需要借助 STC-USB Link1 工具）。

#### 2．Flash 存储器

（1）含最大 128KB Flash 程序存储器（ROM），用于存储用户程序。

（2）支持用户配置 EEPROM 大小，512B 单页擦除，擦写次数可达 10 万次以上。

#### 3．SRAM（共 12KB）

（1）4KB 内部 SRAM（edata）。

（2）8KB 内部扩展 RAM（内部 xdata）。

#### 4．时钟控制

（1）内部高精度 IRC（ISP 编程时可进行调整）。

误差：±0.30%（25℃）。

温漂：−1.35%～+1.30%（−40～85℃）/−0.76%～+0.98%（−20～65℃）。

（2）内部 32kHz 低速 IRC（误差较大）。

（3）外部晶振（4MHz～33MHz）和专门的外部时钟，可通过软件启动。

（4）内部 PLL 输出时钟（注：PLL 输出的 96MHz/144MHz 信号可独立作为高速 PWM 和高速 SPI 的时钟源）。

#### 5．复位

（1）硬件复位：上电复位，复位电压值为 1.7～1.9V（在单片机未使能低压复位功能时有效）；复位引脚复位，出厂时 P5.4 被默认设为 I/O 端口引脚，进行 ISP 下载时可将 P5.4 设置为复位引脚（注意：当设置 P5.4 为复位引脚时，复位电平为低电平）；看门狗溢出复位；低压检测复位，提供 4 级低压检测电压，即 2.0V、2.4V、2.7V、3.0V。

（2）软件复位：可以软件方式对复位触发寄存器进行写入与复位操作。

#### 6．中断

（1）49 个中断源：INT0～INT4、定时器 0～定时器 4、USART1～UART4、A/D 转换、LVD

低压检测、SPI、I²C、比较器、PWMA、PWMB、USB、CAN、CAN2、LIN、LCMIF 彩屏端口中断、RTC 实时时钟、I/O 中断（8 组 35）、串行端口 1～串行端口 4 的 DMA 接收和发送中断、I²C 的 DMA 接收和发送中断，以及 SPI、A/D 转换器、LCD 驱动、存储器到存储器的 DMA 中断。

（2）提供 4 级中断优先级。

### 7. 数字外设

（1）5 个 16 位定时器：定时器 0～定时器 4。其中，定时器 0 的方式 3 具有 NMI（不可屏蔽中断）功能，定时器 0 和定时器 1 的方式 0 为 16 位自动重载模式。

（2）2 个高速同步/异步串行端口：串行端口 1（USART1）、串行端口 2（USART2），波特率时钟源最高频率可为 $f_{osc}/4$；支持同步串行端口模式、异步串行端口模式、SPI 模式、LIN 模式、红外模式（IrDA）、智能卡模式（ISO7816）。

（3）2 个高速异步串行端口：串行端口 3、串行端口 4，波特率时钟源最高频率可为 $f_{osc}/4$。

（4）2 组高级 PWM，可实现 8 通道（4 组互补对称）带死区控制，并支持外部异常检测功能。

（5）SPI：支持主机模式、从机模式及主机/从机自动切换。

（6）I²C：支持主机模式和从机模式。

（7）RTC：支持年、月、日、时、分、秒、次秒（1/128s）计时，并支持时钟中断和一组闹钟。

（8）USB：USB2.0/USB1.1 兼容全速 USB，6 个双向端点，支持 4 种端点传输模式（控制传输、中断传输、批量传输和同步传输），每个端点拥有 64B 的缓冲区。

（9）CAN：2 个独立的 CAN 2.0 控制单元。

（10）LIN：1 个独立的 LIN 控制单元（支持 1.3 和 2.1 版本），另外 USART1 和 USART2 可支持 2 组 LIN。

（11）MDU32：硬件 32 位乘除法器（包含 32 位除以 32 位、32 位乘以 32 位）。

（12）I/O 中断：所有的 I/O 端口均支持中断，每组 I/O 中断有独立的中断入口地址，所有的 I/O 中断均支持 4 种中断模式即高电平中断、低电平中断、上升沿中断、下降沿中断。I/O 中断可以进行掉电唤醒，且有 4 级中断优先级。

（13）LCD 驱动模块：支持 8080 和 6800 两种端口、8 位和 16 位数据宽度。

（14）DMA：支持 SPI 移位接收数据到存储器、SPI 移位发送存储器的数据、I²C 发送存储器的数据、I²C 接收数据到存储器、串行端口 1/2/3/4 接收数据到存储器、串行端口 1/2/3/4 发送存储器的数据、A/D 转换自动采样数据到存储器（同时计算平均值）、LCD 驱动发送存储器的数据，以及存储器到存储器的数据复制。

（15）硬件数字 ID：支持 32B。

### 8. 模拟外设

（1）A/D 转换器：高速，支持 12 位高精度 A/D 转换（通道 0～通道 14），通道 15 用于测试内部参考电压（单片机在出厂时，内部参考电压调整为 1.19V，误差为±1%）。

（2）比较器：一组比较器。

### 9. GPIO

STC32G12K128 单片机最多可设置 60 个 GPIO：P0～P7 端口所含的引脚（不含 P1.2、P5.5～P5.7）。所有的 GPIO 均支持 4 种模式，即准双向端口模式、强推挽输出模式、开漏输出模式、高阻输入模式。除 P3.0 和 P3.1 外，其余 I/O 端口上电后的状态均为高阻输入状态，用户在使用 I/O 端口时必须先设置 I/O 端口的模式。另外，每个 I/O 端口均可独立使能内部 4kΩ 的上拉电阻。

### 3.1.2　工作特性

**1．工作电压**

1.9～5.5V（当工作温度低于-40℃时，工作电压不得低于 3.0V）。

**2．工作温度**

（1）-40～85℃：可使用内部高速 IRC（36MHz 或以下）和外部晶振。

（2）-40～125℃：当温度高于 85℃时请使用外部耐高温晶振，且工作频率控制在 24MHz 以下。

**3．封装形式**

STC32G12K128 单片机有 LQFP64、LQDP48、LQFP32、PDIP40 共 4 种封装形式。

### 3.1.3　引脚与引脚功能

下面以 LQFP64 封装为例介绍 STC32G12K128 单片机的引脚与引脚功能。

**1．STC32G12K128 单片机引脚图**

STC32G12K128 单片机的引脚图（LQFP64 封装）如图 3.1 所示。

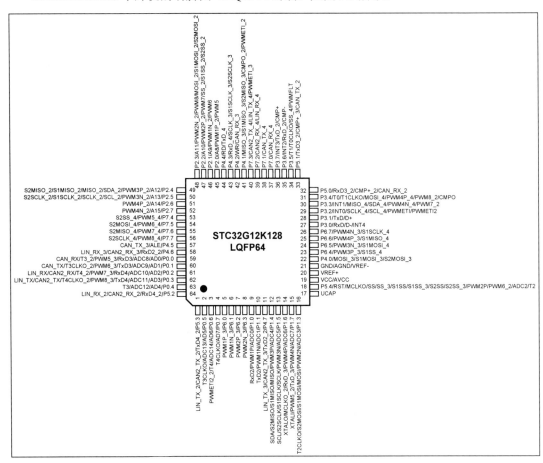

图 3.1　STC32G12K128 单片机的引脚图（LQFP64 封装）

**2．STC32G12K128 单片机引脚功能**

从图 3.1 中可看出，其中有 4 个专用引脚，包括引脚 19（电源正极 VCC、A/D 转换器电源正极 AVCC）、引脚 21（电源地 GND、A/D 转换器电源地 AGND、A/D 转换器参考电压源负极 VREF-）、引脚 20（A/D 转换器参考电压正极 VREF+）和引脚 17（USB 内核电源稳压脚 UCAP）。除此 4 个引脚外，其他引脚都可用作 I/O 端口引脚。不需要外部配置时钟与复位电路，也就是说 STC32G12K128 单片机只需要接上电源就是一个单片机最小系统了。因此，这里以 STC32G12K128 单片机的 I/O 端口引脚为主线，描述 STC32G12K128 单片机各引脚的功能。

1）P0 口

P0 口的引脚排列与功能说明如表 3.1 所示。

表 3.1　P0 口的引脚排列与功能说明

| 引脚号 | 59 | 60 | 61 | 62 | 63 | 2 | 3 | 4 |
|---|---|---|---|---|---|---|---|---|
| I/O 名称（第一功能） | P0.0 | P0.1 | P0.2 | P0.3 | P0.4 | P0.5 | P0.6 | P0.7 |
| 第二功能 | （AD0～AD7）构建、访问外部数据存储器时，分时复用，作为低 8 位地址总线/8 位数据总线 | | | | | | | |
| 第三功能 | ADC8 | ADC9 | ADC10 | ADC11 | ADC12 | ADC13 | ADC14 | T4CLKO |
| | ADC 模拟输入通道 8 | ADC 模拟输入通道 9 | ADC 模拟输入通道 10 | ADC 模拟输入通道 11 | ADC 模拟输入通道 12 | ADC 模拟输入通道 13 | ADC 模拟输入通道 14 | T4 的可编程时钟输出 |
| 第四功能 | RxD3 | TxD3 | RxD4 | TxD4 | T3 | T3CLKO | T4 | — |
| | 串行端口 3 数据接收 | 串行端口 3 数据发送 | 串行端口 4 数据接收 | 串行端口 4 数据发送 | T3 的外部计数时钟信号输入 | T3 的可编程时钟信号输出 | T4 的外部计数时钟信号输入 | |
| 第五功能 | PWM5_3 | PWM6_3 | PWM7_3 | PWM8_3 | | | PWMETI2_2 | |
| | PWM5 的捕获输入和脉冲输出（切换 2） | PWM6 的捕获输入和脉冲输出（切换 2） | PWM7 的捕获输入和脉冲输出（切换 2） | PWM8 的捕获输入和脉冲输出（切换 2） | — | — | PWM 外部触发输入引脚 2 | — |
| 第六功能 | T3_2 | T3CLKO_2 | T4_2 | T4CLKO_2 | | | | |
| | 定时器 3 外部计数时钟信号输入（切换 1） | 定时器 3 可编程时钟信号输出（切换 1） | 定时器 4 外部计数时钟信号输入（切换 1） | 定时器 4 可编程时钟信号输出（切换 1） | — | — | — | — |
| 第七功能 | CAN_RX | CAN_TX | CAN2_RX | CAN2_TX | | | | |
| | CAN 总线接收引脚 | CAN 总线发送引脚 | CAN2 总线接收引脚 | CAN2 总线发送引脚 | — | — | — | — |
| 第八功能 | — | — | LIN_RX | LIN_TX | | | | |
| | | | LIN 总线接收引脚 | LIN 总线发送引脚 | | | | |

2）P1 口

P1 口的引脚排列与功能说明如表 3.2 所示。

表 3.2　P1 口的引脚排列与功能说明

| 引脚号 | I/O 名称（第一功能） | 第二功能 | 第三功能 | 第四功能 | 第五功能 | 第六功能 | 第七功能 |
|---|---|---|---|---|---|---|---|
| 9 | P1.0 | ADC0 | PWM1P | RxD2 | — | — | — |
| | | A/D 转换器模拟输入通道 0 | PWM 通道 1 的捕获输入和脉冲输出正极 | 串行端口 2 串行数据接收 | | | |
| 10 | P1.1 | ADC1 | PWM1N | TxD2 | — | — | — |
| | | A/D 转换器模拟输入通道 1 | PWM 通道 1 的捕获输入和脉冲输出负极 | 串行端口 2 串行数据发送 | | | |

| 引脚号 | I/O 名称（第一功能） | 第二功能 | 第三功能 | 第四功能 | 第五功能 | 第六功能 | 第七功能 |
|---|---|---|---|---|---|---|---|
| 11 | P1.2 | — | — | — | — | — | — |
| 16 | P1.3 | ADC3<br>A/D 转换器模拟输入通道 3 | PWM2N<br>PWM 通道 2 的捕获输入和脉冲输出负极 | MOSI<br>SPI 端口主机输出从机输入 | S1MOSI<br>USART1-SPI 主机输出从机输入 | S2MOSI<br>USART2-SPI 主机输出从机输入 | T2CLKO<br>T2 的可编程时钟输出 |
| 12 | P1.4 | ADC4<br>A/D 转换器模拟输入通道 4 | PWM3P<br>PWM 通道 3 的捕获输入和脉冲输出正极 | MISO<br>SPI 端口主机输入从机输出 | S1MISO<br>USART1-SPI 主机输入从机输出 | S2MISO<br>USART2-SPI 主机输入从机输出 | SDA<br>I$^2$C 端口数据线 |
| 13 | P1.5 | ADC5<br>A/D 转换器模拟输入通道 5 | PWM3N<br>PWM 通道 3 的捕获输入和脉冲输出负极 | SCLK<br>SPI 端口同步时钟输入 | S1SCLK<br>USART1-SPI 的时钟脚 | S2SCLK<br>USART2-SPI 的时钟脚 | SCL<br>I$^2$C 端口时钟线 |
| 14 | P1.6 | ADC6<br>A/D 转换器模拟输入通道 6 | PWM4P<br>PWM 通道 4 的捕获输入和脉冲输出正极 | RxD_3<br>串行端口 1 串行数据接收端（切换 2） | MCLKO_2<br>主时钟输出（切换 1） | XTALO<br>内部时钟放大器反相放大器的输出端 | — |
| 15 | P1.7 | ADC7<br>A/D 转换器模拟输入通道 7 | PWM4N<br>PWM 通道 4 的捕获输入和脉冲输出负极 | TxD_3<br>串行端口 1 串行数据发送端（切换 2） | PWM5-2<br>PWM2 通道 5 的捕获输入和脉冲输出（切换 1） | XTALI<br>内部时钟放大器反相放大器的输入端 | — |

3）P2 口

P2 口的引脚排列与功能说明如表 3.3 所示。

表 3.3  P2 口的引脚排列与功能说明

| 引脚号 | I/O 名称（第一功能） | 第二功能 | 第三功能 | 第四功能 | 第五功能 | 第六功能 | 第七功能 |
|---|---|---|---|---|---|---|---|
| 45 | P2.0 | A8 | PWM1P_2<br>PWM 通道 1 的捕获输入和脉冲输出正极（切换 1） | PWM5<br>PWM 通道 5 的捕获输入和脉冲输出 | — | — | — |
| 46 | P2.1 | A9 | PWM1N_2<br>PWM 通道 1 的捕获输入和脉冲输出负极（切换 1） | PWM6<br>PWM 通道 6 的捕获输入和脉冲输出 | — | — | — |
| 47 | P2.2 | A10<br>构建、访问外部数据存储器时，用作高 8 位地址总线 | PWM2P_2<br>PWM 通道 2 的捕获输入和脉冲输出正极（切换 1） | PWM7<br>PWM 通道 7 的捕获输入和脉冲输出 | SS_2<br>SPI 端口的从机选择引脚（切换 1） | S1SS_2<br>USART1－SPI 的从机选择脚（切换 1） | S2SS_2<br>USART2－SPI 的从机选择脚（切换 1） |
| 48 | P2.3 | A11 | PWM2N_2<br>PWM 通道 2 的捕获输入和脉冲输出负极（切换 1） | PWM8<br>PWM8 的捕获输入和脉冲输出 | MOSI_2<br>SPI 端口主机主出从入数据端（切换 1） | S1MOSI_2<br>USART1－SPI 主机输出从机输入（切换 1） | S2MOSI_2<br>USART2－SPI 主机输出从机输入（切换 1） |
| 49 | P2.4 | A12 | PWM3P_2<br>PWM 通道 3 的捕获输入和脉冲输出正极（切换 1） | SDA_2<br>I$^2$C 端口数据端（切换 1） | MISO_2<br>SPI 端口主机主入从出数据端（切换 1） | S1MISO_2<br>USART1－SPI 主机输入从机输出（切换 1） | S2MISO_2<br>USART2－SPI 主机输入从机输出（切换 1） |

| 引脚号 | I/O 名称（第一功能） | 第二功能 | 第三功能 | 第四功能 | 第五功能 | 第六功能 | 第七功能 |
|---|---|---|---|---|---|---|---|
| 50 | P2.5 | A13 | PWM3N_2<br>PWM 通道 3 的捕获输入和脉冲输出负极（切换 1） | SCL_2<br>I²C 端口时钟端（切换 1） | SCLK_2<br>SPI 端口同步时钟端（切换 1） | S1SCLK_2<br>USART1－SPI 的时钟脚（切换 1） | S2SCLK_2<br>USART2－SPI 的时钟脚（切换 1） |
| 51 | P2.6 | A14 | PWM4P_2<br>PWM 通道 4 的捕获输入和脉冲输出正极（切换 1） | — | — | — | — |
| 52 | P2.7 | A15 | PWM4N_2<br>PWM 通道 4 的捕获输入和脉冲输出负极（切换 1） | — | — | — | — |

4）P3 口

P3 口的引脚排列与功能说明如表 3.4 所示。

表 3.4　P3 口的引脚排列与功能说明

| 引脚号 | I/O 名称（第一功能） | 第二功能 | 第三功能 | 第四功能 | 第五功能 | 第六功能 | 第七功能 |
|---|---|---|---|---|---|---|---|
| 27 | P3.0 | RxD<br>串行端口 1 串行数据接收端 | D−<br>USB 数据口− | INT4<br>外部中断 4 中断请求输入端 | — | — | — |
| 28 | P3.1 | TxD<br>串行端口 1 串行数据发送端 | D+<br>USB 数据口+ | — | — | — | — |
| 29 | P3.2 | INT0<br>外部中断 0 中断请求输入端 | SCLK_4<br>SPI 端口同步时钟端（切换 3） | SCL_4<br>I²C 端口时钟端（切换 3） | PWMETI<br>PWM 外部触发输入端 | PWMETI2<br>PWM 外部触发输入端 2 | — |
| 30 | P3.3 | INT1<br>外部中断 1 中断请求输入端 | MISO_4<br>SPI 端口从出主入数据端（切换 3） | SDA_4<br>I²C 端口数据端（切换 3） | PWM4N_4<br>PWM 通道 4 的捕获输入和脉冲输出负极（切换 3） | PWM7_2<br>PWM 通道 7 的捕获输入和脉冲输出（切换 1） | — |
| 31 | P3.4 | T0<br>T0 定时器的外部计数脉冲输入端 | T1CLKO<br>T1 定时器的时钟输出端 | MOSI_4<br>SPI 端口主出从入数据端（切换 3） | PWM4P_4<br>PWM 通道 4 的捕获输入和脉冲输出正极（切换 3） | PWM8_2<br>PWM 通道 8 的捕获输入和脉冲输出（切换 1） | CMPO<br>比较器输出通道 |
| 34 | P3.5 | T1<br>T1 定时器的外部计数脉冲输入端 | T0CLKO<br>T0 定时器的时钟输出端 | SS_4<br>SPI 端口的从机选择引脚（切换 3） | PWMFLT<br>PWM1 的外部异常检测端 | — | — |
| 35 | P3.6 | INT2<br>外部中断 2 中断请求输入端 | RxD_2<br>串行端口 1 串行接收数据端（切换 1） | CMP−<br>比较器反相输入端 | — | — | — |
| 36 | P3.7 | INT3<br>外部中断 3 中断请求输入端 | TxD_2<br>串行端口 1 串行发送数据端（切换 1） | CMP+<br>比较器同相输入端 | — | — | — |

5）P4 口

P4 口的引脚排列与功能说明如表 3.5 所示。

表 3.5　P4 口的引脚排列与功能说明

| 引脚号 | I/O 名称（第一功能） | 第二功能 | 第三功能 | 第四功能 | 第五功能 | 第六功能 |
|---|---|---|---|---|---|---|
| 22 | P4.0 | MOSI_3　SPI 端口主出从入数据端（切换2） | S1MOSI_3　USART1－SPI 主机输出从机输入（切换2） | S2MOSI_3　USART2－SPI 主机输出从机输入（切换2） | — | — |
| 41 | P4.1 | MISO_3　SPI 端口主入从出数据端（切换2） | S1MISO_3　USART1－SPI 主机输入从机输出（切换2） | S2MISO_3　USART2－SPI 主机输入从机输出（切换2） | CMPO_2　比较器输出通道（切换1） | PWMETI_3　PWM1 外部触发输入引脚（切换2） |
| 42 | P4.2 | WR　外部数据存储器写控制端 | CAN_RX_3　CAN 总线接收脚（切换2） | — | | |
| 43 | P4.3 | RxD_4　串行端口1串行接收数据端（切换3） | SCLK_3　SPI 端口同步时钟端（切换2） | S1SCLK_3　USART1－SPI 的时钟脚（切换2） | S2SCLK_3　USART2－SPI 的时钟脚（切换2） | — |
| 44 | P4.4 | RD　外部数据存储器读控制端 | TxD_4　串行端口1串行发送数据端（切换3） | — | | |
| 57 | P4.5 | ALE　访问外部数据存储器时的地址锁存信号 | CAN_TX_3　CAN 总线发送脚（切换2） | — | | |
| 58 | P4.6 | RxD_2　串行端口1串行接收数据端（切换1） | CAN2_RX_3　CAN2 总线接收脚（切换2） | LIN_RX_3　LIN 总线接收脚（切换2） | — | |
| 11 | P4.7 | TxD2_2　串行端口2串行发送数据端（切换1） | CAN2_TX_3　CAN2 总线发送脚（切换2） | LIN_TX_3　LIN 总线发送脚（切换2） | — | |

6）P5 口

P5 口的引脚排列与功能说明如表 3.6 所示。

表 3.6　P5 口的引脚排列与功能说明

| 引脚号 | I/O 名称（第一功能） | 第二功能 | 第三功能 | 第四功能 | 第五功能 | 第六功能 | 第七功能 | 第八功能 | 第九功能 | 第十功能 |
|---|---|---|---|---|---|---|---|---|---|---|
| 32 | P5.0 | RxD3_2　串行端口3串行接收数据端（切换1） | CMP+-2　比较器正极输入（切换1） | CAN_RX_2　CAN 总线接收脚（切换1） | — | — | — | — | — | — |
| 33 | P5.1 | TxD3_2　串行端口3串行发送数据端（切换1） | CMP+-3　比较器正极输入（切换2） | CAN_TX_2　CAN 总线发送脚（切换1） | — | — | — | — | — | — |

| 引脚号 | I/O 名称（第一功能） | 第二功能 | 第三功能 | 第四功能 | 第五功能 | 第六功能 | 第七功能 | 第八功能 | 第九功能 | 第十功能 |
|---|---|---|---|---|---|---|---|---|---|---|
| 64 | P5.2 | RxD4_2<br>串行端口4串行接收数据端（切换1） | CAN2_RX_2<br>CAN2总线接收脚（切换1） | LIN_RX_2<br>LIN总线接收脚（切换1） | — | — | — | — | — | — |
| 1 | P5.3 | TxD4_2<br>串行端口4串行发送数据端（切换1） | CAN2_TX_2<br>CAN2总线发送脚 | LIN_TX_2<br>LIN总线发送脚 | — | — | — | — | — | — |
| 18 | P5.4 | RST<br>复位脉冲输入端 | MCLKO<br>主时钟输出端 | SS/SS_3<br>SPI端口的从机选择端（基本引脚/切换2） | S1SS/S1SS_3<br>USART1-SPI的从机选择脚（基本引脚/切换2） | S2SS/S2SS_3<br>USART2-SPI的从机选择脚（基本引脚/切换2） | PWM2P<br>PWM通道2的捕获输入与脉冲输出正极 | PWM6_2<br>PWM通道6的捕获输入与脉冲（切换1） | ADC2<br>A/D转换器模拟输入通道2 | T2<br>定时器2外部计数脉冲输入端 |

7）P6 口

P6 口的引脚排列与功能说明如表 3.7 所示。

表 3.7　P6 口的引脚排列与功能说明

| 引脚号 | I/O 名称（第一功能） | 第二功能 | 第三功能 |
|---|---|---|---|
| 5 | P6.0 | PWM1P_3<br>PWM 通道1 的捕获输入和脉冲输出正极（切换2） | — |
| 6 | P6.1 | PWM1N_3<br>PWM 通道1 的捕获输入和脉冲输出负极（切换2） | — |
| 7 | P6.2 | PWM2P_3<br>PWM 通道2 的捕获输入和脉冲输出正极（切换2） | — |
| 8 | P6.3 | PWM2N_3<br>PWM 通道2 的捕获输入和脉冲输出负极（切换2） | — |
| 23 | P6.4 | PWM3P_3<br>PWM 通道3 的捕获输入和脉冲输出正极（切换2） | S1SS_4<br>USART1-SPI 的从机选择脚（切换3） |
| 24 | P6.5 | PWM3N_3<br>PWM 通道3 的捕获输入和脉冲输出负极（切换2） | S1MOSI_4<br>USART1-SPI 主机输出从机输入（切换3） |
| 25 | P6.6 | PWM4P_3<br>PWM 通道4 的捕获输入和脉冲输出正极（切换2） | S1MISO_4<br>USART1-SPI 主机输入从机输出（切换3） |
| 26 | P6.7 | PWM4N_3<br>PWM 通道4 的捕获输入和脉冲输出负极（切换2） | S1SCLK_4<br>USART1-SPI 的时钟脚（切换3） |

8）P7 口

P7 口的引脚排列与功能说明如表 3.8 所示。

表 3.8　P7 口的引脚排列与功能说明

| 引脚号 | I/O 名称<br>（第一功能） | 第二功能 | 第二功能 | 第二功能 |
|---|---|---|---|---|
| 37 | P7.0 | CAN_RX_4<br>CAN 总线接收脚（切换 3） | — | — |
| 38 | P7.1 | CAN_TX_4<br>CAN 总线发送脚（切换 3） | — | — |
| 39 | P7.2 | CAN2_RX_4<br>CAN2 总线接收脚（切换 3） | LIN_RX_4<br>LIN 总线接收脚（切换 3） | — |
| 40 | P7.3 | CAN2_TX_4<br>CAN2 总线发送脚（切换 3） | LIN_TX_4<br>LIN 总线发送脚（切换 3） | PWMETI_3<br>PWM1 外部触发输入端<br>（切换 2） |
| 53 | P7.4 | PWM5_4<br>PWM 通道 5 的捕获输入和脉冲输出（切换 3） | S2SS_4<br>USART2-SPI 的从机选择脚（切换 3） | — |
| 54 | P7.5 | PWM6_4<br>PWM 通道 6 的捕获输入和脉冲输出（切换 3） | S2MOSI_4<br>USART2-SPI 主机输出从机输入（切换 3） | — |
| 55 | P7.6 | PWM7_4<br>PWM 通道 7 的捕获输入和脉冲输出（切换 3） | S2MISO_4<br>USART2-SPI 主机输入从机输出（切换 3） | — |
| 56 | P7.7 | PWM8_4<br>PWM 通道 8 的捕获输入和脉冲输出（切换 3） | S2SCLK_4<br>USART2-SPI 的时钟脚（切换 3） | — |

注：STC32G12K128 单片机内部部分端口的外部输入、输出引脚可通过编程进行切换，上电或复位后，默认功能引脚的名称以原功能状态名称表示，切换后引脚状态的名称在原功能名称的基础上加一下画线和序号，如 RXD 和 RXD_2，RXD 为串行端口 1 默认的数据接收端名称，RXD_2 为串行端口 1 切换后（第 1 组切换）的数据接收端名称，其功能同样为串行端口 1 的串行数据接收端。

## 3.2　时钟

STC32G12K128 单片机的时钟包括系统时钟、USB 时钟、PWM 时钟（SPI 时钟）、RTC 时钟。其中，系统时钟是核心工作时钟，是必不可少的，其为单片机的 CPU 和除 USB 时钟、PWM 时钟（SPI 时钟）、RTC 时钟外的外设系统提供时钟源。系统时钟有 5 个时钟源可供选择，即内部高精度 IRC、内部 IRC（32kHz，误差较大）、外部晶振、内部 PLL 输出时钟及内部 48MHz 时钟源。

### 3.2.1　时钟框图

如图 3.2 所示为 STC32G12K128 单片机的时钟框图，从框图可知，时钟的管理比较复杂。初学者学到此处时不必力求面面俱到，而应循序渐进，首先了解系统时钟的选择和设置就行。默认状态下，系统时钟的时钟源是内部高精度 IRC，在下载程序前，只需要在 STC-ISP 中的"输入用户程序运行时的 IRC 频率"中下拉选择或直接输入单片机所需的系统频率值即可。如图 3.3 所示，选择系统（工作）频率是 24MHz。

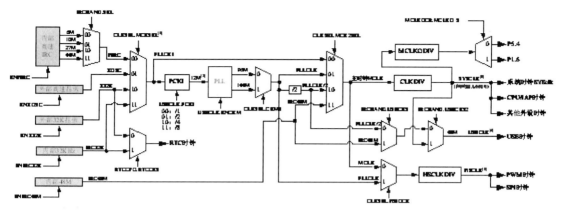

图 3.2　STC32G12K128 单片机的时钟框图

图 3.3　内部 IRC 时钟的选择

## 3.2.2　系统时钟的控制与管理

默认状态下，系统时钟的时钟源为内部高速 IRC，当需要选用其他类型的时钟源时，需要在用户程序中进行设置。无论选用何种时钟源，都必须先使能选用的时钟源，然后检测该时钟源的稳定标志，当稳定标志为 1 时，再切换时钟源。与 STC32G12K128 单片机系统时钟相关的特殊功能寄存器（SFR）和扩展特殊功能寄存器（XFR）如表 3.9 和表 3.10 所示。

表 3.9　与系统时钟相关的 SFR

| 符号 | 描述 | 地址 | 位地址与符号 | | | | | | | | 复位值 |
|---|---|---|---|---|---|---|---|---|---|---|---|
| | | | B7 | B6 | B5 | B4 | B3 | B2 | B1 | B0 | |
| IRCBAND | IRC 频段选择 | A9H | USBCKS | USBCKS2 | — | — | — | — | SEL[1:0] | | 10xx, xxnn |
| LIRTRIM | IRC 频率微调寄存器 | 9EH | — | — | — | — | — | — | — | LIRTRIM | xxxx, xxxn |
| IRTRIM | IRC 频率调整寄存器 | 9FH | IRTRIM[7:0] | | | | | | | | nnnn, nnnn |
| USBCLK | USB 时钟控制寄存器 | DCH | ENCKM | PCKI[1:0] | | CRE | TST_USB | TST_PHY | PHYTST[1:0] | | 0010, 0000 |

表 3.10　与系统时钟相关的 XFR

| 符号 | 描述 | 地址 | 位地址与符号 | | | | | | | | 复位值 |
|---|---|---|---|---|---|---|---|---|---|---|---|
| | | | B7 | B6 | B5 | B4 | B3 | B2 | B1 | B0 | |
| CLKSEL | 时钟选择寄存器 | 7EFE00H | CKMS | HSIOCK | — | — | MCK2SEL[1:0] | | MCKSEL[1:0] | | 00xx，0000 |
| CLKDIV | 时钟分频寄存器 | 7EFE01H | | | | | | | | | nnnn，nnnn |
| HIRCCR | 内部高速振荡器控制寄存器 | 7EFE02H | ENHIRC | — | — | — | — | — | — | HIRCST | 1xxx，xxx0 |
| XOSCCR | 外部晶振控制寄存器 | 7EFE03H | ENXOSC | XITYPE | GAIN | XCFILTER[1:0] | | | | XOSCST | 000x，00x0 |
| IRC32KCR | 内部 32K 振荡器控制寄存器 | 7EFE04H | ENIRC32K | — | — | — | — | — | — | IRC32KST | 0xxx，xxx0 |
| MCLKOCR | 主时钟输出控制寄存器 | 7EFE05H | MCLKO_S | MCLKODIV[6:0] | | | | | | | 0000，0000 |
| IRCDB | 内部高速振荡器稳定时间控制 | 7EFE06H | | | | | | | | | 1000，0000 |
| IRC48MCR | 内部 48M 振荡器控制寄存器 | 7EFE07H | ENIRC48M | — | — | — | — | — | — | IRC48MST | 0xxx，xxx0 |
| X32KCR | 外部 32K 晶振控制寄存器 | 7FFE08H | ENX32K | GAIN32K | — | — | — | — | — | X32KST | 00xx，xxx0 |
| HSCLKDIV | 高速时钟分频寄存器 | 7EFE0BH | | | | | | | | | 0000，0010 |
| HPLLCR | 高速 PLL 控制寄存器 | 7EFE0CH | ENHPLL | — | — | — | HPLLDIV[3:0] | | | | 0xxx，0000 |
| HPLLPSCR | 高速 PLL 预分频寄存器 | 7EFE0DH | — | — | — | — | HPLL_PREDIV[3:0] | | | | xxxx，0000 |

## 1．主时钟 MCLK 时钟源的选择

从图 3.2 可以看出，系统时钟 SYSCLK 是主时钟 MCLK 的分频信号，主时钟 MCLK 的时钟源由时钟选择寄存器 CLKSEL 中的 B3、B2（MCK2SEL[1:0]）和 B1、B0（MCKSEL[1:0]）进行控制。MCK2SEL[1:0]和 MCKSEL[1:0]的设置与主时钟源的关系分别如表 3.11 和表 3.12 所示。

表 3.11　MCK2SEL[1:0]的设置与主时钟源的关系

| MCK2SEL[1:0] | 主时钟源 |
|---|---|
| 00 | MCKSEL[1:0]选择的时钟源 |
| 01 | 内部 PLL 输出 |
| 10 | 内部 PLL 输出 2 |
| 11 | 内部 48MHz 高速 IRC |

表 3.12　MCKSEL[1:0]的设置与主时钟源的关系

| MCKSEL[1:0] | 主时钟源 |
|---|---|
| 00 | 内部高精度 IRC |
| 01 | 外部高速晶振 |
| 10 | 外部 32kHz 晶振 |
| 11 | 内部 32kHz 低速 IRC |

## 2．系统时钟与主时钟

系统时钟 SYSCLK 是主时钟 MCLK 的分频信号，由时钟分频寄存器 CLKDIV 进行控制，分频关系如表 3.13 所示。

表 3.13　系统时钟与主时钟的分频关系

| CLKDIV | 系统时钟频率 |
|---|---|
| 0 | MCLK/1 |
| 1 | MCLK/1 |
| 2 | MCLK/2 |
| 3 | MCLK/3 |
| … | … |
| x | MCLK/x |
| … | … |
| 255 | MCLK/255 |

## 3．主时钟的对外输出

1）主时钟输出引脚的选择

主时钟输出引脚的选择由系统主时钟输出控制寄存器 MCLKOCR 的 B7（MCLKO_S）进行控制。当 MCLKO_S=0 时，主时钟信号经分频后输出到 P5.4；当 MCLKO_S=1 时，主时钟信号经分频后输出到 P1.6。

2）主时钟输出频率的控制

主时钟 MCLK 经时钟分频寄存器 CLKDIV 分频后，称为系统时钟 SYSCLK，再通过主时钟输出控制寄存器 MCLKOCR 的 B6～B0（MCLKODIV[6:0]）进行控制，其控制关系如下：当 B6～

B0 均为 0 时，禁止输出主时钟；当 B6～B0 均为非 0 值时，主时钟输出引脚输出的时钟频率为系统时钟/B6～B0 表示的数值。

#### 4．内部高精度 IRC 的使能与稳定

当要使用内部高精度 IRC 时，首先要使能该模块并待其稳定后才能使用，该模块由内部高精度 IRC 控制寄存器（HIRCCR）进行控制。

（1）当 HIRCCR.7（ENHIRC）=0 时，关闭内部高精度 IRC；当 HIRCCR.7（ENHIRC）=1 时，使能内部高精度 IRC。

（2）HIRCCR.0（HIRCST）为内部高精度 IRC 的频率稳定标志位（只读位）。当内部的 IRC 从停振状态开始使能后，必须经过一段时间，振荡器的频率才会稳定。当振荡器的频率稳定后，时钟控制器会自动将 HIRCST 位置位。

#### 5．外部振荡器的控制与管理

外部振荡器的控制与管理由外部振荡器控制寄存器（XOSCCR）实现，具体情况如下：

（1）当 XOSCCR.7（ENXOSC）=0（或 1）时，关闭（或使能）外部晶体振荡器。

（2）当 XOSCCR.6（XITYPE）=0，外部时钟源是外部时钟信号（或有源晶振），信号源只需要连接单片机的 XTALI（P1.7）；当 XOSCCR.6（XITYPE）=1，外部时钟源是晶体振荡器。信号源连接单片机的 XTALI（P1.7）和 XTALO（P1.6）的电路示意图如图 3.4 所示。

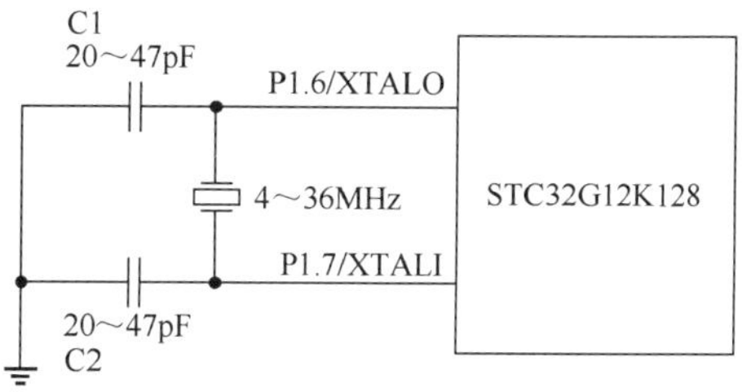

（3）当 XOSCCR.5（GAIN）=0 时，关闭振荡增益（低增益）；当 XOSCCR.5（GAIN）=1 时，使能振荡增益（高增益）。

图 3.4　信号源连接单片机的 XTALI（P1.7）和 XTALO（P1.6）的电路示意图

（4）XOSCCR.3、XOSCCR.2（XCFILTER[1:0]）为外部晶体振荡器抗干扰控制寄存器。当外部晶体振荡器频率在 12MHz 及以下时，选择 XCFILTER[1:0]=1$x$；当外部晶体振荡器的频率在 12～24MHz（含）时，选择 XCFILTER[1:0]=01；当外部晶体振荡器的频率在 24～48MHz（含）时，选择 XCFILTER[1:0]=00。

（5）XOSCCR.0（XOSCST）为外部晶体振荡器频率稳定标志位（只读位）。当外部晶体振荡器从停振状态开始使能后，必须经过一段时间，振荡器的频率才会稳定。当振荡器的频率稳定后，时钟控制器会自动将 XOSCST 标志位置位。所以，当用户程序需要将时钟源切换到外部晶体振荡器时，首先必须设置 ENXOSC=1，使能振荡器，然后一直查询振荡器的稳定标志位 XOSCST，直到标志位变为 1 时，才可进行时钟源切换。

#### 6．内部 32kHz 低速 IRC 的使能与稳定

当要使用内部 32kHz 低速 IRC 时，首先要使能该模块并待其稳定后才能使用，该模块由内部 32kHz 低速 IRC 控制寄存器（IRC32KCR）进行控制。

（1）当 IRC32KCR.7（ENIRC32K）为 0（或 1）时，关闭（或使能）内部 32kHz 低速 IRC。

（2）IRC32KCR.0（IRC32KST）为内部 32kHz 低速 IRC 的稳定标志位。

#### 7．内部 48MHz 高速 IRC 的使能与稳定

当要使用内部 48MHz 高速 IRC 时，首先要使能该模块并待其稳定后才能使用，该模块由内部 48MHz 高速 IRC 控制寄存器（IRC48MCR）进行控制。

（1）当 IRC48MCR.7（ENIRC48M）为 0（或 1）时，关闭（或使能）内部 48MHz 高速 IRC。

（2）IRC48MCR.0（IRC48MST）为内部 48MHz 高速 IRC 的稳定标志位。

**8．锁相环（PLL）时钟的控制管理**

（1）锁相环（PLL）的输入必须为 12 MHz，通过 USB 时钟控制寄存器（USBCLK）的 B6、B5（PCKI[1:0]）根据选择的时钟源进行设置，设置关系如下：当 PCKI[1:0]=00 时，不分频；当 PCKI[1:0]=01 时，2 分频；当 PCKI[1:0]=00 时，4 分频；当 PCKI[1:0]=00 时，8 分频。

（2）锁相环（PLL）时钟倍频由 USBCLK.7（ENCKM）控制。当 ENCKM=0 时，禁止 PLL 倍频；当 ENCKM=1 时，使能 PLL 倍频。

（3）锁相环（PLL）输出的选择由 CLKSEL.7（CKMS）控制。当 CKMS=0 时，PLL 输出 96MHz；当 CKMS=1 时，PLL 输出 144MHz。

**9．内部高精度 IRC 频率的调整***

STC32G12K128 单片机内部集成了 1 个高精度 IRC。在使用 ISP 下载软件对用户程序进行下载时，ISP 下载软件会根据用户所选择/设置的频率进行自动调整，调整后的频率在全温度范围内（-40～85℃）的温漂不超过-1.35%～1.30%。

STC32G12K128 单片机的内部 IRC 有 4 个频段，各频段的中心频率分别为 6MHz、10MHz、27MHz 和 44MHz，每个频段的调节范围约为±27%。内部 IRC 的频率调整主要由 IRC 频段选择寄存器（IRCBAND）、内部 IRC 频率调整寄存器（IRTRIM）、内部 IRC 频率微调寄存器（LIRTRIM）和时钟分频寄存器（CLKDIV）这 4 个寄存器控制，详见 STC32G 系列单片机技术手册。

**特别提示：**对于一般用户，可以不用关心内部 IRC 的频率调整，因为频率调整工作在进行 ISP 下载时已经自动完成了。若用户不需要自行调整频率，那么 IRC 频段选择寄存器（IRCBAND）、内部 IRC 频率调整寄存器（IRTRIM）、内部 IRC 频率微调寄存器（LIRTRIM）和时钟分频寄存器（CLKDIV）这 4 个寄存器的值也不能随意修改，否则可能会导致工作频率变化。

### 3.2.3　USB 时钟

USB 时钟的时钟源有 3 种：内部 48MHz 高速 IRC（IRC48M）、PLLCLK/2、系统时钟，由 IRC 频段选择寄存器（IRCBAND）进行控制，默认时钟源为内部 48MHz 高速 IRC。

IRCBAND.7（USBCKS）、IRCBAND.6（USBCKS2）为 USB 时钟的时钟源选择控制位。

当 USBCKS/USBCKS2=0/0 时，时钟源为 PLLCLK/2；当 USBCKS/USBCKS2=1/0 时，时钟源为内部 48MHz 高速 IRC；当 USBCKS/USBCKS2=x/1 时，时钟源为系统时钟。

### 3.2.4　高速外设时钟

**1．时钟源的选择**

高速外设时钟指 PWM 时钟和 SPI 时钟，其时钟源包括内部锁相环时钟（PLL）和主时钟（MCLK）两种，由 CLKSEL.6（HSIOCK）控制。当 HSIOCK=0 时，主时钟 MCLK 为高速外设时钟源；当 HSIOCK=1 时，PLL 输出的 PLLCLK（96MHz 或 144MHz）为高速外设时钟源。

**2．高速外设时钟的分频输出**

高速外设时钟的分频由高速外设时钟分频寄存器（HSCLKDIV）控制，其分频关系如表 3.14 所示。

表 3.14　高速外设时钟的分频关系

| HSCLKDIV | 高速外设时钟频率 |
|---|---|
| 0 | 高速外设时钟源/1 |
| 1 | 高速外设时钟源/1 |
| 2 | 高速外设时钟源/2 |
| ... | ... |
| $x$ | 高速外设时钟源/$x$ |
| ... | ... |
| 255 | 高速外设时钟源/255 |

### 3.2.5　RTC 时钟源

如图 3.2 所示，STC32G12K128 单片机的 RTC 时钟是 32kHz 的，可以由内部提供，也可由外部晶振提供，由 RTCCFG.RTCCKS 控制，详见 STC32G 技术手册 RTC 实时时钟部分。

# 3.3 复位

STC32G12K128 单片机的复位分为硬件复位和软件复位两种。与 STC32G12K128 单片机复位相关的 SFR 和 XFR 如表 3.15 和表 3.16 所示。

表 3.15 与 STC32G12K128 单片机复位相关的 SFR

| 符号 | 描述 | 地址 | 位地址与符号 | | | | | | | | 复位值 |
|---|---|---|---|---|---|---|---|---|---|---|---|
| | | | B7 | B6 | B5 | B4 | B3 | B2 | B1 | B0 | |
| WDT_CONTR | 看门狗控制寄存器 | C1H | WDT_FLAG | — | EN_WDT | CLR_WDT | IDL_WDT | WDT_PS[2:0] | | | 0x00，0000 |
| IAP_CONTR | IAP 控制寄存器 | C7H | IAPEN | SWBS | SWRST | CMD_FAIL | — | IAP_WT[2:0] | | | 0000，x000 |
| RSTCFG | 复位配置寄存器 | FFH | — | ENLVR | | P54RST | | — | LVDS[1:0] | | 0000，0000 |

表 3.16 与 STC32G12K128 单片机复位相关的 XFR

| 符号 | 描述 | 地址 | 位地址与符号 | | | | | | | | 复位值 |
|---|---|---|---|---|---|---|---|---|---|---|---|
| | | | B7 | B6 | B5 | B4 | B3 | B2 | B1 | B0 | |
| RSTFLAG | 复位标志寄存器 | 7EFE99H | — | — | — | LVDRST | WDTRST | SWRST | ROMOV | EXRST | xxx0，0000 |
| RSTCR0 | 复位控制寄存器 0 | 7EFE9AH | — | — | — | — | RSTTM34 | TSTTM2 | — | RSTTM01 | xxxx，00x0 |
| RSTCR1 | 复位控制寄存器 1 | 7EFE9BH | — | — | — | — | RSTUR4 | RSTUR3 | RSTUR2 | RSTUR1 | xxxx，0000 |
| RSTCR2 | 复位控制寄存器 2 | 7EFE9CH | RSTCAN2 | RSTCAN | RSTLIN | RSTRTC | RSTPWMB | RSTPWMA | RSTI2C | RSTSPI | 0000，0000 |
| RSTCR3 | 复位控制寄存器 3 | 7EFE9DH | RSTFPU | RSTDMA | RSTLCM | RSTLCD | RSTLED | RSTTKS | RSTCMP | RSTADC | 0000，0000 |
| RSTCR4 | 复位控制寄存器 4 | 7EFE9EH | — | — | — | — | — | — | — | RSTMDU | xxxx，xxx0 |
| RSTCR5 | 复位控制寄存器 5 | 7EFE9FH | — | — | — | — | — | — | — | — | xxxx，xxxx |

## 3.3.1 硬件复位

STC32G12K128 单片机进行硬件复位时，所有的寄存器的值会复位到初始值，系统会重新读取所有的硬件选项，同时根据硬件选项所设置的上电等待时间进行上电等待。硬件复位包括上电复位、低压复位、外部 RST 引脚复位（低电平有效）与看门狗复位。

### 1. 上电复位

当电源电压低于掉电/上电复位门槛电压时，所有的逻辑电路都会复位。当内部工作电压上升到门槛电压以上后，根据硬件选项所设置的上电等待时间进行上电等待，掉电复位/上电复位结束。PCON.4（POF）为上电标志位，当上电复位时，硬件自动将此位置位。

### 2. 低压复位

低压复位的设置有 2 种方式，允许复位时，当电源电压低于内部低压检测（LVD）门槛电压时，自动复位。

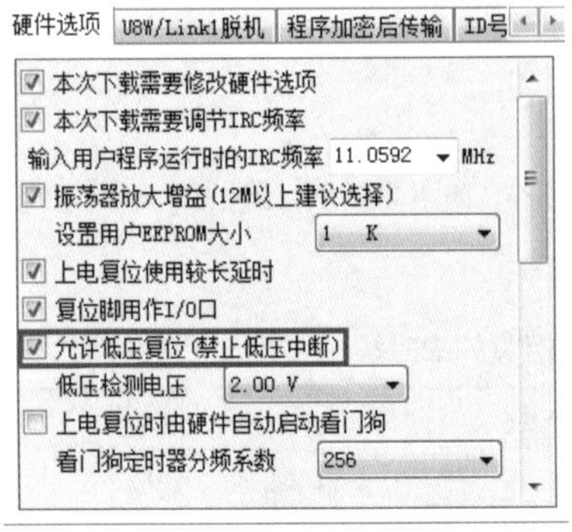

图 3.5　允许低压复位的设置

1）STC-ISP 硬件选项设置

如图 3.5 所示，勾选"允许低压复位（禁止低压中断）"选项，这就设置了允许低压复位功能。同时，在低压检测电压的下拉框中选择低压检测的门槛电压。此外，要注意的是，允许低压复位时，必须禁止低压中断。

2）应用复位配置寄存器（RSTCFG）设置

RSTCFG.6（ENLVR）为低压复位设置控制位。当 ENLVR=0 时，禁止低压复位，当低压中断允许时，系统检测到低压事件时，会产生低压中断；当 ENLVR=1 时，允许低压复位。

RSTFLAG.4（LVDRST）是低压复位标志位，当 LVDRST=1 时，说明当前复位方式为低压复位，写"1"清零。

### 3. 外部 RST 引脚复位

外部 RST 引脚是 P5.4，默认状态下，该引脚用作一般的 I/O 引脚。

RSTCFG.4（P54RST）是 RST 引脚的功能选择控制位。当 P54RST=0 时，RST 引脚用作普通 I/O 端口（P54）的一部分；当 P54RST=1 时，RST 引脚用作复位引脚，复位电平是低电平。外部 RST 引脚的复位电路如图 3.6 所示。

图 3.6　外部 RST 引脚的复位电路

RSTFLAG.0（EXRST）是低压复位标志位。当 EXRST=1 时，说明当前复位方式为外部 RST 引脚复位，写"1"清零。

### 4. 看门狗复位

看门狗的基本作用是监视 CPU 的工作。如果 CPU 在规定的时间内没有按要求访问看门狗，就认为 CPU 处于异常状态，看门狗就会强迫 CPU 复位，使系统重新运行用户程序，这是一种提高系统可靠性的措施。

看门狗复位电路实际上就是定时器，因此看门狗也称为看门狗定时器，由看门狗控制寄存器（WDT_CONTR）进行管理。

（1）看门狗控制寄存器：WDT_CONTR。

WDT_CONTR.7（WDT_FLAG）：看门狗溢出标志位。当溢出时，该位由硬件置位，可用软件将其清零。

WDT_CONTR.5（EN_WDT）：看门狗允许位。当 EN_WDT=1 时，看门狗启动；当 EN_WDT=0 时，看门狗不起作用。

WDT_CONTR.4（CLR_WDT）：看门狗清零位。当 CLR_WDT=1 时，看门狗将重新计数，硬件将自动清零此位。

WDT_CONTR.3（IDL_WDT）：看门狗"IDLE"模式（空闲模式）控制位。当 IDL_WDT=1 时，看门狗在"空闲模式"时计数；当 IDL_WDT=0 时，看门狗在"空闲模式"时不计数。

WDT_CONTR.2～WDT_CONTR.0（WDT_PS[2:0]）：看门狗预分频系数控制位。

（2）看门狗溢出时间计算方法：

$$看门狗溢出时间 = \frac{12 \times 32768 \times 2^{(WDT\_PS+1)}}{SYSclk}$$

常用预分频系数的设置和看门狗溢出时间如表 3.17 所示。

表 3.17　常用预分频系数的设置和看门狗溢出时间

| WDT_PS[2:0] | 分频系数 | 12MHz 系统频率时的看门狗溢出时间 | 20MHz 系统频率时的看门狗溢出时间 |
|---|---|---|---|
| 000 | 2 | ≈65.5ms | ≈39.3ms |
| 001 | 4 | ≈131ms | ≈78.6ms |
| 010 | 8 | ≈262ms | ≈157ms |
| 011 | 16 | ≈524ms | ≈315ms |
| 100 | 32 | ≈1.05s | ≈629ms |
| 101 | 64 | ≈2.10s | ≈1.26s |
| 110 | 128 | ≈4.20s | ≈2.52s |
| 111 | 256 | ≈8.39s | ≈5.03s |

（3）看门狗的硬件启动。

STC32G12K128 单片机的看门狗可采用软件启动，也可以采用硬件启动。硬件启动是在 STC-ISP 下载程序前设置完成的，如图 3.7 所示，勾选"上电复位时由硬件自动启动看门狗"即可。STC32G12K128 单片机的看门狗一旦经硬件启动后，软件无法将其关闭，必须对单片机进行重新上电才可关闭看门狗。

图 3.7　看门狗硬件启动的设置

（4）看门狗定时器的使用。

当启用看门狗后，用户程序必须周期性地复位看门狗，以表示用户程序还在正常运行，并且复位周期必须小于看门狗的溢出时间。如果用户程序在运行一段时间之后（超出看门狗的溢出时间）不能复位看门狗，看门狗就会溢出，将强制使 CPU 自动复位，从而确保用户程序不会进入死循环，或者执行到无程序代码区。复位看门狗的方法是重写看门狗控制寄存器的内容，让看门狗计数器重新计数。

### 3.3.2　软件复位

软件复位时，除与时钟相关的寄存器保持不变外，其余寄存器的值会复位到初始值。软件复位不会重新读取所有的硬件选项，用户数据区的数据保持不变。软件复位是通过写 IAP_CONTR 触发的复位。

IAP_CONTR.6（SWBS）：软件复位启动区选择位。当 SWBS=0 时，软件复位后从用户程序区开始执行代码；当 SWBS=1 时，软件复位后从系统 ISP 区开始执行代码。

IAP_CONTR.5（SWRST）：软件复位触发位。当 SWRST=0 时，对单片机无影响；当 SWRST=1 时，触发软件复位。

执行"IAP_CONTR=0x60"语句，触发软件复位，并从系统 ISP 区开始执行代码；执行"IAP_CONTR=0x20"语句，触发软件复位，并从用户程序区开始执行代码。

## 3.4　存储系统

STC32G12K128 单片机提供 24 位寻址空间，最多能够访问 16MB 的存储器（8MB 数据存储器+8MB 程序存储器），其程序存储器和数据存储器是统一编址的，如图 3.8 所示。由于没有访问外部程序存储器的总线，所以单片机的所有程序存储器都是片上 Flash 存储器，不能访问外部程序存储器。

STC32G12K128 单片机内部集成了大容量的数据存储器，数据存储器在物理和逻辑上都分为两个地址空间：内部 RAM（edata）和内部扩展 RAM（xdata）。

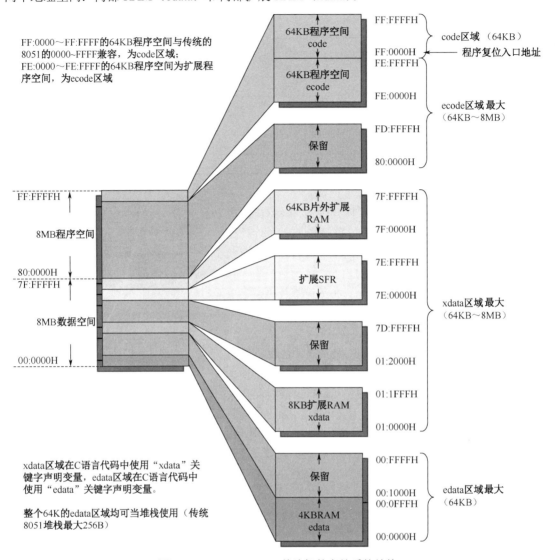

图 3.8　STC32G12K128 单片机的存储系统结构

STC32G12K128 单片机存储系统的编址如表 3.18 所示。

表 3.18　STC32G12K128 单片机存储系统的编址

| 区域 | 地址范围 | 功能 | 说明 |
| --- | --- | --- | --- |
| 数据区 | 00:0000H～00:FFFFH | 数据区（edata） | 堆栈区 |
| | 01:0000H～01:FFFFH | 内部扩展数据区（xdata） | |
| | 02:0000H～7D:FFFFH | 数据保留区 | |
| | 7E:0000H～7E:FFFFH | 扩展 SFR 区（XFR） | 使能 EAXFR（P_SW2.7）才能访问 |
| | 7F:0000H～7F:FFFFH | 外部数据区（xdata） | 使能 EXTRAM（AUXR.1）才能访问 |
| 代码区 | 80:0000H～FD:FFFFH | 代码保留区 | |
| | FE:0000H～FE:FFFFH | 扩展代码区（ecode） | |
| | FF:0000H～FF:FFFFH | 代码区（code） | |

### 3.4.1 程序存储器

程序存储器用于存放用户程序、固定不变的数据及表格等信息。STC32G12K128 单片机的程序存储空间有 128KB，地址范围为 FE:0000H～FF:FFFFH。其中，FF:0000H～FF:FFFFH 的 64KB 程序空间与传统 8051 单片机的 0000H～FFFFH 空间兼容，称为 code 区域；FE:0000H～FE:FFFFH 的 64KB 程序空间为扩展程序空间，称为 ecode 区域。

#### 1. 系统复位程序起始地址与中断向量地址

单片机复位后，程序计数器（PC）的内容为 FF:0000H，从 FF:0000H 单元开始执行程序。

中断服务程序的入口地址（又称中断向量）也位于程序存储器。在程序存储器中，每个中断都对应一个固定的中断服务程序入口地址。当中断发生并得到响应后，单片机就会自动跳转到相应的入口地址去执行中断服务程序。

外部中断 0（INT0）的中断服务程序入口地址是 FF:0003H，定时/计数器 T0（TIMER0）的中断服务程序入口地址是 FF:000BH，外部中断 1（INT1）的中断服务程序入口地址是 FF:0013H，定时/计数器 T1（TIMER1）的中断服务程序入口地址是 FF:001BH 等。中断服务程序的入口地址(中断向量)详见第 6 章相关内容。

由于相邻入口地址的间隔区间仅仅有 8B，一般情况下无法保存完整的中断服务程序，因此在中断响应的地址区域存放一条无条件转移指令，指向真正存放中断服务程序的空间。

#### 2. 程序读取等待时间的控制

程序读取等待时间的选择由程序读取等待控制寄存器（WTST）实现，如表 3.19 所示为 WTST 与程序读取等待时间的关系。

每条指令实际的执行时钟数为指令时钟数加上程序存储器的等待时钟数。

注意：WTST 的上电默认值为 7，当用户的工作频率在 35MHz 以下时，建议将此数值修改为 0，这样可加快 CPU 运行程序的速度。

表 3.19　WTST 与程序读取等待时间的关系

| WTST[7:0] | 等待系统时钟数 |
|---|---|
| 0 | 0 个时钟 |
| 1 | 1 个时钟 |
| ... | ... |
| 7 | 7 个时钟 |
| 8～255 | 保留 |

#### 3. Keil C251 中对程序存储器的设置

当程序代码的大小在 64KB 内时，选择 Large 模式；当程序代码的大小超 64KB 时，选择 Huge 模式，并需要保证单个函数、单个文件的代码大小，以及单个表格的数据量也在 64KB 以内，同时还需要设置 External Memory。

### 3.4.2　数据存储器

STC32G12K128 单片机的 edata 区域可对 32bit/16bit/8bit 的数据进行单时钟读写访问，其 xdata 区域可对 16bit/8bit 的数据进行读写访问。edata 区域的 SRAM 最大存储深度为 64KB；xdata 区域的 SRAM 最大存储深度为 8MB。

STC32G12K128 单片机的 SRAM 总共有 12KB（4KB edata + 8KB xdata）。edata 的地址范围是 00:0000H～00:0FFFH，单时钟周期存取，访问速度快，可作为堆栈使用，成本高；xdata 的地址范围是 01:0000H～01:1FFFH，存取需要 2～3 个时钟周期，访问速度慢，成本低。

#### 1. edata（00:0000H～00:0FFFH）

STC32G12K128 单片机的 edata 共 4KB，其中低端的 256B 与传统 8051 的 DATA 区域（256B）完全兼容，可分为 2 个部分：低 128B 的 RAM（可直接寻址也可间接寻址，00H～1FH 为工作寄存器组，20H～7FH 为位寻址区，每个存储位都可以直接访问）和高 128B 的 RAM（只能间接寻址）。特殊功能寄存器 SFR 分布在 80H～FFH 区域，只可直接寻址。

工作寄存器组有 4 个，分别称为 0 组、1 组、2 组和 3 组，每组有 8 个地址单元，当前工作寄存器的 8 个地址单元可分别用 R0～R7 来表示。通过 PSW 或 PSW1 中的 RS1、RS0 来选择当前工作寄存器组，详见后文对 PSW 或 PSW1 的说明。

在 C 语言代码中将变量声明在 edata 区域，即可实现单时钟周期进行 32bit/16bit/8bit 的读写操作：

```
char edata  bCounter;     //在 edata 区域声明单字节变量（单时钟周期进行 8bit 读写操作）
int edata   wCounter;     //在 edata 区域声明双字节变量（单时钟周期进行 16bit 读写操作）
long edata  dwCounter;    //在 edata 区域声明四字节变量（单时钟周期进行 32bit 读写操作）
```

### 2. xdata（01:0000H～01:1FFFH）

访问 STC32G12K128 单片机的 xdata（内部扩展 RAM）的方法与访问传统 8051 单片机外部扩展 RAM 的方法相同，但是此行为不影响 P0、P2、RD、WR 和 ALE 等端口的信号。

在 C 语言中，要想使用 xdata，在定义变量时采用 xdata 关键字声明存储类型即可，如：

```
unsigned char xdata i;
```

在 C 语言代码中将变量声明在 xdata 区域，即可实现 8bit/16bit 的读写操作：

```
char    xdata  bCounter;
//在 xdata 区域声明单字节变量（3/2 个时钟周期进行 8bit 读/写操作）
int xdata  wCounter;
//在 xdata 区域声明双字节变量（3/2 个时钟周期进行 16bit 读/写操作）
```

是否可以访问 xdata，由辅助寄存器 AUXR 中的 B1（EXTRAM）位控制。当 EXTRAM=0 时，禁止访问外部扩展 RAM，即允许访问内部扩展 RAM（xdata）；当 EXTRAM=1 时，允许访问外部扩展 RAM，即禁止访问内部扩展 RAM（xdata）。

需要根据系统时钟的数值对 xdata 进行访问，访问速度由 CKCON 中的 CKCON.2～CKCON.0（CKCON[2:0]）控制，默认值为 7。

**注意**：STC32G12K128 单片机具有扩展 64KB 外部数据存储器的能力。访问外部数据存储器期间，WR、RD、ALE 信号要有效。访问外部数据存储器时，需要根据系统时钟的数值及外部数据存储器的存取速度设置外部 xdata 访问速度控制寄存器 BUS_SPEED。但实际应用时，不建议扩展外部数据存储器。

### 3.4.3 特殊功能寄存器

STC32G12K128 单片机的特殊功能寄存器分布在两个区域：一个是位于与传统 8051 单片机兼容的 edata 区域，称为特殊功能寄存器（SFR），地址范围是 80H～FFH，特殊功能寄存器列表详见附表 C.1；另一个是分布在 xdata 区域，称为扩展特殊功能寄存器（XFR），地址范围是 7FEE00H～7FEFFFH，具体的扩展特殊功能寄存器分解到在各个端口电路中学习，扩展特殊功能寄存器列表详见附表 C.2。XFR 的访问受 P_SW2.7（EAXFR）控制，当 EAXFR=0 时，禁止访问 XFR；当 EAXFR=1 时，允许访问 XFR。

所有的特殊功能寄存器既可以通过字节寻址，又可以通过位寻址。

### 1. 程序状态寄存器（PSW）与程序状态寄存器 1（PSW1）

PSW 与 PSW1 的格式如表 3.20 所示。

表 3.20　PSW 与 PSW1 的格式

| 符号 | 地址 | B7 | B6 | B5 | B4 | B3 | B2 | B1 | B0 |
|------|------|----|----|----|----|----|----|----|----|
| PSW | D0H | CY | AC | F0 | **RS1** | **RS0** | OV | — | P |
| PSW1 | D1H | CY | AC | N | **RS1** | **RS0** | OV | Z | — |

PSW.7、PSW1.7（CY）：进位标志位。加法运算中，当最高位有进位时，CY 为 1；减法运算中，当最高位有借位时，CY 为 1。

PSW.6、PSW1.6（AC）：半进位标志位。BCD 码运算中，当低位向高位有进位或借位时，AC 为 1。

PSW.5（F0）：通用标志位，用户自定义。

PSW1.5（N）：计算结果负标志位。运算结果的最高位为 1 时该位为 1，否则为 0。

PSW.4、PSW1.4（RS1）/PSW.3、PSW1.3（RS0）：工作寄存器选择位。当 RS1/RS0=0/0 时，选择第 0 组工作寄存器（00H～07H）；当 RS1/RS0=0/1 时，选择第 1 组工作寄存器（08H～0FH）；当 RS1/RS0=1/0 时，选择第 2 组工作寄存器（10H～17H）；当 RS1/RS0=1/1 时，选择第 3 组工作寄存器（18H～1FH）。

PSW.2、PSW1.2（OV）：溢出标志位。有符号运算中，运算结果有溢出时，OV 为 1。当运算中最高位与次高位的进位或借位情况不一致时，表示有溢出，OV 为 1。

PSW1.1（Z）：计算结果零标志位。运算结果为 0 时该位为 1，否则该位为 0。

PSW.0（P）：ACC 的奇偶校验标志位。当 ACC 中"1"的个数为奇数时，该位为 1，否则该位为 0。

**2. 只读特殊功能寄存器（CHIPID）中存储的重要参数**

STC32G12K128 单片机内部的 CHIPID 中保存有与单片机相关的一些特殊参数，包括全球唯一 ID 号、32kHz 掉电唤醒专用定时器的频率值、内部 1.19V 参考信号源值及 IRC 参数，如表 3.21 所示，有关存储数据的解读详见 STC32 单片机技术手册。在用户程序中只能读取 CHIPID 中的内容，不可修改。

表 3.21 CHIPID 中保存的特殊参数

| 符号 | 描述 | 地址 | 存储内容 | 复位值 |
|---|---|---|---|---|
| CHIPID00 | 硬件数字 ID00 | 7EFDE0H | 全球唯一 ID 号（第 0 字节） | nnnn, nnnn |
| CHIPID01 | 硬件数字 ID01 | 7EFDE1H | 全球唯一 ID 号（第 1 字节） | nnnn, nnnn |
| CHIPID02 | 硬件数字 ID02 | 7EFDE2H | 全球唯一 ID 号（第 2 字节） | nnnn, nnnn |
| CHIPID03 | 硬件数字 ID03 | 7EFDE3H | 全球唯一 ID 号（第 3 字节） | nnnn, nnnn |
| CHIPID04 | 硬件数字 ID04 | 7EFDE4H | 全球唯一 ID 号（第 4 字节） | nnnn, nnnn |
| CHIPID05 | 硬件数字 ID05 | 7EFDE5H | 全球唯一 ID 号（第 5 字节） | nnnn, nnnn |
| CHIPID06 | 硬件数字 ID06 | 7EFDE6H | 全球唯一 ID 号（第 6 字节） | nnnn, nnnn |
| CHIPID07 | 硬件数字 ID07 | 7EFDE7H | 内部 1.19V 参考信号源（高字节） | nnnn, nnnn |
| CHIPID08 | 硬件数字 ID08 | 7EFDE8H | 内部 1.19V 参考信号源（低字节） | nnnn, nnnn |
| CHIPID09 | 硬件数字 ID09 | 7EFDE9H | 32kHz 掉电唤醒专用定时器的频率（高字节） | nnnn, nnnn |
| CHIPID10 | 硬件数字 ID10 | 7EFDEAH | 32kHz 掉电唤醒专用定时器的频率（低字节） | nnnn, nnnn |
| CHIPID11 | 硬件数字 ID11 | 7EFDEBH | 22.1184MHz 的 IRC 参数（27MHz 频段） | nnnn, nnnn |
| CHIPID12 | 硬件数字 ID12 | 7EFDECH | 24MHz 的 IRC 参数（27MHz 频段） | nnnn, nnnn |
| CHIPID13 | 硬件数字 ID13 | 7EFDEDH | 27MHz 的 IRC 参数（27MHz 频段） | nnnn, nnnn |
| CHIPID14 | 硬件数字 ID14 | 7EFDEEH | 30MHz 的 IRC 参数（27MHz 频段） | nnnn, nnnn |
| CHIPID15 | 硬件数字 ID15 | 7EFDEFH | 33.1776MHz 的 IRC 参数（27MHz 频段） | nnnn, nnnn |
| CHIPID16 | 硬件数字 ID16 | 7EFDF0H | 35MHz 的 IRC 参数（44MHz 频段） | nnnn, nnnn |
| CHIPID17 | 硬件数字 ID17 | 7EFDF1H | 36.864MHz 的 IRC 参数（44MHz 频段） | nnnn, nnnn |
| CHIPID18 | 硬件数字 ID18 | 7EFDF2H | 40MHz 的 IRC 参数（44MHz 频段） | nnnn, nnnn |
| CHIPID19 | 硬件数字 ID19 | 7EFDF3H | 44.2368MHz 的 IRC 参数（44MHz 频段） | nnnn, nnnn |

| 符号 | 描述 | 地址 | 存储内容 | 复位值 |
|---|---|---|---|---|
| CHIPID20 | 硬件数字 ID20 | 7EFDF4H | 48MHz 的 IRC 参数（44MHz 频段） | nnnn, nnnn |
| CHIPID21 | 硬件数字 ID21 | 7EFDF5H | 6MHz 频段的 VRTRIM 参数 | nnnn, nnnn |
| CHIPID22 | 硬件数字 ID22 | 7EFDF6H | 10MHz 频段的 VRTRIM 参数 | nnnn, nnnn |
| CHIPID23 | 硬件数字 ID23 | 7EFDF7H | 27MHz 频段的 VRTRIM 参数 | nnnn, nnnn |
| CHIPID24 | 硬件数字 ID24 | 7EFDF8H | 44MHz 频段的 VRTRIM 参数 | nnnn, nnnn |
| CHIPID25 | 硬件数字 ID25 | 7EFDF9H | 00H | nnnn, nnnn |
| CHIPID26 | 硬件数字 ID26 | 7EFDFAH | 用户程序空间结束地址（高字节） | nnnn, nnnn |
| CHIPID27 | 硬件数字 ID27 | 7EFDFBH | 单片机测试时间（年） | nnnn, nnnn |
| CHIPID28 | 硬件数字 ID28 | 7EFDFCH | 单片机测试时间（月） | nnnn, nnnn |
| CHIPID29 | 硬件数字 ID29 | 7EFDFDH | 单片机测试时间（日） | nnnn, nnnn |
| CHIPID30 | 硬件数字 ID30 | 7EFDFEH | 单片机封装形式编号 | nnnn, nnnn |
| CHIPID31 | 硬件数字 ID31 | 7EFDFFH | 5AH | nnnn, nnnn |

### 3.4.4 EEPROM

STC32G12K128 单片机内部集成了大容量的 EEPROM。利用 ISP/IAP 技术可将内部 Data Flash 当作 EEPROM 使用，擦写次数在 10 万次以上。EEPROM 可分为若干个扇区，每个扇区为 512B。

EEPROM 的写操作只能将 1 写为 0，当需要将 0 写为 1 时，则必须执行扇区擦除操作。EEPROM 的读/写操作是以 1B 为单位进行的，而 EEPROM 擦除操作是以 1 扇区（512B）为单位进行的，在执行擦除操作时，如果目标扇区中有需要保留的数据，则必须预先将这些数据读取到 RAM 中暂存，待擦除完成后再将保存的数据和需要更新的数据一起写回 EEPROM/Data Flash。所以，在使用 EEPROM 时，建议同一次修改的数据放在同一个扇区，不是同一次修改的数据放在不同的扇区，不一定要把扇区用满。

EEPROM 可用于保存一些需要在应用过程中修改并且掉电不丢失的数据。在用户程序中，可以对 EEPROM 进行字节读/字节编程/扇区擦除操作。在工作电压偏低时，建议不要进行 EEPROM 操作，以免数据丢失。

**1．EEPROM 的大小及地址**

EEPROM 的起始地址固定为 FE:0000H。

EEPROM 的大小需要在进行 ISP 下载时设置，如图 3.9 所示，若要设置用户 EEPROM 的大小为 64KB，即从"设置用户 EEPROM 大小"的下拉选项中选择"64K"。

图 3.9 EEPROM 大小的设置

**2．EEPROM 的操作**

访问 EEPROM 的方式有两种：IAP 方式和 MOV 方式。IAP 方式可对 EEPROM 执行读、写、擦除操作，但 MOV 方式只能对 EEPROM 进行读操作，而不能进行写和擦除操作。

无论是使用 IAP 方式还是使用 MOV 方式访问 EEPROM，首先都需要设置正确的目标地址。使用 IAP 方式时，地址数据为 EEPROM 的目标地址，地址从 000000H 开始；若使用 MOV 指令读取 EEPROM 数据，则地址数据为基地址（FE:0000H）加上 EEPROM 的目标地址。与 IAP 操作相关的特殊功能寄存器如表 3.22 所示。

表 3.22　与 IAP 操作相关的特殊功能寄存器

| 符号 | 描述 | 地址 | 位地址与符号 | | | | | | | | 复位值 |
| --- | --- | --- | --- | --- | --- | --- | --- | --- | --- | --- | --- |
| | | | B7 | B6 | B5 | B4 | B3 | B2 | B1 | B0 | |
| IAP_DATA | IAP 数据寄存器 | C2H | DATA[7:0] | | | | | | | | 0000, 0000 |
| IAP_ADDRE | IAP 扩展地址寄存器 | F6H | ADDR[23:16] | | | | | | | | 1111, 1111 |
| IAP_ADDRH | IAP 高地址寄存器 | C3H | ADDR[15:8] | | | | | | | | 0000, 0000 |
| IAP_ADDRL | IAP 低地址寄存器 | C4H | ADDR[7:0] | | | | | | | | 0000, 0000 |
| IAP_CMD | IAP 命令寄存器 | C5H | — | — | — | — | — | CMD[2:0] | | | xxxx, x000 |
| IAP_TRIG | IAP 触发寄存器 | C6H | | | | | | | | | 0000, 0000 |
| IAP_CONTR | IAP 控制寄存器 | C7H | IAPEN | SWBS | SWRST | CMD_FAIL | — | — | — | — | 0000, xxxx |
| IAP_TPS | IAP 等待时间控制寄存器 | F5H | — | — | IAP_TPS[5:0] | | | | | | xx00, 0000 |

（1）IAP 数据寄存器：IAP_DATA。

在进行 EEPROM 的读操作时，命令执行完成后读出的 EEPROM 数据保存在 IAP_DATA 中。在进行 EEPROM 的写操作时，在执行写命令前，必须将待写入的数据存放在 IAP_DATA 中，再发送写命令。擦除 EEPROM 命令与 IAP_DATA 寄存器无关。

（2）IAP 地址寄存器：IAP_ADDRE、IAP_ADDRH、IAP_ADDRL。

EEPROM 地址有 24 位，IAP_ADDRE 存放其高 8 位，IAP_ADDRH 存放其中间 8 位，IAP_ADDRL 存放其低 8 位。

（3）IAP 命令寄存器：IAP_CMD。

CMD[2:0]用于发送 EEPROM 操作命令。

000：空操作。

001：读 EEPROM 字节命令。读取目标地址 ADDR[23:0]所在的 1 字节。

010：写 EEPROM 字节命令。写目标地址 ADDR[23:0]所在的 1 字节。

011：擦除 EEPROM 扇区。擦除目标地址 ADDR[23:9]所在的 1 扇区（512B）。

（4）IAP 控制寄存器：IAP_CONTR。

IAPEN：EEPROM 操作使能控制位。当 IAPEN=0 时，禁止 EEPROM 操作；当 IAPEN=1 时，使能 EEPROM 操作。

SWBS、SWRST：软件复位控制位，其具体用法详见本书软件复位相关内容。

CMD_FAIL：EEPROM 操作失败状态位，需要通过软件清零。当 CMD_FAIL=0 时，说明 EEPROM 操作正确；当 CMD_FAIL=1 时，说明 EEPROM 操作失败。

（5）IAP 触发寄存器：IAP_TRIG。

设置完 EEPROM 读、写、擦除的命令寄存器、地址寄存器、数据寄存器及控制寄存器后，需要向触发寄存器 IAP_TRIG 依次写入 5AH、A5H（顺序不能交换）两个触发命令来触发相应的读、写、擦除操作。

（6）IAP 等待时间控制寄存器：IAP_TPS。

根据不同的工作频率来设置 IAP_TPS。

以 IAP 方式访问 EEPROM 时，不同操作的操作时间是不一样的：读取 1 个字节需要 4 个系统时钟周期，写 1 个字节需要 30～40μs，擦除 1 个扇区（512B）需要 4～6ms。

EEPROM 操作所需的时间是硬件自动控制的，用户只需要正确设置 IAP_TPS 寄存器即可。

IAP_TPS＝系统工作频率/1000000（小数部分四舍五入进行取整）。例如系统工作频率为 12MHz，则 IAP_TPS 设置为 12；系统工作频率为 22.1184MHz，则 IAP_TPS 设置为 22；系统工作频率为 5.5296MHz，则 IAP_TPS 设置为 6。

# 3.5 并行 I/O 端口

STC32G12K128 单片机所有的 I/O 端口均有 4 种工作模式：准双向端口/弱上拉（标准 8051 输出端口模式）、推挽输出/强上拉、高阻输入（电流既不能流入也不能流出）、开漏输出。可使用软件对 I/O 端口的工作模式进行配置。与并行 I/O 端口相关的 SFR 和 XFR 如表 3.23 和表 3.24 所示，学习时，应重点掌握端口数据寄存器与端口配置寄存器。

表 3.23　与并行 I/O 端口相关的 SFR

| 符号 | 描述 | 地址 | 位地址与符号 | | | | | | | | 复位值 |
|------|------|------|------|------|------|------|------|------|------|------|--------|
| | | | B7 | B6 | B5 | B4 | B3 | B2 | B1 | B0 | |
| P0 | P0 端口 | 80H | P07 | P06 | P05 | P04 | P03 | P02 | P01 | P00 | 1111, 1111 |
| P1 | P1 端口 | 90H | P17 | P16 | P15 | P14 | P13 | P12 | P11 | P10 | 1111, 1111 |
| P2 | P2 端口 | A0H | P27 | P26 | P25 | P24 | P23 | P22 | P21 | P20 | 1111, 1111 |
| P3 | P3 端口 | B0H | P37 | P36 | P35 | P34 | P33 | P32 | P31 | P30 | 1111, 1111 |
| P4 | P4 端口 | C0H | P47 | P46 | P45 | P44 | P43 | P42 | P41 | P40 | 1111, 1111 |
| P5 | P5 端口 | C8H | — | — | P55 | P54 | P53 | P52 | P51 | P50 | xx11, 1111 |
| P6 | P6 端口 | E8H | P67 | P66 | P65 | P64 | P63 | P62 | P61 | P60 | 1111, 1111 |
| P7 | P7 端口 | F8H | P77 | P76 | P75 | P74 | P73 | P72 | P71 | P70 | 1111, 1111 |
| P0M0 | P0 口配置寄存器 0 | 93H | P07M1 | P06M1 | P05M1 | P04M1 | P03M1 | P02M1 | P01M1 | P00M1 | 0000, 0000 |
| P0M1 | P0 口配置寄存器 1 | 94H | P07M0 | P06M0 | P05M0 | P04M0 | P03M0 | P02M0 | P01M0 | P00M0 | 1111, 1111 |
| P1M0 | P1 口配置寄存器 0 | 91H | P17M1 | P16M1 | P15M1 | P14M1 | P13M1 | P12M1 | P11M1 | P10M1 | 0000, 0000 |
| P1M1 | P1 口配置寄存器 1 | 92H | P17M0 | P16M0 | P15M0 | P14M0 | P13M0 | P12M0 | P11M0 | P10M0 | 1111, 1111 |
| P2M0 | P2 口配置寄存器 0 | 95H | P27M1 | P26M1 | P25M1 | P24M1 | P23M1 | P22M1 | P21M1 | P20M1 | 0000, 0000 |
| P2M1 | P2 口配置寄存器 1 | 96H | P27M0 | P26M0 | P25M0 | P24M0 | P23M0 | P22M0 | P21M0 | P20M0 | 1111, 1111 |
| P3M0 | P3 口配置寄存器 0 | B1H | P37M1 | P36M1 | P35M1 | P34M1 | P33M1 | P32M1 | P31M1 | P30M1 | 0000, 0000 |
| P3M1 | P3 口配置寄存器 1 | B2H | P37M0 | P36M0 | P35M0 | P34M0 | P33M0 | P32M0 | P31M0 | P30M0 | 1111, 1100 |
| P4M0 | P4 口配置寄存器 0 | B3H | P47M1 | P46M1 | P45M1 | P44M1 | P43M1 | P42M1 | P41M1 | P40M1 | 0000, 0000 |
| P4M1 | P4 口配置寄存器 1 | B4H | P47M0 | P46M0 | P45M0 | P44M0 | P43M0 | P42M0 | P41M0 | P40M0 | 1111, 1111 |
| P5M0 | P5 口配置寄存器 0 | C9H | — | — | P55M1 | P54M1 | P53M1 | P52M1 | P51M1 | P50M1 | xx00, 0000 |
| P5M1 | P5 口配置寄存器 1 | CAH | — | — | P55M0 | P54M0 | P53M0 | P52M0 | P51M0 | P50M0 | xx11, 1111 |
| P6M0 | P6 口配置寄存器 0 | CBH | P67M1 | P66M1 | P65M1 | P64M1 | P63M1 | P62M1 | P61M1 | P60M1 | 0000, 0000 |
| P6M1 | P6 口配置寄存器 1 | CCH | P67M0 | P66M0 | P65M0 | P64M0 | P63M0 | P62M0 | P61M0 | P60M0 | 1111, 1111 |
| P7M0 | P7 口配置寄存器 0 | E1H | P77M1 | P76M1 | P75M1 | P74M1 | P73M1 | P72M1 | P71M1 | P70M1 | 0000, 0000 |
| P7M1 | P7 口配置寄存器 1 | E2H | P77M0 | P76M0 | P75M0 | P74M0 | P73M0 | P72M0 | P71M0 | P70M0 | 1111, 1111 |

表 3.24　与并行 I/O 端口相关的 XFR

| 符号 | 描述 | 地址 | 位地址与符号 | | | | | | | | 复位值 |
|------|------|------|------|------|------|------|------|------|------|------|--------|
| | | | B7 | B6 | B5 | B4 | B3 | B2 | B1 | B0 | |
| P0PU | P0 口上拉电阻控制寄存器 | 7EFE10H | P07PU | P06PU | P05PU | P04PU | P03PU | P02PU | P01PU | P00PU | 0000, 0000 |
| P1PU | P1 口上拉电阻控制寄存器 | 7EFE11H | P17PU | P16PU | P15PU | P14PU | P13PU | P12PU | P11PU | P10PU | 0000, 0000 |
| P2PU | P2 口上拉电阻控制寄存器 | 7EFE12H | P27PU | P26PU | P25PU | P24PU | P23PU | P22PU | P21PU | P20PU | 0000, 0000 |
| P3PU | P3 口上拉电阻控制寄存器 | 7EFE13H | P37PU | P36PU | P35PU | P34PU | P33PU | P32PU | P31PU | P30PU | 0000, 0000 |
| P4PU | P4 口上拉电阻控制寄存器 | 7EFE14H | P47PU | P46PU | P45PU | P44PU | P43PU | P42PU | P41PU | P40PU | 0000, 0000 |
| P5PU | P5 口上拉电阻控制寄存器 | 7EFE15H | — | — | P55PU | P54PU | P53PU | P52PU | P51PU | P50PU | xx00, 0000 |

| 符号 | 描述 | 地址 | 位地址与符号 | | | | | | | | 复位值 |
|---|---|---|---|---|---|---|---|---|---|---|---|
| | | | B7 | B6 | B5 | B4 | B3 | B2 | B1 | B0 | |
| P6PU | P6 口上拉电阻控制寄存器 | 7EFE16H | P67PU | P66PU | P65PU | P64PU | P63PU | P62PU | P61PU | P60PU | 0000,0000 |
| P7PU | P7 口上拉电阻控制寄存器 | 7EFE17H | P77PU | P76PU | P75PU | P74PU | P73PU | P72PU | P71PU | P70PU | 0000,0000 |
| P0NCS | P0 口施密特触发控制寄存器 | 7EFE18H | P07NCS | P06NCS | P05NCS | P04NCS | P03NCS | P02NCS | P01NCS | P00NCS | 0000,0000 |
| P1NCS | P1 口施密特触发控制寄存器 | 7EFE19H | P17NCS | P16NCS | P15NCS | P14NCS | P13NCS | P12NCS | P11NCS | P10NCS | 0000,0000 |
| P2NCS | P2 口施密特触发控制寄存器 | 7EFE1AH | P27NCS | P26NCS | P25NCS | P24NCS | P23NCS | P22NCS | P21NCS | P20NCS | 0000,0000 |
| P3NCS | P3 口施密特触发控制寄存器 | 7EFE1BH | P37NCS | P36NCS | P35NCS | P34NCS | P33NCS | P32NCS | P31NCS | P30NCS | 0000,0000 |
| P4NCS | P4 口施密特触发控制寄存器 | 7EFE1CH | P47NCS | P46NCS | P45NCS | P44NCS | P43NCS | P42NCS | P41NCS | P40NCS | 0000,0000 |
| P5NCS | P5 口施密特触发控制寄存器 | 7EFE1DH | — | — | P55NCS | P54NCS | P53NCS | P52NCS | P51NCS | P50NCS | xx00,0000 |
| P6NCS | P6 口施密特触发控制寄存器 | 7EFE1EH | P67NCS | P66NCS | P65NCS | P64NCS | P63NCS | P62NCS | P61NCS | P60NCS | 0000,0000 |
| P7NCS | P7 口施密特触发控制寄存器 | 7EFE1FH | P77NCS | P76NCS | P75NCS | P74NCS | P73NCS | P72NCS | P71NCS | P70NCS | 0000,0000 |
| P0SR | P0 口电平转换速率寄存器 | 7EFE20H | P07SR | P06SR | P05SR | P04SR | P03SR | P02SR | P01SR | P00SR | 1111,1111 |
| P1SR | P1 口电平转换速率寄存器 | 7EFE21H | P17SR | P16SR | P15SR | P14SR | P13SR | P12SR | P11SR | P10SR | 1111,1111 |
| P2SR | P2 口电平转换速率寄存器 | 7EFE22H | P27SR | P26SR | P25SR | P24SR | P23SR | P22SR | P21SR | P20SR | 1111,1111 |
| P3SR | P3 口电平转换速率寄存器 | 7EFE23H | P37SR | P36SR | P35SR | P34SR | P33SR | P32SR | P31SR | P30SR | 1111,1111 |
| P4SR | P4 口电平转换速率寄存器 | 7EFE24H | P47SR | P46SR | P45SR | P44SR | P43SR | P42SR | P41SR | P40SR | 1111,1111 |
| P5SR | P5 口电平转换速率寄存器 | 7EFE25H | — | — | P55SR | P54SR | P53SR | P52SR | P51SR | P50SR | xx11,1111 |
| P6SR | P6 口电平转换速率寄存器 | 7EFE26H | P67SR | P66SR | P65SR | P64SR | P63SR | P62SR | P61SR | P60SR | 1111,1111 |
| P7SR | P7 口电平转换速率寄存器 | 7EFE27H | P77SR | P76SR | P75SR | P74SR | P73SR | P72SR | P71SR | P70SR | 1111,1111 |
| P0DR | P0 口驱动电流控制寄存器 | 7EFE28H | P07DR | P06DR | P05DR | P04DR | P03DR | P02DR | P01DR | P00DR | 1111,1111 |
| P1DR | P1 口驱动电流控制寄存器 | 7EFE29H | P17DR | P16DR | P15DR | P14DR | P13DR | P12DR | P11DR | P10DR | 1111,1111 |
| P2DR | P2 口驱动电流控制寄存器 | 7EFE2AH | P27DR | P26DR | P25DR | P24DR | P23DR | P22DR | P21DR | P20DR | 1111,1111 |
| P3DR | P3 口驱动电流控制寄存器 | 7EFE2BH | P37DR | P36DR | P35DR | P34DR | P33DR | P32DR | P31DR | P30DR | 1111,1111 |
| P4DR | P4 口驱动电流控制寄存器 | 7EFE2CH | P47DR | P46DR | P45DR | P44DR | P43DR | P42DR | P41DR | P40DR | 1111,1111 |
| P5DR | P5 口驱动电流控制寄存器 | 7EFE2DH | — | — | P5DR | P54DR | P53DR | P52DR | P51DR | P50DR | xx11,1111 |
| P6DR | P6 口驱动电流控制寄存器 | 7EFE2EH | P67DR | P66DR | P65DR | P64DR | P63DR | P62DR | P61DR | P60DR | 1111,1111 |
| P7DR | P7 口驱动电流控制寄存器 | 7EFE2FH | P77DR | P76DR | P75DR | P74DR | P73DR | P72DR | P71DR | P70DR | 1111,1111 |
| P0IE | P0 口输入使能控制寄存器 | 7EFE30H | P07IE | P06IE | P05IE | P04IE | P03IE | P02IE | P11IE | P00IE | 1111,1111 |
| P1IE | P1 口输入使能控制寄存器 | 7EFE31H | P17IE | P16IE | P15IE | P14IE | P13IE | P12IE | P11IE | P10IE | 1111,1111 |
| P2IE | P2 口输入使能控制寄存器 | 7EFE32H | P27IE | P26IE | P25IE | P24IE | P23IE | P22IE | P21IE | P20IE | 1111,1111 |
| P3IE | P3 口输入使能控制寄存器 | 7EFE33H | P37IE | P36IE | P35IE | P34IE | P33IE | P32IE | P31IE | P30IE | 1111,1111 |
| P4IE | P4 口输入使能控制寄存器 | 7EFE34H | P47IE | P46IE | P45IE | P44IE | P43IE | P42IE | P41IE | P40IE | 1111,1111 |
| P5IE | P5 口输入使能控制寄存器 | 7EFE35H | — | — | P55IE | P54IE | P53IE | P52IE | P51IE | P50IE | xx11,1111 |
| P6IE | P6 口输入使能控制寄存器 | 7EFE36H | P67IE | P66IE | P65IE | P64IE | P63IE | P62IE | P61IE | P60IE | 1111,1111 |
| P7IE | P7 口输入使能控制寄存器 | 7EFE37H | P77IE | P76IE | P75IE | P74IE | P73IE | P72IE | P71IE | P70IE | 1111,1111 |
| P0PD | P0 口下拉电阻控制寄存器 | 7EFE40H | P07PD | P06PD | P05PD | P04PD | P03PD | P02PD | P11PD | P00PD | 0000,0000 |
| P1PD | P1 口下拉电阻控制寄存器 | 7EFE41H | P17PD | P16PD | P15PD | P14PD | P13PD | P12PD | P11PD | P10PD | 0000,0000 |
| P2PD | P2 口下拉电阻控制寄存器 | 7EFE42H | P27PD | P26PD | P25PD | P24PD | P23PD | P22PD | P11PD | P20PD | 0000,0000 |
| P3PD | P3 口下拉电阻控制寄存器 | 7EFE43H | P37PD | P36PD | P35PD | P34PD | P33PD | P32PD | P11PD | P30PD | 0000,0000 |
| P4PD | P4 口下拉电阻控制寄存器 | 7EFE44H | P47PD | P46PD | P45PD | P44PD | P43PD | P42PD | P11PD | P40PD | 0000,0000 |
| P5PD | P5 口下拉电阻控制寄存器 | 7EFE45H | — | — | P55PD | P54PD | P53PD | P52PD | P11PD | P50PD | xx00,0000 |
| P6PD | P6 口下拉电阻控制寄存器 | 7EFE46H | P67PD | P66PD | P65PD | P64PD | P63PD | P62PD | P11PD | P60PD | 0000,0000 |
| P7PD | P7 口下拉电阻控制寄存器 | 7EFE47H | P77PD | P76PD | P75PD | P74PD | P73PD | P72PD | P11PD | P70PD | 0000,0000 |

### 3.5.1 I/O 端口的配置

每个 I/O 端口的工作模式都需要使用两个寄存器进行设置，Pn 端口就由 PnM1 和 PnM0 来进行设置，其中 n=0～7。以 P0 口为例，设置 P0 口需要通过 P0M1 和 P0M0 两个寄存器进行，设置关系如图 3.10 所示，P0M1.7 和 P0M0.7 用于设置 P0.7 的工作模式。STC32G12K128 单片机 I/O 端口工作模式的设置如表 3.25 所示。

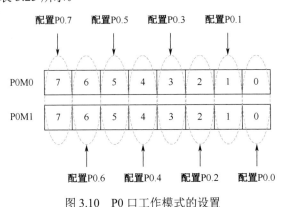

图 3.10　P0 口工作模式的设置

表 3.25　I/O 端口工作模式的设置

| 设置信号 | | I/O 端口工作模式 |
|---|---|---|
| PnM1[7:0] | PnM0[7:0] | |
| 0 | 0 | 准双向端口（传统 8051 端口模式，弱上拉），灌电流可达 20mA，拉电流为 270～150μA |
| 0 | 1 | 推挽输出（强上拉输出，工作电流可达 20mA，要加限流电阻） |
| 1 | 0 | 仅用于输入（高阻） |
| 1 | 1 | 开漏输出（Open-Drain），内部上拉电阻断开。开漏模式既可读外部状态也可对外输出（高电平或低电平）。如要正确读外部状态或对外输出高电平，需要外加上拉电阻，否则读不到外部状态，也无法对外输出高电平 |

注意：

（1）虽然每个 I/O 端口在弱上拉（准双向端口）/推挽输出/开漏输出模式时都能承受 20mA 的灌电流（还是要加限流电阻，如 1kΩ、560Ω、472Ω 等），在推挽输出时能输出 20mA 的拉电流（也要加限流电阻），但是整个单片机的工作电流不推荐超过 90mA，即从电源流入的电流不要超过 90mA，从 GND 流出的电流建议不要超过 90mA，即整体流入/流出电流建议都不要超过 90mA。

（2）当有 I/O 端口被选择为 A/D 转换器输入通道时，必须设置 PnM0/PnM1 寄存器将 I/O 端口模式设置为输入模式。另外，如果单片机进入掉电模式/时钟停振模式后仍需要使能 A/D 转换器通道，则需要设置 PnIE 寄存器关闭数字输入，这样才能保证不会有额外的耗电。

### 3.5.2　并行 I/O 端口的结构

#### 1. 准双向端口（弱上拉）输出

准双向端口（弱上拉）输出的结构如图 3.11 所示。

准双向端口（弱上拉）输出可用作输出和输入功能而不需要重新配置端口的输出状态。这是因为当端口输出高电平时，驱动能力很弱，允许外部将其拉低；当输出低电平时，它的驱动能力很强，可吸收相当大的电流。准双向端口有 3 个上拉晶体管，适应不同的需要。

第 1 个上拉晶体管称为"弱上拉"晶体管，当端口寄存器中的数值为 1 且引脚本身也为高电平时导通。此上拉晶体管提供基本驱动电流，使准双向端口输出为 1。如果引脚本身为高电平而由外部装置下拉到低电平时，此上拉晶体管截止而"极弱上拉"晶体管维持导通状态，为了将这个引脚的电平强拉为低，外部装置必须有足够的灌电流能力使引脚上的电平降到门槛电压以下。对于工作电压为 5V 的单片机，"弱上拉"晶体管的电流约为 250μA；对于工作电压为 3.3V 的单片机，"弱上拉"晶体管的电流约为 150μA。

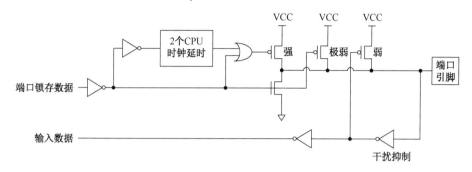

图 3.11  准双向端口（弱上拉）输出的结构

第 2 个上拉晶体管称为"极弱上拉"晶体管，当端口数据锁存为 1 时导通。当引脚悬空时，"极弱上拉"晶体管产生很弱的上拉电流将引脚上拉为高电平。对于工作电压为 5V 的单片机，"极弱上拉"晶体管的电流约为 18μA；对于工作电压为 3.3V 的单片机，"极弱上拉"晶体管的电流约为 5μA。

第 3 个上拉晶体管称为"强上拉"晶体管，当端口锁存数据由 0 到 1 跳变时，"强上拉"晶体管用来加快准双向端口由低电平到高电平的转换。当发生这种情况时，"强上拉"晶体管导通约 2 个时钟周期，以迅速上拉高电平。

准双向端口（弱上拉）带有一个施密特触发输入电路及一个干扰抑制电路。准双向端口（弱上拉）读外部状态前，要先置锁存器中的数据为 1，这样才可读到外部正确的状态。

**2．推挽输出**

推挽输出模式配置的下拉结构与开漏输出及准双向端口的下拉结构相同，但当锁存器中的数据为 1 时提供持续的强上拉电流。推挽输出模式一般用于需要更大驱动电流的情况。推挽输出模式的结构如图 3.12 所示。

**3．高阻输入**

在高阻输入模式下，电流既不能流入也不能流出。高阻输入模式带有一个施密特触发输入电路及一个干扰抑制电路。高阻输入模式的结构如图 3.13 所示。

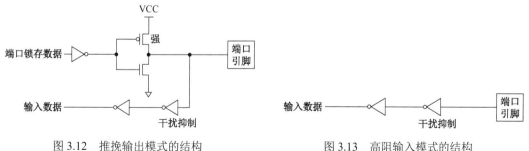

图 3.12  推挽输出模式的结构          图 3.13  高阻输入模式的结构

**4．开漏输出**

开漏输出模式既可读外部状态也可对外输出（高电平或低电平）。如要正确读外部状态或需要对外输出高电平，需要外加上拉电阻。当端口锁存器中的数据为 0 时，开漏输出模式将使所有上拉晶体管截止。当作为一个逻辑端口输出高电平时，采用此模式必须配有外部上拉电阻，一般通过外部上拉电阻接到电源。如果外部有上拉电阻，采用开漏输出模式的 I/O 端口还可读外部状态，即此时被配置为开漏模式的 I/O 端口还可作为输入 I/O 端口。这种方式的电平下拉原理与准双向端口（弱上拉）模式相同。

开漏输出模式带有一个施密特触发输入电路及一个干扰抑制电路，其结构如图 3.14 所示。

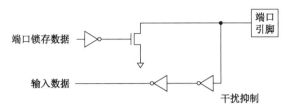

图 3.14　开漏输出模式的结构

### 3.5.3　并行 I/O 端口的其他控制

#### 1．内部上拉电阻的设置

I/O 端口内部可使能一个阻值大约为 4.1kΩ 的上拉电阻，由 P$n$PU（$n$=0～7）寄存器来控制，如 P1.7 内部上拉电阻的使能就由 P1PU.7 来控制，"0" 禁止，"1" 使能。

#### 2．施密特触发器的设置

I/O 端口输入通道均可使能一个施密特触发器，由 P$n$NCS（$n$=0～7）寄存器来控制，如 P1.7 内部施密特触发器的使能就由 P1PNCS.7 来控制，"0" 使能，"1" 禁止。

#### 3．电平转换速度的设置

电平的转换速度由 P$n$SR（$n$=0～7）寄存器来控制，如 P1.7 电平的转换速度就由 P1SR.7 来控制，当设置为 "0" 时，电平的转换速度快，但相应的上下冲击会比较大；当设置为 "1" 时，电平的转换速度慢，但相应的上下冲击会比较小。

#### 4．电流驱动能力的设置

电流的驱动能力由 P$n$DR（$n$=0～7）寄存器来控制，如 P1.7 的电流驱动能力就由 P1DR.7 来控制，当设置为 "1" 时，电流的驱动能力为一般驱动能力；当设置为 "0" 时，增强端口的电流驱动能力。

#### 5．数字信号输入使能的设置

I/O 端口的数字信号输入由 P$n$IE（$n$=0～7）寄存器来控制，如 P1.7 的数字信号输入就由 P1IE.7 来控制，"0" 禁止，"1" 使能。

注意：若 I/O 端口被当作比较器输入端口、A/D 转换器输入端口或者触摸按键输入端口等模拟端口时，进入时钟停振模式前，必须将 P$n$IE 设置为 0，否则会有额外的耗电。

#### 6．下拉电阻设置寄存器（P$n$PD）

STC32G12K128 单片机所有的 I/O 端口内部均可使能一个下拉电阻，由寄存器 P$n$PD（$n$=0～7）来控制，如 P1.7 是否使能下拉电阻就由 P1PD.7 来控制，"0" 禁止，"1" 使能。

### 3.5.4　并行 I/O 端口使用注意事项

（1）P3.0 和 P3.0 上电后的状态为准双向端口（弱上拉）模式。

（2）除 P3.0 和 P3.1 外，其余所有 I/O 端口上电后的状态均为高阻输入模式，用户在使用 I/O 端口前必须先设置 I/O 端口模式。

（3）单片机上电时如果不需要使用 USB 进行 ISP 下载，那么 P3.0、P3.1、P3.2 不能同时为低电平，否则单片机会进入 USB 下载模式而无法运行用户代码。

（4）单片机上电时，若 P3.0 和 P3.1 同时为低电平，P3.2 会在很短的时间内由高阻输入模式切换到双向口模式，用以读取 P3.2 外部状态来判断是否需要进入 USB 下载模式。

（5）当使用 P5.4 作为复位引脚时，其内部的 4kΩ 上拉电阻会保持使能状态；但 P5.4 作为普通 I/O 端口引脚时，基于共享引脚的特殊考量，P5.4 内部的 4kΩ 上拉电阻依然会保持使能状态大约 6.5ms，再自动关闭（当用户的电路设计需要使用 P5.4 驱动外部电路时，请务必考虑上电瞬间会有 6.5ms 时间的高电平这一情况）。

# 3.6  电源管理

STC32G12K128 单片机的电源管理由电源控制寄存器（PCON）实现，其格式如表 3.26 所示。

表 3.26  PCON 的格式

| 符号 | 描述 | 地址 | 位地址与符号 | | | | | | | | 复位值 |
|------|------|------|------|------|------|------|------|------|------|------|------|
| | | | B7 | B6 | B5 | B4 | B3 | B2 | B1 | B0 | |
| PCON | 电源控制寄存器 | 87H | SMOD | SMOD0 | LVDF | POF | GF1 | GF0 | PD | IDL | 0011, 0000 |

## 3.6.1  空闲（IDLE）模式

### 1. 空闲模式的进入

PCON.0（IDL）为空闲模式的控制位。置位 PCON.0（IDL）后，单片机进入空闲模式。当单片机被唤醒后，该位由硬件自动清零。

### 2. 空闲模式的状态

单片机进入空闲模式后，只有 CPU 停止工作，其他外设依然运行。

### 3. 空闲模式的退出

有两种方式可以退出空闲模式。

①外部复位引脚 RST 的硬件复位，将复位引脚的电平拉低，产生复位。这种拉低复位引脚电平来产生复位的信号源需要被保持 24 个时钟周期加上 20μs，才能产生作用，之后再将复位引脚的电平拉高，结束复位，单片机从用户程序 FF0000H 处开始进入正常工作模式。

②外部中断、定时器中断、低电压检测中断及 A/D 转换中的任何一个中断的产生都会引起 PCON.0（IDL）被硬件清零，从而使单片机退出空闲模式。当单片机被唤醒后，CPU 将继续执行进入空闲模式时正在执行的指令的下一条指令，之后将进入相应的中断服务子程序。

## 3.6.2  掉电模式

### 1. 掉电模式的进入

PCON.1（PD）为掉电模式的控制位。置位 PCON.1（PD），单片机进入掉电模式。当单片机被唤醒后，该位由硬件自动清零。

### 2. 掉电模式的状态

单片机进入掉电模式后，CPU 及全部外设均停止工作，但 eram 和 xram 中的数据是一直维持不变的。

### 3. 掉电模式的退出

（1）通过外部复位引脚进行硬件复位可退出掉电模式。复位后，单片机从用户程序时 FF0000H 处开始进入正常的工作模式。

（2）INT0(P3.2)、INT1(P3.3)、INT2(P3.6)、INT3(P3.7)、INT4(P3.0)、T0(P3.4)、T1(P3.5)、T2(P1.2)、T3(P0.4)、T4(P0.6)、RXD(P3.0)、RXD2(P1.4)、RXD3(P0.0)、RXD4(P0.2)、I2C_SDA(P1.4)等中断及比较器中断、低压检测中断可唤醒单片机。以此方式唤醒单片机后，CPU 将继续执行进入掉电模式时正在执行的指令的下一条指令，然后执行相应的中断服务子程序。

（3）使用内部的掉电唤醒专用定时器可唤醒单片机，该功能由特殊功能寄存器 WKTCH 和 WKTCL 管理与控制。WKTCH.7（WKTEN）为掉电唤醒专用定时器的使能控制位（1 使能，0 禁止）。掉电唤醒专用定时器是由 WKTCH 的低 7 位和 WKTCL 的 8 位构成的一个 15 位的寄存器，寄存器的设置范围为 1～32766，设置该值时应注意，设置值要比实际计数值少 1。

STC32G12K128 单片机除增加了特殊功能寄存器 WKTCH 和 WKTCL 外，还设有两个隐藏的特殊功能寄存器 WKTCH_CNT 和 WKTCL_CNT，用来控制内部的停机唤醒专用定时器。WKTCL_CNT 和 WKTCL 共用一个地址（AAH），WKTCH_CNT 和 WKTCH 共用一个地址（ABH），WKTCH_CNT 和 WKTCL_CNT 是隐藏的，对用户是不可见的。WKTCH_CNT 和 WKTCL_CNT 实际上用作计数器，而 WKTCH 和 WKTCL 用作比较寄存器。当用户对 WKTCH 和 WKTCL 写入内容时，该内容只写入 WKTCH 和 WKTCL；当用户读 WKTCH 和 WKTCL 的内容时，实际上读的是 WKTCH_CNT 和 WKTCL_CNT 的内容，而不是 WKTCH 和 WKTCL 的内容。

以此方式唤醒单片机后，CPU 将继续执行进入掉电模式时正在执行的指令的下一条指令。

掉电唤醒专用定时器有自己的时钟，其频率大约为 32kHz，但误差较大。用户可通过读 RAM 区 F8H 和 F9H 的内容（F8H 存放频率的高字节，F9H 存放频率的低字节）来获取出厂时所记录的掉电唤醒专用定时器时钟频率。

掉电唤醒专用定时器定时时间$=16 \times 10^6 \times$计数次数$/f_{wt}$（结果单位为微秒）。其中，$f_{wt}$ 为我们从 RAM 区 F8H 和 F9H 获取到的时钟频率。

【例 3.1】编程实现：LED 以一定时间间隔闪烁，按下 SW18 按键，单片机进入空闲模式或者掉电模式，LED 停止闪烁并停留在当前亮灭状态，SW18 按键接单片机 P3.3，LED 连接单片机 P4.7。

解：C 语言程序如下：

```
#include "stc32g.h"                //包含 STC32G12K128 单片机头文件
#include"intrins.h"
sbit SW18 = P3^3;                  //定义按键端口
sbit LED10 = P4^7;                 //定义 LED 端口
#define MAIN_Fosc    24000000UL    //定义系统时钟
void  delay_ms(unsigned char ms)
{
    unsigned int i;
    do{
        i = MAIN_Fosc / 6000;
        while(--i);
    }while(--ms);
}

void main( )
{
    while(1)
    {
        LED10 = ~LED10;            //进行按键功能处理
        delay_ms(500);
        if(SW18 ==0)              //检测按键是否按下出现低电平
        {
            delay_ms(10);         //调用延时了程序进行软件去抖
```

```
        if(SW18 ==0)                    //再次检测按键是否确实按下出现低电平
        {
            while(SW18 ==0);     //等待按键松开
            PCON|=0x01;              //将 IDL 置位，单片机将进入空闲模式
            //PCON|=0x02;            //将 PD 置位，单片机将进入掉电模式
            _nop_;_nop_;_nop_;_nop_;
        }
    }
  }
}
```

【例 3.2】编写 WKTCH 和 WKTCL 的设置程序，实现：用内部掉电唤醒专用定时器将单片机从掉电状态唤醒，唤醒时间为 500ms。

**解：** 设 $f_{wt}$ 为 32kHz，根据前述公式计算掉电唤醒专用定时器的计数值：

$$计数次数 = \frac{内部掉电唤醒定时器定时时间 \times f_{wt}}{16 \times 10^6} = \frac{500 \times 10^3 \times 32 \times 10^3}{16 \times 10^6} = 1000$$

WKTCH 和 WKTCL 的计数值为计数次数 1000 减 1，即 999。因此，WKTCH=03H，WKTCL=E7H。

C 语言程序如下：
```
#include "stc32g.h"          //包含 STC32G12K128 单片机头文件
void main(void)
{
    WKTCH=0x03;
    WKTCL=0xe7;
    //…
}
```

**特别注意：** 当单片机进入空闲模式或者掉电模式后，由中断唤醒单片机后，CPU 将继续执行进入空闲模式或者掉电模式时当前执行的指令的下一条指令，当下一条指令被执行后是继续执行后续指令还是转向执行中断服务子程序，这里还是有一定区别的，所以编程时，建议在设置单片机进入掉电模式的语句后加几条_nop_()语句（空语句）。

# 3.7 工程训练

## 3.7.1 EEPROM 的测试

### 1．工程训练目标

（1）进一步理解 STC32G12K128 单片机的存储结构。

（2）掌握 STC32G12K128 单片机 EEPROM 的特性与使用方法。

### 2．任务概述

1）电路设计

采用实验箱进行测试，LED17～LED14 分别用作工作指示灯、擦除成功指示灯、编程成功指示灯、校验成功指示灯（含测试失败指示）；LED17～LED14 灯分别由 P6.7～P6.4 控制，低电平点亮。

2）参考程序（C 语言版）

（1）程序说明。当程序开始运行时，点亮 LED17，接着进行扇区擦除并检验，若擦除成功，再点亮 LED16，接着从 EEPROM 的 0000H 开始写入数据，写完后再点亮 LED15，接着进行数据校验，若校验成功，再点亮 LED14，表示测试成功，否则 LED14 闪烁，表示测试失败。

对 EEPROM 的操作包括擦除、编程与读取，涉及的特殊功能寄存器较多，为了便于程序的阅读与管理，把对 EEPROM 进行擦除、编程与读取的操作函数放在一起，生成一个 C 语言程序文件，并命名为"EEPROM.c"，使用时，利用包含指令将 EEPROM.c 包含到主文件中，这样在主文件中就可以直接调用 EEPROM 的相关操作函数了。

（2）操作 EEPROM 的函数所在的程序文件 EEPROM.c：

```
/*---定义 IAP 操作模式字与测试地址---*/
#define CMD_IDLE        0        //无效模式
#define CMD_READ        1        //读命令
#define CMD_PROGRAM 2            //编程命令
#define CMD_ERASE       3        //擦除命令
#define WAIT_TIME       12       //设置 CPU 等待时间(18.324MHz)
#define IAP_ADDRESS  0x000000    //EEPROM 操作起始地址
/*---写 EEPROM 字节子函数---*/
void IapProgramByte(u32 addr, u8 dat)  //对字节地址所在扇区擦除
{
    IAP_CONTR = 0x80;           //允许 IAP 操作
    IAP_TPS = WAIT_TIME;        //设置等待时间
    IAP_CMD = CMD_PROGRAM;      //送编程命令 0x02
    IAP_ADDRL =addr;            //设置 IAP 编程操作地址
    IAP_ADDRH = addr>>8;
    IAP_ADDRE = addr>>16;
    IAP_DATA = dat;             //设置编程数据
    IAP_TRIG = 0x5a;            //对 IAP_TRIG 先送 0x5a 再送 0xa5，触发 IAP 启动
    IAP_TRIG = 0xa5;
    _nop_();                    //稍等，待操作完成
    IAP_CONTR=0x00;             //关闭 IAP 功能
}
/*---扇区擦除---*/
void IapEraseSector(u32 addr)
{
    IAP_CONTR = 0x80;           //允许 IAP 操作
    IAP_TPS = WAIT_TIME;        //设置等待时间
    IAP_CMD = CMD_ERASE;        //送扇区删除命令 0x03
    IAP_ADDRL = addr;           //设置 IAP 扇区删除操作地址
    IAP_ADDRL = addr>>8;
    IAP_ADDRE = addr>>16;
    IAP_TRIG = 0x5a;            //对 IAP_TRIG 先送 0x5a 再送 0xa5，触发 IAP 启动
    IAP_TRIG = 0xa5;
    _nop_();                    //稍等，待操作完成
    IAP_CONTR=0x00;             //关闭 IAP 功能
}
/*---读 EEPROM 字节子函数---*/
u8  IapReadByte(u32 addr)       //形参为高位地址和低位地址
{
    u8  dat;
    IAP_CONTR = 0x80;           //允许 IAP 操作
    IAP_TPS = WAIT_TIME;        //设置等待时间
    IAP_CMD = CMD_READ;         //送读字节数据命令 0x01
    IAP_ADDRL = addr;           //设置 IAP 读操作地址
    IAP_ADDRH = addr>>8;
    IAP_ADDRE = addr>>16;
    IAP_TRIG = 0x5a;            //对 IAP_TRIG 先送 0x5a 再送 0xa5，触发 IAP 启动
    IAP_TRIG=0xa5;
```

```
    _nop_();                        //稍等，待操作完成
    dat= IAP_DATA;                  //返回读出数据
    IAP_CONTR=0x00;                 //关闭 IAP 功能
    return dat;
}
```

（3）主程序参考程序 project371.c

```c
#include<stc32g.h>
#include<intrins.h>
typedef unsigned char   u8;
typedef unsigned int    u16;
typedef unsigned long   u32;
#define MAIN_Fosc 24000000UL    //设置主时钟频率，下载时按此频率设置
#include"sys_inti.c"
#include"EEPROM.c"              //EEPROM 操作函数文件
sbit Strobe=P4^0;
sbit LED17=P6^7;
sbit LED16=P6^6;
sbit LED15=P6^5;
sbit LED14=P6^4;
/*---软件延时函数（tms）---*/
void delay_ms(u16 t)
{
    u16 i;
    do{
        i = MAIN_Fosc / 6000;
        while(--i);
    }while(--t);
}
/*---主函数---*/
void main()
{
    u16 i;
    sys_inti();
    Strobe=0;                       //选通 LED 灯
    LED17=0;                        //程序运行时，点亮 P6.7 控制的 LED 灯
    delay_ms(500);
    IapEraseSector(IAP_ADDRESS);    //扇区擦除
    for(i=0; i<512; i++)
    {
        if(IapReadByte (IAP_ADDRESS+i)!=0xff)
        goto Error;                 //转错误处理
    }
    LED16=0;                        //扇区擦除成功，再点亮 P6.6 控制的 LED 灯
    delay_ms(500);
    for(i=0;i<512;i++)
    {
        IapProgramByte (IAP_ADDRESS+i, (u8)i);
    }
    LED15=0;                        //编程完成，再点亮 P6.5 控制的 LED 灯
    delay_ms(500);
    for(i=0;i<512;i++)
    {
        if(IapReadByte(IAP_ADDRESS+i)!=(u8)i)
        goto Error;                 //转错误处理
```

```
    }
    LED14=0;                              //编程校验成功，再点亮 P6.4 控制的 LED 灯
    while(1);
    Error:    //若扇区擦除不成功或编程校验不成功，P6.4 控制的 LED 灯闪烁
    while(1)
    {
        LED14=~LED14;
        delay_ms(500);
    }
}
```

### 3．任务实施

（1）分析 EEPROM.c 和 project371.c 程序文件。

（2）用 Keil C251 编辑、编译用户程序，生成机器代码。

①将之前已建立的 sys_inti.c 文件复制到当前项目文件夹中。

②用 Keil C251 新建 project371 项目。

③输入与编辑 EEPROM.c 文件。

④输入与编辑 project371.c 文件。

⑤将 project371.c 文件添加到当前项目中。

⑥注释掉 sys_inti.c 文件中的"EAXFR = 1;"和"CKCON=0;"语句。

⑦设置编译环境，勾选"编译时生成机器代码文件"。

⑧编译程序文件，生成 project371.hex 文件。

（3）将实验箱连至 PC。

（4）利用 STC-ISP 将 project371.hex 文件下载到实验箱的单片机中。

（5）观察与调试程序，并记录。

### 4．训练拓展

修改程序，设置测试错误，再编译、下载与测试，并记录。

## 3.7.2  LED 数码管驱动与显示

### 1．工程训练目标

（1）掌握 LED 数码管显示的工作原理。

（2）进一步掌握单片机 I/O 端口的输出操作（C 语言程序）。

（3）掌握 LED 数码管驱动程序的编制（C 语言程序）。

### 2．任务概述

1）任务目标

通过 LED 数码管从高到低显示数字"7、6、5、4、3、2.、1、0"。

2）电路设计

采用实验箱搭建电路，具体电路如图 2.32 和图 2.34 所示，P6 输出字形码，P7 输出位控制码。

3）参考程序（C 语言版）

（1）程序说明。建立一个显示缓冲区，一位数码管对应一个显示缓冲区（Dis_buf[7]～Dis_buf[0] 为数码管的显示缓冲区，Dis_buf[0]为高位，Dis_buf[7]为低位），显示程序只需要按顺序从显示缓冲区取数据即可，把数码管显示函数独立生成一个通用文件，即 LED_display.c，以便于调用。显示函数的名称定义为"LED_display"。

编程时，一是采用包含语句将 LED_display.c 包含进主函数文件；二是当需要显示时，先将

需要显示的数据（若是字符时，则将字符的字形码在字形数据数组（LED_SEG[]）中的位置）传输至显示位对应的显示缓冲区中，再周期性调用 LED 数码管显示函数 LED_display（）即可。

（2）显示程序 LED_display.c：

```
#define font_PORT        P6   //定义字形码输出端口
#define position_PORT    P7   //定义位控制码输出端口
u8 code LED_SEG[]={0xc0, 0xf9, 0xa4, 0xb0, 0x99, 0x92, 0x82, 0xf8, 0x80, 0x90,
0x88, 0x83, 0xc6, 0xa1, 0x86, 0x8e, 0xff, 0x40, 0x79, 0x24, 0x30, 0x19, 0x12,
0x02, 0x78, 0x00, 0x10, 0xbf };
//定义"0、1、2、3、4、5、6、7、8、9"，"A、B、C、D、E、F"以及"灭"的字形码
//定义"0、1、2、3、4、5、6、7、8、9"（含小数点）的字符以及"-"的字形码
u8 code Scan_bit[]={0xfe, 0xfd, 0xfb, 0xf7, 0xef, 0xdf, 0xbf, 0x7f};
//定义扫描位控制码
u8 data Dis_buf[]={0, 16, 16, 16, 16, 16, 16, 16};
//定义显示缓冲区，最低位显示"0"，其他为"灭"
/*---软件延时函数（tms）---*/
void  delay_ms(u16 t)
{
    u16 i;
    do{
        i = MAIN_Fosc / 6000;
        while(--i);
    }while(--t);
}
/*---显示函数---*/
void LED_display(void)
{
    u8 i;
    for(i=0;i<8;i++)
    {
        position_PORT =0xff;
        font_PORT =LED_SEG[Dis_buf[i]];
        position_PORT = Scan_bit[7-i];
        delay_ms(1);
    }
}
```

（3）主程序文件 project372.c：

```
#include<stc32g.h>
#include<intrins.h>
typedef unsigned char   u8;
typedef unsigned int    u16;
typedef unsigned long   u32;
#define MAIN_Fosc 24000000UL   //设置主时钟频率，下载时按此频率设置
#include"sys_inti.c"
#include "LED_display.c"
/*---主函数（显示程序）---*/
void main(void)
{
    sys_inti();
    Dis_buf[0]=7;    Dis_buf[1]=6;  Dis_buf[2]=5;  Dis_buf[3]=4;
    Dis_buf[4]=3;    Dis_buf[5]=2;  Dis_buf[6]=1;  Dis_buf[7]=0;
    while(1)       //无限循环执行显示程序
    {
        LED_display();
    }
}
```

### 3．任务实施

（1）分析 LED_display.c 与 project372.c 程序文件。

（2）用 Keil C251 编辑、编译用户程序，生成机器代码。

①将工程训练 2.4.2 中已编辑的 sys_inti.c 文件复制到本项目文件夹中。

②用 Keil C251 新建 project372 项目。

③输入与编辑 LED_display.c 文件。

④输入与编辑 project372.c 文件。

⑤将 project372.c 文件添加到当前项目中。

⑥设置编译环境，勾选"编译时生成机器代码文件"。

⑦编译程序文件，生成 project372.hex 文件。

（3）将实验箱连接到 PC。

（4）利用 STC-ISP 将 project372.hex 文件下载到实验箱单片机中。

（5）观察 LED 数码管，应能看到依次显示"7、6、5、4、3、2、1、0"。

（6）修改程序并调试，将显示顺序改为"1、0、6、A、-、3.、E、F"。

### 4．训练拓展

在 project372.c 的基础上修改程序，实现在 LED 数码管上显示自己学生证号的后 8 位，显示要求为：从高到低逐位显示自己的学生证号，逐位显示间隔为 500ms，8 位显示结束后，停 2s，然后 LED 数码管熄灭 2s；周而复始。

# 本章小结

STC32G12K128 单片机是高速 32 位 8051 内核（1T），其工作速度约为传统 8051 单片机的 70 倍。STC32G12K128 单片机含 128KB Flash 存储器，支持用户配置 EEPROM 大小；含 4KB 内部 SRAM（edata）及 8KB 内部扩展 RAM（内部 xdata），共 12KB SRAM。

STC32G12K128 单片机含 60 个 GPIO：P0.0～P0.7、P1.0～P1.7（无 P1.2）、P2.0～P2.7、P3.0～P3.7、P4.0～P4.7、P5.0～P5.4、P6.0～P6.7、P7.0～P7.7。所有 GPIO 均支持如下 4 种模式：准双向端口（弱上拉）模式、强推挽输出模式、开漏输出模式、高阻输入模式。除 P3.0 和 P3.1 外，其余所有 I/O 端口上电后的状态均为高阻输入状态。

STC32G12K128 单片机的时钟包括系统时钟、USB 时钟、PWM 时钟（SPI 时钟）、RTC 时钟。系统时钟是核心工作时钟，是必不可少的。系统时钟为单片机的 CPU 和除 USB 时钟、PWM 时钟（SPI 时钟）、RTC 时钟外的外设系统提供时钟源，系统时钟有 5 个时钟源可供选择：内部高精度 IRC 时钟源、内部 32kHz 的 IRC 时钟源（误差较大）、外部晶振时钟源、内部 PLL 输出时钟源及内部 48MHz 时钟源。

STC32G12K128 单片机的复位分为硬件复位和软件复位两种。进行硬件复位时，所有寄存器的值会复位到初始值，系统会重新读取所有的硬件选项，同时根据硬件选项所设置的上电等待时间进行上电等待。硬件复位包括上电复位、低压复位、外部 RST 引脚复位（低电平有效）与看门狗复位。软件复位是通过置位 SWRST 触发的。

STC32G12K128 单片机的电源管理由电源控制寄存器（PCON）实现，置位 IDL，单片机进入空闲模式；置位 PD，单片机进入停机模式。

# 思考与提高

## 一、填空题

（1）STC32G12K128 单片机的存储结构从物理上可分为_____个空间，从逻辑（使用）上可分为_____个空间。

（2）STC32G12K128 单片机的地址总线是_____位。

（3）STC32G12K128 单片机型号中 12K 代表的含义是_____，128 代表的含义是_____。

（4）STC32G12K128 单片机外部引脚复位的有效电平是_____。

（5）STC32G12K128 单片机的主时钟源有_____、_____、_____、_____和_____这 5 种，STC32G12K128 单片机的系统时钟是经一个分频器分频后获得的，用于控制分频器分频系数的特殊功能寄存器是_____。

（6）STC32G12K128 单片机的主时钟可分频后通过_____或_____引脚输出，用于选择主时钟输出引脚和选择分频系数的特殊功能寄存器是_____。

（7）STC32G12K128 单片机并行 I/O 端口的工作模式有准双向端口（弱上拉）、_____、高阻输入和_____4 种。

（8）STC32G12K128 单片机并行 I/O 端口的灌电流可达_____，但建议整个单片机的工作电流不超过_____。

（9）单片机复位后的启动区域分为_____和用户程序区，当从用户程序区启动时，复位的起始地址是_____。

（10）STC32G12K128 单片机 edata 的空间是_____，xdata 的空间是_____。

（11）STC32G12K128 单片机的 EEPROM 的大小是通过_____来设置的，其起始物理地址是_____。

（12）WTST 寄存器的作用是_____。

（13）CKCON 寄存器的作用是_____。

（14）EAXFR 寄存器位的作用是_____。

（15）STC32G12K128 单片机电源管理中，进入空闲模式的控制位是_____，进入停机模式的控制位是_____。

（16）STC32G12K128 单片机软件复位的控制位是_____，选择复位后程序起始区域的控制位是_____。

## 二、选择题

（1）当 P1M1=0xff、P1M0=0xfe 时，P1.0 的工作模式是（　　）。

    A．准双向端口（弱上拉）　　　　　　B．高阻输入

    C．强推挽输出　　　　　　　　　　　D．开漏输出

（2）当 RS1=1、RS0=0 时，CPU 选择的当前工作寄存器组是（　　）。

    A．第 1 组　　　　B．第 0 组　　　　C．第 2 组　　　　D．第 3 组

（3）当 RS1=1、RS0=0 时，R6 对应的 RAM 单元地址是（　　）。

    A．06H　　　　　B．0EH　　　　　C．16H　　　　　D．1EH

（4）当 CLKDIV=0x08 时，系统时钟分频器的分频系数是（　　）。

    A．10　　　　　　B．6　　　　　　C．8　　　　　　D．18

（5）当 MCKSEL[1:0]=01 时，STC32G12K128 单片机选择的主时钟源是（　　）。

    A．内部高精度 IRC　　　　　　　　　B．外部时钟

    C．内部 32kHz IRC　　　　　　　　　D．外部 32kHz IRC

（6）STC32G12K128 单片机程序存储器的存储体类型是（　　　）。

  A．ROM    B．SRAM    C．EPROM    D．Flash ROM

（7）STC32G12K128 单片机数据存储器的存储体类型是（　　　）。

  A．ROM    B．SRAM    C．EPROM    D．Flash ROM

（8）STC32G12K128 单片机 EEPROM 的存储体类型是（　　　）。

  A．ROM    B．SRAM    C．EPROM    D．Flash ROM

（9）当 CPU 执行 65H 与 89H 的加法运算后，PSW 中的 CY 与 P 值是（　　　）。

  A．0，0    B．0，1    C．1，0    D．1，1

（10）当 CPU 执行 65H 与 89H 的加法运算后，PSW 中的 AC 与 OV 值是（　　　）。

  A．0，0    B．0，1    C．1，0    D．1，1

## 三、判断题

（1）STC32G12K128 单片机除 P3.0 和 P3.1 外，其余所有 I/O 端口上电后的状态均为高阻输入状态。（　　　）

（2）STC32G12K128 单片机没有 P1.2 引脚。（　　　）

（3）EEPROM 的起始物理地址是 FF:0000H。（　　　）

（4）STC32G12K128 单片机执行用户程序代码的起始地址是 FE:0000H。（　　　）

（5）STC32G12K128 单片机外部复位引脚复位的有效电平是高电平。（　　　）

（6）对于 STC32G12K128 单片机的所有复位形式，复位后的启动区域是一样的。（　　　）

（7）STC32G12K128 单片机任何时候都可以从 I/O 端口读取输入数据。（　　　）

（8）STC32G12K128 单片机可以随时切换时钟源。（　　　）

（9）USB 时钟和系统时钟的时钟源是一样的。（　　　）

（10）RTC 时钟和系统时钟的时钟源是一样的。（　　　）

（11）STC32G12K128 单片机的引脚，在相同封装下是和 STC8H8K64U 单片机的引脚是兼容的。（　　　）

（12）STC32G12K128 单片机的端口与 STC8H8K64U 单片机的端口资源是兼容的。（　　　）

（13）STC32G12K128 单片机的所有特殊功能寄存器位都可以位寻址。（　　　）

## 四、问答题

（1）简述 STC32G12K128 单片机的存储结构。说明程序 Flash 与数据 Flash 的工作特性，以及数据 Flash 与真正的 EEPROM 的存储器有什么区别。

（2）简述特殊功能寄存器与一般数据存储器之间的区别。

（3）简述 STC32G12K128 单片机的 edata 与 xdata 的工作特性。

（4）简述特殊功能寄存器（SFR）与扩展特殊功能寄存器（XFR）各位于数据存储器的哪一个区域？在访问扩展特殊功能寄存器（XFR）时应注意什么？

（5）简述程序状态字 PSW 特殊功能寄存器各位的含义。

（6）如果 CPU 的当前工作寄存器组为 2 组，此时 R2 对应的 RAM 地址是多少？

（7）STC32G12K128 单片机硬件复位有哪几种复位模式，具体怎么实现的？

（8）简述软件复位的实现方法。

（9）简述看门狗复位的作用与实现方法。

（10）简述 STC32G12K128 单片机有哪几种时钟，以及时钟源是如何选择的。

（11）简述 STC32G12K128 单片机从系统 ISP 监控区开始执行程序和从用户程序区开始处执行程序有哪些不同。

（12）STC32G12K128 单片机的主时钟是从哪个引脚输出的？是如何控制的？

# 第 4 章　定时/计数器

**内容提要：**

定时/计数器是 STC32G12K128 单片机的重要资源之一，可实现定时、计数及输出可编程时钟信号等功能，其核心电路是一个 16 位加法计数器。STC32G12K128 单片机有 5 个 16 位定时/计数器，分别为 T0～T4，配合各自的预分频寄存器，这 5 个 16 位定时/计数器也可以用作 24 位定时/计数器。

本章将重点学习 T0、T1 的结构与控制，T0、T1 的定时应用、计数应用，以及综合应用。

在单片机的应用中，经常需要利用定时/计数器实现定时（或延时）控制，以及对外界事件进行计数。在单片机应用中，可供选择的定时方法有以下几种。

（1）软件定时：让 CPU 循环执行一段程序，通过选择指令和安排循环次数实现软件定时。采用软件定时会完全占用 CPU，增加 CPU 开销，降低 CPU 的工作效率。因此软件定时的时间不宜太长，这种定时方法仅适用于 CPU 较空闲的程序。

（2）硬件定时：硬件定时的特点是定时功能全部由硬件电路（如采用 555 时基电路）完成，不占用 CPU，但需要通过改变电路参数来调节定时时间，在使用上不够方便，同时增加了硬件成本。

（3）可编程定时器定时：可编程定时器的定时值及定时范围通过软件进行设定和修改。STC32G12K128 单片机内部有 5 个 16 位定时/计数器（T0～T4），通过对系统时钟或外部输入信号进行计数与控制，其可以方便地用于定时控制、事件记录，或者用作分频器。

## 4.1　定时/计数器 T0、T1 的控制

与 T0、T1 有关的 SFR 如表 4.1 所示，与 T0、T1 有关的 XFR 如表 4.2 所示。

**表 4.1　与 T0、T1 有关的 SFR**

| 符号 | 描述 | 地址 | 位地址与符号 | | | | | | | | 复位值 |
|------|------|------|------|------|------|------|------|------|------|------|------|
| | | | B7 | B6 | B5 | B4 | B3 | B2 | B1 | B0 | |
| TCON | 定时器控制寄存器 | 88H | TF1 | TR1 | TF0 | TR0 | IE1 | IT1 | IE0 | IT0 | 0000,0000 |
| TMOD | 定时器模式寄存器 | 89H | T1_GATE | T1_CT | T1_M1 | T1_M0 | T0_GATE | T0_CT | T0_M1 | T0_M0 | 0000,0000 |
| TL0 | T0 低 8 位寄存器 | 8AH | | | | | | | | | 0000,0000 |
| TL1 | T1 低 8 位寄存器 | 8BH | | | | | | | | | 0000,0000 |
| TH0 | T0 高 8 位寄存器 | 8CH | | | | | | | | | 0000,0000 |
| TH1 | T1 高 8 位寄存器 | 8DH | | | | | | | | | 0000,0000 |
| AUXR | 辅助寄存器 1 | 8EH | T0x12 | T1x12 | UART_M0x6 | T2R | T2_C/T | T2x12 | EXTRAM | S1BRT | 0000,0001 |
| INTCLKO | 中断与时钟输出控制寄存器 | 8FH | — | EX4 | EX3 | EX2 | — | T2CLKO | T1CLKO | T0CLKO | x000,x000 |

**表 4.2　与 T0、T1 有关的 XFR**

| 符号 | 描述 | 地址 | 位地址与符号 | | | | | | | | 复位值 |
|------|------|------|------|------|------|------|------|------|------|------|------|
| | | | B7 | B6 | B5 | B4 | B3 | B2 | B1 | B0 | |
| TM0PS | T0 预分频寄存器 | 7EFEA0H | | | | | | | | | 0000,0000 |
| TM1PS | T1 预分频寄存器 | 7EFEA1H | | | | | | | | | 0000,0000 |

### 4.1.1 定时/计数器 T0

T0 有 4 种工作方式：方式 0（16 位自动重装模式）、方式 1（16 位不自动重装模式）、方式 2（8 位自动重装模式）、方式 3（不可屏蔽中断的 16 位自动重装模式）。T0 可用作定时器、计数器与输出可编程时钟。

T0 的电路结构如图 4.1 所示，核心电路是 16 位加法计数器，由 TH0（高 8 位）、TL0（低 8 位）构成。计数脉冲受"control"信号控制，当"control"信号控制的电子开关导通时，每来 1 个计数脉冲，16 位加法计数器（TH0、TL0）的数值加 1。

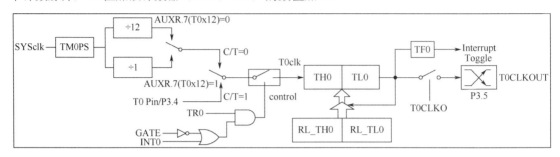

图 4.1　T0 的电路结构

计数器的计数脉冲有两种来源：系统时钟与外部引脚信号。当计数脉冲源为系统时钟时，T0 的工作状态称为定时状态，因为根据计数脉冲的个数和计数脉冲的周期能准确地计算出时间；当计数脉冲源为外部引脚（P3.4）信号时，T0 的工作状态称为计数状态。当计数脉冲源为系统时钟时，送到 TH0、TL0 的脉冲（T0clk）还受 TM0PS 和 12 分频器控制。

TH0、TL0 的溢出标志存储在 TF0 中，同时也是 T0 的中断请求标志。TH0、TL0 的溢出脉冲（也称为可编程时钟）在"T0CLKO"的控制下由 P3.5 输出。默认情况下，禁止输出。

T0 有两个隐含的寄存器，即 RL_TH0 和 RL_TL0，用于保存 16 位定时/计数器的重装初始值，当 TH0、TL0 构成的 16 位计数器计数值溢出时，RL_TH0、RL_TL0 的值自动装入 TH0、TL0 中。RL_TH0 与 TH0 共用一个地址，RL_TL0 与 TL0 共用一个地址。当 TR0=0 时，对 TH0、TL0 寄存器写入数据时，也会同时写入 RL_TH0、RL_TL0 中；当 TR0=1 时，对 TH0、TL0 写入数据时，只写入 RL_TH0、RL_TL0，而不会写入 TH0、TL0，这样不会影响 T0 的正常计数。

#### 1．T0 的控制

（1）T0 工作方式的设置：由 TMOD.1（T0_M1）、TMOD.0（T0_M0）控制，具体设置如表 4.3 所示。

表 4.3　T0 工作方式的设置

| T0_M1 | T0_M0 | 工作方式 | 功能说明 |
|---|---|---|---|
| 0 | 0 | 方式 0 | 16 位自动重装模式（推荐）：当 TH0、TL0 中的 16 位计数值溢出时，系统会自动将 RL_TH0、RL_TL0 中的值装入 TH0、TL0 中 |
| 0 | 1 | 方式 1 | 16 位不自动重装模式：当 TH0、TL0 中的 16 位计数值溢出时，T0 将从 0 开始计数 |
| 1 | 0 | 方式 2 | 8 位自动重装模式：当 TL0 中的 8 位计数值溢出时，系统会自动将 TH0 中的值装入 TL0 中 |
| 1 | 1 | 方式 3 | 不可屏蔽中断的 16 位自动重装模式，与方式 0 类似，但用作中断时，属不可屏蔽中断，中断优先级最高，高于其他所有中断的优先级，一旦开启（置位 ET0），不可关闭，可用作操作系统的系统节拍定时器，或者系统监控定时器。唯一可停止的方法是关闭 TCON 中的 TR0 位，停止向 T0 供应时钟信号 |

特别提醒：T0 的方式 1、方式 2 完全可以由方式 0 来实现，方式 3 除中断允许的处理与方式

0 有所不同外，其他完全一致，所以我们只需要学习和掌握好方式 0 即可。

（2）T0 定时/计数状态的选择：由 TMOD.2（T0_CT）控制。当 T0_CT=0 时，T0 的工作状态为定时状态，T0 的计数脉冲源为系统时钟；当 T0_CT=1 时，T0 的工作状态为计数状态，T0 的计数脉冲源为外部引脚（P3.4）信号。

（3）T0 的启动：T0 的启动（或停止）通过加（或不加）计数脉冲来实现，严格来讲，由 TMOD.3（T0_GATE）、TCON.4（TR0）控制，但一般情况下，T0_GATE 设置为 0（默认值为 0），此时 T0 的启动就直接由 TCON.4（TR0）控制，即当 TR0=1 时，T0 启动；当 TR0=0 时，T0 停止。

（4）计数器计数时钟与系统时钟的关系：当 T0 为定时状态时，计数脉冲源为系统时钟，但计数器（TH0、TL0）真正的计数脉冲（T0clk）还受 TM0PS 和 12 分频器的控制。当 AUXR.7（T0x12）＝0 时，T0clk=SYSclk/（TM0PS+1）/12；当 AUXR.7（T0x12）＝1 时：T0clk=SYSclk/（TM0PS+1）。

（5）用 T0 测量计数脉冲的脉宽：当用 T0 测量计数脉冲的脉宽时，要用到门控位 TMOD.3（T0_GATE）。当 T0_GATE=1 时，允许由 P3.2 控制 T0 的启动，只有 TR0 为 1 且 P3.2 为 1 时，T0 才启动计数。

（6）T0 计满溢出的判断：当 T0 计满溢出时，即当 TH0、TL0 的状态值为 FFFFH 时，如果再来 1 个脉冲，TH0、TL0 就计满溢出，置位 TCON 中的溢出标志位 TCON.5（TF0）。

判断 T0 计满溢出的方法有两种：一种是中断的方法，具体见下一章；另一种是查询 TF0 是否为 1。本章的实例就是通过查询 TF0 来判断 T0 是否计满溢出的。

### 2．T0 定时时间的计算

T0 定时的实现是通过预置 TH0、TL0 的初始值，并计数到溢出实现的，所以其定时时间为初始值到计满溢出对应的脉冲数乘以计数脉冲的周期，计算公式如下：

T0 定时时间=（$2^{16}$-T0 初始值）×计数脉冲周期=（65536-T0 初始值）×计数脉冲周期（1/T0clk）

### 3．T0 的可编程时钟输出

当 INTCLKO.0（T0CLKO）=1 时，P3.5 配置为 T0 的可编程时钟输出引脚，输出信号 T0CLKOUT。输出时钟频率为 T0 溢出率的二分之一，其中 T0 溢出率为 T0 定时时间的倒数。

## 4.1.2　定时/计数器 T1

T1 的电路结构、工作原理与 T0 几乎一致，学会使用 T0，对 T1 可就轻车熟路了。T1 有以下几种工作方式：方式 0（16 位自动重装模式）、方式 1（16 位不可自动重装模式）、方式 2（8 位自动重装模式）。实际上也有方式 3，但选用方式 3 时，启动的功能是停止计数。T1 可用作定时器、计数器与输出可编程时钟，以及用作串行端口 1 的波特率发生器。

### 1．T1 的电路结构与工作原理

T1 的电路结构如图 4.2 所示，核心电路是 16 位加法计数器，由 TH1（高 8 位）、TL1（低 8 位）构成。计数脉冲受 "control" 信号控制，当 "control" 信号控制的电子开关导通时，每来 1 个计数脉冲，16 位加法计数器（TH1、TL1）的状态加 1。

T1 的计数脉冲有两种来源：系统时钟与外部引脚信号。当计数脉冲源为系统时钟时，T1 的工作状态称为定时状态，因为根据计数脉冲的个数和计数脉冲的周期能准确地计算出时间；当计数脉冲源为外部引脚（P3.5）信号时，T1 的工作状态称为计数状态。当计数脉冲源为系统时钟时，送到 TH1、TL1 的脉冲（T1clk）还受 TM1PS 和 12 分频器控制。

TH1、TL1 的溢出标志存储在 TF1 中，同时也是 T1 的中断请求标志。TH1、TL1 的溢出脉冲（也称为可编程时钟）在 "T1CLKO" 的控制下由 P3.4 输出。默认情况下，禁止输出。

T1 有两个隐含的寄存器，即 RL_TH1 和 RL_TL1，用于保存 16 位定时/计数器的重装初始值。当 TH1、TL1 构成的 16 位计数器计数值溢出时，RL_TH1、RL_TL1 的值自动装入 TH1、TL1 中。

RL_TH1 与 TH1 共用一个地址，RL_TL1 与 TL1 共用一个地址。当 TR1＝0 时，对 TH1、TL1 写入数据时，也会同时写入 RL_TH1、RL_TL1 中；当 TR0＝1 时，对 TH1、TL1 写入数据时，只写入 RL_TH1、RL_TL1，而不会写入 TH1、TL1，这样不会影响 T1 的正常计数。

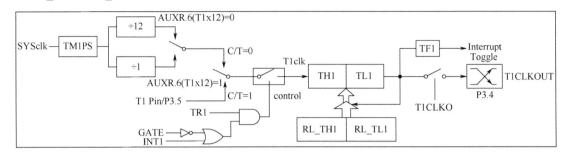

图 4.2　T1 的电路结构

### 2. T1 的控制

（1）T1 工作方式的设置：由 TMOD.5（T1_M1）、TMOD.4（T1_M0）控制，具体设置如表 4.4 所示。

表 4.4　T1 工作方式的设置

| T1_M1 | T1_M0 | 工作方式 | 功 能 说 明 |
|---|---|---|---|
| 0 | 0 | 方式 0 | 16 位自动重装模式（推荐）：当 TH1、TL1 中的 16 位计数值溢出时，系统会自动将 RL_TH1、RL_TL1 中的值装入 TH1、TL1 中 |
| 0 | 1 | 方式 1 | 16 位不自动重装模式：当 TH1、TL1 中的 16 位计数值溢出时，T1 将从 0 开始计数 |
| 1 | 0 | 方式 2 | 8 位自动重装模式：当 TL1 中的 8 位计数值溢出时，系统会自动将 TH1 中的值装入 TL1 中 |
| 1 | 1 | 方式 3 | 停止计数 |

**特别提醒**：T1 的方式 1、方式 2 完全可以由方式 0 来实现，所以我们只需要学习和掌握好方式 0 即可。

（2）T1 定时/计数状态的选择：由 TMOD.6（T1_CT）控制。当 T1_CT=0 时，T1 的工作状态为定时状态，TH1、TL1 的计数脉冲源为系统时钟；当 T1_CT=1 时，T1 的工作状态为计数状态，TH1、TL1 的计数脉冲源为外部引脚（P3.5）信号。

（3）T1 的启动：T1 的启动（与停止）通过加（或不加）计数脉冲来实现，严格来讲，由 TMOD.7（T1_GATE）、TCON.6（TR1）控制，但一般情况下，T1_GATE 设置为 0（默认值为 0），此时 T1 的启动就直接由 TCON.6（TR1）控制，即当 TR1=1 时，T1 启动；当 TR1=0 时，T1 停止。

（4）计数器计数时钟与系统时钟的关系：当 T1 为定时状态时，计数脉冲源为系统时钟，但 TH1、TL1 真正的计数脉冲(T1clk)还受 TM1PS 和 12 分频器控制。当 AUXR.6（T1x12）=0 时，T1clk=SYSclk/（TM1PS+1）/12；当 AUXR.6（T1x12）=1 时，T1clk=SYSclk/（TM1PS+1）。

（5）用 T1 测量计数脉冲的脉宽：当用 T1 测量计数脉冲的脉宽时，要用到门控位 TMOD.7（T1_GATE）。当 T1_GATE=1 时，允许由 P3.3 控制 T1 的启动，只有 TR1 为 1 且 P3.3 为 1 时，T1 才启动计数，这样可实现脉宽的测量。

（6）T1 计满溢出的判断：当 TH1、TL1 计满溢出时，即当 TH1、TL1 的状态值为 FFFFH 时，再来 1 个脉冲，TH1、TL1 就计满溢出，置位 TCON 中的溢出标志位 TCON.7（TF1）。

判断 T1 计满溢出的方法有两种：一种是中断的方法，具体见下一章；另一种是查询 TF1 是否为 1。本章实例就是通过查询 TF1 来判断 T1 计满溢出的。

### 3．T1 定时时间的计算

T1 定时的实现是通过预置 TH1、TL1 的初始值，并计数到溢出实现的，所以其定时时间为初始值到计满溢出对应的脉冲数乘以计数脉冲的周期，计算公式如下：

T1 定时时间=($2^{16}$−T1 初始值)×计数脉冲周期=(65536−T1 初始值)×计数脉冲周期(1/T1clk)

### 4．T1 的可编程时钟输出

当 INTCLKO.1（T1CLKO）=1 时，P3.4 配置为 T1 的可编程时钟输出引脚，输出信号 T1CLKOUT。输出时钟频率为 T1 溢出率的二分之一，其中 T1 溢出率为 T1 定时时间的倒数。

## 4.2　定时/计数器 T0、T1 的应用

STC32G12K128 单片机的定时/计数器是可编程的。在利用定时/计数器进行定时或计数之前，先要通过软件对其进行初始化操作。

定时/计数器初始化程序应完成如下工作：

（1）对 TMOD 赋值，选择 T0（T1），以及设置 T0（T1）的工作状态（定时还是计数）与工作方式（建议选择方式0）；

（2）对 AUXR 赋值，确定定时脉冲的分频系数（默认为 12 分频，与传统 8051 单片机兼容）；

（3）根据定时时间与系统时钟，设置 TM0PS（或 TM1PS），计算 T0（T1）的初值，并将其写入 TH0、TL0（或 TH1、TL1）；

（4）采用中断方式时，对 IE 赋值，开放中断，必要时，还需要设置 IP，确定 T0、T1 中断源的中断优先级；

（5）置位 TR0 或 TR1，启动 T0 和 T1 开始定时或计数。

### 4.2.1　T0、T1 的定时应用

【例 4.1】用 T1 的方式 0 实现定时，通过 P1.6 输出周期为 10ms 的方波。

**解：**根据题意，采用 T1 的方式 0 进行定时。因此 T1_M1、T1_M0、T1_CT、T1_GATE 均设为 0，T0 未用到，对应控制位为 0，即 TMOD=00H。

因为方波周期是 10ms，因此 T1 的定时时间应为 5ms，每次到定时时间就对 P1.6 取反，这样就可实现在 P1.6 输出周期为 10ms 的方波。

系统采用 12MHz 的晶振，假设 TM0PS 为 0，预分频寄存器不分频，分频系数为 12，即定时（计数）脉钟周期为 1μs，则 T1 的初值=$2^{16}$−计数值= $2^{16}$−定时时间/定时（计数）脉冲周期=65536−5000 = 60536（EC78H），即 TH1 = ECH、TL1= 78H。

C 语言参考程序如下：

```
#include <stc32g.h>        //包含支持 STC32G12K128 单片机的头文件
#include <intrins.h>
#define uchar unsigned char
#define uint  unsigned int
 void main(void)
 {
     WTST=0;              //设置访问程序存储器的速度
     P1M1=0; P1M0=0;      //P1 口初始化
     TM0PS=0;             //T0 预分频寄存器不分频
     AUXR=0;              //12 分频
     TMOD=0x00;           //定时器初始化
     TH1=0xec;
```

```
        TL1=0x78;
        TR1=1;                    //启动 T1
        while(1)
        {
            if(TF1==1)            //判断 5ms 定时是否到
            {
                TF1=0;
                P16=!P16;         //5ms 定时，取反输出
            }
        }
    }
```

图 4.3 "定时器计算器"标签页

温馨提示：STC-ISP 中提供了定时计算工具，如图 4.3 所示，根据定时长度、系统频率、选择定时器、定时器模式、定时器时钟，可自动生成定时对应的初始化程序，默认为 C 语言程序。单击"复制代码"按钮，可将生成的程序复制到应用程序中。此外，要注意本计算工具暂未考虑定时器预分频寄存器的分频作用。

【例4.2】用 T1 的方式 0 实现定时，通过 P1.6 输出周期为 2s 的方波。要求利用 STC-ISP 定时器计算工具获取 T1 定时的初始化程序。

解：根据题意，采用 T1 的方式 0 进行定时，因此 T1_M1、T1_M0、T1_CT、T1_GATE 均设为 0，T0 未用到，对应控制位为 0，即 TMOD=00H。

因为方波的周期是 2s，因此 T1 的定时时间应为 1s，每次到定时时间就对 P1.6 取反，这样就可实现在 P1.6 输出周期为 2s 的方波。

系统采用 12MHz 的晶振，假设 TM1PS 为 0，预分频寄存器不分频，分频系数为 12，即定时（计数）脉钟的周期为 1μs，则 T1 最大的定时时间为 65.536ms，远小于 1s。在这种情况下，可采用 T1 定时器实现一个小于 65.536ms 的定时，如 50ms，累计 20 次就可实现 1s 的定时。利用 STC-ISP 定时器计算工具获取 T1 的 50ms 定时的初始化程序。

C 语言参考源程序如下：

```
#include <stc32g.h>            //包含支持 STC32G12K128 单片机的头文件
#include <intrins.h>
#define uchar unsigned char
#define uint  unsigned int
uchar cnt=0;                   //50ms 累计计数变量
void Timer1Init(void)          //50ms@12.000MHz
{
    AUXR &= 0xBF;              //定时器时钟 12T 模式
    TMOD &= 0x0F;              //设置定时器模式
    TL1 = 0xB0;               //设置定时初始值
    TH1 = 0x3C;               //设置定时初始值
    TF1 = 0;                   //清除 TF1 标志
    TR1 = 1;                   //T1 开始计时

}
void main(void)
```

```
{
    WTST=0;                          //设置访问程序存储器的速度
    P1M1=0; P1M0=0;                  //P1 口初始化
    TM0PS=0;                         //T0 预分频寄存器不分频
    Timer1Init();
    while(1)
    {
        if(TF1==1)                   //判断 50ms 定时是否到达
        {
            TF1=0;
            cnt++;                   //50ms 计数变量加 1
            if(cnt==20)              //判断 1s 是否到达
            {
                cnt=0;               //1s 到，50ms 计数变量清零
                P16=!P16;            //取反输出，实现 2s 方波
            }
        }
    }
}
```

说明：当定时时间大于定时器最大定时时间时，可考虑定时预分频寄存器的作用。例如，本例中，可利用 TM1PS 对 12MHz 时钟进行 20 分频，即可直接实现 1s 的定时。

### 4.2.2 T0、T1 的计数应用

当 T0_CT=1 时，T0 工作在计数状态，T0 计数器（TH0、TL0）的计数脉冲来自外部引脚 P3.4。当 T1_CT=1 时，T1 工作在计数状态，T1 计数器（TH1、TL1）的计数脉冲来自外部引脚 P3.5。当 T0、T1 工作在计数状态时，其用来对外部引脚输入的脉冲进行计数。

【例 4.3】不断地输入脉冲并对其进行计数，每输入 5 次，使单片机控制的 LED 灯的状态翻转一次。

解：采用 T0 实现，选择方式 0，外部脉冲从 P3.4 输入，LED 灯的控制信号从 P4.7 输出。每次计数 5 个脉冲对应 T0 的初始值：

$$T0 \text{ 的初始值}=2^{16}-5=65536-5=65531 \text{ (FFFBH)}$$

所以，TH0=FFH，TL0=FBH。

C 语言参考程序如下：

```
#include <stc32g.h>                  //包含支持 STC32G12K128 单片机的头文件
#include<intrins.h>
#define uchar unsigned char
#define uint unsigned int
sbit  LED = P4^7;
void main(void)
{
    WTST=0;                          //设置访问程序存储器的速度
    P4M1=0; P4M0=0;                  //P4 口初始化
    TMOD = 0x04;                     //设定 T0 方式 0，计数状态
    TH0 = 0xff;                      //设置计数 5 个脉冲的初始值
    TL0 = 0xfb;
    TR0= 1;                          //开始计数
    while(1)
    {
        while(TF0==0);               //不断查询是否溢出，如果没有溢出，等待溢出
```

```
                 TF0 = 0;                   //如果溢出了，清空溢出标志，LED 取反
                 LED = !LED;
             }
         }
```

### 4.2.3  T0、T1 可编程时钟的输出

T0、T1 的可编程时钟实际上就是 T0、T1 的溢出脉冲，默认状态下，T0、T1 的可编程时钟是禁止输出的。T0 可编程时钟的输出由 INTCLKO.0（T0CLKO）控制，当 T0CLKO=1 时，从 P3.5 输出 T0 的可编程时钟；T1 可编程时钟的输出由 INTCLKO.1（T1CLKO）控制，当 T1CLKO=1 时，从 P3.4 输出 T1 的可编程时钟。T0、T1 的可编程时钟频率为 T0、T1 溢出率的二分之一，T0、T1 溢出率为 T0、T1 定时时间的倒数。

T0、T1 可编程时钟的设计采用倒推法，首先根据 T0、T1 可编程时钟的频率推算出对应的溢出率，其次根据溢出率推算出对应的定时时间，然后利用 STC-ISP 定时器计算工具获取定时时间对应的初始化程序，最后允许可编程时钟的输出。

**【例 4.4】**编程：在 P3.5、P3.4 上分别输出 100Hz、10Hz 的时钟信号。利用 T0、T1 可编程时钟输出功能实现。

**解**：P3.5 输出的是 T0 的可编程时钟，P3.4 输出的是 T1 的可编程时钟，两个可编程时钟对应的溢出率分别为 200Hz、20Hz，即 T0、T1 定时器的定时时间为 5ms、50ms，设系统时钟频率为 12 MHz，假设 TM0PS=0，预分频寄存器不分频，分频系数为 12，利用 STC-ISP 中的定时器计算工具生成 T0、T1 定时器的定时初始化程序。

C 语言参考程序如下：

```
#include <stc32g.h>              //包含支持 STC32G12K128 单片机的头文件
#include <intrins.h>
#define uchar unsigned char
#define uint  unsigned int
void Timer0Init(void)            //5ms@12.000MHz
{
    AUXR &= 0x7F;                //定时器时钟 12T 模式
    TMOD &= 0xF0;                //设置定时器模式
    TL0 = 0x78;                  //设置定时初始值
    TH0 = 0xEC;                  //设置定时初始值
    TF0 = 0;                     //清除 TF0 标志
    TR0 = 1;                     //T0 开始计时
}
void Timer1Init(void)            //50ms@12.000MHz
{
    AUXR &= 0xBF;                //定时器时钟 12T 模式
    TMOD &= 0x0F;                //设置定时器模式
    TL1 = 0xB0;                  //设置定时初始值
    TH1 = 0x3C;                  //设置定时初始值
    TF1 = 0;                     //清除 TF1 标志
    TR1 = 1;                     //T1 开始计时
}
void main(void)
{
    WTST=0;                      //设置访问程序存储器的速度
    P3M1=0; P3M0=0;              //P3 口初始化
    Timer0Init();                //T0 初始化
```

```
        Timer1Init();               //T1 初始化
        T0CLKO=1;                   //允许 T0 的可编程时钟输出
        T1CLKO=1;                   //允许 T1 的可编程时钟输出
        while(1);                   //无限循环
    }
```

## 4.3  定时/计数器 T2、T3、T4

与 T2、T3、T4 有关的 SFR 和 XFR 分别如表 4.5 和表 4.6 所示。T2、T3、T4 均只有一种工作方式，即方式 0（16 位自动重装模式），其电路结构和工作原理与 T0、T1 的方式 0 几乎一致。

表 4.5  与 T2、T3、T4 有关的 SFR

| 符号 | 描述 | 地址 | 位地址与符号 | | | | | | | | 复位值 |
| --- | --- | --- | --- | --- | --- | --- | --- | --- | --- | --- | --- |
| | | | B7 | B6 | B5 | B4 | B3 | B2 | B1 | B0 | |
| AUXR | 辅助寄存器 1 | 8EH | T0x12 | T1x12 | UART_M0x6 | T2R | T2_C/T | T2x12 | EXTRAM | S1BRT | 0000,0001 |
| INTCLKO | 中断与时钟输出控制寄存器 | 8FH | — | EX4 | EX3 | EX2 | — | T2CLKO | T1CLKO | T0CLKO | x000,x000 |
| T4T3M | T4/T3 控制寄存器 | DDH | T4R | T4_C/T | T4x12 | T4CLKO | T3R | T3_C/T | T3x12 | T3CLKO | 0000,0000 |
| AUXINTIF | 扩展外部中断标志寄存器 | EFH | — | INT4IF | INT3IF | INT2IF | — | T4IF | T3IF | T2IF | x000,x000 |
| T4H | T4 高字节 | D2H | | | | | | | | | 0000,0000 |
| T4L | T4 低字节 | D3H | | | | | | | | | 0000,0000 |
| T3H | T3 高字节 | D4H | | | | | | | | | 0000,0000 |
| T3L | T3 低字节 | D5H | | | | | | | | | 0000,0000 |
| T2H | T2 高字节 | D6H | | | | | | | | | 0000,0000 |
| T2L | T2 低字节 | D7H | | | | | | | | | 0000,0000 |

表 4.6  与 T2、T3、T4 有关的 XFR

| 符号 | 描述 | 地址 | 位地址与符号 | | | | | | | | 复位值 |
| --- | --- | --- | --- | --- | --- | --- | --- | --- | --- | --- | --- |
| | | | B7 | B6 | B5 | B4 | B3 | B2 | B1 | B0 | |
| TM2PS | T2 预分频寄存器 | 7EFEA2H | | | | | | | | | 0000,0000 |
| TM3PS | T3 预分频寄存器 | 7EFEA3H | | | | | | | | | 0000,0000 |
| TM4PS | T4 预分频寄存器 | 7EFEA4H | | | | | | | | | 0000,0000 |

### 4.3.1  定时/计数器 T2

#### 1．T2 的电路结构

T2 的电路结构如图 4.4 所示。T2H、T2L 为 T2 计数器的 16 位状态值，T2H 是高 8 位，T2L 是低 8 位；P5.4 为 T2 处于计数状态时计数脉冲的输入引脚，P1.3 为 T2 可编程时钟的输出引脚。T2 可用作定时、计数、输出可编程时钟，以及用作串行端口 1～串行端口 4 的波特率发生器。

#### 2．T2 的控制

AUXR.3（T2_C/T）：T2 的工作状态选择控制位。当 T2_C/T=1 时，T2 为计数状态；当 T2_C/T=0 时，T2 为定时状态。

AUXR.4（T2R）：T2 的启动控制位。当 T2R=0 时，T2 停止计数；当 T2R=1 时，T2 启动计数。

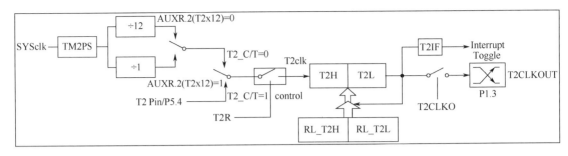

图 4.4　T2 的电路结构

AUXR.2（T2x12）：T2 的 12 分频器选择控制位。当 T2x12=0 时，选择 12 分频；当 T2x12=1 时，选择不分频。

AUXINTIF.0（T2IF）：T2 的计满溢出标志位，也是 T2 的中断请求标志位。当 T2 计满溢出时，即当 T2H、T2L 的状态值为 FFFFH 时，再来 1 个脉冲，T2H、T2L 就计满溢出，置位 AUXINTIF 中的溢出标志位 AUXINTIF.0（T2IF）。

TM2PS：T2 预分频寄存器。当 T2x12=0 时，T2clk=SYSclk/(TM2PS+1)/12；当 T2x12=1 时，T2clk=SYSclk/(TM2PS+1)。

INTCLKO.2（T2CLKO）：T2 的可编程时钟允许输出控制位。当 T2CLKO=0 时，禁止输出；当 T2CLKO=1 时，允许从 P1.3 输出，输出频率为 T2 溢出率的二分之一。

### 4.3.2　定时/计数器 T3、T4

#### 1. T3 的电路结构

T3 的电路结构如图 4.5 所示。T3H、T3L 为 T3 的 16 位状态值，T3H 是高 8 位，T3L 是低 8 位；P0.4 为 T3 处于计数状态时计数脉冲的输入引脚，P0.5 为 T3 可编程时钟的输出引脚。T3 可用作定时、计数、输出可编程时钟，以及用作串行端口 3 的波特率发生器。

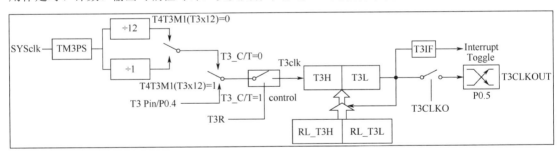

图 4.5　T3 的电路结构

#### 2. T3 的控制

T4T3M.2（T3_C/T）：T3 的工作状态选择控制位。当 T3_C/T=1 时，T3 处于计数状态；当 T3_C/T=0 时，T3 处于定时状态。

T4T3M.3（T3R）：T3 的启动控制位。当 T3R=0 时，T3 停止计数；当 T3R=1 时，T3 启动计数。

T4T3M.1（T3x12）：T3 的 12 分频器选择控制位。当 T3x12=0 时，选择 12 分频；当 T3x12=1 时，选择不分频。

AUXINTIF.1（T3IF）：T3 的计满溢出标志位，也是 T3 的中断请求标志位。当 T3 计满溢出时，即当 T3H、T3L 的状态值为 FFFFH 时，再来 1 个脉冲，T3H、T3L 就计满溢出，置位 AUXINTIF 中的溢出标志位 AUXINTIF.1（T3IF）。

TM3PS：T3 预分频寄存器。当 T3x12=0 时，T3clk=SYSclk/（TM3PS+1）/12；当 T3x12=1

时，T3clk=SYSclk/（TM3PS+1）。

T4T3M.0（T3CLKO）：T3 的可编程时钟允许输出控制位。当 T3CLKO=0，禁止输出；当 T3CLKO=1，允许从 P0.5 端口输出，输出频率为 T3 溢出率的二分之一。

### 3．T4 的电路结构

T4 的电路结构如图 4.6 所示。T4H、T4L 为 T4 的 16 位状态值，T4H 是高 8 位，T4L 是低 8 位；P0.6 为 T4 处于计数状态时计数脉冲的输入引脚，P0.7 为 T4 可编程时钟的输出引脚。T3 可用作定时、计数、输出可编程时钟，以及用作串行端口 4 的波特率发生器。

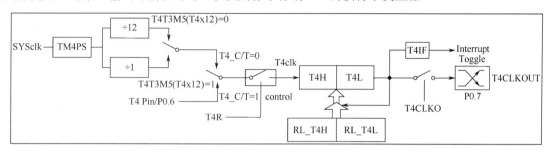

图 4.6　T4 的电路结构

### 4．T4 的控制

T4T3M.6（T4_C/T）：T4 的工作状态选择控制位。当 T4_C/T=1 时，T4 为计数状态；当 T4_C/T=0 时，T4 为定时状态。

T4T3M.7（T4R）：T4 的启动控制位。当 T4R=0 时，T4 停止计数；当 T4R=1 时，T4 启动计数。

T4T3M.5（T4x12）：T4 的 12 分频器选择控制位。当 T4x12=0 时，选择 12 分频；当 T4x12=1 时，选择不分频。

AUXINTIF.2（T4IF）：T4 的计满溢出标志位，也是 T4 的中断请求标志位。当 T4 计满溢出时，即当 T4H、T4L 的状态值为 FFFFH 时，再来 1 个脉冲，T4H、T4L 就计满溢出，置位 AUXINTIF 中的溢出标志位 AUXINTIF.2（T4IF）。

TM4PS：T4 预分频寄存器。当 T4x12=0 时，T4clk=SYSclk/(TM4PS+1)/12；当 T4x12=1 时，T4clk=SYSclk/(TM4PS+1)。

T4T3M.4（T4CLKO）：T4 的可编程时钟允许输出控制位。当 T4CLKO=0 时，禁止输出；当 T4CLKO=1 时，允许从 P0.7 输出，输出频率为 T4 溢出率的二分之一。

## 4.4　工程训练

### 4.4.1　定时/计数器的定时应用

#### 1．工程训练目标

（1）理解 STC32G12K128 单片机定时/计数器的电路结构与工作原理。

（2）掌握 STC32G12K128 单片机定时/计数器的定时应用。

#### 2．任务概述

1）任务目标

用 T0 设计一个秒表。设置一个开关，当开关合上时，秒表停止计时；当开关断开时，秒表启动计时，计到 100 时自动归 0，采用 LED 数码管显示秒表的计时值。

2）电路设计

采用 SW17 按键为控制开关，用 8 位 LED 数码管显示秒表的计时值。

3）参考程序（C 语言版）

（1）程序说明。首先将 project372 中的 LED_display.c 文件复制到本工程文件夹中，采用包含语句将 LED_display.c 包含到主程序文件 project441.c 中，将 sys_inti.c 复制到本工程文件夹中；其次在主函数中实现将秒表的计时数据送到显示位对应的显示缓冲区中；最后直接调用显示函数 LED_display() 即可。

（2）主程序文件 project441.c 如下：

```c
#include<stc32g.h>
#include<intrins.h>
typedef unsigned char   u8;
typedef unsigned int    u16;
typedef unsigned long   u32;
#define MAIN_Fosc   12000000UL   //设置主时钟频率，下载时按此频率设置
#include"sys_inti.c"
#include <LED_display.c>
u8 cnt=0;
u8 second=0;
sbit SW17=P3^2;
/*-----T0 50ms 初始化函数，从 STC-ISP 定时器计算工具中获得-----*/
void Timer0Init(void)   //50ms@12.000MHz
{
    AUXR &= 0x7F;   //定时器时钟 12T 模式
    TMOD &= 0xF0;   //设置定时器模式
    TL0 = 0xB0;     //设置定时初值
    TH0 = 0x3C;     //设置定时初值
    TF0 = 0;        //清除 TF0 标志
    TR0 = 1;        //T0 开始计时
}
void start(void)
{
    if(SW17==1)     //k1 松开时，计时
    {
        TR0 = 1;
    }
    else
        TR0 = 0;    //k1 合上时，停止计时
}
void main(void)
{
    sys_inti();
    Timer0Init();          //定时器初始化
    while(1)
    {
        LED_display();     //数码管显示
        start();           //启停控制
        if(TF0==1)         //50ms 到，清零 TF0，50ms 计数变量加 1
        {
            TF0=0;
            cnt++;
            if(cnt==20)    //1s 到，清零 50ms 计数变量，秒计数变量加 1
            {
                cnt=0;
                second++;
```

```
                if(second==100) second=0;//100s 到，秒计数变量清零
                Dis_buf[7]=second%10;        //秒计数变量值送显示缓冲区
                Dis_buf[6]=second/10%10;
            }
        }
    }
}
```

#### 3．任务实施

（1）分析 project441.c 主程序文件。

（2）将 sys_inti.c 与 LED_display.c 复制到当前项目文件夹中。

（3）用 Keil C251 编辑、编译用户程序，生成机器代码。

①用 Keil C251 新建 project441 项目。

②输入与编辑 project441.c 文件。

③将 project441.c 文件添加到当前项目中。

④设置编译环境，勾选"编译时生成机器代码文件"。

⑤编译程序文件，生成 project441.hex 文件。

（4）将实验箱连至 PC。

（5）利用 STC-ISP 将 project441.hex 文件下载到实验箱单片机中。

**注意**：本程序的系统频率为 12MHz。

（6）观察与调试程序。

①观察秒表的显示是否准确。

②按住 SW17 按键，观察秒表是否停止计时。

③松开 SW17 按键，观察秒表是否在原计时值的基础上继续计时。

④观察秒表的计时上限值是多少。

#### 4．训练拓展

（1）修改 project441.c 主程序文件，扩展计时范围到 1000s，增加高位灭零功能，并调试。

（2）用 T1 设计一个秒表。设置一个开关，当开关断开时，秒表停止计时；当开关合上时，秒表归零，并从 0 开始计时，计到 100 时自动归 0，增加高位灭零功能。试编写程序，并上机调试。

### 4.4.2  定时/计数器的计数应用

#### 1．工程训练目标

（1）进一步理解 STC32G12K128 定时/计数器的电路结构与工作原理。

（2）掌握 STC32G12K128 单片机定时/计数器的计数应用。

#### 2．任务概述

1）任务目标

使用 T1 设计一个脉冲计数器，用于统计输入的脉冲数。

2）电路设计

采用 8 位 LED 数码管显示计数器的计数值，采用 SW22 按键作为计数脉冲输入源，也可直接通过 STC32G12K128 单片机 34 引脚插针外接信号源的脉冲信号源输出。

3）参考程序（C 语言版）

（1）程序说明。首先将 LED_display.c 文件复制到本工程文件夹中，采用包含语句将 LED_display.c 包含到主程序文件 project442.c 中，将 sys_inti.c 复制到本工程文件夹中；其次在主函数中将计数器的计数数据送到显示位对应的显示缓冲区；最后直接调用显示函数 LED_display()即可。

（2）主程序文件 project442.c 如下：

```c
#include<stc32g.h>
#include<intrins.h>
typedef unsigned char    u8;
typedef unsigned int     u16;
typedef unsigned long    u32;
#define MAIN_Fosc   24000000UL//设置主时钟频率，下载时按此频率设置
#include"sys_inti.c"
#include <LED_display.c>
u16 counter=0;
/*---------计数器的初始化----------*/
void Timer1_inti(void)
{
    TMOD=0x40;        //T1 为方式 0 计数状态
    TH1=0x00;
    TL1=0x00;
    TR1=1;
}

/*---------主函数（显示程序）----------*/
void main(void)
{
    u16 temp1, temp2;
    sys_inti();
    Timer1_inti();   //调用计数器初始化子函数
    for(;;)          //用于实现无限循环
    {
        Dis_buf[7]= counter%10;
        Dis_buf[6]= counter/10%10;
        Dis_buf[5]= counter/100%10;
        Dis_buf[4]= counter/1000%10;
        Dis_buf[3]= counter/10000%10;
        LED_display(); //调用显示子函数
        temp1=TL1;
        temp2=TH1;       //读取计数值
        counter=(temp2<<8)+temp1;   //高、低 8 位计数值合并在 counter 变量中
    }
}
```

3. 任务实施

（1）分析 project442.c 主程序文件。

（2）将 sys_inti.c 与 LED_display.c 复制到当前项目文件夹中。

（3）用 Keil C251 编辑、编译用户程序，生成机器代码。

①用 Keil C251 新建 project442 项目。

②输入与编辑 project442.c 文件。

③将 project442.c 文件添加到当前项目中。

④设置编译环境，勾选"编译时生成机器代码文件"。

⑤编译程序文件，生成 project442.hex 文件。

（4）利用 STC-ISP 将"project442.hex"文件下载到实验箱单片机中。

（5）观察与调试程序。

①通过 SW22 按键手动输入脉冲，观察 LED 数码管的显示并记录。

②打开信号发生器，选择输出方波信号，调整输出频率。

③将信号发生器的输出直接通过 T1 计数输入端 P3.5（STC32G12K128 单片机 34 引脚插针）输入，观察计数器的计数情况并记录。

**4. 训练拓展**

利用 T2 设计一个计数器，计数范围为 0～99999999，LED 数码管显示时具备高位灭零功能。试编写程序，并上机调试。

### 4.4.3 定时/计数器的综合应用

**1. 工程训练目标**

（1）进一步理解 STC32G12K128 单片机定时/计数器的电路结构与工作原理。

（2）掌握 STC32G12K128 单片机定时/计数器实现频率计的设计方法。

**2. 任务概述**

1）任务目标

利用 STC32G12K128 单片机的 T0 与 T1 设计一个频率计。

2）电路设计

采用 8 位 LED 数码管显示频率计的频率值，采用 SW22 按键作为计数脉冲的输入源，也可直接通过 STC32G12K128 单片机 34 引脚插针外接信号源的脉冲信号源输出。

3）参考程序（C 语言版）

（1）程序说明。单位时间内脉冲的个数称为频率。T0 用作定时，T1 用作计数，统计 1s 内计数脉冲的个数，脉冲个数即为频率。

（2）主程序文件 project443.c 如下：

```c
#include<stc32g.h>
#include<intrins.h>
typedef unsigned char   u8;
typedef unsigned int    u16;
typedef unsigned long   u32;
#define MAIN_Fosc   24000000UL   //设置主时钟频率，下载时按此频率设置
#include"sys_inti.c"
#include "LED_display.c"
u16 counter=0;
u8 cnt=0;
void T0_T1_inti(void)   //T0、T1 的初始化
{
    TMOD=0x40;          //T0 方式 0 定时、T1 方式 0 计数
    TH0=(65536-50000)/256;
    TL0=(65536-50000)%256;
    TH1=0x00;
    TL1=0x00;
    TR0=1;
    TR1=1;
}
/*---------主函数---------*/
void main(void)
{
    u16 temp1, temp2;
    sys_inti();
    T0_T1_inti();
    while(1)
    {
```

```
        Dis_buf[7]= counter%10;  //频率值送显示缓冲区
        Dis_buf[6]= counter/10%10;
        Dis_buf[5]= counter/100%10;
        Dis_buf[4]= counter/1000%10;
        Dis_buf[3]= counter/10000%10;
        LED_display();              //数码管显示
        if(TF0==1)
        {
            TF0=0;
            cnt++;
            if(cnt==20)            //1s到，清50ms计数变量，读T1值
            {
                cnt=0;
                temp1=TL1;
                temp2=TH1;          //读取计数值
                TR1=0;              //计数器停止计数后才能对计数器赋值
                TL1=0;
                TH1=0;
                TR1=1;
                counter=(temp2<<8)+temp1;//高、低8位计数值合并在counter变量中
            }
        }
    }
}
```

### 3. 任务实施

（1）分析 project443.c 主程序文件。

（2）将 sys_inti.c 与 LED_display.c 复制到当前项目文件夹中。

（3）用 Keil C251 编辑、编译用户程序，生成机器代码。

①用 Keil C251 新建工程训练项目。

②输入与编辑 project443.c 文件。

③将 project443.c 文件添加到当前项目中。

④设置编译环境，勾选"编译时生成机器代码文件"。

⑤编译程序文件，生成 project443.hex 文件。

（4）利用 STC-ISP 将 project443.hex 文件下载到实验箱单片机中。

（5）观察与调试程序。

①通过 SW22 按键手动输入脉冲，观察 LED 数码管的显示并记录。

②打开信号发生器，选择输出方波信号。

③将信号发生器的输出直接通过 T1 计数输入端 P3.5（STC32G12K128 单片机 34 引脚插针）输入，分别设置信号发生器的输出频率为 1Hz/10Hz/100Hz/1000Hz/10000Hz，观察频率计的测量情况并记录。

### 4. 训练拓展

利用 SW17、SW18 按键作为频率计量程的选择开关，缩小与扩大测量范围，具体量程自行定义。试编写程序，并上机调试。

## 4.4.4 可编程时钟输出

### 1. 工程训练目标

（1）进一步理解定时/计数器的电路结构与工作原理。

（2）掌握定时/计数器可编程时钟输出的应用。

## 2．任务概述

1）任务目标

利用 STC32G12K128 单片机的 T0 输出一个 10Hz 的脉冲信号。

2）电路设计

采用 LED17 显示 T0 输出的可编程时钟，LED17 的输出控制端是 P6.7，T0 的可编程时钟输出端是 P3.5，直接用软件方式将 P3.5 的输出送至 P6.7。

3）参考程序（C 语言版）

（1）程序说明。T0 可编程时钟输出频率是 T0 溢出率的二分之一。T0 工作在方式 0 定时状态，当 T0 的定时时间为 0.05s 时，T0 输出的可编程时钟频率为 10Hz。T0 的初始化程序在 STC-ISP 中自动生成。

（2）主程序文件 project444.c 如下：

```
#include<intrins.h>
typedef unsigned char   u8;
typedef unsigned int    u16;
typedef unsigned long   u32;
#define MAIN_Fosc    12000000UL   //设置主时钟频率，下载时按此频率设置
#include"sys_inti.c"
/*---------T0 的初始化----------*/
void Timer0Init(void)   //50ms@12.000MHz
{
    AUXR &= 0x7F;               //定时器时钟 12T 模式
    TMOD &= 0xF0;               //设置定时器模式
    TL0 = 0xB0;                 //设置定时初值
    TH0 = 0x3C;                 //设置定时初值
    TF0 = 0;                    //清除 TF0 标志
    TR0 = 1;                    //T0 开始计时
}
/*---------主函数----------*/
void main(void)
{
    sys_inti();
    Timer0Init();              //调用 T0 初始化子函数
    P40=0;                     //使能 LED 指示灯电源
    INTCLKO=INTCLKO|0x01;      //允许 T0 输出时钟信号
    while(1)P67=P35;
}
```

## 3．任务实施

（1）分析 project444.c 主程序文件。

（2）将 sys_inti.c 复制到当前项目文件夹中。

（3）用 Keil C251 编辑、编译用户程序，生成机器代码。

①用 Keil C251 新建 project444 项目。

②输入与编辑 project444.c 文件。

③将 project444.c 文件添加到当前项目中。

④设置编译环境，勾选"编译时生成机器代码文件"。

⑤编译程序文件，生成 project444.hex 文件。

（4）将实验箱连至 PC。

（5）利用 STC-ISP 将 project444.hex 文件下载到实验箱单片机中。

（6）观察与调试程序。定性观察 LED17 的显示频率，或用示波器测试 P3.5 的输出频率。

（7）修改程序，使得 T0 可编程时钟的输出频率为 1Hz，并上机调试。

### 4．训练拓展

综合本工程训练与上一个工程训练的内容，利用自己设计的单片机频率计测量自己设计的信号源的输出情况。

（1）初始输出的可编程时钟的信号源频率为 1000Hz。

（2）利用 SW17、SW18 按键作为控制按钮，可编程时钟输出的信号源频率对应为 10Hz、100Hz、1000Hz 与 10kHz。

提示：利用 T0、T1 设计频率计，利用 T2 输出可编程时钟。

# 本章小结

STC32G12K128 单片机内有 5 个通用的可编程定时/计数器（T0～T4），配合各自的预分频寄存器，T0～T4 也可以用作 24 位定时/计数器。T0 和 T1 的核心电路是 16 位加法计数器，分别对应特殊功能寄存器中的两个 16 位寄存器对（TH0、TL0 和 TH1、TL1）。每个定时/计数器都可以通过设置 TMOD 中的相应位来设定其工作方式。不论用作定时器，还是用作计数器，它们的工作方式都由 TMOD 中的相应位设定。

从功能上看，方式 0 包含了方式 1、方式 2 所能实现的功能，而方式 3 与方式 0 一致，只是开放中断时不可屏蔽中断。因此，在实际编程中，基本只采用方式 0，建议重点学习方式 0 即可。

T0、T1 的启停由 TMOD 中的 GATE 位（T0_GATE、T1_GATE）和 TCON 中的 TR0、TR1 位进行控制。当 GATE 位为 0 时，T0、T1 的启停仅由 TR0、TR1 位进行控制；当 GATE 位为 1 时，T0、T1 的启停必须由 TR0、TR1 位和 INT0、INT1 引脚输入的外部信号一起控制。

T2 无论在电路结构还是控制管理上，和 T0、T1 都是基本一致的，主要区别是 T2 的工作模式是固定的 16 位可自动重装初值工作模式。T3、T4 的电路结构和 T2 完全一致，其工作模式也是固定的 16 位可自动重装初始值工作模式。

STC32G12K128 单片机增加了 T0CLKO（P3.5）、T1CLKO（P3.4）、T2CLKO（P1.3）、T3CLKO（P0.5）和 T4CLKO（P0.7）这 5 个可编程时钟输出引脚。T0CLKO（P3.5）的输出时钟频率由 T0 控制，T1CLKO（P3.4）的输出时钟频率由 T1 控制，T2CLKO（P1.3）的输出时钟频率由 T2 控制、T3CLKO（P0.5）的输出时钟频率由 T3 控制、T4CLKO（P0.7）的输出时钟频率由 T4 控制。T1、T2、T3、T4 除用作定时器、计数器外，还可用作串行端口的波特率发生器。

从广义上来讲，STC32G12K128 单片机还有看门狗定时器、停机唤醒专用定时器及 PWM 定时器，这些定时器的应用将在后续相应的章节中进行介绍。

# 思考与提高

### 一、填空题

（1）STC32G12K128 单片机有_____个 16 位定时/计数器。

（2）T0 的外部计数脉冲输入引脚是_____，可编程序时钟输出引脚是_____。

（3）T1 的外部计数脉冲输入引脚是_____，可编程序时钟输出引脚是_____。

（4）T2 的外部计数脉冲输入引脚是_____，可编程序时钟输出引脚是_____。

（5）STC32G12K128 单片机定时/计数器的核心电路是_____，T0 工作于定时状态时，计数电路的计数脉冲是_____；T0 工作于计数状态时，计数电路的计数脉冲是_____。

（6）T0 的计满溢出标志位是_____，启停控制位是_____。

（7）T1 的计满溢出标志位是_____，启停控制位是_____。

（8）T0 有____种工作方式，T1 有____种工作方式，工作方式选择位是_____，无论是 T0，还是 T1，当处于工作方式 0 时，它们是____位____初始值的定时/计数器。

（9）T0 的预分频寄存器是_____，T1 的预分频寄存器是_____。

（10）T2、T3、T4 的预分频寄存器分别是_____、_____、_____。

## 二、选择题

（1）当 TMOD= 25H 时，T0 工作于方式____的____状态。

    A．2，定时        B．1，定时        C．1，计数        D．0，定时

（2）当 TMOD= 01H 时，T1 工作于方式____的____状态。

    A．0，定时        B．1，定时        C．0，计数        D．1，计数

（3）当 TMOD= 00H、T0x12 为 1 时，T0 的计数脉冲是_____。

    A．系统时钟经 T0 预分频输出        B．系统时钟经 T0 预分频输出的 12 分频信号

    C．P3.4 引脚输入信号        D．P3.5 引脚输入信号

（4）当 TMOD= 04H、T1x12 为 0 时，T1 的计数脉冲是_____。

    A．系统时钟经 T1 预分频输出        B．系统时钟经 T1 预分频输出的 12 分频信号

    C．P3.4 引脚输入信号        D．P3.5 引脚输入信号

（5）当 TMOD= 80H 时，_____，T1 启动。

    A．TR1=1                     B．TR0=1

    C．TR1 为 1 且 INT0 引脚（P3.2）输入为高电平

    D．TR1 为 1 且 INT1 引脚（P3.3）输入为高电平

（6）在 TH0=01H、TL0=22H、TR0=1 的状态下，执行"TH0=0x3c;TL0= 0xb0;"语句后，TH0、TL0、RL_TH0、RL_TL0 的值分别为_____。

    A．3CH，B0H，3CH，B0H        B．01H，22H，3CH，B0H

    C．3CH，B0H，不变，不变        D．01H，22H，不变，不变

（7）在 TH0=01H、TL0=22H、TR0=0 的状态下，执行"TH0=0x3c；TL0= 0xb0;"语句后，TH0、TL0、RL_TH0、RL_TL0 的值分别为_____。

    A．3CH，B0H，3CH，B0H        B．01H，22H，3CH，B0H

    C．3CH，B0H，不变，不变        D．01H，22H，不变，不变

（8）INTCLKO 可设置 T0、T1、T2 的可编程脉冲的输出。当 INTCLKO=05H 时，_____。

    A．T0、T1 允许可编程脉冲输出，T2 禁止

    B．T0、T2 允许可编程脉冲输出，T1 禁止

    C．T1、T2 允许可编程脉冲输出，T0 禁止

    D．T1 允许可编程脉冲输出，T0、T2 禁止

## 三、判断题

在 STC32G12K128 单片机中：

（1）定时/计数器的核心电路是计数器电路。        （    ）

（2）定时/计数器处于定时状态时，其计数脉冲是系统时钟。        （    ）

（3）T0 的中断请求标志位是 TF0。        （    ）

（4）定时/计数器的计满溢出标志位与中断请求标志位是不同的标志位。        （    ）

（5）T0 的启停仅受 TR0 控制。        （    ）

（6）T1 的启停不仅受 TR0 控制，还与其 T1_GATE 控制位有关。        （    ）

（7）T2 的计数输入端是 P1.2。 （ ）

（8）T0 工作在方式 3，开放 T0 中断时，T0 中断是不可屏蔽中断。 （ ）

## 四、问答题

（1）STC32G12K128 单片机定时/计数器的定时与计数工作模式有什么相同点和不同点？

（2）STC32G12K128 单片机定时/计数器的启停控制原理是什么？

（3）STC32G12K128 单片机 T0 工作于方式 0 时，定时时间的计算公式是什么？

（4）当 TMOD=00H 时，T0x12 为 1 时，T0 定时 10ms 时，T0 的初始值应是多少？

（5）TR0=1 与 TR0=0 时，对 TH0、TL0 的赋值有什么不同？

（6）T2 与 T0、T1 有什么不同？

（7）T0、T1、T2 都可以编程输出时钟，简述如何设置且从何端口输出时钟信号。

（8）T0、T1、T2 可编程输出时钟是如何计算的？如不使用可编程时钟，建议关闭可编程时钟输出，请问基于什么考虑？

（9）简述 T0 方式 3 的工作特性与应用。

（10）为什么说 T0～T4 也可用作 24 位定时/计数器？

## 五、程序设计题

（1）利用 T0 进行定时，设计一个 LED 闪烁灯，高电平时间为 600ms，低电平时间为 400ms，编写程序并上机调试。

（2）利用 T1 进行定时，设计一个 LED 流水灯，时间间隔为 500ms，编写程序并上机调试。

（3）利用 T0 测量脉冲宽度，脉宽采用 LED 数码管显示。画出硬件电路图，编写程序并上机调试。

（4）利用 T2 的可编程时钟输出功能，输出频率为 1000Hz 的时钟信号。编写程序并上机调试。

（5）利用 T1 设计一个倒计时秒表，采用 LED 数码管显示。

①倒计时时间可设置为 60s 和 90s。

②具备启停控制功能。

③倒计时归零时，系统进行声光提示。

画出硬件电路图，编写程序并上机调试。

（6）利用 T0、T1 设计一个频率计，采用 LED 数码管显示频率值，T2 输出可编程时钟，利用自己设计的频率计测量 T2 输出的可编程时钟。设置两个开关（K1、K2），当 K1、K2 都断开时，T2 输出 10Hz 的信号；当 K1 断开、K2 合上时，T2 输出 100Hz 的信号；当 K1 合上、K2 断开时，T2 输出 1000Hz 的信号；当 K1、K2 都合上时，T2 输出 10kHz 的信号。画出硬件电路图，编写程序并上机调试。

# 第 5 章　中断系统

**内容提要:**

中断服务是 CPU 为 I/O 设备服务的一种工作方式,除此之外,还有查询服务方式和 DMA 通道服务方式。在单片机系统中,主要采用查询服务与中断服务两种方式。相比查询服务方式,中断服务方式可极大地提高 CPU 的工作效率。

本章首先从通用概念上讲述中断系统的概念、中断技术的优势,以及中断系统应具备的功能;然后介绍 STC32G12K128 单片机中中断系统的中断管理、中断控制,以及中断服务函数的应用编程。STC32G12K128 单片机中的中断系统有 49 个中断源(不含 I/O 中断),4 个优先级,切记面面俱到,重点掌握外部中断、定时器中断,以及串行端口中断等中断源的应用编程。

## 5.1　中断系统概述

### 5.1.1　中断系统的几个概念

#### 1. 中断

中断是指在执行程序的过程中,允许外部或内部事件通过硬件打断程序的执行,转向 CPU 外部或内部事件的中断服务程序,执行完中断服务程序后,CPU 继续执行被打断的程序。图 5.1 为中断的响应过程示意图。一个完整的中断过程包括 4 个步骤:中断请求、中断响应、中断服务与中断返回。

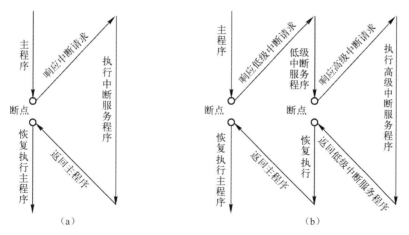

图 5.1　中断的响应过程示意图

完整的中断过程与如以下场景类似,一位经理在处理文件时电话铃响了(中断请求),他不得不在文件上做一个标记(断点地址,即返回地址),暂停工作,接电话(响应中断),并处理"电话请求"(中断服务),然后静下心来(恢复中断前状态)接着处理文件(中断返回)。

#### 2. 中断源

引起 CPU 执行中断的根源或原因称为中断源。中断源向 CPU 提出的处理请求称为中断请求或中断申请。

### 3．中断优先权

如果有几个中断源同时申请中断，那么就存在 CPU 优先响应哪个中断源提出的中断请求的问题。因此，CPU 要对各中断源确定一个优先权顺序，CPU 优先响应中断优先权高的中断请求。同时，为了可更加灵活设置各中断源的中断优先权顺序，可用软件灵活地设置各中断源的优先等级，该优先等级称为中断优先级。CPU 优先响应中断优先级高的中断请求。

### 4．中断嵌套

中断优先级高的中断请求可以中断 CPU 正在处理的优先级较低的中断服务程序，待执行完中断优先级高的中断服务程序，再继续执行被打断的优先级较低的中断服务程序，这称为中断嵌套，如图 5.1（b）所示。

## 5.1.2  中断的技术优势

（1）可解决快速 CPU 和慢速 I/O 设备之间的矛盾，使快速 CPU 和 I/O 设备并行工作。

由于计算机应用系统的许多 I/O 设备的运行速度较慢，可以通过中断的方法来协调快速 CPU 与慢速 I/O 设备之间的工作。

（2）可及时处理控制系统中的许多随机参数和信息。

中断技术能实现实时控制。实时控制要求计算机能及时完成被控对象随机提出的分析和计算任务。在自动控制系统中，要求各控制变量可随机地向计算机发出请求，CPU 必须快速做出响应。

（3）可使机器具备处理故障的能力，提高了机器自身的可靠性。

由于外界的干扰、硬件或软件设计中存在的问题等因素，在程序的实际运行中会出现硬件故障、运算错误、程序运行故障等问题，而有了中断技术，计算机就能及时发现故障并自动处理故障。

（4）实现人机联系。

例如，通过键盘向计算机发出中断请求，可以实时干预计算机的工作。

## 5.1.3  中断系统需要解决的问题

中断技术的实现依赖于一个完善的中断系统，中断系统主要需要解决以下问题：

（1）当有中断请求时，需要有一个寄存器能把中断源的中断请求记录下来；

（2）能够灵活地对中断请求信号进行屏蔽与允许；

（3）当有中断请求时，CPU 能及时响应中断，停下正在执行的程序，自动转去执行中断服务程序，执行完中断服务程序后能返回断点处继续执行之前的程序；

（4）当有多个中断源同时提出中断请求时，CPU 应能优先响应中断优先级高的中断请求，实现中断优先级的控制；

（5）当 CPU 正在执行中断优先级低的中断源的中断服务程序时，有中断优先级高的中断源也提出中断请求，要求 CPU 能暂停执行中断优先级低的中断源的中断服务程序，转而去执行中断优先级高的中断源的中断服务程序，实现中断嵌套，并能正确地逐级返回原断点处。

# 5.2  STC32G12K128 单片机的中断系统

一个中断的工作过程包括中断请求、中断响应、中断服务与中断返回四个阶段，下面按照中断系统的工作过程介绍 STC32G12K128 单片机的中断系统。

## 5.2.1  中断请求

如图 5.2 所示，STC32G12K128 单片机的中断系统有 49 个中断源（不含 I/O 中断），除外部

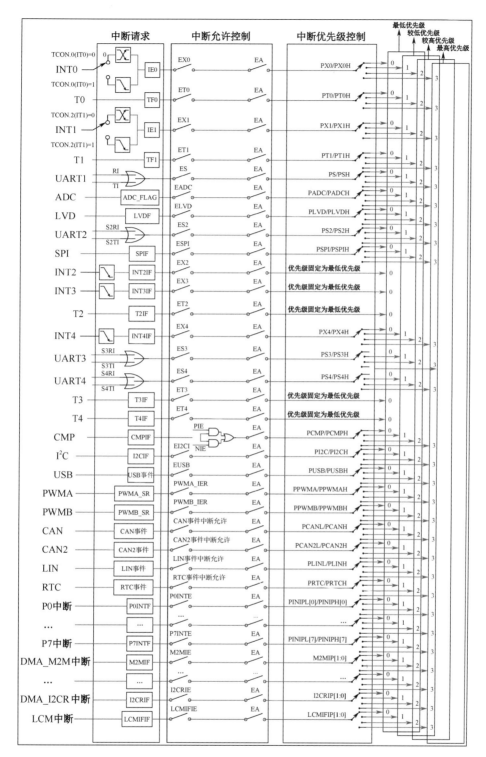

图 5.2  STC32G12K128 单片机的中断系统

说明：

① USB 事件、CAN 事件、CAN2 事件、RTC 事件皆包含多个中断请求位，以及对应的中断允许位，详见表 5.1；

② I/O 端口中断包括 P0 中断、P1 中断、P2 中断、P3 中断、P4 中断、P5 中断、P6 中断、P7 中断，详见表 5.1；

③ DMA 中断包括 DMA_M2M 中断、DMA_ADC 中断、DMA_SPI 中断、DMA_UR1T 中断、DMA_UR1R 中断、DMA_UR2T 中断、DMA_UR2R 中断、DMA_UR3T 中断、DMA_UR3R 中断、DMA_UR4T 中断、DMA_UR4R 中断、DMA_LCM 中断、DMA_I2CT 中断、DMA_I2CR 中断，共 14 个，详见表 5.1。

中断 2（INT2）、外部中断 3（INT3）、定时器 2（T2）中断、定时器 3（T3）中断、定时器 4（T4）中断固定为最低优先级中断外，其他的中断都具有 4 个中断优先级可以设置，可实现四级中断服务嵌套。对中断的操作主要有 2 点：一是中断允许的设置。中断允许的设置是两级控制，首先是 CPU 中断（中断总开关）的控制，CPU 的中断控制位是 IE.7（EA），当 EA=1 时，开放（允许）CPU 中断，当 EA=0 时，关闭 CPU 中断，也就是关闭所有中断（不可屏蔽中断除外，如 T0 的方式 3）。然后是各中断中断允许位的控制，当 EA=1 且某中断的中断允许位也为 1 时，该中断处于中断允许状态，CPU 一定会响应该中断请求。二是中断优先级的设置。中断源的中断优先级也是两级控制，首先可通过各中断的中断优先级设置位设置各中断源的优先级，优先级高的中断源，其中断请求优先被 CPU 响应；优先级相同的中断源，其中断请求被响应的顺序按其中断号排列，中断号小的先被响应。例如，外部中断 0，在同等级内，其中断请求最先被响应。STC32G12K128 单片机的中断资源包括中断源、中断请求标志位、中断允许位、中断优先级、中断优先级设置位、中断向量地址与中断号，如表 5.1 所示。

表 5.1 STC32G12K128 单片机的中断资源表

| 中断源 | 中断向量地址 | 中断号 | 中断优先级设置位 | 中断优先级 | 中断请求标志位 | 中断允许位 |
|---|---|---|---|---|---|---|
| INT0 | FF0003H | 0 | PX0，PX0H | 0/1/2/3 | IE0 | EX0 |
| T0 | FF000BH | 1 | PT0，PT0H | 0/1/2/3 | TF0 | ET0 |
| INT1 | FF0013H | 2 | PX1，PX1H | 0/1/2/3 | IE1 | EX1 |
| T1 | FF001BH | 3 | PT1，PT1H | 0/1/2/3 | TF1 | ET1 |
| UART1 | FF0023H | 4 | PS，PSH | 0/1/2/3 | RI ‖ TI | ES |
| ADC | FF002BH | 5 | PADC，PADCH | 0/1/2/3 | ADC_FLAG | EADC |
| LVD | FF0033H | 6 | PLVD，PLVDH | 0/1/2/3 | LVDF | ELVD |
| UART2 | FF0043H | 8 | PS2，PS2H | 0/1/2/3 | S2RI ‖ S2TI | ES2 |
| SPI | FF004BH | 9 | PSPI，PSPIH | 0/1/2/3 | SPIF | ESPI |
| INT2 | FF0053H | 10 | | 0 | INT2IF | EX2 |
| INT3 | FF005BH | 11 | | 0 | INT3IF | EX3 |
| T2 | FF0063H | 12 | | 0 | T2IF | ET2 |
| INT4 | FF0083H | 16 | PX4，PX4H | 0/1/2/3 | INT4IF | EX4 |
| UART3 | FF008BH | 17 | PS3，PS3H | 0/1/2/3 | S3RI ‖ S3TI | ES3 |
| UART4 | FF0093H | 18 | PS4，PS4H | 0/1/2/3 | S4RI ‖ S4TI | ES4 |
| T3 | FF009BH | 19 | | 0 | T3IF | ET3 |
| T4 | FF00A3H | 20 | | 0 | T4IF | ET4 |
| CMP | FF00ABH | 21 | PCMP，PCMPH | 0/1/2/3 | CMPIF | PIE|NIE |
| $I^2C$ | FF00C3H | 24 | PI2C，PI2CH | 0/1/2/3 | MSIF | EMSI |
| | | | | | STAIF | ESTAI |
| | | | | | RXIF | ERXI |
| | | | | | TXIF | ETXI |
| | | | | | STOIF | ESTOI |
| USB | FF00CBH | 25 | PUSB，PUSBH | 0/1/2/3 | USB 事件 | EUSB |
| PWMA | FF00D3H | 26 | PPWMA，PPWMAH | 0/1/2/3 | PWMA_SR | PWMA_IER |
| PWMB | FF00DBH | 27 | PPWMB，PPWMBH | 0/1/2/3 | PWMB_SR | PWMB_IER |

| 中断源 | 中断向量地址 | 中断号 | 中断优先级设置位 | 中断优先级 | 中断请求标志位 | 中断允许位 |
|---|---|---|---|---|---|---|
| CAN | FF00E3H | 28 | PCANL，PCANH | 0/1/2/3 | ALI | ALIM |
| | | | | | EWI | EWIM |
| | | | | | EPI | EPIM |
| | | | | | RI | RIM |
| | | | | | TI | TIM |
| | | | | | BEI | BEIM |
| | | | | | DOI | DOIM |
| CAN2 | FF00EBH | 29 | PCAN2L，PCAN2H | 0/1/2/3 | ALI | ALIM |
| | | | | | EWI | EWIM |
| | | | | | EPI | EPIM |
| | | | | | RI | RIM |
| | | | | | TI | TIM |
| | | | | | BEI | BEIM |
| | | | | | DOI | DOIM |
| LIN | FF00F3H | 30 | PLINL，PLINH | 0/1/2/3 | ABORT | ABORTE |
| | | | | | ERR | ERRE |
| | | | | | RDY | RDYE |
| | | | | | LID | LIDE |
| RTC | FF0123H | 36 | PRTC，PRTCH | 0/1/2/3 | ALAIF | EALAI |
| | | | | | DAYIF | EDAYI |
| | | | | | HOURIF | EHOURI |
| | | | | | MINIF | EMINI |
| | | | | | SECIF | ESECI |
| | | | | | SEC2IF | ESEC2I |
| | | | | | SEC8IF | ESEC8I |
| | | | | | SEC32IF | ESEC32I |
| P0 中断 | FF012BH | 37 | PINIPL[0]，PINIPH[0] | 0/1/2/3 | P0INTF | P0INTE |
| P1 中断 | FF0133H | 38 | PINIPL[1]，PINIPH[1] | 0/1/2/3 | P1INTF | P1INTE |
| P2 中断 | FF013BH | 39 | PINIPL[2]，PINIPH[2] | 0/1/2/3 | P2INTF | P2INTE |
| P3 中断 | FF0143H | 40 | PINIPL[3]，PINIPH[3] | 0/1/2/3 | P3INTF | P3INTE |
| P4 中断 | FF014BH | 41 | PINIPL[4]，PINIPH[4] | 0/1/2/3 | P4INTF | P4INTE |
| P5 中断 | FF0153H | 42 | PINIPL[5]，PINIPH[5] | 0/1/2/3 | P5INTF | P5INTE |
| P6 中断 | FF015BH | 43 | PINIPL[6]，PINIPH[6] | 0/1/2/3 | P6INTF | P6INTE |
| P7 中断 | FF0163H | 44 | PINIPL[7]，PINIPH[7] | 0/1/2/3 | P7INTF | P7INTE |
| DMA_M2M 中断 | FF017BH | 47 | M2MIP[1:0] | 0/1/2/3 | M2MIF | M2MIE |
| DMA_ADC 中断 | FF0183H | 48 | ADCIP[1:0] | 0/1/2/3 | ADCIF | ADCIE |
| DMA_SPI 中断 | FF018BH | 49 | SPIIP[1:0] | 0/1/2/3 | SPIIF | SPIIE |
| DMA_UR1T 中断 | FF0193H | 50 | UR1TIP[1:0] | 0/1/2/3 | UR1TIF | UR1TIE |
| DMA_UR1R 中断 | FF019BH | 51 | UR1RIP[1:0] | 0/1/2/3 | UR1RIF | UR1RIE |
| DMA_UR2T 中断 | FF01A3H | 52 | UR2TIP[1:0] | 0/1/2/3 | UR2TIF | UR2TIE |
| DMA_UR2R 中断 | FF01AB | 53 | UR2RIP[1:0] | 0/1/2/3 | UR2RIF | UR2RIE |

| 中断源 | 中断向量地址 | 中断号 | 中断优先级设置位 | 中断优先级 | 中断请求标志位 | 中断允许位 |
|---|---|---|---|---|---|---|
| DMA_UR3T 中断 | FF01B3H | 54 | UR3TIP[1:0] | 0/1/2/3 | UR3TIF | UR3TIE |
| DMA_UR3R 中断 | FF01BBH | 55 | UR3RIP[1:0] | 0/1/2/3 | UR3RIF | UR3RIE |
| DMA_UR4T 中断 | FF01C3H | 56 | UR4TIP[1:0] | 0/1/2/3 | UR4TIF | UR4TIE |
| DMA_UR4R 中断 | FF01CBH | 57 | UR4RIP[1:0] | 0/1/2/3 | UR4RIF | UR3RIE |
| DMA_LCM 中断 | FF01D3H | 58 | LCMIP[1:0] | 0/1/2/3 | LCMIF | LCMIE |
| LCM 中断 | FF01DBH | 59 | LCMIFIP[1:0] | 0/1/2/3 | LCMIFIF | LCMIFIE |
| DMA_I2CT 中断 | FF01E3H | 60 | I2CTIP[1:0] | 0/1/2/3 | I2CTIF | I2CTIE |
| DMA_I2CR 中断 | FF01EBH | 61 | I2CRIP[1:0] | 0/1/2/3 | I2CRIF | I2CRIE |

STC32G12K128 单片机有 49 个中断源，为降低学习难度，提高学习效率，下面仅介绍通用中断，包括外部中断、定时器中断及低压检测中断，重点学习外部中断 0、外部中断 1、T0 中断及 T1 中断，其他端口电路中断将在相应的介绍端口技术的章节中学习。下面将以中断源为主线，学习该中断源的中断请求标志、中断允许、中断优先级设置，以及中断请求标志撤除等内容。与外部中断、定时器中断及低压检测中断相关的 SFR 如表 5.2 所示。

表 5.2　与外部中断、定时器中断及低压检测中断相关的 SFR

| 符号 | 描述 | 地址 | 位地址与符号 | | | | | | | | 复位值 |
|---|---|---|---|---|---|---|---|---|---|---|---|
| | | | B7 | B6 | B5 | B4 | B3 | B2 | B1 | B0 | |
| IE | 中断允许寄存器 | A8H | EA | ELVD | EADC | ES | ET1 | EX1 | ET0 | EX0 | 0000,0000 |
| IE2 | 中断允许寄存器 2 | AFH | EUSB | ET4 | ET3 | ES4 | ES3 | ET2 | ESPI | ES2 | 0000,0000 |
| IP | 中断优先级控制寄存器 | B8H | — | PLVD | PADC | PS | PT1 | PX1 | PT0 | PX0 | x000,0000 |
| IPH | 高中断优先级控制寄存器 | B7H | — | PLVDH | PADCH | PSH | PT1H | PX1H | PT0H | PX0H | x000,0000 |
| IP2 | 中断优先级控制寄存器 2 | B5H | PUSB | PI2C | PCMP | PX4 | PPWMB | PPWMA | PSPI | PS2 | 0000,0000 |
| IP2H | 高中断优先级控制寄存器 2 | B6H | PUSBH | PI2CH | PCMPH | PX4H | PPWMBH | PPWMAH | PSPIH | PS2H | 0000,0000 |
| IP3 | 中断优先级控制寄存器 3 | DFH | — | — | — | — | PI2S | PRTC | PS4 | PS3 | xxxx,0000 |
| IP3H | 高中断优先级控制寄存器 3 | EEH | — | — | — | — | PI2SH | PRTCH | PS4H | PS3H | xxxx,0000 |
| PCON | 电源控制寄存器 | 87H | SMOD | SMOD0 | LVDF | POF | GF1 | GF0 | PD | IDL | 0011,0000 |
| TCON | 定时器控制寄存器 | 88H | TF1 | TR1 | TF0 | TR0 | IE1 | IT1 | IE0 | IT0 | 0000,0000 |
| INTCLKO | 中断与时钟输出控制寄存器 | 8FH | — | EX4 | EX3 | EX2 | — | T2CLKO | T1CLKO | T0CLKO | x000,x000 |
| AUXINTIF | 扩展外部中断标志寄存器 | EFH | — | INT4IF | INT3IF | INT2IF | — | T4IF | T3IF | T2IF | x000,x000 |

#### 1．外部中断 0

1）外部中断 0 的中断源与中断请求标志

外部中断 0 的中断请求信号由 P3.2 输入，中断请求有 2 种触发方式，TCON.0（IT0）为外部中断 0 的中断请求方式选择控制位。当 IT0=1 时，外部中断 0 为下降沿触发；当 IT0=0 时，无论是上升沿还是下降沿，都会引发外部中断 0。一旦输入信号有效，则置位 TCON.1（IE0）标志位，向 CPU 申请中断。

2）外部中断 0 的中断允许

IE.0（EX0）为外部中断 0 的中断允许位。当 EX0=0 时，禁止外部中断 0；当 EX0=1 时，开放（允许）外部中断 0。

3）外部中断 0 的中断优先级设置

IP.0（PX0）、IPH.0（PX0H）为外部中断 0 的中断优先级设置位。当 PX0H/PX0= 0/0 时，外部中断 0 的中断优先级为 0 级（最低优先级）；当 PX0H/PX0= 0/1 时，外部中断 0 的中断优先级为 1 级；当 PX0H/PX0= 1/0 时，外部中断 0 的中断优先级为 2 级；当 PX0H/PX0= 1/1 时，外部中断 0 的中断优先级为 3 级（最高优先级）。

### 2．外部中断 1

1）外部中断 1 的中断源与中断请求标志

外部中断 1 的中断请求信号由 P3.3 输入，中断请求有 2 种触发方式，TCON.2（IT1）为外部中断 1 的中断请求方式选择控制位。当 IT1=1 时，外部中断 1 为下降沿触发；当 IT1=0 时，无论是上升沿还是下降沿，都会引发外部中断 1。一旦输入信号有效，则置位 TCON.3（IE1）标志位，向 CPU 申请中断。

2）外部中断 1 的中断允许

IE.2（EX1）为外部中断 1 的中断允许位。当 EX1=0 时，禁止外部中断 1；当 EX1=1 时，开放（允许）外部中断 1。

3）外部中断 1 的中断优先级设置

IP.2（PX1）、IPH.2（PX1H）为外部中断 1 的中断优先级设置位。当 PX1H/PX1= 0/0 时，外部中断 1 的中断优先级为 0 级（最低优先级）；当 PX1H/PX1= 0/1 时，外部中断 1 的中断优先级为 1 级；当 PX1H/PX1= 1/0 时，外部中断 1 的中断优先级为 2 级；当 PX1H/PX1= 1/1 时，外部中断 1 的中断优先级为 3 级（最高优先级）。

### 3．外部中断 2

1）外部中断 2 的中断源与中断请求标志

外部中断 2 的中断请求信号由 P3.6 输入，中断请求触发方式为下降沿触发，一旦输入信号有效，则置位 AUXINTIF.4（INT2IF）标志位，向 CPU 申请中断。

2）外部中断 2 的中断允许

INTCLKO.4（EX2）为外部中断 2 的中断允许位。当 EX2=0 时，禁止外部中断 2；当 EX2=1 时，开放（允许）外部中断 2。

3）外部中断 2 的中断优先级

外部中断 2 的中断优先级固定为 0 级（最低优先级）。

### 4．外部中断 3

1）外部中断 3 的中断源与中断请求标志

外部中断 3 的中断请求信号由 P3.7 输入，中断请求触发方式为下降沿触发，一旦输入信号有效，则置位 AUXINTIF.5（INT3IF）标志位，向 CPU 申请中断。

2）外部中断 3 的中断允许

INTCLKO.5（EX3）为外部中断 3 的中断允许位。当 EX3=0 时，禁止外部中断 3；当 EX3=1 时，开放（允许）外部中断 3。

3）外部中断 3 的中断优先级

外部中断 3 的中断优先级固定为 0 级（最低优先级）。

### 5．外部中断 4

1）外部中断 4 的中断源与中断请求标志

外部中断 4 的中断请求信号由 P3.0 输入，中断请求触发方式为下降沿触发，一旦输入信号有效，则置位 AUXINTIF.6（INT4IF）标志位，向 CPU 申请中断。

2）外部中断 4 的中断允许

INTCLKO.6（EX4）为外部中断 4 的中断允许位。当 EX4=0 时，禁止外部中断 4；当 EX4=1 时，开放（允许）外部中断 4。

3）外部中断 4 的中断优先级

IP2.4（PX4）、IP2H.4（PX4H）为外部中断 4 的中断优先级设置位。当 PX4H/PX4= 0/0 时，外部中断 4 的中断优先级为 0 级（最低优先级）；当 PX4H/PX4= 0/1 时，外部中断 4 的中断优先级为 1 级；当 PX4H/PX4= 1/0 时，外部中断 4 的中断优先级为 2 级；当 PX4H/PX4= 1/1 时，外部中断 4 的中断优先级为 3 级（最高优先级）。

### 6. T0 中断

1）T0 中断的中断源与中断请求标志

T0 中断的中断源是 T0 的溢出信号，当 T0 计满溢出时，置位 T0 计满溢出标志位 TF0，即 T0 中断的中断请求标志位，向 CPU 申请中断。

2）T0 中断的中断允许

IE.1（ET0）为 T0 中断的中断允许位。当 ET0=0 时，禁止 T0 中断；当 ET0=1 时，开放（允许）T0 中断。

3）T0 中断的中断优先级

IP.1（PT0）、IPH.1（PT0H）为 T0 中断的中断优先级设置位。当 PT0H/PT0= 0/0 时，T0 中断的中断优先级为 0 级（最低优先级）；当 PT0H/PT0= 0/1 时，T0 中断的中断优先级为 1 级；当 PT0H/PT0= 1/0 时，T0 中断的中断优先级为 2 级；当 PT0H/PT0= 1/1 时，T0 中断的中断优先级为 3 级（最高优先级）。

说明：当 T0 工作在方式 3 时，T0 中断为不可屏蔽中断，置位 ET0 并启动后，T0 中断就不可屏蔽了，而且其优先级最高。

### 7. T1 中断

1）T1 中断的中断源与中断请求标志

T1 中断的中断源是 T1 的溢出信号，当 T1 计满溢出时，置位 T1 计满溢出标志位 TF1，即 T1 中断的中断请求标志位，向 CPU 申请中断。

2）T1 中断的中断允许

IE.3（ET1）为 T1 中断的中断允许位。当 ET1=0 时，禁止 T1 中断；当 ET1=1 时，开放（允许）T1 中断。

3）T1 中断的中断优先级

IP.3（PT1）、IPH.3（PT1H）为 T1 中断的中断优先级设置位。当 PT1H/PT1= 0/0 时，T1 中断的中断优先级为 0 级（最低优先级）；当 PT1H/PT1= 0/1 时，T1 中断的中断优先级为 1 级；当 PT1H/PT1= 1/0 时，T1 中断的中断优先级为 2 级；当 PT1H/PT1= 1/1 时，T1 中断的中断优先级为 3 级（最高优先级）。

### 8. 定时器 2（T2）中断、定时器 3（T3）中断与定时器 4（T4）中断

1）T2、T3、T4 中断的中断请求标志

T2IF、T3IF、T3IF 分别为 T2、T3、T4 中断的中断请求标志位，计满溢出时置位。

2）T2、T3、T4 中断的中断允许

IE2.2（ET2）、IE2.5（ET3）、IE2.6（ET4）分别为 T2、T3、T4 中断的中断允许控制位。

3）T2、T3、T4 中断的中断优先级

T2、T3、T4 中断的中断优先级都固定为 0 级（最低优先级）。

#### 9. 电源低压检测中断

**1）电源低压检测中断的中断源与中断请求标志**

当检测到电源电压过低时，则置位 PCON.5（LVDF）。上电复位时，由于电源电压上升有一个过程，低压检测电路会检测到低电压，置位 LVDF，向 CPU 申请中断。若应用中需要用到电源低压检测中断，则需要先对 LVDF 清零。此外，必须在 STC-ISP 硬件选项中关闭低压检测复位功能。

**2）电源低压检测中断的中断允许**

IE.6（ELVD）为电源低压检测中断的中断允许位。当 ELVD =0 时，禁止电源低压检测中断；当 ELVD =1 时，开放（允许）电源低压检测中断。

**3）电源低压检测中断的中断优先级**

IP.6（PLVD）、IPH.6（PLVD H）为电源低压检测中断的中断优先级设置位。当 PLVDH/ PLVD = 0/0 时，电源低压检测中断的中断优先级为 0 级（最低优先级）；当 PLVDH/ PLVD = 0/1 时，电源低压检测中断的中断优先级为 1 级；当 PLVDH/ PLVD = 1/0 时，电源低压检测中断的中断优先级为 2 级；当 PLVDH/ PLVD = 1/1 时，电源低压检测中断的中断优先级为 3 级（最高优先级）。

### 5.2.2 中断响应

中断响应是 CPU 对中断源中断请求的响应，包括保护断点和将程序转向中断服务程序的入口地址（也称中断向量地址）。CPU 并非在任何时刻都响应中断请求，而是在中断响应条件满足之后才会响应。

**1）中断响应时间问题**

当中断源在中断允许的条件下发出中断请求后，CPU 肯定会响应中断，但若有下列任何一种情况存在，则中断响应会受到阻碍，会不同程度地增加 CPU 响应中断的时间。

（1）CPU 正在响应同级或更高优先级的中断。

（2）正在执行 RETI 中断返回指令或访问与中断有关的寄存器的指令，如访问 IE 和 IP 的指令。

（3）当前指令未执行完。

若存在上述任何一种情况，中断查询结果即被取消，CPU 不响应中断请求，而在下一指令周期继续查询，若条件满足，CPU 在下一指令周期响应中断。

在每个指令周期的最后时刻，CPU 按优先级顺序查询各中断标志位，并设置相应的中断标志位，如查到某个中断标志位为 1，则将在下一指令周期按优先级的高低顺序进行处理。

**2）中断响应过程**

中断响应过程包括保护断点和将程序转向中断服务程序的入口地址。

CPU 响应中断时，将相应的优先级状态触发器置位，然后由硬件自动产生一个长调用指令（LCALL），此指令首先把断点地址压入堆栈保护，再将中断服务程序的入口地址送入程序计数器（PC），使程序转向相应的中断服务程序。

STC32G12K128 单片机各中断源中断响应的入口地址由硬件事先设定，如表 5.1 所示。

使用时，通常在中断响应的入口地址处存放一条无条件转移指令，使程序跳转到用户安排的中断服务程序的起始地址上去：

ORG 0003H　　　　　 ；外部中断 0 的入口地址（向量地址）

LJMP EX0_INT　　　　 ；无条件转移到外部中断 0 的中断服务程序的起始地址

在 C 语言编程中，通过中断服务函数中的中断号来区分不同中断。

**3）中断请求标志的撤除问题**

CPU 响应中断请求后进入中断服务程序，在中断返回前，应撤除该中断请求，否则会重复引起中断而导致错误。STC32G12K128 单片机各中断源中断请求撤除的方法不尽相同。

（1）定时器中断请求的撤除：对于 T0~T4 中断，CPU 在响应中断后由硬件自动清除其中断请求标志位，不需要采取其他措施。

（2）外部中断请求的撤除：外部中断 0 和外部中断 1 的触发方式可由 IT0、IT1 设置，但无论 IT0、IT1 设置为 0 还是 1，都属于边沿触发，CPU 在响应中断后由硬件自动清除其中断请求标志位（IE0 或 IE1），不需要采取其他措施。外部中断 2、外部中断 3、外部中断 4 是下降沿触发，其中断请求标志位，CPU 在响应中断后同样会将其中断请求标志位自动清零。

（3）电源低电压检测中断：电源低电压检测中断的中断请求标志位在中断响应后不会自动清零，需要通过软件清除。

### 5.2.3　中断服务与中断返回

中断服务与中断返回是通过执行中断服务程序完成的。中断服务程序从中断的入口地址开始执行，到中断返回指令 RETI 为止，一般包括 4 部分内容：保护现场、中断服务、恢复现场、中断返回。

（1）保护现场：通常主程序和中断服务程序都会用到累加器 A、状态寄存器 PSW 及其他一些寄存器，当 CPU 执行中断服务程序用到上述寄存器时，会破坏原来存储在寄存器中的内容，一旦中断返回，将会导致主程序混乱。因此，在进入中断服务程序后，一般要先保护现场，即用入栈操作指令将需要保护的寄存器内容压入堆栈。

（2）中断服务：中断服务程序的核心部分。

（3）恢复现场：在中断服务结束之后、中断返回之前，用出栈操作指令将在保护现场过程中压入堆栈的内容弹回到相应的寄存器中。注意，弹出顺序必须与压入顺序相反。

（4）中断返回：中断返回是指中断服务完成后，CPU 返回原来断开的位置（断点），继续执行原来的程序。中断返回由中断返回指令 RETI 来实现，该指令的功能是把断点地址从堆栈中弹出，送回程序计数器（PC）。此外，还通知中断系统已完成中断处理，清除优先级状态触发器。特别要注意，不能用 RET 指令代替 RETI 指令。

编写中断服务程序时的注意事项如下所示。

（1）各中断源的中断响应入口地址只相隔 8 字节，中断服务程序往往大于 8 字节，因此在中断响应入口地址单元中通常存放一条无条件转移指令，通过该指令转向执行存放在其他位置的中断服务程序。

（2）若要在执行当前中断服务程序时禁止其他高优先级的中断，需要先用软件关闭中断或用软件禁止相应高优先级的中断，在中断返回前再开放中断。

（3）在保护现场和恢复现场时，为了使现场数据不遭到破坏或造成混乱，一般规定此时 CPU 不再响应新的中断请求。因此时，在编写中断服务程序时，要注意在保护现场前关闭中断，在保护现场后若允许高优先级的中断时再打开中断。同样，在恢复现场前也应先关闭中断，在恢复现场之后再打开中断。

#### 1．中断服务函数的定义

中断服务函数的一般形式为

函数类型　函数名（形式参数表）［interrupt $n$］　　［using $m$］

其中，关键字 interrupt 后面的 $n$ 是中断号，$n$ 的取值范围为 0~31。编译器从 $8n+3$ 处产生中断向量，具体的中断号 $n$ 和中断向量取决于单片机的类型。关键字 using 用于选择工作寄存器组，$m$ 为对应的寄存器组号，$m$ 的取值范围为 0~3，对应 8051 单片机的工作寄存器组 0~3。

#### 2．STC32G12K128 单片机常见中断源的中断号与中断向量

STC32G12K128 单片机常见中断源的中断号与中断向量地址如表 5.3 所示。

表 5.3　STC32G12K128 单片机常见中断源的中断号与中断向量地址

| 中断源 | 中断号（$n$） | 中断向量地址 |
|---|---|---|
| 外部中断 0 | 0 | FF0003H |
| 定时/计数器中断 0 | 1 | FF000BH |
| 外部中断 1 | 2 | FF0013H |
| 定时/计数器中断 1 | 3 | FF001BH |
| 串行端口 1 中断 | 4 | FF0023H |

注意：STC32G12K128 单片机有很多中断源，各中断源的中断号及向量地址如表 5.1 所示。

### 3．中断服务函数的编写规则

（1）中断服务函数不能进行参数传递，若中断服务函数中包含参数声明将导致编译出错。

（2）中断服务函数没有返回值，用其定义返回值将得到不正确的结果。因此，在定义中断服务函数时最好将其定义为 void 类型，以说明没有返回值。

（3）在任何情况下都不能直接调用中断服务函数，否则会产生编译错误。这是因为中断服务函数的返回是由 RETI 指令完成的，RETI 指令会影响单片机的硬件中断系统。

（4）如果中断服务函数中涉及浮点运算，那么必须保存浮点寄存器的状态；当没有其他程序执行浮点运算时，可以不保存浮点寄存器的状态。

（5）如果在中断服务函数中调用了其他函数，那么被调用函数所使用的寄存器组必须与中断服务函数使用的寄存器组相同。用户必须按要求使用相同的寄存器组，否则会产生错误的结果。如果在定义中断服务函数时没有使用 using 选项，那么由编译器选择一个寄存器组作为绝对寄存器组进行访问。

## 5.2.4　关于中断号大于 31 在 Keil C251 中编译出错的处理

鉴于目前 Keil 各个版本的 C51 和 C251 编译器均只支持 32 个中断号（0~31），下面对于中断号大于 31 在 Keil C251 中编译出错的情况提出两种解决方法：一种是借用保留中断号（如 13）进行中转的方法；另一种是运行一个拓展 Keil C251 的 C 代码中断号的程序（网友提供）。

### 1．借用保留中断号（如 13）进行中转

（1）将需要中转中断的中断号修改为 13。

RTC 实时时钟的中断号是 36，目前 Keil C251 不支持此中断号，故在编写 RTC 中断服务函数时将 36 改为 13，如下所示：

```
void RTC_ISR() interrupt 13
{……}
```

（2）新建一个汇编语言文件，如命名为"isr.asm"，并将其加入当前项目中，然后在地址 0123H 处添加"LJMP　006BH"语句，如下所示：

```
CESG AT 0123H
LJMP 006BH
```

（3）编译即可通过。

### 2．运行"拓展 Keil 的 C 代码中断号"程序

运行"拓展 Keil 的 C 代码中断号"程序，可将中断号拓展到 254，操作流程如下。

（1）运行"拓展 Keil 的 C 代码中断号"程序后，弹出如图 5.3 所示的界面。

（2）单击"打开"按钮，定位到 Keil C251 的安装目录后，单

图 5.3　拓展中断号程序界面

击"确定"按钮即可。

### 5.2.5 中断应用举例

中断编程包括两部分：第一部分是中断初始化，主要是中断的允许（包括 CPU 中断的允许与中断源中断的允许），有必要时进行中断优先级的设置；第二部分是编写中断服务函数，用于完成中断请求的任务。

#### 1. 定时中断的应用

【例 5.1】用 T1 的方式 0 实现定时，在 P1.6 引脚输出周期为 2s 的方波，采用中断方式实现。

**解：** 参考例 4.2，在例 4.2 的基础上将 TF1 的查询方式改为中断方式，即去掉查询 TF1 的语句，并将查询到 TF1 为 1 所需完成的语句转移到 T1 中断服务函数中。

C 语言参考源程序如下：

```c
#include <stc32g.h>            //包含支持 STC32G12K128 单片机的头文件
#include <intrins.h>
#define uchar unsigned char
#define uint  unsigned int
uchar cnt=0;                   //50ms 累计计数变量
void Timer1Init(void)          //50ms@12.000MHz
{
    AUXR &= 0xBF;              //定时器时钟 12T 模式
    TMOD &= 0x0F;             //设置定时器模式
    TL1 = 0xB0;               //设置定时初始值
    TH1 = 0x3C;               //设置定时初始值
    TF1 = 0;                  //清除 TF1 标志
    TR1 = 1;                  //T1 开始计时
}
void main(void)
{
    WTST=0;                    //设置访问程序存储器的速度
    P1M1=0; P1M0=0;           //P1 口初始化
    TM1PS=0;                  //T1 预分频器不分频
    Timer1Init();
    while(1);
}
void T1_ISR( ) interrupt 3
{
    TF1=0;                     //该语句可取消
    cnt++;                     //50ms 计数变量加 1
    if(cnt==20)                //判断 1s 是否到达
    {
        cnt=0;                 //1ms 到，50ms 计数变量清零
        P16=!P16;             //取反输出，实现 2s 方波
    }
}
```

#### 2. 外部中断的应用

【例 5.2】利用外部中断 0、外部中断 1 控制 LED，外部中断 0 改变 P4.6 控制 LED 的亮灭，外部中断 1 改变 P4.7 控制 LED 的亮灭。

**解：** 设外部中断 0、外部中断 1 采用下降沿触发方式，即 IT0=1、IT1=1。开放外部中断 0（EX0=1）和外部中断 1（EX1=1），以及开放 CPU 中断（EA=1）。然后编写外部中断 0 和外部中断 1 的中断服务函数。

C 语言参考程序如下：

```
#include <stc32g.h>              //包含支持 STC32G12K128 单片机的头文件
#include <intrins.h>
#define uchar unsigned char
#define uint  unsigned int
void main(void)
{
    WTST=0;                     //设置访问程序存储器的速度
     P4M1=0; P4M0=0;            //P4 口初始化
    IT0=1;
    IT1=1;
    EX0=1;
    EX1=1;
    EA=1;
    while(1);
}
void int0_isr() interrupt 0     //外部中断 0 的中断服务函数
{
    P46=~P47;
}
void int1_isr() interrupt 2     //外部中断 1 的中断服务函数
{
    P47=~P47;
}
```

## 5.3  外部中断的扩展

STC32G12K128 单片机有 5 个外部中断请求输入端，在实际应用中，若外部中断源数超过 5 个，则需要扩充外部中断源。

### 1. 利用外部中断加查询的方法扩展外部中断

利用外部中断输入（如 INT0 和 INT1 引脚），每一个外部中断输入线通过逻辑与（或逻辑或非）的关系连接多个外部中断源，同时，利用并行输入端口线作为多个中断源的识别线，如图 5.4 所示。

由图 5.4 可知，4 个外部扩展中断源（EXINT0～EXINT3）经与门相与后再与 INT0（P3.2）相连，4 个外部扩展中断源中有一个或几个出现低电平时输出为 0，使 INT0（P3.2）为低电平，从而发出中断请求。CPU 执行中断服务程序时，依次查询 P1 口中断源的输入状态，然后转向相应的中断服务程序。4 个外部扩展中断源的优先级顺序由软件查询的顺序决定，即最先查询的优先级最高，最后查询的优先级最低。

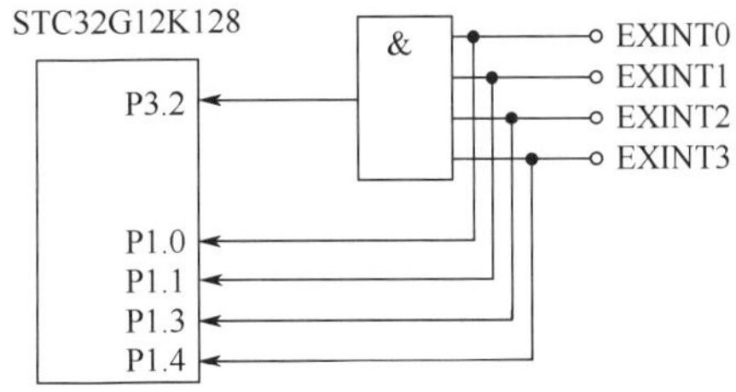

图 5.4   利用外部中断加查询的方法扩展
外部中断的电路原理图

【例 5.3】如图 5.5 所示为 3 机器故障检测与指示系统。当无故障时，LED3 灯亮；当有故障时，LED3 灯灭。0 号机器有故障时，LED0 灯亮；1 号机器有故障时，LED1 灯亮；2 号机器有故障时，LED2 灯亮。

**解：**由图 5.5 可知，3 个故障信号分别由 0 号、1 号、2 号信号线输入，故障信号为高电平有效，这 3 条信号线中有一个或更多为高电平时，3 条信号线上的信号经或非门后输出低电平，产生下降沿信号，向 CPU 发出中断请求。

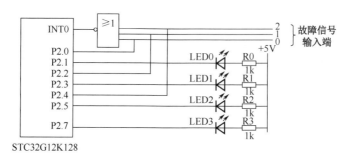

图 5.5　3 机器故障检测与指示系统

C 语言参考程序如下:

```c
#include <stc32g.h>        //包含支持 STC32G12K128 单片机的头文件
#include <intrins.h>
#define uchar unsigned char
#define uint  unsigned int
void main(void)
{
    uchar x;
    WTST=0;                //设置访问程序存储器的速度
    P2M1=0; P2M0=0;        //P2 口初始化
    P3M1=0; P3M0=0;        //P3 口初始化
    IT0=1;                 //外部中断 0 为下降沿触发方式
    EX0=1;                 //允许外部中断 0
    EA =1;                 //CPU 中断允许
    while(1)
    {
        x=P2;
        if(!(x&0x15))      //若没有故障,点亮工作指示灯 LED3
            P27=0;
        else
            P27=1;         //若有故障,熄灭工作指示灯 LED3
    }
}
/*--------------外部中断 0 中断服务函数--------------*/
void  int0_isr(void) interrupt 0
{
    P21=~P20;              //故障指示灯状态与故障信号状态相反
    P23=~P22;
    P25=~P24;
}
```

**2. 利用定时中断**

当不用定时/计数器时,可用来扩展外部中断。将定时/计数器设置在计数状态,初始值设置为全"1",这时的定时/计数器中断为由计数脉冲输入引脚引发的外部中断。

## 5.4　工程训练

### 5.4.1　中断应用编程

**1. 工程训练目标**

(1) 理解中断的工作过程。

（2）掌握 STC32G12K128 单片机定时中断的应用编程。

## 2. 任务概述

1）任务目标

（1）同 project441 项目，设计一个秒表。

（2）同 project443 项目，设计一个频率计。

2）参考程序（C 语言版）

（1）project541_1.c：在 project441.c 程序的基础上，将定时器计满溢出标志的判断由查询方式改为中断方式实现。一是开放 T0 中断；二是将查询 TF0 是否为 1 的语句去掉，并将 TF0 为 1 后的执行内容放入 T0 中断服务函数中。

（2）project541_2.c：在 project443.c 程序的基础上，将定时器计满溢出标志的判断由查询方式改为中断方式实现。一是开放 T0 中断；二是将查询 TF0 是否为 1 的语句去掉，并将 TF0 为 1 后的执行内容放入 T0 中断服务函数中。

## 3. 任务实施

（1）将 sys_inti.c 与 LED_display.c 复制到当前项目文件夹中。

（2）将 project441.c 复制到当前项目文件夹中，并重命名为"project541_1.c"；将 project443.c 复制到当前项目文件夹中，并重命名为"project541_2.c"。

（3）用 Keil C251 编辑、编译与调试"秒表"用户程序。

①用 Keil C251 新建 project541 项目。

②将 project541_1.c 添加到 project541 项目，并打开 project541_1.c 程序，将定时器计满溢出标志的判断由查询方式改为中断方式实现。

③设置编译环境，勾选"编译时生成机器代码文件"。

④编译程序文件，生成 project541_1.hex 文件（编译前将默认的 hex 文件名修改为"project541_1.hex"）。

⑤利用 STC-ISP 将 project541_1.hex 文件下载到实验箱单片机中。

⑥按 project441 项目的要求观察与调试"秒表"用户程序。

（4）用 Keil C251 编辑、编译与调试"频率计"用户程序。

①将 project541_1.c 文件移出当前项目。

②将 project541_2.c 文件添加到当前项目中，并打开 project541_2.c 程序，将定时器计满溢出标志的判断由查询方式改为中断方式实现。

③编译程序文件，生成 project541_2.hex 文件（编译前将默认的 hex 文件名修改为"project541_2.hex"）。

（5）利用 STC-ISP 将 project541_2.hex 文件下载到实验箱单片机中。

（6）按 project443 项目的要求观察与调试"频率计"用户程序。

## 5.4.2 外部中断的应用编程

### 1. 工程训练目标

（1）掌握外部中断触发方式的选择与设置。

（2）掌握外部中断的应用编程。

### 2. 任务概述

1）任务目标

利用两个按键，通过中断的方式向单片机传递命令，一个用于增大流水灯的间隔时间，另一个用于减小流水灯的间隔时间。

2）电路设计

按键 SW17、SW18 的输入对应单片机外部中断 0 和外部中断 1 的中断输入引脚，采用外部中断 0 和外部中断 1 来接收按键信号，设 SW17 按键用于增大流水灯的间隔时间，SW18 按键用于减小流水灯的间隔时间。

3）参考程序（C 语言版）

（1）程序说明。以 500ms 的软件延时作为流水灯间隔时间的基准，通过调用 500ms 软件延时程序的次数不同实现流水灯不同的时间间隔，定义一个全局变量来控制调用 500ms 软件延时程序的次数，再利用外部中断 1、外部中断 2 来调整这个全局变量，此时即可用 2 个外部按键来调整流水灯的时间间隔。

（2）主程序文件 project542.c 如下：

```c
#include<stc32g.h>
#include<intrins.h>
typedef unsigned char    u8;
typedef unsigned int     u16;
typedef unsigned long    u32;
#define MAIN_Fosc   24000000UL    //设置主时钟频率，下载时按此频率设置
#include"sys_inti.c"
#define LED_OUT  P6
u8 y=0xfe;
u8 m=10;
/*-------------软件延时函数（t*500ms）-----------------*/
void  delay_ms(u16 t)
{
    u16 i, j, k;
    for(j=0;j<t;j++)
    {
        k=500;
        do{
            i = MAIN_Fosc / 6000;
            while(--i);
        }while(--k);
    }
}
void main(void)
{
    sys_inti();
    IT0=IT1=1;   EX0=EX1=1;
    EA=1;
    P40=0;
    while(1)
    {
        LED_OUT=y;
        y=_crol_(y, 1);
        delay_ms(m);
    }
}
void EX0_isr(void) interrupt 0
{
    m++;
    if(m>20)m=20;
```

```
}
void EX1_isr(void) interrupt 2
{
    m--;
    if(m==0)m=1;
}
```

### 3．任务实施

（1）分析 project542.c 程序文件。

（2）将 sys_inti.c 文件复制到当前项目文件夹中。

（3）用 Keil C251 编辑、编译用户程序，生成机器代码。

①用 Keil C251 新建 project542 项目。

②输入与编辑 project542.c 文件。

③将 project542.c 文件添加到当前项目中。

④设置编译环境，勾选"编译时生成机器代码文件"。

⑤编译程序文件，生成 project542.hex 文件。

（4）将实验箱连至 PC。

（5）利用 STC-ISP 将 project542.hex 文件下载到实验箱单片机中。

（6）观察与调试程序。

（7）按动 SW17 按键，观察流水灯的时间间隔并记录。

（8）按动 SW18 按键，观察流水灯的时间间隔并记录。

### 4．训练拓展

修改 project542.c 程序，将流水灯的间隔时间用 LED 数码管显示出来并调试，观察调试过程是否有什么问题，并加以解决。

# 本章小结

中断的概念是在 20 世纪 50 年代中期提出的，是计算机中一个很重要的技术，它既和硬件有关，也和软件有关。正是因为有了中断技术，才使得计算机工作地更加灵活，效率更高。在现代计算机中，操作系统实现的管理调度，其物质基础就是丰富的中断功能和完善的中断系统。一个 CPU 要面向多个任务，很容易出现资源竞争，而中断技术实质上是一种资源共享技术。中断技术的出现使计算机的发展和应用得到了推进。所以，中断功能的强弱已成为衡量一台计算机功能完善与否的重要指标。

中断处理一般包括中断请求、中断响应、中断服务和中断返回四个过程。

STC32G12K128 单片机的中断系统有 49 个中断源，4 个优先级，可实现 4 级中断服务嵌套。中断允许为 2 级控制，一是 CPU 中断允许位（EA），二是各中断源的中断允许位。中断优先级的控制也是 2 级控制，一是通过编程可将各中断源设置成不同的优先级，二是同一优先级的中断源同时提出中断请求时，由内部的查询逻辑确定其响应次序。

中断应用的编程包括两部分：一部分是中断的允许及优先级的管理；另一部分是中断服务程序（中断服务函数）的编写。

# 思考与提高

## 一、填空题

（1）CPU面向I/O端口的服务方式包括_____、_____与DMA通道这3种方式。

（2）中断过程包括中断请求、_____、_____与中断返回这4个工作过程。

（3）中断服务方式中，CPU与I/O设备是_____工作的。

（4）根据中断请求能否被CPU响应，中断可分为非屏蔽中断和_____两种类型。STC32G12K128单片机的所有中断，除T0方式3外，都属于_____。

（5）若要使用T0中断，除对ET0置位外，还需要对_____置位。

（6）STC32G12K128单片机的中断优先级分为_____个优先等级，当处于同一个中断优先级时，前5个中断的自然优先顺序由高到低是_____、T0中断、_____、_____、串行端口1中断。

（7）外部中断0的中断请求信号输入引脚是____，外部中断1的中断请求信号输入引脚是____。外部中断0、外部中断1的触发方式有_____和_____两种类型。当IT0=1时，外部中断0的触发方式是_____。

（8）外部中断2的中断请求信号输入引脚是____，外部中断3的中断请求信号输入引脚是____，外部中断4的中断请求信号输入引脚是____。外部中断2、外部中断3、外部中断4的中断触发方式只有1种，属于_____触发方式。

（9）外部中断0、外部中断1、外部中断2、外部中断3、外部中断4中断源的中断请求标志，在中断响应后相应的中断请求标志位____自动清零。

（10）串行端口1的中断包括_____和_____两个中断源，对应两个中断请求标志。串行端口1的中断请求标志在中断响应后_____自动清零。

（11）中断服务函数定义的关键字是_____。

（12）外部中断0的中断向量地址、中断号分别是_____和_____。

（13）外部中断1的中断向量地址、中断号分别是_____和_____。

（14）T0中断的中断向量地址、中断号分别是_____和_____。

（15）T1中断的中断向量地址、中断号分别是_____和_____。

（16）串行端口1中断的中断向量地址、中断号分别是_____和_____。

## 二、选择题

（1）执行"EA=1;EX0=1;EX1=1;ES=1;"语句后，叙述正确的是_____。

    A．外部中断0、外部中断1、串行端口1允许中断

    B．外部中断0、T0、串行端口1允许中断

    C．外部中断0、T1、串行端口1允许中断

    D．T0、T1、串行端口1允许中断

（2）执行"PS=1;PT1=1;"语句后，按照中断优先级由高到低排序，叙述正确的是_____。

    A．外部中断0→T0中断→外部中断1→T1中断→串行端口1中断

    B．外部中断0→T0中断→T1中断→外部中断1→串行端口1中断

    C．T1中断→串行端口1中断→外部中断0→T0中断→外部中断1

    D．T1中断→串行端口1→T0中断→外部中断0→外部中断1

（3）执行"PS=1;PT1=1;"语句后，叙述正确的是_____。

    A．外部中断1能中断正在处理的外部中断0

    B．外部中断0能中断正在处理的外部中断1

C. 外部中断 1 能中断正在处理的串行端口 1 中断

D. 串行端口 1 中断能中断正在处理的外部中断 1

（4）现要求允许T0中断，并设置其中断优先级为高级，下列编程正确的是_____。

A. ET0=1;EA=1;PT0=1;　　　　　B. ET0=1;IT0=1;PT0=1;

C. ET0=1;EA=1;IT0=1;　　　　　D. IT0=1;EA=1;PT0=1;

（5）当IT0=1时，外部中断0的触发方式是_____。

　　A. 高电平触发　　　　　　　　　B. 低电平触发

　　C. 下降沿触发　　　　　　　　　D. 上升沿、下降沿皆触发

（6）当IT1=1时，外部中断1的触发方式是_____。

　　A. 高电平触发　　　　　　　　　B. 低电平触发

　　C. 下降沿触发　　　　　　　　　D. 上升沿、下降沿皆触发

### 三、判断题

（1）STC32G12K128 单片机中，只要中断源有中断请求，CPU 一定会响应该中断请求。

（　　）

（2）当某中断请求允许位为1，且 CPU 中断允许位（EA）为 1 时，若该中断源有中断请求，CPU 一定会响应该中断。（　　）

（3）当某中断源在中断允许的情况下有中断请求，CPU 会立马响应该中断请求。　（　　）

（4）CPU 响应中断的首要事情是保护断点地址，然后自动转到该中断源对应的中断向量地址处执行程序。（　　）

（5）外部中断 0 的中断号是 1。（　　）

（6）T1 中断的中断号是 3。（　　）

（7）在同级中断中，外部中断 0 能中断正在处理的串行端口 1 中断。（　　）

（8）高优先级中断能中断正在处理的低优先级中断。（　　）

（9）中断服务函数中能传递参数。（　　）

（10）中断服务函数能返回任何类型的数据。（　　）

（11）中断服务函数定义的关键字是 using。（　　）

（12）在主函数中，能主动调用中断服务函数。（　　）

### 四、问答题

（1）影响CPU响应中断时间的因素有哪些？

（2）相比查询服务方式，中断服务方式有哪些优势？

（3）一个中断系统应具备哪些功能？

（4）什么叫断点地址？

（5）要开放一个中断，应如何编程？

（6）STC32G12K128单片机有哪几个中断源？各中断标志是如何产生的？当中断响应后，中断标志是如何清除的？当CPU响应各中断时，其中断向量地址及中断号各是多少？

（7）外部中断0和外部中断1有哪两种触发方式？这两种触发方式所产生的中断过程有何不同？怎样设定？

（8）STC32G12K128单片机的中断系统中有几个优先级？如何设定？当中断优先级相同时，其自然优先级顺序是怎样的？

（9）简述STC32G12K128单片机中断响应的过程。

（10）CPU响应中断有哪些条件？在什么情况下中断响应会受阻？

（11）STC32G12K128单片机的中断响应时间是否固定不变？为什么？

（12）简述 STC32G12K128单片机扩展外部中断源的方法。

（13）简述 STC32G12K128单片机中断嵌套的规则。

**五、程序设计题**

（1）设计一个流水灯，流水灯的初始时间间隔为500ms。用外部中断0增加时间间隔，上限值为2s；用外部中断1减小时间间隔，下限值为100ms，调整步长为100ms。画出硬件电路图，编写程序并上机调试。

（2）利用外部中断2、外部中断3设计加、减计数器，计数值采用LED数码管显示。每产生一次外部中断2，计数值加1；每产生一次外部中断3，计数值减1。画出硬件电路图，编写程序并上机调试。

# 第 6 章　串行端口

**内容提要:**

　　微型计算机（单片机）的数据通信有并行通信和串行通信两种。串行通信具备占用 I/O 线少的优势，适用于长距离数据通信。STC32G12K128 单片机有 4 个可编程全双工串行端口，这 4 个串行端口的工作原理与控制是一致的，本章将重点学习串行端口 1 的结构、波特率的设置与控制，以及串行端口 1 的应用编程，分别实施双机通信、单片机与 PC 通信及多机通信的工程训练。

## 6.1　串行通信基础

　　通信是人们传递信息的方式。计算机通信是将计算机技术和通信技术相结合，完成计算机与 I/O 设备或计算机与计算机之间的信息交换。这种信息交换可分为两种方式：并行通信与串行通信。

　　并行通信是将数据字节的各位用多条数据线同时进行传送，如图 6.1（a）所示。并行通信的特点是控制简单、传送速率高。并行通信的传输线较多，在进行长距离传送时成本较高，仅适用于短距离传送。

　　串行通信是将数据字节分成一位一位的形式在一条传输线上逐个传送，如图 6.1（b）所示。串行通信的特点是传送速率低。串行通信传输线少，在进行长距离传送时成本较低，适用于长距离传送。

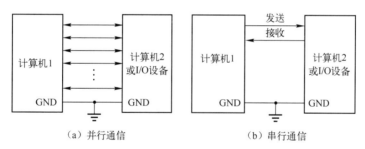

图 6.1　并行通信与串行通信工作示意图

### 1．串行通信的分类

　　按照串行通信数据的时钟控制方式，串行通信可分为异步通信和同步通信。

　　1）异步通信（Asynchronous Communication）

　　在异步通信中，数据通常是以字符（或字节）为单位组成字符帧传送的。字符帧由发送端一帧一帧地发送，接收端通过传输线一帧一帧地接收。发送端和接收端可以通过各自的时钟来控制数据的发送与接收，这两个时钟彼此独立，互不同步，但要求传送速率一致。因为在异步通信中两个字符之间的传输间隔是任意的，所以每个字符的前后都要用一些分隔位。

　　发送端和接收端依靠字符帧格式来协调数据的发送与接收。在传输线空闲时，发送端为高电平（逻辑 1）；当接收端检测到传输线上发送过来的低电平（逻辑 0，字符帧中的起始位）时，就知道发送端已开始发送；当接收端接收到字符帧中的停止位（实际上是按一个字符帧约定的位数来确定的）时，就知道一帧字符信息已发送完毕。

　　在异步通信中，字符帧的格式和波特率是两个重要指标，可由用户根据实际情况选定。

（1）字符帧（Character Frame）：字符帧也称数据帧，由起始位、数据位或数据位与奇偶校验位，以及停止位 3 部分组成，如图 6.2 所示。

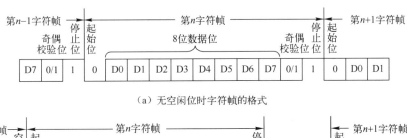

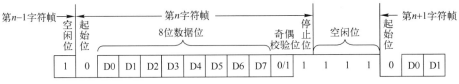

图 6.2　异步通信时字符帧的格式

- 起始位：位于字符帧开头，只占一位，始终为低电平（逻辑 0），用于表示发送端开始向接收端发送一帧信息。
- 数据位：紧跟在起始位之后，用户可根据情况取 5 位、6 位、7 位或 8 位，低位在前、高位在后（先发送数据的最低位）。若所传送数据为 ASCII 字符，则取 7 位。
- 奇偶校验位：位于数据位之后，只占一位，通常用于对串行通信数据进行奇偶校验，可以由用户定义为其他控制含义，也可以没有。
- 停止位：位于字符帧末尾，为高电平（逻辑 1），通常可取 1 位、1.5 位或 2 位，用于表示一帧字符信息已向接收端发送完毕，也为发送下一帧字符做准备。

在异步通信中，发送端一帧一帧地发送信息，接收端一帧一帧地接收信息，两相邻字符帧之间可以无空闲位，也可以有若干空闲位，由用户根据需要决定。有空闲位时字符帧的格式如图 6.2（b）所示。

（2）波特率（Baud Rate）：异步通信的另一个重要指标为波特率。波特率为每秒传送二进制数码的位数，也称比特数，单位为 bit/s（b/s）。波特率用于表征数据传输的速率，波特率越高，数据传输速率越快。波特率和字符的实际传输速率不同，字符的实际传输速率是每秒内所传字符帧的帧数，也就是说，字符实际的传送速率和字符帧的格式有关。例如，波特率为 1200b/s 的通信系统，若采用图 6.2（a）所示的字符帧的格式（每个字符帧包含 11 位数据），则字符的实际传输速率为 1200/11=109.09 帧/秒；若改用如图 6.2（b）所示的字符帧的格式（每个字符帧包含 14 位数据，其中含 3 位空闲位），则字符的实际传输速率为 1200/14=85.71 帧/秒。

异步通信的优点是不需要传送同步时钟，字符帧的长度不受限制，设备简单；缺点是由于字符帧中包含起始位和停止位，降低了有效数据的传输速率。

2）同步通信（Synchronous Communication）

同步通信是一种连续串行传送数据的通信方式，一次通信传输一组数据（包含若干个字符数据）。在进行同步通信时，要建立发送方时钟对接收方时钟的直接控制，使双方达到完全同步。在发送数据前，先发送同步字符，再连续地发送数据。同步字符有单同步字符和双同步字符之分，同步通信的字符帧是由同步字符、数据字符和校验字符（CRC）这 3 部分组成的，如图 6.3 所示。在同步通信中，同步字符可以采用统一的标准格式，也可以由用户自行约定。

同步通信的优点是数据的传输速率快，缺点是要求发送时钟和接收时钟必须保持严格同步，硬件电路较为复杂。

| 同步字符1 | 数据字符1 | 数据字符2 | 数据字符3 | … | 数据字符n | CRC1 | CRC2 |
|---|---|---|---|---|---|---|---|

（a）单同步字符帧的格式

| 同步字符1 | 同步字符2 | 数据字符1 | 数据字符2 | … | 数据字符n | CRC1 | CRC2 |
|---|---|---|---|---|---|---|---|

（b）双同步字符帧的格式

图6.3　同步通信字符帧的格式

### 2. 串行通信的传输方向

在串行通信中，数据是在两站之间进行传送的。按照数据的传送方向及时间关系，串行通信可分为单工、半双工和全双工3种制式，如图6.4所示。

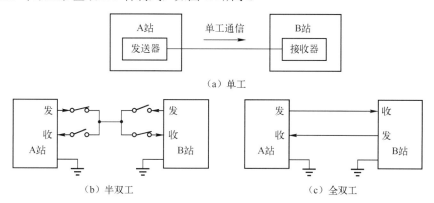

（a）单工

（b）半双工　　　　　　　　　　　　（c）全双工

图6.4　单工、半双工和全双工3种制式

单工制式：传输线的一端接发送器，另一端接接收器，数据只能按照一个固定的方向传送，如图6.4（a）所示。

半双工制式：系统的每个通信设备都由一个发送器和一个接收器组成，如图6.4（b）所示。在这种制式下，数据既能从A站传送到B站，也能从B站传送到A站，但是不能同时在两个方向上传送，即只能一端发送、一端接收。半双工制式的收发开关一般是由软件控制的电子开关。

全双工制式：通信系统的每端都有发送器和接收器，且可以同时发送和接收数据，即数据可以在两个方向上同时传送，如图6.4（c）所示。

## 6.2　串行端口1

STC32G12K128单片机内部有4个可编程全双工串行端口，它们具有通用异步收发传输器（Universal Asynchronous Receiver/Transmitter，UART）的全部功能。每个串行端口由数据缓冲器、移位寄存器、串行控制器和波特率发生器等组成。每个串行端口的数据缓冲器由两个相互独立的接收数据缓冲器和发送数据缓冲器构成，可以同时发送和接收数据。发送数据缓冲器只能写入数据而不能读出数据，接收数据缓冲器只能读出数据而不能写入数据，因而两个数据缓冲器可以共用一个地址码（99H），这两个数据缓冲器统称SBUF。当对SBUF进行读操作（x=SBUF;）时，操作对象是串行端口1的接收数据缓冲器；当对SBUF进行写操作（SBUF=x;）时，操作对象是串行端口1的发送数据缓冲器，同时又是串行端口1发送的启动命令。

串行端口1对应的发送、接收引脚是TxD/P3.1、RxD/P3.0，通过设置P_SW1中的S1_S1、

S1_S0 控制位，串行端口 1 的 TxD、RxD 硬件引脚可切换为 P3.7、P3.6，或 P1.7、P1.6，或 P4.4、P4.3（见拓展阅读）。

拓展阅读

### 6.2.1 串行端口 1 的控制寄存器

与单片机串行端口 1 有关的特殊功能寄存器如表 6.1 所示。当使用定时器作为波特率发生器时，STC-ISP 中有专门的波特率计算工具，为降低难度，提高学习效率，与使用定时器作为波特率发生器相关的寄存器在此就不介绍了。因此，我们学习的核心就是 SCON、SBUF，以及与串行端口 1 有关的中断允许控制位和中断优先设置位。

表 6.1　与单片机串行端口 1 有关的特殊功能寄存器

| 符号 | 描述 | 地址 | 位地址与符号 | | | | | | | | 复位值 |
| --- | --- | --- | --- | --- | --- | --- | --- | --- | --- | --- | --- |
| | | | B7 | B6 | B5 | B4 | B3 | B2 | B1 | B0 | |
| SCON | 串行端口 1 控制寄存器 | 98H | SM0/FE | SM1 | SM2 | REN | TB8 | RB8 | TI | RI | 0000,0000 |
| SBUF | 串行端口 1 数据寄存器 | 99H | | | | | | | | | 0000,0000 |
| PCON | 电源控制寄存器 | 87H | SM0D | SM0D0 | LVDF | POF | GF1 | GF0 | PD | IDL | 0011,0000 |
| AUXR | 辅助寄存器 1 | 8EH | T0x12 | T1x12 | UART_M0x6 | T2R | T2_C/T | T2x12 | EXTRAM | S1BRT | 0000,0001 |
| SADDR | 串行端口 1 从机地址寄存器 | A9H | | | | | | | | | 0000,0000 |
| SADEN | 串行端口 1 从机地址屏蔽寄存器 | B9H | | | | | | | | | 0000,0000 |

#### 1．工作方式的选择

PCON 中的 PCON.6（SM0D0）为 1 时，SCON.7 用作帧错误检测位（FE），当检测到一个无效停止位时，通过 UART 设置该位，它必须由软件清零。

当 PCON 中的 PCON.6（SM0D0）为 0 时，SCON.7 用作选择串行端口 1 的工作方式位（SM0），SM0 和 SCON.6（SM1）一起指定串行端口 1 的工作方式，如表 6.2 所示（其中，$f_{SYS}$ 为系统时钟频率）。

表 6.2　串行端口 1 的工作方式

| SM0 | SM1 | 工作方式 | 功能 | 波特率 |
| --- | --- | --- | --- | --- |
| 0 | 0 | 方式 0 | 8 位同步移位寄存器 | $f_{SYS}$/12 或 $f_{SYS}$/2 |
| 0 | 1 | 方式 1 | 8 位 UART | 可变，取决于 T1 或 T2 的溢出率 |
| 1 | 0 | 方式 2 | 9 位 UART | $f_{SYS}$/64 或 $f_{SYS}$/32 |
| 1 | 1 | 方式 3 | 9 位 UART | 可变，取决于 T1 或 T2 的溢出率 |

#### 2．发送与接收的启动

（1）发送。

将要发送的数据传送给串行端口 1 的数据缓冲器，启动串行端口 1 的发送：

SBUF＝"要发送的数据"；

（2）接收。

SCON.4（REN）为串行端口 1 的接收启动控制位。当 REN=0 时，禁止接收；当 REN=1 时，启动接收。

#### 3．发送与接收结束的判断

（1）发送结束的判断：SCON.1（TI）为串行端口 1 的串行发送中断请求标志位。当发送结束时，TI 置位。通过 TI 来判断发送的结束。一是采用查询方式，用查询语句检测 TI，如"if(TI==1){TI=0; ...}"；二是采用中断方式，开放串行端口 1 中断，当 TI 为 1 时，自动向 CPU 发出中断请求，但中断响应后，系统不会自动清零 TI，需要在串行端口 1 的中断服务程序中编程清零（TI=0;）。

（2）接收结束的判断：SCON.0（RI）为串行端口 1 的串行接收中断请求标志位。当接收完一帧数据，RI 置位。通过 RI 判断接收的结束。一是采用查询方式，用查询语句检测 RI，如"if(RI==1){RI=0; ...}"；二是采用中断方式，开放串行端口 1 中断，当 RI 为 1 时，自动向 CPU 发出中断请求，但中断响应后，系统不会自动清零 RI，需要在串行端口 1 的中断服务程序中编程清零（RI=0;）。

#### 4．通信中奇偶校验的控制

工作在方式 2 和方式 3 下的串行端口 1 可用作 9 位 UART，除串行发送与串行接收的 8 位数据外，还需要发送第 9 位数据和串行接收第 9 位数据，这第 9 位可用作奇偶校验位。

SCON.3（TB8）是串行发送的第 9 位数据，SCON.2（RB8）是串行接收的第 9 位。

（1）奇校验：当串行发送采用奇校验方式时，发送端 TB8 设置为 P（PSW.0）的非。当接收端接收到的 RB8 与 P 是非的关系时，说明数据传输正常；当接收端接收到的 RB8 与 P 是相同的关系时，说明数据传输出错。

（2）偶校验：当串行发送采用偶校验方式时，发送端 TB8 设置为 P（PSW.0）。当接收端接收到的 RB8 与 P 是相同关系时，说明数据传输正常；当接收端接收到的 RB8 与 P 是非的关系时，说明数据传输出错。

#### 5．波特率

从表 6.2 可知，串行端口 1 工作在不同的工作方式时，其波特率的设置是不一样的。

（1）方式 0：AUXR.5（UART_M0x6）为串行端口 1 的方式 0 波特率设置位。当 UART_M0x6=0 时，波特率为系统时钟频率/12，即 $f_{SYS}/12$；当 UART_M0x6=1 时，波特率为系统时钟频率/2，即 $f_{SYS}/2$。

（2）方式 2：PCON.7（SM0D）为串行端口 1 的方式 2 波特率设置位。当 SM0D=0 时，波特率为 $f_{SYS}/64$；当 SM0D=1 时，波特率为 $f_{SYS}/32$。

（3）方式 1 与方式 3：在方式 1 和方式 3 下，串行端口 1 的波特率由 T1 或 T2 的溢出率决定。由 AUXR.0（S1BRT）进行选择，当 S1BRT=0 时，T1 为波特率发生器；当 S1BRT=1 时，T2 为波特率发生器。

①S1BRT=0 时：串行端口 1 的波特率由 T1 的溢出率（T1 定时时间的倒数）、SM0D 及 T1 的工作方式共同决定，即

$$串行端口 1 的波特率 = 2^{SM0D} \times T1 溢出率/32 \quad （T1 方式 2 时）$$
$$串行端口 1 的波特率 = T1 溢出率/4 \quad （T1 方式 0 时）$$

②S1BRT=1 时：串行端口 1 的波特率为 T2 溢出率（定时时间的倒数）的四分之一。

**温馨提示**：当串行端口 1 工作在方式 1、方式 3 时，其波特率设置程序可利用 STC-ISP 中的波特率计算器计算与获取。

#### 6．串行端口 1 的中断管理

前文已经讲过，串行端口 1 有两个中断请求标志位：发送中断请求标志位（TI）和接收中断请求标志位（RI）。在串行端口 1 中断被允许的情况下，TI 和 RI 中的任何一个为 1 都会引发串行端口 1 中断，但该中断被响应后，系统不会自动清除中断请求标志位，必须在串行端口 1 的中断服务函数中判断出到底是 TI 中断还是 RI 中断后再清除相应的中断请求标志位。

（1）中断允许控制：IE.4（ES）为串行端口 1 的中断允许控制位。当 ES=0 时，禁止串行端口 1 中断；当 ES=1 时，允许串行端口 1 中断。

（2）中断优先级的设置：IPH.4（PSH）、IP.4（PS）为串行端口 1 的中断优先级设置位。当

PSH/PS=0/0 时，串行端口 1 的中断优先级为 0 级（最低）；当 PSH/PS=0/1 时，串行端口 1 的中断优先级为 1 级；当 PSH/PS=1/0 时，串行端口 1 的中断优先级为 2 级；当 PSH/PS=1/1 时，串行端口 1 的中断优先级为 3 级（最高）。

（3）中断向量地址与中断号：串行端口 1 的中断向量地址为 FF0023H，中断号为 4。

### 7. 多机控制

SCON.5（SM2）为多机通信控制位，用于方式 2 和方式 3 中。串行端口 1 在方式 2/方式 3 下处于接收状态时，若 SM2=1 且 RB8=0 时，不激活串行接收中断（不置位 RI）；若 SM2=1 且 RB8=1 时，置位 RI。串行端口 1 在方式 2/方式 3 下处于接收状态时，若 SM2=0，不论 RB8 为 0 还是为 1，RI 都以正常方式被置位。

SADDR 为串行端口 1 从机地址寄存器，其在多机通信中的从机中用于存放该从机预先定义好的地址。

SADEN 为串行端口 1 从机地址屏蔽寄存器，与 SADDR 一一对应。当 SADEN 控制位为 0 时，SADDR 对应的地址位屏蔽；当 SADEN 控制位为 1 时，保留 SADDR 对应的地址位。多机通信中，主机发出的从机地址与保留的从机地址相同时视为匹配。

## 6.2.2 串行端口 1 的工作方式与应用

串行端口 1 有 4 种工作方式，当 PCON.6（SM0D0）=0 时，通过设置 SCON 中的 SM0、SM1 位来选择。

### 1. 方式 0（SM0/SM1=0/0）

在方式 0 下，串行端口 1 作为同步移位寄存器使用，其波特率为 $f_{SYS}/12$（UART_M0x6 为 0 时）或 $f_{SYS}/2$（UART_M0x6 为 1 时）。串行数据从 RxD（P3.0）端输入或输出，同步移位脉冲由 TxD(P3.1)送出，这种方式常用于扩展 I/O 端口。

1）发送

当 TI=0 时，一个数据写入串行端口 1 的发送数据缓冲器时，串行端口 1 将 8 位数据以 $f_{SYS}/12$ 或 $f_{SYS}/2$ 的波特率从 RxD 引脚输出（低位在前），发送完毕，置位发送中断请求标志位（TI），并向 CPU 请求中断。在再次发送数据之前，必须由软件清零 TI 标志位。方式 0 的发送时序如图 6.5 所示。

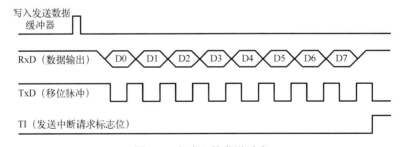

图 6.5　方式 0 的发送时序

采用方式 0 发送时，串行端口 1 可以外接串行输入/并行输出的移位寄存器，如 74LS164、CD4094、74HC595 等，用来扩展并行输出。

2）接收

当 RI=0 时，置位 REN，串行端口 1 即开始从 RxD 端以 $f_{SYS}/12$ 或 $f_{SYS}/2$ 的波特率输入数据（低位在前），当接收完 8 位数据后，置位接收中断请求标志位（RI），并向 CPU 请求中断。在再次接收数据之前，必须由软件清零 RI 标志位。方式 0 的接收时序如图 6.6 所示。

采用方式 0 接收时，串行端口 1 可以外接并行输入/串行输出的移位寄存器，如 74LS165，用来扩展并行输入。

**注意**：每当发送或接收完 8 位数据后，硬件会自动置位 TI 或 RI 标志位，CPU 响应 TI 或 RI 中断后，必须由用户用软件方式清零。采用方式 0 时，SM2 必须为 0。

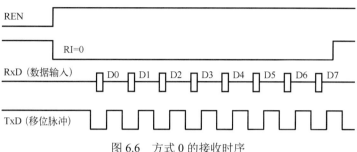

图 6.6　方式 0 的接收时序

### 2．方式 1（SM0/SM1=0/1）

串行端口 1 工作于方式 1 时，串行端口 1 为波特率可调的 8 位 UART，1 帧信息包括 1 位起始位（0）、8 位数据位和 1 位停止位（1），其帧格式如图 6.7 所示。

图 6.7　方式 1 下 1 帧数据的帧格式

**1）发送**

当 TI=0 时，数据写入发送数据缓冲器后，启动串行端口 1 的发送过程。在发送移位时钟的同步下，从 TxD 引脚先送出起始位，然后是 8 位数据位，最后是停止位。1 帧（10 位）数据发送完后，置位发送中断请求标志位（TI）。方式 1 的发送时序如图 6.8 所示。方式 1 数据传输的波特率取决于 T1 的溢出率或 T2 的溢出率。

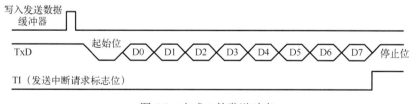

图 6.8　方式 1 的发送时序

**2）接收**

当 RI=0 时，置位 REN，启动串行端口 1 的接收过程。当检测到 RxD 引脚输入的电平发生负跳变时，接收端以所选择波特率的 16 倍速率采样 RxD 引脚电平，以 16 个脉冲中的 7、8、9 三个脉冲为采样点，取两个或两个以上的相同值为采样电平，若检测电平为低电平，则说明起始位有效，并以同样的检测方法接收这一帧信息的其余位。接收过程中，8 位数据装入接收数据缓冲器，接收到停止位时，置位 RI 标志位，向 CPU 请求中断。方式 1 的接收时序如图 6.9 所示。

### 3．方式 2（SM0/SM1=1/0）

串行端口 1 工作于方式 2 时，串行端口 1 为 9 位 UART。1 帧数据包括 1 位起始位（0）、8 位数据位、1 位可编程位（TB8）和 1 位停止位（1），其帧格式如图 6.10 所示。

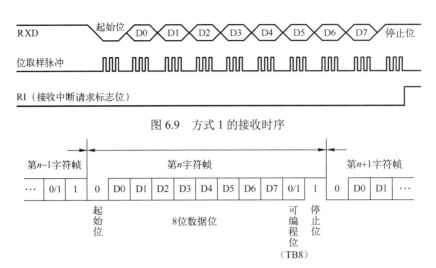

图 6.9　方式 1 的接收时序

图 6.10　方式 2 下 1 帧数据的帧格式

1）发送

发送前，先根据通信协议由软件设置好可编程位（TB8）。当 TI=0 时，用指令将要发送的数据写入发送数据缓冲器，启动发送过程。在发送移位时钟的同步下，从 TxD 引脚先送出起始位，之后依次是 8 位数据位和 TB8，最后是停止位。1 帧（11 位）数据发送完毕后，置位发送中断请求标志位（TI），并向 CPU 发出中断请求。在发送下一帧信息之前，TI 必须由中断服务程序或查询程序清零。

方式 2 的发送时序如图 6.11 所示。

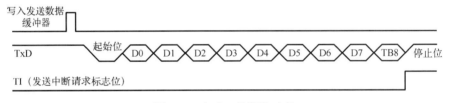

图 6.11　方式 2 的发送时序

2）接收

当 RI=0 时，置位 REN，启动串行端口 1 的接收过程。当检测到 RxD 引脚输入的电平发生负跳变时，接收端以所选择波特率的 16 倍速率采样 RxD 引脚电平，以 16 个脉冲中的 7、8、9 三个脉冲为采样点，取两个或两个以上的相同值为采样电平，若检测电平为低电平，则说明起始位有效，并以同样的检测方法接收这一帧信息的其余位。接收过程中，8 位数据装入接收数据缓冲器，第 9 位数据装入 RB8，接收到停止位时，若 SM2=0 或 SM2=1 且 RB8=1，则置位 RI 标志位，向 CPU 请求中断；否则不置位 RI 标志位，接收数据丢失。方式 2 的接收时序如图 6.12 所示。

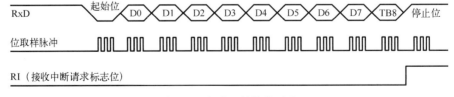

图 6.12　方式 2 的接收时序

### 4．方式 3（SM0/SM1=1/1）

串行端口 1 工作于方式 3 时，其同方式 2 一样为 9 位 UART。方式 2 与方式 3 的区别在于波特率的设置方法不同，方式 2 的波特率为 $f_{SYS}/64$（SM0D 为 0）或 $f_{SYS}/32$（SM0D 为 1）；方式 3 数据传输的波特率同方式 1 一样取决于 T1 或 T2 的溢出率。

方式 3 的发送过程与接收过程，除发送、接收速率不同外，其他过程和方式 2 完全一致。在方式 2 和方式 3 的接收过程中，只有当 SM2=0 或 SM2=1 且 RB8=1 时，才会置位 RI 标志位，向 CPU 发出中断请求，接收数据；否则不会置位 RI 标志位，接收数据丢失。因此，方式 2 和方式 3 常用于多机通信中。

### 6.2.3 STC-ISP 波特率计算器

在串行通信中，收发双方对传送数据的速率（波特率）要有一定的约定，才能进行正常的通信。单片机的串行端口有 4 种工作方式。其中，方式 0 和方式 2 的波特率是固定的；方式 1 和方式 3 的波特率可变，由 T1 的溢出率或 T2 的溢出率决定。通常情况下，串行端口 1 的通信更多地选用的是方式 1 或方式 3，STC-ISP 中提供了方式 1 和方式 3 的波特率计算器，下面举例说明。

【例 6.1】设单片机采用 11.059MHz 的晶振，串行端口 1 工作于方式 1，波特率为 9600b/s。利用 STC-ISP 中的波特率计算器生成波特率发生器的设置程序。

**解**：打开 STC-ISP，选择右边工具栏中的波特率计算器，然后根据题目选择工作参数，即单片机的"系统频率"为"11.0592MHz"，"UART 选择"为"串口 1"，"波特率"为"9600"，"波特率发生器"为"定时器 1（16 位自动重载）"。程序框中默认生成的是 C 语言代码如图 6.13 所示。单击"复制代码"按钮，将其粘贴到应用程序中即可。

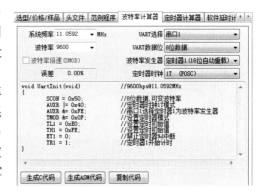

图 6.13　波特率计算器（生成 C 语言代码）

若需要生成汇编程序代码，单击"生成 ASM 代码"按钮，程序框中即为该波特率发生器的 ASM 程序代码。

### 6.2.4 串行端口 1 的应用举例

#### 1. 方式 0 的编程和应用

使用工作在方式 0 下的串行端口 1 可以扩展并行 I/O 端口，每扩展一片移位寄存器，可扩展一个 8 位并行输出口，如可以用来连接一个 LED 显示器做静态显示或用作键盘中的 8 根行列线使用。

【例 6.2】使用 2 块 74HC595 芯片扩展 16 位并行端口，外接 16 只发光二极管，电路连接如图 6.14 所示。利用它的串入、并出功能，以及锁存输出功能，把发光二极管从右向左依次点亮，并不断循环之（16 位流水灯）。

**解**：74HC595 是 8 位串行输入、并行输出移位寄存器，74HC595 的主要优点是具有数据存储寄存器，在移位的过程中，输出端的数据可以保持不变。这在串行速度慢的场合很有用处，数码管没有闪烁感。而且 74HC595 具有级联功能，通过级联能扩展更多的输出口。

Q0～Q7 是并行数据输出口，即存储寄存器的数据输出口；Q7' 是串行输出口，用于连接级联芯片的串行数据输入端（DS）；ST_CP 是存储寄存器的时钟脉冲输入端（低电平锁存）；SH_CP 是移位寄存器的时钟脉冲输入端（上升沿移位）；$\overline{OE}$ 是三态输出使能端；$\overline{MR}$ 是芯片复位端（低电平有效，低电平时移位寄存器复位）；DS 是串行数据输入端。

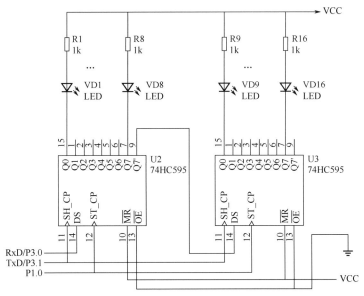

图 6.14　使用工作在方式 0 下的串行端口 1 扩展输出口

C 语言参考程序如下：

```c
#include <stc32g.h>          //包含支持 STC32G12K128 单片机的头文件
#include<intrins.h>
#include <sys_init.c>         //包含系统初始化文件
#define uchar unsigned char
#define uint  unsigned int
uchar x;
uint y=0xfffe;
void main(void)
{
    uchar i;
    sys_init();              //系统初始化，包括设置访问程序存储器、扩展 RAM 的等待时间
    SCON=0x00;
    while(1)
    {
        for(i=0;i<16 ;i++)
        {
            x=y&0x00ff;
            SBUF=x;
            while(TI==0);
            TI=0;
            x=y>>8;
            SBUF=x;
            while(TI==0);
            TI=0;
            P10=1;
            Delay50us();
//50μs 的延时函数，建议从 STC_ISP 在线编程工具中获得，并放在主函数的前面位置
            P10=0;
            Delay500ms();
//500ms 的延时函数，建议从 STC_ISP 在线编程工具中获得，并放在主函数的前面位置
            y=_irol_(y,1) ;
        }
    }
}
```

## 2. 双机通信

双机通信用于单片机与单片机之间交换信息。对于双机异步通信的程序，通常采用两种方法：查询方式和中断方式。但在很多应用中，双机通信的接收方都采用中断的方式来接收数据，以提高 CPU 的工作效率；发送方仍然采用查询方式发送。

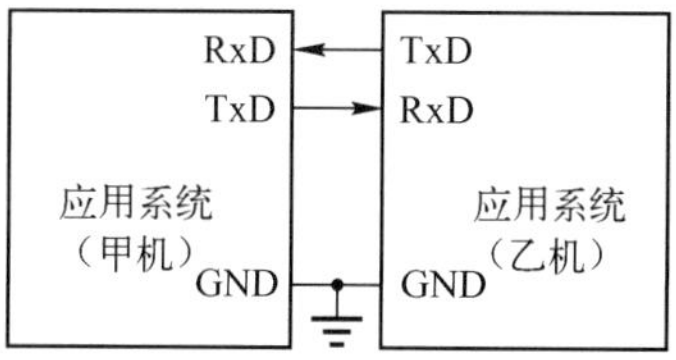

双机通信的两个单片机的硬件可直接连接，如图 6.15 所示，甲机的 TxD 接乙机的 RxD，甲机的 RxD 接乙机的 TxD，甲机的 GND 接乙机的 GND。但单片机的通信采用 TTL 电平传输信息，其传输距离一般不超过 5m，所以实际应用中通常采用 RS232C 标准电平进行点对点的通信连接，如图 6.16 所示，MAX232 是电平转换芯片。RS232C 标准电平是 PC 串行通信标准，详细内容见下节。

图 6.15 双机异步通信的端口电路

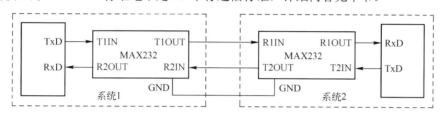

图 6.16 点对点通信的端口电路

【例6.3】编制程序，使甲机、乙机双方能够进行通信。要求：甲机从 P3.2、P3.3 引脚输入开关信号，并发送给乙机，乙机根据接收到的信号做出不同的动作。当 P3.2、P3.3 引脚的输入为 00 时，点亮 P1.7 控制的 LED 灯；当 P3.2、P3.3 引脚的输入为 01 时，点亮 P1.6 控制的 LED 灯；当 P3.2、P3.3 引脚的输入为 10 时，点亮 P4.7 控制的 LED 灯；当 P3.2、P3.3 引脚的输入为 11 时，点亮 P4.6 控制的 LED 灯。反之，也是如此。

**解：** 设串行端口 1 工作在方式 1 下，选用 T1 为波特率发生器，晶振频率为 11.0592MHz，数据的传输波特率为 9600。串行发送采用查询方式，串行接收采用中断方式。

C51 参考程序如下：

```
#include <stc32g.h>              //包含支持 STC32G12K128 单片机的头文件
#include <intrins.h>
#include <sys_init.c>            //包含系统初始化文件
#define uchar unsigned char
#define uint  unsigned int
uchar temp;
uchar temp1;
void Delay100ms()               //@11.0592MHz
{
    unsigned char i, j, k;
    _nop_();
    _nop_();
    i = 5;
    j = 52;
    k = 195;
    do
    {
        do
        {
            while (--k);
        } while (--j);
    } while (--i);
}
```

```
void UartInit(void)          //9600b/s@11.0592MHz
{
    SCON = 0x50;             //串行端口 1 工作在方式 1 下，允许串行接收
    AUXR |= 0x40;            //T1 时钟频率为系统时钟频率
    AUXR &= 0xFE;            //串行端口 1 选择 T1 为波特率发生器
    TMOD &= 0x0F;            //设定 T1 为 16 位自动重装方式
    TL1 = 0xE0;              //设定定时初值
    TH1 = 0xFE;              //设定定时初值
    ET1 = 0;                 //禁止 T1 中断
    TR1 = 1;                 //启动 T1 中断
}
void main()
{
    sys_init();              //系统初始化，包括设置访问程序存储器、扩展 RAM 的等待时间
    UartInit();              //调用串行端口 1 的初始化函数
    ES=1;
    EA=1;
    while(1)
    {
        temp=P3;
        temp=temp&0x0c;      //读 P3.3、P3.2 引脚的状态值
        SBUF=temp;           //串行发送
        while(TI==0);        //检测串行发送是否结束
        TI=0;
        Delay100ms();        //设置串行发送间隔
    }
}
void uart_isr() interrupt 4    //串行接收中断服务函数
{
    if(RI==1)      //若 RI=1，执行以下语句
    {
        RI=0;
        temp1=SBUF;          //读 P3.3、P3.2 引脚的状态值
        switch(temp1&0x0c)   //根据 P3.3、P3.2 引脚的状态值，点亮相应的 LED 灯
        {
            case 0x00:P17=0;P16=1;P47=1;P46=1;break;
            case 0x04:P17=1;P16=0;P47=1;P46=1;break;
            case 0x08:P17=1;P16=1;P47=0;P46=1;break;
            default:P17=1;P16=1;P47=1;P46=0;break;
        }
    }
}
```

### 3. 多机通信

工作在方式 2 和方式 3 下的 STC32G12K128 单片机串行端口 1 有一个专门的应用领域，即多机通信。这一功能通常采用主从式多机通信方式，这种方式中有一台主机和多台从机。主机发送的信息可以传送到各个从机或指定的从机，各从机发送的信息只能被主机接收，从机与从机之间不能进行通信。图 6.17 是多机通信的连接示意图。

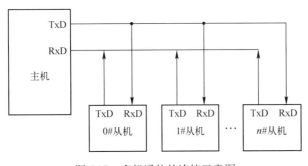

图 6.17　多机通信的连接示意图

STC32G12K128 单片机专门开发了从机地址识别功能，只有本机从机地址与主机发过来的从机地址匹配时才会置位串行接收中断请求标志位 RI，产生串行端口 1 中断，否则硬件自动丢弃串行端口数据而不产生中断。当众多处于空闲模式的从机链接在一起时，只有从机地址相匹配的从机才会从空闲模式唤醒，从而降低从机 MCU 的功耗，即使从机处于正常工作状态，也可避免不停地进入串行端口中断而降低系统执行效率。

从机地址识别功能应用在多机通信领域，其主要原理是从机系统通过硬件比较功能识别来自主机串行端口数据流中的地址信息，通过寄存器 SADDR 和 SADEN 设置的本机的从机地址，硬件自动对从机地址进行过滤。

要使用串行端口 1 的从机地址识别功能，首先需要将参与通信的 MCU 的串行端口通信模式设置为方式 2 或者方式 3（通常都选择波特率可变的方式 3，因为方式 2 的波特率是固定的，不便于调节），并开启从机的 SCON 的 SM2 位。对于串行端口 1，其工作在方式 2 或者方式 3 下，第 9 位（RB8）为地址/数据的标志位，当第 9 位数据为 1 时，表示前面的 8 位数据（存放在 SBUF 中）为地址信息。当 SM2 被设置为 1 时，从机 MCU 会自动过滤掉非地址数据（第 9 位为 0 的数据），而对 SBUF 中的地址数据（第 9 位为 1 的数据）自动与 SADDR 和 SADEN 所设置的本机地址进行比较，若地址相匹配，则会将 RI 置 1，并产生中断，否则不予处理本次接收的串行端口数据。例如：

```
SADDR =11001010B
SADEN =10000001B
```

则匹配地址为 1xxxxxx0，即只要主机送出的地址数据中的 bit0 为 0 且 bit7 为 1 就可以和本机地址相匹配。

在编程前，首先要给各从机定义地址编号，系统允许连接 256 台从机，地址编码为 00H～FFH。在主机想发送一个数据块给某个从机时，它必须先送出一个地址信息，以辨认从机。多机通信的过程简述如下。

（1）主机发送一帧地址信息与所需的从机联络。主机应置位 TB8 为 1，表示发送的是地址帧。例如：

```
SCON=0xD8;    //设串行端口 1 工作在方式 3 下，TB8=1，允许接收
```

（2）所有从机的 SM2=1，处于准备接收一帧地址信息的状态。例如：

```
SCON=0xF0;    //设串行端口 1 工作在方式 3 下，SM2=1，允许接收
```

（3）根据各从机定义好的从机地址，以及屏蔽要求，设置各从机的 SADDR 和 SADEN。比如本地从机的地址为 00001101，屏蔽高 4 位，设置方法如下：

```
SADDR=0x0D;    //从机地址存入 SADDR 中
SADEN=0x0F;    //屏蔽高 4 位
```

（4）各从机接收地址信息。只有本机从机地址与主机发过来的从机地址匹配时，才会置位串行接收中断请求标志位（RI），产生串行端口 1 中断。串行接收中断服务程序中，首先判断主机发送过来的地址信息与自己的地址是否相符。对于地址相符的从机，SM2 清零，以接收主机随后发来的所有信息。对于地址不相符的从机，保持 SM2 为 1 的状态，对主机随后发来的信息不理睬，直到发送新的一帧地址信息。

（5）主机发送控制指令或数据信息给被寻址的从机。其中主机置位 TB8 为 0，表示发送的是数据或控制指令。对于没选中的从机，因为 SM2=1 且 RB8=0，所以不会置位串行接收中断标志位（RI），对主机发送的信息不接收；对于选中的从机，因为 SM2=0，串行接收后会置位 RI 标志位，引发串行接收中断，执行串行接收中断服务程序，接收主机发送过来的控制命令或数据信息。

【例 6.4】设系统的晶振频率为 11.0592MHz，以 9600b/s 的波特率进行通信。主机向指定从机（如 10# 从机）发送指定预存的扩展 RAM 数据若干个（如 10 个），发送空格（20H）作为结束；从机接收主机发来的地址帧信息，并与本机的地址相比较，若不符合，仍保持 SM2=1

不变；若符合，则使 SM2 清零，准备接收后续的数据信息，直至接收到空格（20H）为止，并置位 SM2。

**解：** 主机和从机的程序流程图如图 6.18 所示。

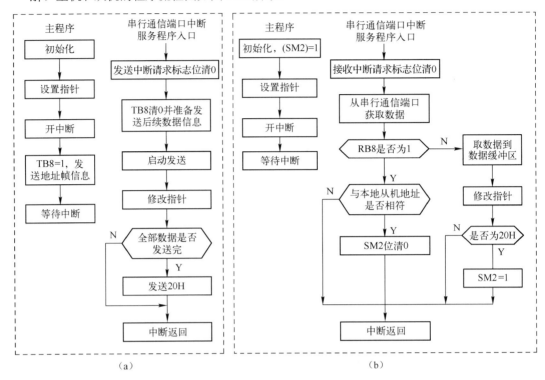

（a） （b）

图 6.18 主机和从机的程序流程图

（1）主机程序。C 语言参考程序如下：

```c
#include <stc32g.h>        //包含支持 STC32G12K128 单片机的头文件
#include <intrins.h>
#include <sys_init.c>      //包含系统初始化文件
#define uchar unsigned char
#define uint  unsigned int
uchar xdata ADDRT[10];     //设置保存数据的扩展 RAM 单元
uchar SLAVE=10;            //设置从机地址号的变量
uchar num=10, *mypdata;    //设置要传送数据的字节数
/*----------------------波特率子函数----------------------*/
void UartInit(void)        //9600b/s@11.0592MHz
{
    SCON = 0xD0;    //方式 3，允许串行接收
    AUXR |= 0x40;   //T1 时钟频率为系统时钟频率
    AUXR &= 0xFE;   //串行端口 1 选择 T1 为波特率发生器
    TMOD &= 0x0F;   //设定 T1 为 16 位自动重装方式
    TL1 = 0xE0;     //设定定时初值
    TH1 = 0xFE;     //设定定时初值
    ET1 = 0;        //禁止 T1 中断
    TR1 = 1;        //启动 T1
}

/*----------------------发送中断服务子函数----------------------*/
void Serial_ISR(void) interrupt 4
{
```

```
        if(TI==1)
        {
            TI = 0;
            TB8 = 0;
            SBUF = *mypdata;    //发送数据
            mypdata++;          //修改指针
            num--;
            if(num==0)
            {
                ES = 0;
                while(TI==0) ;
                TI = 0;
                SBUF = 0x20;
            }
        }
}
/*----------------------主函数----------------------*/
void main (void)
{
    sys_init();
    UartInit();
    mypdata =& ADDRT;
    ES = 1;
    EA = 1;
    TB8 = 1;
    SBUF = SLAVE;           //发送从机地址
    while(1);               //等待中断
}
```

（2）从机程序。C语言参考源程序如下：

```
#include <stc32g.h>          //包含支持 STC32G12K128 单片机的头文件
#include <intrins.h>
#include <sys_init.c>        //包含系统初始化文件
#define uchar unsigned char
#define uint  unsigned int
uchar  xdata ADDRR[10];
uchar  SLAVE = 10, rdata, *mypdata;
/*----------------------串行端口波特率子函数----------------------*/
void UartInit(void)          //9600b/s@11.0592MHz，从 STC-ISP 工具中获得
{
    SCON = 0xF0;     //方式 3，允许多机通信，允许串行接收
    AUXR |= 0x40;    //T1 时钟频率为系统时钟频率
    AUXR &= 0xFE;    //串行端口 1 选择 T1 为波特率发生器
    TMOD &= 0x0F;    //设定 T1 为 16 位自动重装方式
    TL1 = 0xE0;      //设定定时初值
    TH1 = 0xFE;      //设定定时初值
    ET1 = 0;         //禁止 T1 中断
    TR1 = 1;         //启动 T1
}

/*----------------------接收中断服务子函数----------------------*/
void Serial_ISR(void) interrupt 4
{
    RI=0;
    rdata=SBUF;              //将接收缓冲区的数据保存到 rdata 变量中
```

```
    if(RB8)              //RB8 为 1，说明收到的信息是地址信息
    {
        SM2 = 0;
    }
    else                    //接收到的信息是数据
    {
        *mypdata=rdata;
        mypdata++;
        if(rdata==0x20) //所有数据接收完毕，令 SM2 为 1，准备下一次接收地址信息
        SM2 = 1;
    }
}
/*----------------------主函数----------------------------*/
void main (void)
{
    sys_init();          //系统初始化
    UartInit();          //调用串行端口 1 的初始化函数
    mypdata =&ADDRR;     //取存放数据数组的首地址
    SADDR=SLAVE;         //设置从机地址
    SADEN=0x0f;          //设置屏蔽位
    ES = 1;              //开放串行端口 1 中断
    EA = 1;
    while(1);            //等待中断
}
```

## 6.3　STC32G12K128 单片机与 PC 的通信

### 6.3.1　串行通信的端口设计

在单片机应用系统中，与上位机的数据通信主要采用异步串行通信。在设计通信端口时，必须根据需要选择标准端口，并考虑传输介质、电平转换等问题。采用标准端口后，能够方便地把单片机和外设、测量仪器等有机地连接起来，从而构成一个测控系统。例如，当需要单片机和 PC 通信时，通常采用 RS232C 端口进行电平转换。

#### 1. RS232C

RS232C 是使用最早、应用最多的异步串行通信总线标准，它是美国电子工业协会（EIA）于 1962 年公布、1969 年最后修订而成的。其中，RS 表示 Recommended Standard，232 是该标准的标识号，C 表示最后一次修订。该标准规定：信息的开始为起始位，信息的结束为停止位；信息本身可以是 5/6/7/8 位再加 1 位奇偶校验位。如果两个信息之间无信息，则写 1，表示空。

RS232C 主要用来定义计算机系统的数据终端设备（DTE）和数据通信设备（DCE）之间的电气性能。8051 单片机与 PC 的通信通常采用该种类型的端口。

采用 RS232C 串行端口的总线适用于设备之间的通信距离不大于 15m、传输速率最大为 20kb/s 的应用场合。

1）RS232C 信息格式标准

RS232C 采用串行格式，如图 6.19 所示。

2）RS232C 电平转换器

RS232C 规定了自己的电气标准，由于它的出现早于 TTL 电路，所以它的电平不是+5V 和地，而是采用负逻辑，即

逻辑“0”：+5～+15V

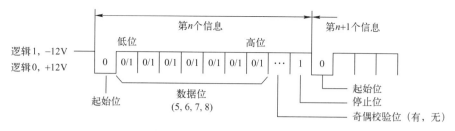

图 6.19　RS232C 的信息格式

逻辑"1"：-15～-5V

因此，采用 RS232C 标准的元器件不能和 TTL 电平直接相连，使用时必须进行电平转换，否则将使 TTL 电路烧坏，实际应用时必须注意！PC 的 RS232C 的逻辑电平为

逻辑"0"：+12V

逻辑"1"：-12V

目前，常用的电平转换电路是 MAX232 或 STC232，MAX232 的功能引脚图如图 6.20 所示。

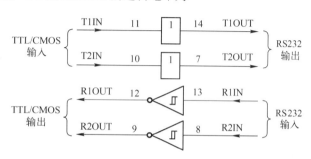

图 6.20　MAX232 的功能引脚图

3）RS232C 总线规定

RS232C 标准总线含 25 根信号线，使用含 25 个引脚的连接器，各引脚的定义如表 6.3 所示。

表 6.3　RS232C 各引脚的定义

| 引脚 | 定义 | 引脚 | 定义 |
|---|---|---|---|
| 1 | 保护地（PG） | 14 | 辅助通道发送数据 |
| 2 | 发送数据（TxD） | 15 | 发送时钟 |
| 3 | 接收数据（RxD） | 16 | 辅助通道接收数据 |
| 4 | 请求发送（RTS） | 17 | 接收时钟 |
| 5 | 清除发送（CTS） | 18 | 未定义 |
| 6 | 数据通信设备准备就绪（DSR） | 19 | 辅助通道请求发送 |
| 7 | 信号地（SG） | 20 | 数据终端设备就绪（DTR） |
| 8 | 接收线路信号检测（DCD） | 21 | 信号质量检测 |
| 9 | 接收线路建立检测 | 22 | 铃声指示（RI） |
| 10 | 线路建立检测 | 23 | 数据速率选择 |
| 11 | 未定义 | 24 | 发送时钟 |
| 12 | 辅助通道接收线信号检测 | 25 | 未定义 |
| 13 | 辅助通道清除发送 | | |

（1）连接器的机械特性：由于 RS232C 并未定义连接器的物理特性，因此不同的厂商研制了 DB-25、DB-15 和 DB-9 等各种类型的连接器，其引脚的定义也各不相同。下面主要介绍两种连接器。

①DB-25：DB-25 连接器的引脚图如图 6.21（a）所示，各引脚的定义与表 6.3 一致。

②DB-9 连接器：DB-9 连接器只提供异步通信的 9 个信号，如图 6.21（b）所示。DB-9 连接器的引脚分配与 DB-25 完全不同。因此，若与配接 DB-25 连接器的 DCE 连接，必须使用专门的电缆线。

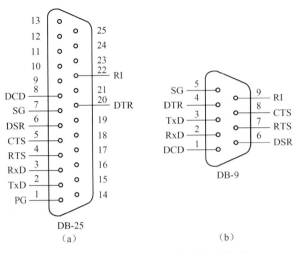

图 6.21　DB-25、DB-9 连接器的引脚图

当通信速率低于 20kb/s 时，采用 RS232C 标准的设备所直接连接的最大物理距离为 15m。

（2）RS232C 端口与 STC32G12K128 单片机通信的端口设计。

PC 系统内都装有异步通信适配器，利用它可以实现异步串行通信。该适配器的核心元器件是可编程的 Intel 8250 芯片，它使 PC 有能力与其他具有标准的 RS232C 端口的计算机或设备进行通信。STC32G12K128 单片机本身具有一个全双工的串行端口，因此只要配以电平转换的驱动电路和隔离电路就可组成一个简单的、可行的通信端口。同样，PC 和单片机之间的通信也分为双机通信和多机通信。

PC 和单片机进行串行通信的最简单的硬件连接方式是零调制三线制方式，这是进行全双工通信所必需的最简线路，计算机的 9 针串行端口中只有 3 个引脚参与连接：引脚 5（GND）、引脚 2（RxD）和引脚 3（TxD），如图 6.22 所示。这也是 STC32G12K128 单片机用户程序下载电路之一。

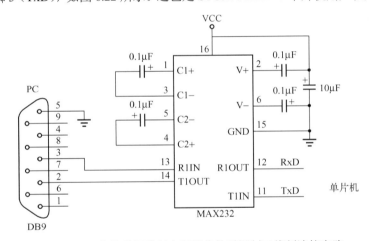

图 6.22　PC 和单片机进行串行通信的零调制三线制连接电路

## 6.3.2　串行通信的程序设计

通信程序设计分为计算机（上位机）程序设计与单片机（下位机）程序设计。

为了实现单片机与 PC 的串行通信，在 PC 端需要开发相应的串行端口通信程序，这类程序通常用各种高级语言来开发，如 VC、VB 等。在实际开发、调试单片机端的串行端口通信程序时，我们也可以使用 STC 系列单片机下载程序中内嵌的串行端口调试程序或其他串行端口调试软件（如串行端口调试精灵软件）来模拟 PC 端的串行端口通信程序。

通过串行端口调试程序，不需要任何编程，即可实现基于 RS232C 的串行端口通信，能有效提高工作效率，使串行端口调试能够方便、透明地进行。它可以在线设置各种通信速率、奇偶校验位、通信口而不需要重新启动程序。发送数据时可发送十六进制（HEX）格式或文本（ASCII 码）格式的数据，可以设置定时发送的数据及时间间隔；可以自动显示接收到的数据，支持 HEX 或文本（ASCII 码）格式数据的显示，是工程技术人员监视、调试串行端口程序的必备工具。

【例 6.5】将 PC 键盘的输入发送给单片机，单片机收到 PC 发来的数据后，回送同一数据给

PC，并在屏幕上显示出来。PC 端采用 STC-ISP 内嵌的串行端口调试程序进行数据的收发与显示，请编写单片机通信程序。

**解：**通信双方约定波特率为 9600，信息格式为 8 个数据位、1 个停止位，无奇偶校验位。设系统的晶振频率为 11.0592MHz。

C 语言参考源程序如下：

```c
#include <stc32g.h>          //包含支持 STC32G12K128 单片机的头文件
#include <intrins.h>
#include <sys_init.c>        //包含系统初始化文件
#define uchar unsigned char
#define uint  unsigned int
uchar  temp;
/*-----------------串行端口 1 波特率函数-----------------*/
void UartInit(void)          //9600b/s@11.0592MHz
{
    SCON = 0x50;        //方式 1，允许串行接收
    AUXR |= 0x40;       //T1 时钟频率为系统时钟频率
    AUXR &= 0xFE;       //通过串行端口 1 选择 T1 为波特率发生器
    TMOD &= 0x0F;       //设定 T1 为 16 位自动重装初值方式
    TL1 = 0xE0;         //设定定时初值
    TH1 = 0xFE;         //设定定时初值
    ET1 = 0;            //禁止 T1 中断
    TR1 = 1;            //启动 T1
}
/*-----------------中断服务子函数-----------------*/
void Serial_ISR(void) interrupt 4
{
    RI = 0;             //清零 RI
    temp = SBUF;        //接收数据
    SBUF = temp;        //发送接收到的数据
    while(TI==0);       //等待发送结束
    TI = 0;             //清零 TI
}
/*-----------------主函数-----------------*/
void main(void)
{
    sys_init();         //系统初始化
    UartInit();         //调用串行端口初始化函数
    ES=1;               //开放串行端口 1 中断
    EA=1;
    while(1);
}
```

## 6.4 串行端口 2<sup>*</sup>

STC32G12K128 单片机串行端口 2 的结构、工作原理及控制方法与串行端口 1 的完全一致，学会串行端口 1 的使用，就可以举一反三，故本节可作为选学内容。

STC32G12K128 单片机串行端口 2 对应的发送、接收引脚是 TxD2/P1.1、RxD2/P1.0，通过设置 P_SW2 中的 S2_S 控制位，串行端口 2 的 TxD2、RxD2 硬件引脚可切换为 P4.7、P4.6（见拓展阅读）。

与串行端口 2 有关的 SFR 和 XFR 如表 6.4 和表 6.5 所示。

拓展阅读

表 6.4　与串行端口 2 有关的 SFR

| 符号 | 描述 | 地址 | 位地址与符号 | | | | | | | | 复位值 |
|------|------|------|------|------|------|------|------|------|------|------|--------|
| | | | B7 | B6 | B5 | B4 | B3 | B2 | B1 | B0 | |
| S2CON | 串行端口 2 控制寄存器 | 9AH | S2SM0/FE | S2SM1 | S2SM2 | S2REN | S2TB8 | S2RB8 | S2TI | S2RI | 0000, 0000 |
| S2BUF | 串行端口 2 数据寄存器 | 9BH | | | | | | | | | 0000, 0000 |
| AUXR | 辅助寄存器 1 | 8EH | T0x12 | T1x12 | UART_M0x6 | T2R | T2_C/T | T2x12 | EXTRAM | S1BRT | 0000, 0001 |

表 6.5　与串行端口 2 有关的 XFR

| 符号 | 描述 | 地址 | 位地址与符号 | | | | | | | | 复位值 |
|------|------|------|------|------|------|------|------|------|------|------|--------|
| | | | B7 | B6 | B5 | B4 | B3 | B2 | B1 | B0 | |
| S2CFG | 串行端口 2 配置寄存器 | 7EFDB4H | — | S2M0D0 | S2M0x6 | — | — | — | — | W1 | 000x, xxx0 |
| S2ADDR. | 串行端口 2 从机地址寄存器 | 7EFDB5H | | | | | | | | | 0000, 0000 |
| S2ADEN | 串行端口 2 从机地址屏蔽寄存器 | 7EFDB6H | | | | | | | | | 0000, 0000 |

**特别提示**：当需要使用串行端口 2 时，必须设置 S2CFG.0（W1）为 1，否则可能会产生不可预期的错误。若不需要使用串行端口 2，则不用特别设置 W1。

### 1. 工作方式的选择

S2CFG.6（S2M0D0）为 1 时，S2CON.7 用作帧错误检测位（FE），当检测到一个无效停止位时，通过 UART 设置该位，它必须由软件清零。

当 S2M0D0 为 0 时，S2CON.7 用作选择串行端口 2 的工作方式位（S2SM0），S2SM0 和 S2CON.6（S2SM1）一起指定串行通信的工作方式，如表 6.6 所示（其中，$f_{SYS}$ 为系统时钟频率）。

表 6.6　串行端口 2 的工作方式

| S2SM0 | S2SM1 | 工作方式 | 功能 | 波特率 |
|-------|-------|---------|------|--------|
| 0 | 0 | 方式 0 | 8 位同步移位寄存器 | $f_{SYS}/12$ 或 $f_{SYS}/2$ |
| 0 | 1 | 方式 1 | 8 位 UART | 可变，取决于 T2 的溢出率 |
| 1 | 0 | 方式 2 | 9 位 UART | $f_{SYS}/64$ 或 $f_{SYS}/32$ |
| 1 | 1 | 方式 3 | 9 位 UART | 可变，取决于 T2 的溢出率 |

### 2. 发送与接收的启动

（1）发送。将要发送的数据传送给串行端口 2 的数据缓冲器，数据发送就启动了：

```
S2BUF="要发送的数据";
```

（2）接收。S2CON.4（S2REN）为串行端口 2 的接收启动控制位。当 S2REN=0 时，禁止接收；当 S2REN=1 时，启动接收。

### 3. 发送与接收结束的判断

（1）发送结束的判断：S2CON.1（S2TI）为串行端口 2 的发送中断请求标志位。当发送结束时，置位 S2TI 标志位。通过 S2TI 来判断发送结束。一是采用查询方式，用查询语句检测 S2TI，如"if(S2TI==1){S2TI=0; ...}"；二是采用中断方式，开放串行端口 2 中断，当 S2TI 为 1 时，自动向 CPU 发出中断请求，但中断被响应后，系统不会自动清零 S2TI 标志位，需要在串行端口 2 的中断服务程序中编程清零。

（2）接收结束的判断：S2CON.0（S2RI）为串行端口 2 的接收中断请求标志位。当接收完一帧数据时，置位 S2RI 标志位。通过 S2RI 来判断接收结束。一是采用查询方式，用查询语句检测 S2RI，如"if(S2RI==1){S2RI=0; ...}"；二是采用中断方式，开放串行端口 2 中断，当 S2RI 为 1 时，自动向 CPU 发出中断请求，但中断响应后，系统不会自动清零 S2RI 标志位，需要在串行端口 2 的中断服务程序中编程清零。

### 4．通信中奇偶校验的控制

工作在方式 2 和方式 3 下的串行端口 2 可用作 9 位 UART，除发送与接收（S2BUF）8 位基本数据外，还需要发送和接收第 9 位数据，这第 9 位可用作奇偶校验位。

S2TB8 是串行发送的第 9 位，S2RB8 是串行接收的第 9 位。

（1）奇校验：当串行发送采用奇校验方式时，发送端 S2TB8 设置为 P（PSW.0）的非，当接收端接收到的 S2RB8 与 P 是非的关系时，说明数据传输正常，否则说明数据传输出错。

（2）偶校验：当串行发送采用偶校验方式时，发送端 S2TB8 设置为 P（PSW.0），当接收端接收到的 S2RB8 与 P 是相同关系时，说明数据传输正常，否则说明数据传输出错。

### 5．波特率

（1）方式 0：S2CFG.5（S2M0x6）为串行端口 2 方式 0 的波特率设置位。当 S2M0x6=0 时，串行端口 2 方式 0 的波特率为 $f_{SYS}/12$；当 S2M0x6=1 时，串行端口 2 方式 0 的波特率为 $f_{SYS}/2$。RxD2 为串行通信的数据口，TxD2 为同步移位脉冲输出，发送、接收的是 8 位数据，低位在先。

（2）方式 2：S2CFG.6（S2M0D0）为串行端口 2 方式 2 的波特率设置位。当 S2M0D0 =0 时，波特率为 $f_{SYS}/64$；当 S2M0D0 =1 时，波特率为 $f_{SYS}/32$。

（3）方式 1 与方式 3：在方式 1 和方式 3 下，串行端口 2 的波特率是 T2 溢出率的四分之一。

**温馨提示**：当串行端口 2 工作在方式 1、方式 3 下时，其波特率的设置程序可利用 STC-ISP 中的波特率计算器计算与获取。

### 6．串行端口 2 的中断管理

同串行端口 1 一样，串行端口 2 有两个中断请求标志位：发送中断请求标志位（S2TI）和接收中断请求标志位（S2RI）。在串行端口 2 中断被允许的情况下，S2TI 和 S2RI 的任何 1 位为 1 都会引发串行端口 2 中断，但该中断被响应后，不会自动清除中断请求标志位，必须在串行端口 2 的中断服务函数中判断出是 S2TI 中断还是 S2RI 中断后再清除相应的中断请求标志位。

（1）中断允许控制：IE2.0（ES2）为串行端口 2 的中断允许控制位。当 ES2=0 时，禁止串行端口 2 中断；当 ES2=1 时，允许串行端口 2 中断。

（2）中断优先级的设置：IP2H.0（PS2H）、IP2.0（PS2）为串行端口 2 的中断优先级设置位。当 PS2H/PS2=0/0 时，串行端口 2 的中断优先级为 0 级（最低）；当 PS2H/PS2=0/1 时，串行端口 2 的中断优先级为 1 级；当 PS2H/PS2=1/0 时，串行端口 2 的中断优先级为 2 级；当 PS2H/PS2=1/1 时，串行端口 2 的中断优先级为 3 级（最高）。

（3）中断向量地址与中断号：串行端口 2 的中断向量地址为 FF0043H，中断号为 8。

### 7．多机控制

S2CON.5（S2SM2）为多机通信控制位，用于串行端口 2 工作在方式 2 和方式 3 下。串行端口 2 工作在方式 2/方式 3 下进行数据接收时，若 S2SM2=1 且 RB8=0 时，不激活串行接收中断（不置位 S2RI 标志位）；若 S2SM2=1 且 RB8=1，置位 S2RI 标志位；若 S2SM2=0，不论 RB8 为 0 还是为 1，S2RI 都以正常方式被置位。

S2ADDR 为串行端口 2 从机地址寄存器。在多机通信中的从机中，用于存放该从机预先定义好的地址。

S2ADEN 为串行端口 2 从机地址屏蔽寄存器，与 S2ADDR 一一对应。当 S2ADEN 控制位为 0 时，S2ADDR 对应的地址位被屏蔽；当 S2ADEN 控制位为 1 时，保留 S2ADDR 对应的地址位。在多机通信中，当主机发出的从机地址与保留的从机地址相同时视为匹配。

## 6.5 串行端口3、串行端口4<sup>*</sup>

串行端口3、串行端口4的结构、工作原理同串行端口1的大同小异。串行端口3、串行端口4均由数据缓冲器、移位寄存器、串行控制寄存器和波特率发生器等组成，其数据缓冲器由接收数据缓冲器和发送数据缓冲器（互相独立）构成，可以同时发送和接收数据。

串行端口3、串行端口4都有两种工作方式，这两种方式的波特率都是可变的。用户可通过软件方式设置不同的波特率和选择不同的工作方式。主机可通过查询或中断方式对接收/发送进行程序处理，使用十分灵活。而且，波特率设置函数可利用STC-ISP的波特率计算器获取。

与串行端口3、串行端口4相关的SFR如表6.7所示。

表 6.7　与串行端口3、串行端口4相关的 SFR

| 符号 | 描述 | 地址 | 位地址与符号 | | | | | | | | 复位值 |
|---|---|---|---|---|---|---|---|---|---|---|---|
| | | | B7 | B6 | B5 | B4 | B3 | B2 | B1 | B0 | |
| S3CON | 串行端口3控制寄存器 | ACH | S3SM0 | S3ST3 | S3SM2 | S3REN | S3TB8 | S3RB8 | S3TI | S3RI | 0000, 0000 |
| S3BUF | 串行端口3数据缓冲器 | ADH | | | | | | | | | 0000, 0000 |
| S4CON | 串行端口4控制寄存器 | FDH | S4SM0 | S4ST4 | S4SM2 | S4REN | S4TB8 | S4RB8 | S4TI | S4RI | 0000, 0000 |
| S4BUF | 串行端口4数据缓冲器 | FEH | | | | | | | | | 0000, 0000 |

### 6.5.1　串行端口3

串行端口3默认对应的发送、接收引脚是 TxD3/P0.1、RxD3/P0.0，通过设置 P_SW2 中的 S3_S 控制位，可将 TxD3、RxD3 切换为 P5.1、P5.0。

**1. 串行端口3数据缓冲器**

S3BUF 是串行端口3数据缓冲器。当需要发送某个数据时，将该数据写入 S3BUF，即启动了串行端口3的发送过程；当串行接收完一个数据，接收到的数据存储在 S3BUF 中，直接读取即可。

**2. 串行端口3控制寄存器**

S3CON.7（S3SM0）：用于指定串行端口3的工作方式，如表6.8所示，串行端口3的波特率为 T2 或 T3 溢出率的四分之一。

表 6.8　串行端口3工作方式的选择

| S3SM0 | 工作方式 | 功能 | 波特率 |
|---|---|---|---|
| 0 | 方式 0 | 8 位 UART | T2 溢出率/4 或 T3 溢出率/4 |
| 1 | 方式 1 | 9 位 UART | |

S3CON.6（S3ST3）：串行端口3的波特率发生器选择控制位。当 S3ST3=0 时，选择 T2 为波特率发生器，其波特率为 T2 溢出率的四分之一；当 S3ST3=1 时，选择 T3 为波特率发生器，其波特率为 T3 溢出率的四分之一。

S3CON.5（S3SM2）：串行端口3的多机通信控制位，用于方式1下。串行端口3在方式1下接收数据时，若 S3SM2=1 且 S3RB8=0 时，不激活 S3RI；若 S3SM2=1 且 S3RB8=1，置位 S3RI 标志位；若 S3SM2=0，不论 S3RB8 为 0 还是为 1，S3RI 都以正常方式被激活。

S3CON.4（S3REN）：串行端口3的允许接收控制位，由软件置位或清零。当 S3REN=1 时，允许接收；当 S3REN=0 时，禁止接收。

S3CON.3（S3TB8）：串行端口3发送的第9位数据。在方式1下，由软件置位或复位，可作为奇偶校验位。在多机通信中，可作为区别地址帧或数据帧的标识位。一般约定地址帧对应 S3TB8

为 1、数据帧对应 S3TB8 为 0。

S3CON.2（S3RB8）：在方式 1 下，是串行端口 3 接收到的第 9 位数据，作为奇偶校验位或标识位（地址帧或数据帧）。

S3CON.1（S3TI）：串行端口 3 的发送中断请求标志位，在发送停止位之初由硬件置位。S3TI 是发送完一帧数据的标志，既可以用查询的方法，也可以用中断的方法来响应该标志位，然后在相应的查询服务程序或中断服务程序中由软件清零。

S3CON.0（S3RI）：串行端口 3 的接收中断请求标志位，在接收停止位的期间由硬件置位。S3RI 是接收完一帧数据的标志，同 S3TI 一样，既可以用查询的方法，也可以用中断的方法来响应该标志，然后在相应的查询服务程序或中断服务程序中由软件清零。

### 3．串行端口 3 的中断管理

（1）中断允许控制：IE2.3（ES3）是串行端口 3 的中断允许位。当 ES3=0 时，禁止串行端口 3 中断；当 ES3=1 时，允许串行端口 3 中断。

（2）中断优先级设置：IP3H.0（PS3H）、IP3.0（PS3）是串行端口 3 的中断优先级设置控制位。当 PS3H / PS3=0/0 时，串行端口 3 的中断优先级为 0 级（最低）；当 PS3H / PS3=0/1 时，串行端口 3 的中断优先级为 1 级；当 PS3H / PS3=1/0 时，串行端口 3 的中断优先级为 2 级；当 PS3H/ PS3=1/1 时，串行端口 3 的中断优先级为 3 级（最高）。

（3）中断向量地址与中断号：串行端口 3 的中断向量地址为 FF008BH，中断号为 17。

## 6.5.2 串行端口 4

串行端口 4 默认对应的发送、接收引脚是 TxD4/P0.3、RxD4/P0.2，通过设置 P_SW2 中的 S4_S 控制位可将其切换为 P5.3、P5.2。

### 1．串行端口 4 数据缓冲器

S4BUF 是串行端口 4 数据缓冲器。当需要发送某个数据时，将该数据写入 S4BUF，即启动了串行端口 4 的发送；当串行接收完一个数据，接收到的数据存储在 S4BUF 中，直接读取即可。

### 2．串行端口 4 控制寄存器

S4CON.7（S4SM0）：用于指定串行端口 4 的工作方式，如表 6.9 所示，串行端口 4 的波特率为 T2 或 T4 溢出率的四分之一。

表 6.9　串行端口 4 工作方式的选择

| S4SM0 | 工作方式 | 功能 | 波特率 |
|-------|---------|------|--------|
| 0 | 方式 0 | 8 位 UART | T2 溢出率/4 或 T4 溢出率/4 |
| 1 | 方式 1 | 9 位 UART | |

S4CON.6（S4ST4）：串行端口 4 的波特率发生器选择控制位。当 S4ST4=0 时，选择 T2 为波特率发生器，其波特率为 T2 溢出率的四分之一；当 S4ST4=1 时，选择 T4 为波特率发生器，其波特率为 T4 溢出率的四分之一。

S4CON.5（S4SM2）：串行端口 4 的多机通信控制位，用于方式 1 下。串行端口 4 在方式 1 下接收数据时，若 S4SM2=1 且 S4RB8=0，则不激活 S4RI；若 S4SM2=1 且 S4RB8=1，则置位 S4RI 标志位。若 S4SM2=0，不论 S4RB8 为 0 还是为 1，S4RI 都以正常方式被激活。

S4CON.4（S4REN）：串行端口 4 的允许接收控制位，由软件置位或清零。当 S4REN=1 时，允许接收；当 S4REN=0 时，禁止接收。

S4CON.3（S4TB8）：串行端口 4 发送的第 9 位数据，在方式 1 下，由软件置位或复位，可作为奇偶校验位。在多机通信中，可作为区别地址帧或数据帧的标识位。一般约定地址帧对应 S4TB8

为 1、数据帧对应 S4TB8 为 0。

S4CON.2（S4RB8）：在方式 1 下，是串行端口 4 接收到的第 9 位数据，作为奇偶校验位或标识位（地址帧或数据帧）。

S4CON.1（S4TI）：串行端口 4 的发送中断请求标志位，在发送停止位之初由硬件置位。S4TI 是发送完一帧数据的标志，既可以用查询的方法，也可以用中断的方法来响应该标志，然后在相应的查询服务程序或中断服务程序中由软件清零。

S4CON.0（S4RI）：串行端口 4 的接收中断请求标志位，在接收停止位期间由硬件置位。S4RI 是接收完一帧数据的标志，同 S4TI 一样，既可以用查询的方法，也可以用中断的方法来响应该标志，然后在相应的查询服务程序或中断服务程序中由软件清零。

**3．串行端口 4 的中断管理**

（1）中断允许控制：IE2.4（ES4）为串行端口 4 的中断允许位。当 ES4=0 时，禁止串行端口 4 中断；当 ES4=1 时，允许串行端口 4 中断。

（2）中断优先级设置：IP3H.1（PS4H）、IP3.1（PS4）是串行端口 4 的中断优先级设置控制位。当 PS4H / PS4=0/0 时，串行端口 4 的中断优先级为 0 级（最低）；当 PS4H / PS4=0/1 时，串行端口 4 的中断优先级为 1 级；当 PS4H / PS4=1/0 时，串行端口 4 的中断优先级为 2 级；当 PS4H/ PS4=1/1 时，串行端口 4 的中断优先级为 3 级（最高）。

（3）中断向量地址与中断号：串行端口 4 的中断向量地址为 FF0093H，中断号为 18。

# 6.6　工程训练

## 6.6.1　STC32G12K128 单片机间的双机通信

### 1．工程训练目标

（1）理解异步通信的工作原理及 STC32G12K128 单片机串行端口的工作特性。

（2）掌握 STC32G12K128 单片机串行端口双机通信的应用编程。

### 2．任务概述

1）任务目标

设定甲机、乙机的功能一致。利用一个按键来控制，每按一次按键，本机（甲机或乙机）通过串行端口向对方发送一个数据；当对方发送数据时，另一方以串行方式接收数据，LED 数码管显示本机累计接收次数、当前接收的数据及累计发送次数，当发送次数超过 10 时，停止发送。LED 数码管的显示格式如下：

| 7 | 6 | 5 | 4 | 3 | 2 | 1 | 0 |
|---|---|---|---|---|---|---|---|
| 累计接收次数 | | - | 当前接收的数据 | | - | 累计发送次数 | |

2）电路设计

甲、乙双方都采用串行端口 2（切换引脚 1）经 RS232 芯片转换后进行通信，如图 2.38 所示。利用双公头的 RS232 连接线连接甲机与乙机（均用实验箱代替）。采用 SW18 按键为串行端口发送信息的控制键。

3）参考程序（C 语言版）

（1）程序说明。甲机功能与乙机功能一致，故甲机与乙机的控制程序也是一样的。

定义一个串行发送数据数组 C_SEND[10]，同时定义一个串行接收变量 C_REV，用于存放从对方接收到的数据。

P4.7、P4.6 并不是串行端口 2 默认的发送引脚和接收引脚，需要将 S2_S 设置为 1 进行切换。单片机的系统频率为 12MHz，波特率为 9600b/s。

SW18 用于控制串行端口 2 发送数据，通过外部中断 1 方式控制。send_counter 作为串行端口 2 发送次数的统计变量；rev_counter 作为串行端口 2 串行接收次数的统计变量，顺序发送 11、22、33、44、55、66、77、88、99、00 这 10 个数据。

（2）参考程序 project661.c 如下：

```c
#include<stc32g.h>
#include<intrins.h>
typedef unsigned char   u8;
typedef unsigned int    u16;
typedef unsigned long   u32;
#define MAIN_Fosc    12000000UL   //设置主时钟频率，下载时按此频率设置
#include"sys_inti.c"
#include"LED_display.c"
u8 C_SEND[10]={11, 22, 33, 44, 55, 66, 77, 88, 99, 00};
u8 C_REV=35;
u8 i=0, send_counter=0;
u8 j=0, rev_counter=0;
/*-------串行端口 2 波特率初始化函数----*/
void UartInit(void)       //9600b/s@12.000MHz
{
    S2CON = 0x50;    //8 位数据，可变波特率
    AUXR |= 0x04;    //定时器时钟 1T 模式
    T2L = 0xC7;      //设置定时初始值
    T2H = 0xFE;      //设置定时初始值
    AUXR |= 0x10;    //T2 开始计时
}
void main()
{
    sys_inti();
    UartInit();
    S2_S=1;       //串行端口 2 切换到 P4.7 (TxD2_2)、P4.6 (RxD2_2)
    S2REN=1;
    IT1=1;EX1=1;
    ES2=1;
    EA=1;
    while(1)
    {
        Dis_buf[0]=rev_counter/10%10;
        Dis_buf[1]=rev_counter%10;
        Dis_buf[2]=27;
        Dis_buf[3]=C_REV/10%10;
        Dis_buf[4]=C_REV%10;
        Dis_buf[5]=27;
        Dis_buf[6]=send_counter/10%10;
        Dis_buf[7]=send_counter%10;
        LED_display();
    }
}
void uart_isr() interrupt 8     //串行端口 2 中断服务函数
{
    S2RI=0;
    if(j<10)
    {
        C_REV=S2BUF;
        j++;
        rev_counter=j;
```

```
        }
    }
void EX1_isr() interrupt 2    //外部中断1函数
{
    if(i<11)
    {
        S2BUF=C_SEND[i];
        ES2=0;
        while(S2TI==0);
        S2TI=0;
        i++;
        send_counter=i;
        delay_ms(10);
        while(P33==0);
        delay_ms(10);
        ES2=1;
    }
    IE1=0;
}
```

### 3．任务实施

（1）分析 project661.c 程序文件。

（2）用 Keil C251 编辑、编译用户程序，生成机器代码。

①将之前已建立的 LED_display.c 和 sys_inti.c 两个文件复制到当前项目文件夹中。

②用 Keil C251 新建 project661 项目。

③输入与编辑 project661.c 文件。

④将 project661.c 文件添加到当前项目中。

⑤设置编译环境，勾选"编译时生成机器代码文件"。

⑥编译程序文件，生成 project661.hex 文件。

（3）将实验箱（甲机）连至 PC。

（4）利用 STC-ISP 将 project661.hex 文件下载到实验箱（甲机）单片机中。

（5）将实验箱（乙机）连至 PC。

（6）利用 STC-ISP 将 project661.hex 文件下载到实验箱（乙机）单片机中。

（7）用双公头 RS232 传输线将甲机 J2（RS232 插座）与乙机 J2（RS232 插座）相接。

（8）观察与调试程序。

①按动甲机的 SW18 按键，观察甲机的 LED 数码管显示与乙机的 LED 数码管显示，并记录。

②按动乙机的 SW18 按键，观察乙机的 LED 数码管显示与甲机的 LED 数码管显示，并记录。

**板上双串口TIL电平通信**
**不做双串口实验时要断开J7、J8，**
**否则两对I/O之间很可能互相干扰**

P4.6-RxD2-2   R72   J7   P5.1-TxD3
              301R

P4.7-TxD2-2        J8   P5.0-RxD3
              R73   301R

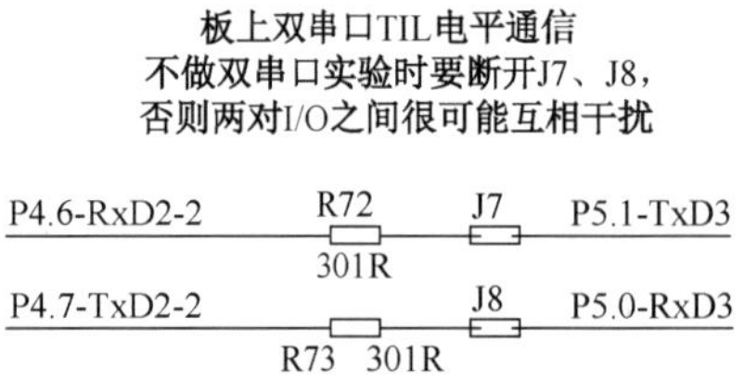

图 6.23　双串行端口通信电路

### 4．训练拓展

如图 6.23 所示，当将 J7、J8 用跳线短接时，串行端口 2 的发送端接到串行端口 3 的接收端，同时串行端口 3 的发送端接到串行端口 2 的接收端，可相互之间进行串行通信。

利用 SW17、SW18 按键控制两个串行端口的发送工作，当按动 SW17 按键时，串行端口 2 串行发送，串行端口 3 串行接收；当按动 SW18 按键时，串行端口 3 串行发送，串行端口 2 串行接收。LED 数码管显示发送串行端口号、当前发送数据及累计接收次数，LED 数码管显示格式如下：

| 7 | 6 | 5 | 4 | 3 | 2 | 1 | 0 |
|---|---|---|---|---|---|---|---|
| C | 串行端口号 | — | 当前发送数据 | | — | 累计接收次数 | |

试编写程序，并上机调试。

**注意**：串行端口2和串行端口3发送端与接收端的引脚不是默认的引脚，需要通过设置P_SW2进行切换。

## 6.6.2 STC32G12K128 单片机与 PC 间的串行通信

### 1．工程训练目标

（1）理解异步通信的工作原理及 STC32G12K128 单片机串行端口的工作特性。

（2）掌握 STC32G12K128 单片机通过串行端口与 PC 通信的应用编程。

### 2．任务概述

1）任务目标

PC 通过串行端口调试程序发送单个十进制数码（0～9）字符，并串行接收单片机发送过来的数据；单片机串行接收 PC 串行发送的数据，接收后按"Receving Data:串行接收数据"的形式发送给 PC，同时将串行接收的数据送数码管显示。

2）电路设计

将串行端口2与 PC 的 USB 端口相连。利用带 USB 转串行端口功能的 USB-RS232 信号线连接 PC 的 USB 端口与实验箱的串行端口2（J2）。

3）参考程序（C 语言版）

（1）程序说明。PC 利用 STC-ISP 内嵌的串行端口助手来进行串行发送及串行接收。STC32G12K128 单片机的系统时钟频率为 12.0MHz，波特率为 9600b/s。

（2）主程序文件 project662.c 如下：

```
#include<stc32g.h>
#include<intrins.h>
typedef  unsigned char   u8;
typedef  unsigned int    u16;
typedef  unsigned long   u32;
#define MAIN_Fosc   12000000UL    //设置主时钟频率，下载时按此频率设置
#include"sys_inti.c"
#include"LED_display.c"
u8 code as[]="Receving Data:";
u8 a=0x30;
/*-------------------串行端口2初始化函数-------------------*/
void UartInit(void)      //9600b/s@12.000MHz
{
    S2CON = 0x50;    //8位数据，可变波特率
    AUXR |= 0x04;    //定时器时钟1T模式
    T2L = 0xC7;      //设置定时初始值
    T2H = 0xFE;      //设置定时初始值
    AUXR |= 0x10;    //T2开始计时
}
/*-------------------主函数-------------------*/
void main(void)
{
    u8 i;
    sys_inti();
    UartInit();
    S2_S=1;          //切换串行端口2引脚
    S2REN=1;
    ES2=1;
    EA=1;
    while(1)
```

```
        {
            Dis_buf[7]=a-0x30;
            LED_display();
            if(S2RI)                //检测串行接收标志
            {
                EA=0;
                S2RI=0;i=0;          //清零 S2RI,并依次发送预置字符串与接收数据
                while(as[i]!='\0'){S2BUF=as[i];while(!S2TI);S2TI=0;i++;}
                S2BUF=a;while(!S2TI);S2TI=0;
                EA=1;                //开中断,以接收 PC 发送的下一个数据
            }
        }
    }
}
/*-------------------串行端口 2 中断服务函数-------------------*/
void serial_isr(void) interrupt 8
{
    a=S2BUF;         //读串行接收数据
}
```

### 3．任务实施

（1）分析 project662.c 程序文件。

（2）用 Keil C251 编辑、编译用户程序，生成机器代码。

①将之前已建立的 LED_display.c 和 sys_inti.c 两个文件复制到当前项目文件夹中。

②用 Keil C251 新建 project662 项目。

③输入与编辑 project662.c 文件。

④将 project662.c 文件添加到当前项目中。

⑤设置编译环境，勾选"编译时生成机器代码文件"。

⑥编译程序文件，生成 project662.hex 文件。

（3）将实验箱连至 PC。

（4）利用 STC-ISP 将 project662.hex 文件下载到实验箱单片机中。

（5）用带 USB 转串行端口功能的 USB-RS232 信号线连接 PC 的 USB 端口与实验箱的串行端口 2（J2）（注意：需要安装 USB 转串行端口驱动程序），并在 STC-ISP "扫描串行端口"选项中查看 USB 转串行端口的模拟串行端口号。

（6）打开 STC-ISP 中的串行端口助手，设置端口号及串行端口参数，串行端口参数与单片机的串行端口通信参数（如波特率、数据位）一致；将发送区与接收区的数据格式设置为文本。

（7）打开串行端口。

（8）观察与调试程序。

①在发送区输入数字"1"，单击"发送数据"按钮，观察 LED 数码管的显示情况及串行端口助手接收区的信息，并记录。

②依次输入不同的数字，单击"发送数据"按钮，观察 LED 数码管的显示情况及串行端口助手接收区的信息，并记录。

（9）在串行端口助手的发送缓冲区输入英文字符，如字符"A"，观察串行端口助手接收缓冲区中的内容和 LED 数码管的显示情况，并记录。

（10）比较步骤（8）与步骤（9）观察到的内容有何不同，分析其原因，并提出解决方法。

### 4．训练拓展

通过串行端口助手发送英文大写字母，单片机串行接收后根据不同的英文字母向 PC 发送不同的信息，并通过 LED 数码管显示串行接收到的英文字母，具体要求如表 6.10 所示。

表 6.10 PC 与单片机间串行通信控制功能表

| PC 串行端口助手发送的字符 | 单片机向 PC 发送的信息 |
|---|---|
| A | "你的姓名" |
| B | "你的性别" |
| C | "你就读的学校名称" |
| D | "你就读的专业名称" |
| E | "你的学生证号" |
| 其他字符 | 非法命令 |

# 本章小结

集散控制系统、多机系统及现代测控系统中信息的交换经常采用串行通信。串行通信有异步通信和同步通信两种方式。异步通信是按字符传输的，每传输一个字符，就用起始位来进行收发双方的同步；同步通信是按数据块传输的，在进行数据传输时通过发送同步脉冲进行同步，发送和接收双方要保持完全的同步，因此要求接收和发送设备必须使用同一时钟。同步通信的优点是可以提高传输速率，但硬件电路比较复杂。

串行通信按照在同一时刻数据流的方向可分成单工、半双工和全双工这 3 种制式。

STC32G12K128 单片机有 4 个可编程串行端口：串行端口 1、串行端口 2、串行端口 3 和串行端口 4。

串行端口 1 和串行端口 2 有 4 种工作方式。方式 0 和方式 2 的波特率是固定的，而方式 1 和方式 3 的波特率是可变的，由 T1 或 T2 的溢出率来决定。方式 0 主要用于扩展 I/O 端口，方式 1 可实现 8 位 UART，方式 2、方式 3 可实现 9 位 UART。

串行端口 3、串行端口 4 有 2 种工作方式。串行端口 3 的波特率为 T2 或 T3 溢出率的四分之一，串行端口 4 的波特率为 T2 或 T4 溢出率的四分之一。

串行端口 1 至串行端口 4 的发送、接收引脚都可以通过软件进行设置与切换。

利用单片机的串行端口，可以实现单片机与单片机之间的双机或多机通信，也可实现单片机与 PC 之间的双机或多机通信。

RS232C 通信端口是一种广泛使用的标准串行端口，信号线根数少，有多种可供选择的数据传输速率，但信号传输距离仅为几十米。PC 与单片机的通信一般采用 RS232C 端口，但 RS232C 端口已不是 PC 的标配，现在更多采用 USB 端口模拟 RS232C 端口进行串行通信。

在工控系统（尤其是多点现场工控系统）设计实践中，单片机与 PC 组合构成分布式控制系统是一个重要的发展方向。

# 思考与提高

## 一、填空题

（1）微型计算机的数据通信分为_____与串行通信两种类型。

（2）串行通信按数据传送方向分为_____、半双工与_____三种制式。

（3）串行通信按同步时钟类型分为_____与同步串行通信两种方式。

（4）异步通信以字符帧为发送单位，每个字符帧包括_____、数据位与_____这 3 个部分。

（5）异步串行通信中，起始位是_____，停止位是_____。

（6）STC32G12K128 单片机有_____个_____的串行端口。

（7）STC32G12K128 单片机的串行端口主要由_____、移位寄存器、串行端口控制寄存器与_____等组成。

（8）STC32G12K128 单片机串行端口 1 的数据缓冲器是_____，实际上 1 个地址对应 2 个寄存器，当对数据缓冲器进行写操作时，对应的是_____数据寄存器，同时该操作又相当于串行端口 1 发送的启动命令；当对数据缓冲器进行读操作时，对应的是_____数据寄存器。

（9）STC32G12K128 单片机串行端口 1 有 4 种工作方式，方式 0 是_____，方式 1 是_____，方式 2 是_____，方式 3 是_____。

（10）STC32G12K128 单片机串行端口 1 的多机通信控制位是_____。

（11）STC32G12K128 单片机串行端口 1 方式 0 的波特率是_____，方式 1、方式 3 的波特率是_____，方式 2 的波特率是_____。

（12）STC32G12K128 单片机串行端口 1 的中断请求标志位包含 2 个，发送中断请求标志位是_____，接收中断请求标志位是_____。

（13）SADDR 是_____，在多机通信中的从机中，用于存放该从机预先定义好的地址。

（14）SADEN 是_____，在多机通信中的从机中，用于设置从机地址的匹配位。

## 二、选择题

（1）当 SM0=0、SM1=1 时，STC32G12K128 单片机的串行端口 1 工作在_____。
   A．方式 0　　　　B．方式 1　　　　C．方式 2　　　　D．方式 3

（2）若使 STC32G12K128 单片机的串行端口 1 工作在方式 2 下时，SM0、SM1 的值应设置为_____。
   A．0、0　　　　B．0、1　　　　C．1、0　　　　D．1、1

（3）STC32G12K128 单片机的串行端口 1 在进行串行接收时，在_____情况下串行接收结束后，不会置位串行接收中断请求标志位 RI。
   A．SM2=1、RB8=1　　　　　　　　B．SM2=0、RB8=1
   C．SM2=1、RB8=0　　　　　　　　D．SM2=0、RB8=0

（4）STC32G12K128 单片机的串行端口 1 工作在方式 2、方式 3 下时，若要使串行发送的第 9 位数据为 1，则在串行发送前，应使_____置位。
   A．RB8　　　　B．TB8　　　　C．TI　　　　D．RI

（5）STC32G12K128 单片机的串行端口 1 工作在方式 2、方式 3 下时，若想串行发送的数据采用奇校验，应使 TB8_____。
   A．置位　　　　B．清零　　　　C．=P　　　　D．=$\bar{P}$

（6）STC32G12K128 单片机的串行端口 1 工作在方式 1 下时，一个字符帧的位数是_____位。
   A．8　　　　B．9　　　　C．10　　　　D．11

## 三、判断题

（1）同步串行通信中，发送、接收双方的同步时钟必须完全同步。　　　　　　　　　（　　）

（2）异步串行通信中，发送、接收双方可以拥有各自的同步时钟，但发送、接收双方的通信速率要求一致。　　　　　　　　　　　　　　　　　　　　　　　　　　　　　　　（　　）

（3）STC32G12K128 单片机的串行端口 1 工作在方式 0、方式 2 下时，S1ST2 的值不影响波特率的大小。　　　　　　　　　　　　　　　　　　　　　　　　　　　　　　　（　　）

（4）STC32G12K128 单片机的串行端口 1 工作在方式 0 下时，PCON 的 SMOD 控制位的值会影响波特率的大小。　　　　　　　　　　　　　　　　　　　　　　　　　　　（　　）

（5）STC32G12K128 单片机的串行端口 1 工作在方式 1 下时，PCON 的 SMOD 控制位的值会影响波特率的大小。　　　　　　　　　　　　　　　　　　　　　　　　　　　（　　）

（6）STC32G12K128 单片机的串行端口 1 工作在方式 1、方式 3 下时，当 S1ST2=1 时，选择 T1 为波特率发生器。（　　）

（7）STC32G12K128 单片机的串行端口 1 工作在方式 1、方式 3 下时，当 SM2=1 时，串行接收到的第 9 位数据为 1 时，串行接收中断请求标志位 RI 不会置位。（　　）

（8）STC32G12K128 单片机串行端口 1 串行接收的允许控制位是 REN。（　　）

（9）STC32G12K128 单片机的串行端口 2 也有 4 种工作方式。（　　）

（10）STC32G12K128 单片机的串行端口 1 有 4 种工作方式，而串行端口 2 只有 2 种工作方式。（　　）

（11）STC32G12K128 单片机在应用中，串行端口 1 的串行发送与接收引脚是固定不变的。（　　）

（12）通过编程设置，STC32G12K128 单片机串行端口 1 的串行发送引脚的输出信号可以实时反映串行接收引脚的输入信号。（　　）

## 四、问答题

（1）微型计算机的数据通信有哪两种工作方式？各有什么特点？

（2）异步通信中字符帧的数据格式是怎样的？

（3）什么叫波特率？如何利用 STC-ISP 获得 STC32G12K128 单片机串行端口波特率的应用程序？

（4）STC32G12K128 单片机的串行端口 1 有哪 4 种工作方式？如何设置？各有什么功能？

（5）简述 STC32G12K128 单片机串行端口 1 方式 2、方式 3 的相同点与不同点。

（6）STC32G12K128 单片机的串行端口 2 有哪两种工作方式？如何设置？各有什么功能？

（7）简述 STC32G12K128 单片机串行端口 1 多机通信的实现方法。

（8）简述 STC32G12K128 单片机串行端口 1 广播中继功能的实现方法。

## 五、程序设计题

（1）甲机按 1s 定时从 P1 口读取输入数据，并通过串行端口 2 按奇校验方式发送到乙机；乙机通过串行端口 1 串行接收甲机发过来的数据，并进行奇校验，如无误，LED 数码管显示串行接收到的数据，如有误，重新接收。若连续 3 次有误，向甲机发送错误信号，甲机、乙机同时进行声光报警。

画出硬件电路图，编写程序并上机调试。

（2）通过 PC 向 STC32G12K128 单片机发送控制命令，具体要求如表 6.11 所示。

表 6.11　控制命令与功能

| PC 发送字符 | STC32G12K128 单片机功能要求 |
| --- | --- |
| 0 | P1 控制的 LED 灯循环左移 |
| 1 | P1 控制的 LED 灯循环右移 |
| 2 | P1 控制的 LED 灯按 500ms 时间间隔闪烁 |
| 3 | P1 控制的 LED 灯按 500ms 时间间隔进行高 4 位与低 4 位交叉闪烁 |
| 非 0、1、2、3 字符 | P1 控制的 LED 灯全亮 |

画出硬件电路图，编写程序并上机调试。

# 第7章 A/D 转换模块

**内容提要：**

A/D 转换模块是 STC32G12K128 单片机的重要功能模块，用于对模拟信号进行数字化转换。STC32G12K128 单片机的 A/D 转换模块是 16 通道 12 位的，速度可达到每秒 80 万次。

本章将学习 STC32G12K128 单片机 A/D 转换模块的结构与工作原理。学习后，应掌握 A/D 转换模块模拟信号输入通道的选择、输出信号格式的选择、启动控制与转换结束信号的获取，以及 A/D 转换的应用编程。

## 7.1  A/D 转换模块的结构

STC32G12K128 单片机集成有 16 通道 12 位高速电压输入型 A/D 转换模块（ADC 模块），采用逐次比较的方式进行 A/D 转换，可将连续变化的模拟电压转化成相应的数字信号，可应用于温度检测、电池电压检测、距离检测、按键扫描、频谱检测等。

A/D 转换模块的输入通道共有 16 个，分别为 ADC0（P1.0）、ADC1（P1.1）、ADC2（P5.4）、ADC3（P1.3）、ADC4（P1.4）、ADC5（P1.5）、ADC6（P1.6）、ADC7（P1.7）、ADC8（P0.0）、ADC9（P0.1）、ADC10（P0.2）、ADC11（P0.3）、ADC12（P0.4）、ADC13（P0.5）、ADC14（P0.6）、ADC15（测试内部 1.19V 的基准电压）。A/D 转换模块用作 ADC 输入通道时，各引脚的工作模式应为高阻输入模式。A/D 转换模块的结构如图 7.1 所示。

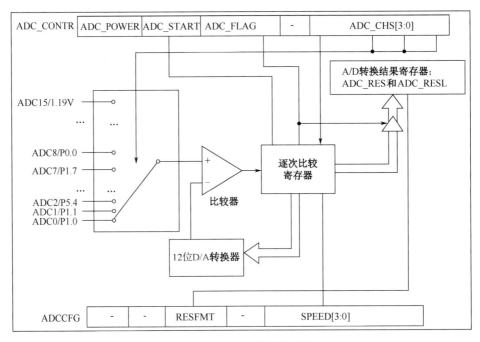

图 7.1  A/D 转换模块的结构

A/D 转换模块由多路选择开关、比较器、逐次比较寄存器、12 位 D/A 转换器、A/D 转换结果寄存器（ADC_RES 和 ADC_RESL）及 ADC 控制寄存器（ADC_CONTR、ADCCFG）构成。

STC32G12K128 单片机的 A/D 转换模块是逐次比较型的，通过逐次比较逻辑，从最高位（MSB）开始，顺序地对输入电压模拟量与内置 D/A 转换器的输出进行比较，经过多次比较，使输出的数字量逐次逼近输入模拟量，并将最终的转换结果保存在 A/D 转换结果寄存器中。同时，置位 ADC 控制寄存器 ADC_CONTR 中的 A/D 转换结束标志位 ADC_FLAG，供程序查询或发出中断请求。

A/D 转换模块的电源与单片机的电源是同一个（VCC/AVCC、GND/AGND），有独立的参考电压源输入端（ADC_VREF+、AGND）。

若测量精度要求不是很高，可以直接使用单片机的工作电源作为参考电压源,则 ADC_VREF+ 直接与单片机的工作电源相接；若需要获得高测量精度，A/D 转换模块就需要采用更为精准的参考电压。

## 7.2  A/D 转换模块的控制

A/D 转换模块主要由 ADC_CONTR、ADCCFG、ADC_RES、ADC_RESL、ADCTIM 等特殊功能寄存器进行控制与管理，与 A/D 转换模块有关的 SFR 如表 7.1 所示，与 A/D 转换模块有关的 XFR 如表 7.2 所示。

表 7.1  与 A/D 转换模块有关的 SFR

| 符号 | 描述 | 地址 | 位地址与符号 | | | | | | | | 复位值 |
|------|------|------|------|------|------|------|----|----|----|----|--------|
| | | | B7 | B6 | B5 | B4 | B3 | B2 | B1 | B0 | |
| ADC_CONTR | ADC 控制寄存器 | BCH | ADC_POWER | ADC_START | ADC_FLAG | ADC_EPWMT | ADC_CHS[3:0] | | | | 0000,0000 |
| ADC_RES | ADC 转换结果高位寄存器 | BDH | | | | | | | | | 0000,0000 |
| ADC_RESL | ADC 转换结果低位寄存器 | BEH | | | | | | | | | 0000,0000 |
| ADCCFG | ADC 配置寄存器 | DEH | — | — | RESFMT | — | SPEED[3:0] | | | | xx0x,0000 |

表 7.2  与 A/D 转换模块有关的 XFR

| 符号 | 描述 | 地址 | 位地址与符号 | | | | | | | | 复位值 |
|------|------|------|------|------|------|------|------|------|------|------|--------|
| | | | B7 | B6 | B5 | B4 | B3 | B2 | B1 | B0 | |
| ADCTIM | ADC 时序控制寄存器 | 7EFEA8H | CSSETUP | CSHOLD[1:0] | | SMPDUTY[4:0] | | | | | 0010,1010 |

### 1. 模拟输入通道、转换速度的选择

1）模拟输入通道的选择

ADC_CONTR.3～ADC_CONTR.0（ADC_CHS[3:0]）：模拟输入通道的选择控制位。如表 7.3 所示为模拟输入通道的选择。

表 7.3  模拟输入通道的选择

| ADC_CHS[3:0] | ADC 输入通道 | ADC_CHS[3:0] | ADC 输入通道 |
|--------------|--------------|--------------|--------------|
| 0000 | P1.0 | 0110 | P1.6 |
| 0001 | P1.1 | 0111 | P1.7 |
| 0010 | P5.4 | 1000 | P0.0 |
| 0011 | P1.3 | 1001 | P0.1 |
| 0100 | P1.4 | 1010 | P0.2 |
| 0101 | P1.5 | 1011 | P0.3 |

| ADC_CHS[3:0] | ADC 输入通道 | ADC_CHS[3:0] | ADC 输入通道 |
|---|---|---|---|
| 1100 | P0.4 | 1110 | P0.6 |
| 1101 | P0.5 | 1111 | 内部 1.19V 基准电压 |

**注意：**被选择为 A/D 转换模块模拟输入通道的 I/O 端口，必须通过设置 P$n$M1/P$n$M0 寄存器将 I/O 端口设置为高阻输入模式。另外，如果单片机进入掉电/时钟停振模式后仍需要使能模拟输入通道，则需要通过设置 PxIE 寄存器关闭数字输入通道，以防止外部模拟输入信号忽高忽低而产生额外的功耗。

2）工作时钟频率的选择

ADCCFG.3～ADCCFG.0（SPEED[3:0]）：工作时钟频率的选择控制位。工作时钟频率与 ADCCFG.3～ADCCFG.0（SPEED[3:0]）的关系可通过式（7.1）计算，也可根据表 7.4 选取。

$$f_{ADC}=SYSclk/2/(SPEED[3:0]+1) \tag{7.1}$$

表 7.4 工作时钟频率的设置

| ADCCFG.3～ADCCFG.0（SPEED[3:0]） | A/D 转换模块的工作时钟频率 | ADCCFG.3～ADCCFG.0（SPEED[3:0]） | A/D 转换模块的工作时钟频率 |
|---|---|---|---|
| 0000 | SYSclk/2/1 | 1000 | SYSclk/2/9 |
| 0001 | SYSclk/2/2 | 1001 | SYSclk/2/10 |
| 0010 | SYSclk/2/3 | 1010 | SYSclk/2/11 |
| 0011 | SYSclk/2/4 | 1011 | SYSclk/2/12 |
| 0100 | SYSclk/2/5 | 1100 | SYSclk/2/13 |
| 0101 | SYSclk/2/6 | 1101 | SYSclk/2/14 |
| 0110 | SYSclk/2/7 | 1110 | SYSclk/2/15 |
| 0111 | SYSclk/2/8 | 1111 | SYSclk/2/16 |

**2．转换结果格式的选择**

转换结束后，转换结果存储在 ADC_RES 和 ADC_RESL 中，但有两种存储格式，具体采用哪种格式，由 ADCCFG 中的 B5（RESFMT）控制。

（1）当 RESFMT=0 时，转换结果是左对齐的，如图 7.2 所示。

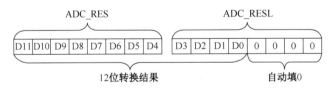

图 7.2 转换结果左对齐的存储格式

（2）当 RESFMT=1 时，转换结果是右对齐的，如图 7.3 所示。

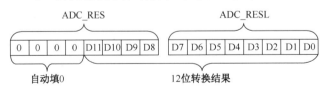

图 7.3 转换结果右对齐的存储格式

### 3．转换结束信号与中断控制

（1）接通工作电源：ADC_CONTR.7（ADC_POWER）为 A/D 转换模块的电源控制位。当 ADC_POWER = 0 时，切断电源；当 ADC_POWER=1 时，接通电源。

**注意**：启动 A/D 转换前一定要确认 A/D 转换模块的电源已接通，转换结束后，切断 A/D 转换模块的电源可降低功耗。初次接通电源时，需要适当延时，约 1ms，等内部相关电路稳定后再启动 A/D 转换。在单片机进入空闲模式和掉电模式前应将 A/D 转换模块的电源关闭，以降低功耗。

（2）启动转换：ADC_CONTR.6（ADC_START）为 A/D 转换模块的启动控制位。当 ADC_START = 1 时，开始转换，转换完成后硬件自动将此位清零；当 ADC_START = 0 时，无影响。A/D 转换模块已开始转换后，即使写"0"也不会停止 A/D 转换。

### 4．转换结束信号与中断控制

（1）转换结束标志：ADC_CONTR.5（ADC_FLAG）为 A/D 转换模块的结束标志位。当完成一次转换后，硬件会自动将 ADC_FLAG 标志位置位，并向 CPU 发出中断请求。通过 ADC_FLAG 的状态可以判断转换的结束时刻。一是用查询语句检测 ADC_FLAG，如"if(ADC_FLAG==1) {ADC_FLAG=0; ...}"；二是采用中断方式，开放串行端口 1 中断，当 ADC_FLAG 为 1 时，自动向 CPU 发出中断请求，但该中断被响应后，系统不会自动清零 ADC_FLAG，而需要在 ADC 中断服务程序（函数）中编程清零。

（2）ADC 中断允许：IE.5（EADC）为 ADC 中断的中断允许控制位。当 EADC=0 时，禁止 ADC 中断；当 EADC=1 时，允许 ADC 中断。

（3）ADC 中断优先级：IPH.5（PADCH）、IP.5（PADC）为 ADC 中断的中断优先级设置控制位。当 PADCH/PADC=0/0 时，0 级（最低级）；当 PADCH/PADC =0/0 时，1 级；当 PADCH/PADC= 0/0 时，2 级；当 PADCH/PADC =0/0 时，3 级（最高级）。

（4）ADC 的中断向量地址与中断号：ADC 结束中断的中断向量地址为 002BH，中断号为 5。

### 5．转换的时序控制（一般情况下按默认状态使用）

（1）ADCTIM.7（CSSETUP）：ADC 通道选择时间（$T_{setup}$）的控制位。当 CSSETUP=0 时，$T_{setup}$ 占用 1 个 ADC 工作时钟（默认值）；当 CSSETUP=1 时，$T_{setup}$ 占用 2 个 ADC 工作时钟。

（2）ADCTIM.4～ADCTIM.0（SMPDUTY[4:0]）：ADC 模拟采样时间（$T_{duty}$）的控制位。ADC 模拟采样时间（$T_{duty}$）与 SMPDUTY[4:0]的关系见式（7.2）。

$$T_{duty}＝（SMPDUTY[4:0]+1）个 ADC 工作时钟 \qquad (7.2)$$

SMPDUTY[4:0]的默认状态为 01010B。在实际应用中，SMPDUTY[4:0]的值不能低于 01010B。

（3）ADCTIM.6～ADCTIM.5（CSHOLD[1:0]）：ADC 通道保持时间（$T_{hold}$）的控制位。当 CSHOLD[1:0]=00 时，$T_{hold}$ 占用 1 个 ADC 工作时钟；当 CSHOLD[1:0]=01 时，$T_{hold}$ 占用 2 个 ADC 工作时钟（默认值）；当 CSHOLD[1:0]=10 时，$T_{hold}$ 占用 3 个 ADC 工作时钟；当 CSHOLD[1:0]=11 时，$T_{hold}$ 占用 4 个 ADC 工作时钟。

（4）A/D 转换时间（$T_{convert}$）：$T_{convert}$ 固定为 12 个 ADC 工作时钟。

（5）A/D 转换周期：一个完整的 A/D 转换周期包括 ADC 通道选择时间（$T_{setup}$）、ADC 模拟采样时间（$T_{duty}$）、ADC 通道保持时间（$T_{hold}$）与 A/D 转换时间（$T_{convert}$）。一个完整的 A/D 转换周期时序如图 7.4 所示。

### 6．转换的 PWM 同步功能

ADC_CONTR.4（ADC_EPWMT）：A/D 转换的 PWM 同步控制位。当 ADC_EPWMT=1

时，使能 PWM 同步触发 A/D 转换功能；当 ADC_EPWMT=0 时，禁止 PWM 同步触发 A/D 转换功能。

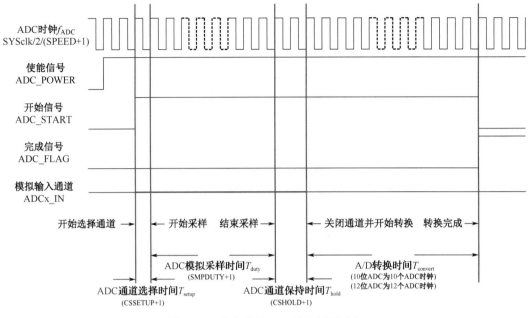

图 7.4　一个完整的 A/D 转换周期时序

## 7.3　A/D 转换的应用

### 1．A/D 转换模块应用的编程要点

（1）接通工作电源，即将 ADC_POWER 置位。

（2）延时 1ms 左右，等 A/D 转换模块内部的电源输出稳定。

（3）选择输入通道，即设置 ADC_CHS[3:0]。对于被选中的输入通道，需要利用 P$n$M1 和 P$n$M0 将其设置为高阻工作模式。

（4）根据数据处理的需要设置 RESFMT，选择转换结果的存储格式。

（5）若采用中断方式，还需要进行中断设置。

①中断允许：将 EADC 和 EA 置位。

②中断优先级：通过 PADCH 和 PADC 设置。

（6）将 ADC_START 置位，启动 A/D 转换。

（7）转换结束的判断与读取转换结果。

①查询方式。查询 A/D 转换结果的标志位 ADC_FLAG，判断 A/D 转换是否完成。若完成，清零 ADC_FLAG，读取 A/D 转换的结果（结果保存在 ADC_RES 和 ADC_RESL 寄存器中），并进行数据处理。

**注意**：如果是对多通道模拟量进行 A/D 转换，则更换 A/D 转换通道后要适当延时，使输入电压稳定，延时量与输入电压源的内阻有关，一般取 20～200μs 即可。如果输入电压源的内阻在 10kΩ 以下，可不加延时；如果是单通道模拟量输入，则不需要更换 A/D 转换通道，也就是不需要加延时。

②中断方式。编写 ADC 中断服务函数，在程序中首先清零 ADC_FLAG，接着读取 A/D 转换的结果（结果保存在 ADC_RES 和 ADC_RESL 寄存器中），并进行数据处理。

## 2．A/D 转换数据的处理及应用

1）转换结果的显示

STC32G12K128 单片机集成的 12 位 A/D 转换模块的转换结果既可以是 12 位精度的，也可以是 8 位精度的。A/D 转换模块采样到的数据主要有 3 种显示方式：通过串行端口发送到上位机显示、LED 数码管显示、LCD 液晶显示模块显示。

（1）通过串行端口发送到上位机显示：由于串行端口每次只能发送 8 位数据，所以如果 A/D 转换的结果是 8 位精度的，则 A/D 转换的结果可以直接通过串行端口发送到上位机进行显示；如果 A/D 转换的结果是 12 位精度的，则可将 A/D 转换的结果分成高位和低位 2 个独立的数据，分别通过串行端口发送到上位机处理即可。

（2）LED 数码管显示和 LCD 液晶显示模块显示：12 位精度对应的十进制数范围是 0～4095，8 位精度对应的十进制数范围是 0～255。通过 LED 数码管显示和 LCD 液晶显示模块显示，需要先将十进制的数据通过分别运算得到个、十、百、千位的数据，再逐个进行显示。

例如，已知 A/D 转换的结果保存于整型变量 adc_value 中，通过分别运算得到个、十、百、千位对应的数据 $g$、$s$、$b$、$q$。其中，千位显示数据为 $q=adc\_value/1000\%10$；百位显示数据为 $b=adc\_value/100\%10$；十位显示数据为 $s=adc\_value/10\%10$；个位显示数据为 $g=adc\_value\%10$。

2）A/D 转换的数据处理及应用

模拟电压信号经过 A/D 转换后得到的只是一个对应大小的数字信号而已，当需要用来表示具有实际意义的物理量的时候，数据还需要经过一定的处理才能满足实际的应用要求。数据的处理方法主要有查表法和运算法。其中，查表法指建立一个数组，再通过查找得到相应数据的方法；运算法指经过 CPU 运算得到相应数据的方法。

【例 7.1】通过 A/D 转换模块测量温度并进行 LED 数码管显示，假设 A/D 转换模块输入端的电压变化范围为 0～5V，要求数码管的显示范围为 0～100。

**解**：A/D 转换模块输入端的电压为 0～5V，对应的 8 位精度 A/D 采样值就是 0～255，转换成 0～100 进行显示，需要线性的转换，实际上乘以一个系数就可以了，该系数是 $100/2^8≈0.39$，但为了避免使用浮点数，可以先乘以一个定点数 100，再除以 256(即 $2^8$)即可。

同理，A/D 转换模块输入端的电压为 0～5V，对应的 12 位精度 A/D 采样值就是 0～4095，转换成 0～100 进行显示，需要线性的转换，可以先乘以 100，再除以 4096(即 $2^{12}$)即可。

【例 7.2】 STC32G12K128 单片机的工作电压为 5V，设计一个数字电压表，对输入电压（0～5V）进行测量，用 LED 数码管显示。

**解**：①A/D 转换模块输入端的电压为 0～5V，对应的 8 位精度 A/D 采样值就是 0～255，需要对应的 LED 数码管显示测量电压值，根据不同的测量（显示）精度，需要对数据进行不同的线性转换。如果乘以系数 5/256，则显示为 0～5V；如果乘以系数 50/256，再加入小数点（左移 1 位），则显示为 0.0～5.0V；如果乘以系数 500/256，再加入小数点（左移 2 位），则显示为 0.00～5.00V。以此类推，可提高显示精度。

②若测量精度是 12 位，则 A/D 转换值（ADC 值）的范围是 0～4095，根据不同的显示精度，需要对数据进行不同的线性转换。如果乘以系数 5/4096，则显示为 0～5V；如果乘以系数 50/4096，再加入小数点（左移 1 位），则显示为 0.0～5.0V；如果乘以系数 500/4096，再加入小数点（左移 2 位），则显示为 0.00～5.00V。以此类推，可提高显示精度。

③若测量的电压范围为 0～30V 的直流电压，测量精度是 12 位，则首先在硬件 A/D 转换模块的输入端加入相应的分压电阻调理电路，使输入的 0～30V 变成 0～5V，再对数据进行线性转换，在上述 0～5V 测量数据处理的基础上，将基数 5 换成 30 即可。

## 7.4 工程训练

### 7.4.1 测量内部 1.19V 基准电压

**1. 工程训练目标**

（1）理解 STC32G12K128 单片机 A/D 转换模块的电路结构。

（2）掌握 STC32G12K128 单片机 A/D 转换模块的工作特性与应用编程。

（3）应用 STC32G12K128 单片机 A/D 转换模块测量内部 1.19V 的基准电压。

**2. 任务概述**

1）任务目标

利用 A/D 转换模块的第 15 通道测量内部 1.19V 的基准电压。

2）电路设计

A/D 转换模块的第 15 通道固定接内部 1.19V 的基准电压，要完成本工程训练，可直接进行测量，A/D 转换模块的参考电压 VREF 是系统电源电压，约 4.7V，测量值利用 LED 数码管电路显示。

3）参考程序（C 语言版）

（1）程序说明。选择第 15 通道进行模拟量测量，采用右对齐数据格式，将数字测量结果对标 A/D 转换参考电压 VREF（约 4.7V）转换为测量模拟电压值，测量值通过 LED 数码管显示。每 100ms 测量一次。

（2）主程序文件 project741.c 如下：

```
#include<stc32g.h>
#include<intrins.h>
typedef unsigned char    u8;
typedef unsigned int     u16;
typedef unsigned long    u32;
#define MAIN_Fosc    18432000UL    //设置主时钟频率，下载时按此频率设置
#include"sys_inti.c"
#include"LED_display.c"
u16 cnt1ms=0;
u16 Get_ADC12bitResult(u8 channel); //channel = 0～7
void Timer0Init(void)    //1ms@18.432MHz
{
    AUXR |= 0x80;      //定时器时钟 1T 模式
    TMOD &= 0xF0;      //设置定时器模式
    TL0 = 0x00;        //设置定时初值
    TH0 = 0xB8;        //设置定时初值
    TF0 = 0;           //清除 TF0 标志
    TR0 = 1;           //T0 开始计时
}
void main(void)
{
    u32  j;
    sys_inti();
    ADCCFG=ADCCFG|0x20;
    ADC_POWER = 1;        //接通电源
    Timer0Init();
    ET0 = 1;              //T0 中断允许
    TR0 = 1;              //启动 T0 计数
```

```
        EA = 1;                          //打开总中断
    while(1)
    {
        Dis_buf[5] = j/100%10+17; //显示电压值
        Dis_buf[6] = j / 10%10;
        Dis_buf[7] = j % 10;
        LED_display();
        if(cnt1ms >= 100)               //100ms 测量一次
        {
            cnt1ms = 0;
            j = Get_ADC12bitResult(15);
            //参数 0~7，以查询方式做一次 A/D 转换
            //返回值就是结果，返回值为 4096 表示出错
            j=(j*470)/4096;
        }
    }
}

u16 Get_ADC12bitResult(u8 channel)  //channel = 0~15
{
    ADC_RES = 0;
    ADC_RESL = 0;
    ADC_CONTR = (ADC_CONTR & 0xe0) | 0x40 | channel; //启动 A/D 转换
    _nop_();    _nop_();    _nop_();    _nop_();
    while((ADC_CONTR & 0x20) == 0); //等待 A/D 转换结束
    ADC_FLAG= 0;                            //清除 A/D 转换结束标志
    return (((u16)ADC_RES << 8) | ADC_RESL );
}
void timer0(void) interrupt 1  //T0 中断服务函数
{
    cnt1ms++;
}
```

### 3. 任务实施

（1）分析 project741.c 程序文件。

（2）将 LED_display.c 和 sys_inti.c 两个文件复制到当前项目文件夹中。

（3）用 Keil C251 编辑、编译用户程序，生成机器代码。

①用 Keil C251 新建 project741 项目。

②新建 project741.c 文件。

③将 project741.c 文件添加到当前项目中。

④设置编译环境，勾选"编译时生成机器代码文件"。

⑤编译程序文件，生成 project741.hex 文件。

（4）将实验箱连接到 PC。

（5）利用 STC-ISP 将 project741.hex 文件下载到实验箱单片机中。

（6）观察 LED 数码管的显示，应能观察到 LED 数码管最右边的 3 位为 1.19。

## 7.4.2 构建 ADC 键盘

### 1. 工程训练目标

（1）进一步掌握 STC32G12K128 单片机 A/D 转换模块的工作特性与应用编程。

（2）应用 STC32G12K128 单片机的 A/D 转换模块构建 ADC 键盘。

**2. 任务概述**

1）任务目标

无论是独立键盘，还是矩阵键盘，在构建键盘时，都需要占用较多的 I/O 端口，现要求用 1个 I/O 端口构建含 16 个按键的键盘。

2）电路设计

用 1 个 I/O 端口构建含 16 个按键的键盘，可以采用 A/D 转换模块的输入通道端口来实现。首先构建电阻分压网络，利用各个按键来接通不同位置的分压电平，然后通过测量输入通道到 A/D转换模块的电压值来区分不同的按键，实现含 16 个按键的键盘，ADC 键盘电路示意图如图 7.5所示。各按键的键码送 LED 数码管显示。

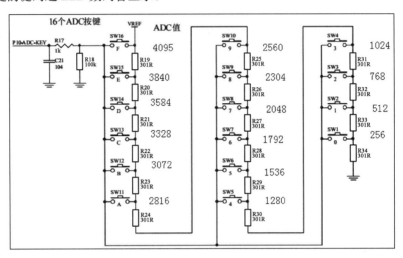

图 7.5　ADC 键盘电路示意图

3）参考程序（C 语言版）

（1）程序说明。根据 ADC 键盘电路可知，ADC 键盘的测量通道端口是 P1.0（ADC0），编程时选择第 0 通道进行模拟量测量，采用右对齐数据格式。

16 个按键，理论上各按键对应的 ADC 值为（4096/16）$*k = 64*k$（$k = 1 \sim 16$）。但是，当 $k=16$时，对应的 ADC 值实际应为 4095，也就是说，实际上会有偏差。为此，我们让程序在进行判断时引入一个偏差，即 ADC_OFFSET（64），则 ADC 值在（$64*k-$ADC_OFFSET）与（$64*k+$ADC_OFFSET）之间为有效值，间隔一定的时间（如 10ms）就采样一次 ADC 值。键码为 0 说明没有按键被按下，16 个按键对应的键码为 1～16，LED 数码管的高 2 位显示键码、低 4 位显示 ADC 值。

（2）主程序文件 project742.c 如下：

```
#include<stc32g.h>
#include<intrins.h>
typedef unsigned char    u8;
typedef unsigned int     u16;
typedef unsigned long    u32;
#define MAIN_Fosc   24000000UL    //设置主时钟频率，下载时按此频率设置
#include"sys_inti.c"
#include"LED_display.c"
u8 cnt1ms=0;
u16 ad_volume=0;
#define ADC_OFFSET  64
u8 KeyCode=0;
void    CalculateAdcKey(u16 adc);
```

```c
u16 Get_ADC12bitResult(u8 channel); //channel = 0~7
void Timer0Init(void)          //1ms@24.000MHz
{
    AUXR |= 0x80;      //定时器时钟 1T 模式
    TMOD &= 0xF0;      //设置定时器模式
    TL0 = 0x40;        //设置定时初值
    TH0 = 0xA2;        //设置定时初值
    TF0 = 0;           //清除 TF0 标志
    TR0 = 1;           //T0 开始计时
}


void main(void)
{
    u16 j;
    sys_inti();
    ADCCFG=ADCCFG|0x20;
    ADC_POWER = 1;         //接通电源
    P1M1=P1M1|0x01;
    Timer0Init();
    ET0 = 1;               //Timer0 interrupt enable
    TR0 = 1;               //Timer0 run
    EA = 1;                //打开总中断
    while(1)
    {
        Dis_buf[4] = ad_volume / 1000%10;    //显示 ADC 值
        Dis_buf[5] = ad_volume/100%10;       //显示 ADC 值
        Dis_buf[6] = ad_volume / 10%10;      //显示 ADC 值
        Dis_buf[7] = ad_volume % 10;         //显示 ADC 值
        Dis_buf[0] = KeyCode / 10;           //显示键码
        Dis_buf[1] = KeyCode % 10;           //显示键码
        LED_display();
        if(cnt1ms >= 10)                          //10ms 读一次 ADC 值
        {
            cnt1ms = 0;
            j = Get_ADC12bitResult(0);//0 通道，以查询方式做一次 A/D 转换
            //返回值就是结果，若返回值为 4096，说明出错
            if(((256-ADC_OFFSET)<j)&&(j < 4096))
            {
                LED_display();//去抖
                LED_display();
                j = Get_ADC12bitResult(0);
                if(((256-ADC_OFFSET)<j)&&(j < 4096))
                {
                    ad_volume=j;
                    CalculateAdcKey(j);              //计算按键
                    Dis_buf[4] = ad_volume / 1000%10; //显示 ADC 值
                    Dis_buf[5] = ad_volume/100%10;    //显示 ADC 值
                    Dis_buf[6] = ad_volume / 10%10;   //显示 ADC 值
                    Dis_buf[7] = ad_volume % 10;      //显示 ADC 值
                    Dis_buf[0] = KeyCode / 10;        //显示键码
                    Dis_buf[1] = KeyCode % 10;        //显示键码
                    LED_display();
L1:                 j = Get_ADC12bitResult(0);
                    while(((256-ADC_OFFSET)<j)&&(j < 4096))//键释放
```

```
                         {
                              LED_display();
                              goto L1;
                         }
                    }
                }
            }
        }
}
/*--------------测量 ADC 值---------------*/
u16 Get_ADC12bitResult(u8 channel)  //channel = 0~15
{
    ADC_RES = 0;
    ADC_RESL = 0;
    ADC_CONTR = (ADC_CONTR & 0xe0) | 0x40 | channel;//启动 ADC
    _nop_(); _nop_();      _nop_();      _nop_();
    while((ADC_CONTR & 0x20) == 0); //等待 ADC 结束
    ADC_FLAG=0;                     //清除 ADC 标志
    return  (((u16)ADC_RES << 8) | ADC_RESL );
}
/*--------- ADC 键盘计算键码 ---------*/
void    CalculateAdcKey(u16 adc)
{
    u8   i;
    u16  j=256;
    for(i=1; i<=16; i++)
    {
        if((adc >= (j - ADC_OFFSET)) && (adc <= (j + ADC_OFFSET)))  break;
        //判断是否在偏差范围内
        j += 256;
    }
    if(i < 17)   KeyCode = i;    //保存键码
}
/*----------------- Timer0 1ms 中断服务函数 --------------*/
void timer0 (void) interrupt 1
{
    cnt1ms++;
}
```

3. 任务实施

（1）分析 project742.c 程序文件。

（2）将 LED_display.c 和 sys_inti.c 两个文件复制到当前项目文件夹中。

（3）用 Keil C251 编辑、编译用户程序，生成机器代码。

①用 Keil C251 新建 project742 项目。

②新建 project742.c 文件。

③将 project742.c 文件添加到当前项目中。

④设置编译环境，勾选"编译时生成机器代码文件"。

⑤编译程序文件，生成 project742.hex 文件。

（4）将实验箱连接到 PC。

（5）利用 STC-ISP 将 project742.hex 文件下载到实验箱单片机中。

（6）观察 LED 数码管的显示，初始时左 2 位为键码值（00），右 4 位为按键对应的 ADC 值
（0000）。

（7）依次按动 ADC 键盘的每一个按键，记录对应的键码值与 ADC 值，并判断是否符合要求。

### 4．训练拓展

已知 NTC 测温电路示意图如图 7.6 所示，热敏电阻的参量关系式如下：

$$Rt = RT0 \times EXP[Bn \times (1/T-1/T_0)]$$

式中，Rt、RT0 分别为温度 $T$、$T_0$ 时热敏电阻的电阻值，Bn 为热敏电阻的特性参数，这里取 3950。

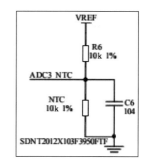

图 7.6　NTC 测温电路示意图

热敏电阻产生的电压信号从 ADC3 模拟通道输入，经单片机 A/D 转换模块测量，根据上述参量关系转换为温度（精确到小数点后 1 位），再通过 LED 数码管显示。试画出完整的硬件电路，编写程序并上机显示。

# 本章小结

STC32G12K128 单片机集成有 16 通道 12 位高速电压输入型 A/D 转换模块，采用逐次比较的方式进行 A/D 转换，速度可达到每秒 80 万次。A/D 转换模块的输入通道 15 固定接内部 1.19V 的基准电压，通道 0～通道 15 与 P1.0、P1.1、P5.4、P1.3、P1.4、P1.5、P1.6、P1.7、P0.0、P0.1、P0.2、P0.3、P0.4、P0.5、P0.6 等端口复用，需要作为 A/D 转换模块输入通道使用的引脚，其工作模式应设置为高阻状态。

STC32G12K128 单片机的 A/D 转换模块主要由 ADC_CONTR、ADCCFG、ADC_RES、ADC_RESL、ADCTIM 等特殊功能寄存器进行控制与管理。其中，ADCTIM 的状态一般取默认值，不特意更改其设定。

A/D 转换结束中断的中断向量地址为 002BH，中断号为 5。

# 思考与提高

## 一、填空题

（1）A/D 转换模块按转换原理一般分为_____、_____与_____这 3 种类型。

（2）在 A/D 转换模块中，转换位数越大，说明 A/D 转换模块的转换精度越_____。

（3）12 位 A/D 转换模块中，$V_{REF}$=5V。当模拟输入电压为 3V 时，则转换后对应的数字量为_____。

（4）8 位 A/D 转换模块中，$V_{REF}$=5V。转换后获得的数字量为 7FH，则对应的模拟输入电压是_____。

（5）STC32G12K128 单片机内部集成了_____通道_____位的 A/D 转换模块，转换速度可达_____。

（6）实验箱中的 A/D 转换模块转换的参考电压 $V_{REF}$ 是_____。

（7）STC32G12K128 单片机 A/D 转换模块的中断向量地址是_____，中断号是_____。

## 二、选择题

（1）STC32G12K128 单片机 A/D 转换模块中转换电路的类型是_____。

　　A．并行比较型　　　B．逐次逼近型　　　C．双积分型

（2）STC32G12K128 单片机 A/D 转换模块的 16 路模拟输入通道主要在_____口。

A.P0、P1、P5.4　　　B．P1、P2、P5.4　　　C．P2、P3、P5.4　　　D．P0、P3、P5.4

（3）当ADC_CONTR=83H时，STC32G12K128单片机的A/D转换模块选择了_____为当前模拟信号输入通道。

　　A．P0.1　　　　　B．P5.4　　　　　C．P1.3　　　　　D．P0.4

（4）当ADCCFG=A3H时，STC32G12K128单片机A/D转换模块的工作时钟频率为_____。

　　A．SYSclk/2/2　　B．SYSclk/2/3　　C．SYSclk/2/4　　D．SYSclk/2/5

（5）STC32G12K128单片机的工作电压为5V，ADCCFG中的RESFMT为1，ADC_RES=25H、ADC_RESL=33H时，测得的模拟输入信号约为_____V。

　　A．1.62　　　　　B.2.74　　　　　C.0.98　　　　　D.0.72

### 三、判断题

（1）STC32G12K128单片机的A/D转换模块有16个模拟信号输入通道，意味着可同时测量16路模拟输入信号。　　　　　　　　　　　　　　　　　　　　　　　　　　　　　　　　（　　）

（2）STC32G12K128单片机A/D转换模块的转换位数是12，但也可用作8位测量。　（　　）

（3）STC32G12K128单片机A/D转换模块的A/D转换中断标志在中断响应后会自动清零。
　　　　　　　　　　　　　　　　　　　　　　　　　　　　　　　　　　　　　　（　　）

（4）STC32G12K128单片机的A/D转换中断有2个中断优先级。　　　　　　　　　（　　）

（5）STC32G12K128单片机A/D转换模块的A/D转换类型是双积分型。　　　　　　（　　）

（6）STC32G12K128单片机的I/O端口用作A/D转换模块的模拟输入通道时，必须将其设置为高阻模式。　　　　　　　　　　　　　　　　　　　　　　　　　　　　　　　　　　　（　　）

### 四、问答题

（1）STC32G12K128单片机A/D转换模块的转换位数是多少？最大转换速度可达到多少？

（2）STC32G12K128单片机A/D转换模块转换后的数据格式是怎样设置的？

（3）简述STC32G12K128单片机A/D转换模块的应用编程步骤。

（4）STC32G12K128单片机的I/O端口用作A/D转换模块的模拟输入通道时应注意什么？

（5）STC32G12K128单片机A/D转换模块的模拟输入通道有多少路？如何选择？

### 五、程序设计题

（1）利用STC32G12K128单片机的A/D转换模块设计一个定时巡回检测8路模拟输入信号的电路，每10s巡回检测一次，采用LED数码管显示测量数据，测量数据精确到小数点后2位。画出硬件电路图，绘制程序流程图，编写程序并上机调试。

（2）利用STC32G12K128单片机设计一个温度控制系统。测温元件为热敏电阻，采用LED数码管显示温度数据，测量值精确到小数点后1位。当温度低于30℃时，发出长嘀报警声和光报警，当温度高于60℃时，发出短嘀报警声和光报警。画出硬件电路图，绘制程序流程图，编写程序并上机调试。

# 第 8 章　比较器

**内容提要：**

比较器是 STC32G12K128 单片机的重要功能模块，用于对模拟输入信号进行比较判断。

本章将学习 STC32G12K128 单片机比较器（以下简称比较器）的结构与工作原理，掌握比较器同相端与反相端输入信号源的选择、比较结果的滤波处理、比较输出信号的控制，以及应用编程。

## 8.1　比较器的内部结构与控制

### 8.1.1　比较器的内部结构

拓展阅读

比较器的输出引脚是 P3.4，通过设置 P_SW2 中的 B3（CMPO_S）可将比较器的输出引脚切换为 P4.1（见拓展阅读）。比较器的结构如图 8.1 所示，由比较信号选择电路、集成运放比较电路、滤波电路（含模拟滤波与数字滤波）、中断标志形成电路（含中断允许控制）、输出电路等组成。

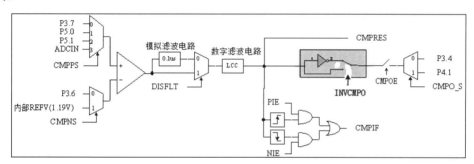

图 8.1　比较器的结构

（1）比较信号选择电路：集成运放的同相端有 4 种信号源，即 P3.7、P5.0、P5.1 与 ADCIN（A/D 转换的模拟输入通道信号），反相端有 2 种信号源，即 P3.6 与内部 REFV（1.19V）。

（2）集成运放比较电路：根据同相端与反相端的输入，集成运放比较电路输出比较结果。

（3）滤波（或称去抖动）电路：集成运放比较电路的输出信号通过滤波器形成稳定的输出信号。滤波电路包括模拟滤波电路与数字滤波电路。模拟滤波电路是一个脉宽为 0.1μs 的滤波电路，可使能与禁止该滤波电路；数字滤波电路是当比较信号选择电路输出发生跳变时，不立即认为是跳变，而是经过一定延时后再确认是否为跳变。

（4）中断标志形成电路：中断标志形成电路用于中断标志类型的选择、形成及中断的允许。具体控制关系详见比较器控制寄存器 1 相关内容。

（5）输出电路：比较器产生的结果有两种输出方式，即寄存在寄存器位 CMPCR1.0（CMPRES）中和通过外部引脚（P3.4 或 P4.1）输出。

### 8.1.2　比较器的控制

与比较器相关的 SFR 如表 8.1 所示。

表 8.1　与比较器相关的 SFR

| 符号 | 描述 | 地址 | 位地址与符号 | | | | | | | | 复位值 |
|------|------|------|------|------|------|------|------|------|------|------|------|
| | | | B7 | B6 | B5 | B4 | B3 | B2 | B1 | B0 | |
| CMPCR1 | 比较器控制寄存器 1 | E6H | CMPEN | CMPIF | PIE | NIE | — | — | CMPOE | CMPRES | 0000，xx00 |
| CMPCR2 | 比较器控制寄存器 2 | E7H | INVCMPO | DISFLT | LCDTY[5:0] | | | | | | 0000，0000 |
| CMPEXCFG | 比较器扩展配置寄存器 | 7EFEAEH | CHYS[1:0] | | — | — | — | CMPNS | CMPPS[1:0] | | 00xx，x000 |

### 1．比较器使能控制

CMPCR1.7（CMPEN）为比较器的使能控制位。当 CMPEN=0 时，关闭比较器；当 CMPEN=1 时，使能比较器。

### 2．输入信号的选择

（1）同相端输入信号的选择：CMPEXCFG.1～CMPEXCFG.0（CMPPS[1:0]）为同相端输入信号的选择控制位，其与同相输入信号源的关系如表 8.2 所示。

表 8.2　CMPPS[1:0]与同相输入信号源的关系

| CMPPS[1:0] | 同相输入信号源 |
|------------|----------------|
| 00 | P3.7 |
| 01 | P5.0 |
| 10 | P5.1 |
| 11 | ADCIN |

注意：当同相端选择 ADCIN 时，需要接通工作电源及设置好模拟输入通道。

（2）反相端输入信号的选择：CMPEXCFG.2（CMPNS）为反相端输入信号的选择控制位。当 CMPNS=0 时，反相端的输入信号源是 P3.6；当 CMPNS=1 时，反相端的输入信号源是内部 BandGap 经过 OP 后的电压 REFV（作为比较器负极的 1.19V 输入信号源）。

### 3．比较器迟滞电压的选择

比较器迟滞电压是指比较器的输入压差超过设置的电压值，比较器输出才会产生翻转。

CMPEXCFG.7～CMPEXCFG.6（CHYS[1:0]）为比较器的迟滞电压设置控制位，其与迟滞电压的关系如表 8.3 所示。

表 8.3　CHYS[1:0]与迟滞电压的关系

| CHYS [1:0] | 比较器迟滞电压 |
|------------|----------------|
| 00 | 0mV |
| 01 | 10mV |
| 10 | 20mV |
| 11 | 30mV |

### 4．滤波功能的选择

（1）模拟滤波：CMPCR2.6（DISFLT）为模拟滤波功能控制位。当 DISFLT = 1 时，关掉 0.1μs 模拟滤波，可略微提高比较器的比较速度；当 DISFLT = 0 时，使能 0.1μs 模拟滤波。

（2）数字滤波：CMPCR2.5～CMPCR2.0（LCDTY[5:0]）为数字滤波功能控制位。

①当比较器的输出电平由低变高时，必须侦测到后来的高电平持续至少 $m$ 个系统时钟（$m$ 为 LCDTY[5:0]表示的数值），此时系统才认定比较器的输出是由低电平转成了高电平；如果在 $m$ 个时钟内，输出电平又恢复到低电平，则系统认为什么都没发生，视同比较器的输出没有变化。

②当比较器的输出电平由高变低时，必须侦测到该后来的低电平持续至少 $n$ 个系统时钟（$n$ 为 LCDTY[5:0]表示的数值），此时系统才认定比较器的输出是由高电平转成了低电平；如果在 $n$ 个时钟内，输出电平又恢复到高电平，则系统认为什么都没发生，视同比较器的输出没有变化。

### 5. 输出结果的控制

比较结果有两种输出方式：一是寄存在寄存器位 CMPCR1.0（CMPRES）中；二是通过外部引脚（P3.4 或 P4.1）输出。

（1）比较结果输出到引脚的允许控制：CMPCR1.1（CMPOE）为比较结果输出到引脚的允许控制位。当 CMPOE= 1 时，允许比较器的比较结果输出到 P3.4 或 P4.1（由 P_SW2 中的 CMPO_S 决定）；当 CMPOE = 0 时，禁止比较器的比较结果输出到引脚。

（2）比较器输出引脚的选择：P_SW2.3（CMPO_S）为比较结果输出引脚的选择控制位。当 CMPO_S=0 时，比较结果从 P3.4 引脚输出；当 CMPO_S=1 时，比较结果从 P4.1 引脚输出。

（3）比较器反向输出的控制：CMPCR2.7（INVCMPO）为比较结果输出的取反控制位。当 INVCMPO = 1 时，比较结果取反后输出到引脚，若 CMPRES 为 0，则 P3.4/P4.1 输出高电平，反之输出低电平；当 INVCMPO=0 时，比较结果正常输出，若 CMPRES 为 0，则 P3.4/P4.1 输出低电平，反之输出高电平。

### 6. 中断管理

（1）比较器的中断请求标志：CMPCR1.6（CMPIF）为比较器的中断标志位。当比较器有中断请求时，置位 CMPIF，并向 CPU 发出中断请求。但此标志位必须由用户通过软件的方式清零。

（2）比较器中断类型与中断允许：CMPCR1.5（PIE）为比较器的上升沿中断使能位。当 PIE= 1 时，若比较器的输出电平由低变高，则置位 CMPIF，并向 CPU 申请中断；当 PIE = 0 时，禁用比较器上升沿中断。CMPCR1.4（NIE）为比较器的下降沿中断使能位。当 NIE= 1 时，若比较器的输出电平由高变低，则置位 CMPIF，并向 CPU 申请中断；当 NIE = 0 时，禁用比较器下降沿中断。

（3）比较器中断优先级的设置：IP2H.5（PCMPH）、IP2.5（PCMP）为比较器中断优先级的控制位。当 PCMPH/ PCMP=0/0 时，比较器的中断优先级为 0 级（最低级）；当 PCMPH/ PCMP =0/1 时，比较器的中断优先级为 1 级；当 PCMPH/ PCMP =1/0 时，比较器的中断优先级为 2 级；当 PCMPH/ PCMP =1/1 时，比较器的中断优先级为 3 级（最高级）。

（4）比较器中断的中断向量地址与中断号：比较器中断的中断向量地址是 00ABH，中断号是 21。

## 8.2  比较器的应用

【例 8.1】当有上升沿中断请求时，点亮 LED15；当有下降沿中断请求时，点亮 LED16。开关 SW17 用于选择中断请求方式，开关断开时输出高电平，比较器处于上升沿中断请求工作方式，直接进行同相输出；开关合上时输出低电平，比较器处于下降沿中断请求工作方式，进行反相输出；LED17 显示比较器的输出结果，灯亮表示输出为 1，灯灭表示输出为 0。要求采用中断方式编程。

**解**：直接借助实验箱搭建电路。首先，要使用 LED15、LED16、LED17 时，必须将 P4.0 清零，使能 P6 控制的 LED；此外，比较器的输出结果从 P3.4 或 P4.1 输出，这些引脚没有接 LED，这里用 LED17 作为比较器输出结果的指示灯，故需要将 P3.4 或 P4.1 输出的信号转移到 P6.7 输出。

C 语言参考程序如下：

```
#include <stc32g.h> //包含支持 STC32G12K128 单片机的头文件
#include <intrins.h>
#include <sys_init.c>
#define uchar unsigned char
```

```
#define uint  unsigned int
sbit LED15 = P6^5;   //上升沿中断请求指示灯
sbit LED16 = P6^6;   //下降沿中断请求指示灯
sbit LED17 = P6^7;   //比较器直接输出指示灯
sbit SW17 = P3^2;    //中断请求方式控制开关
void cmp_isr() interrupt 21 using 1      //比较器中断的中断向量入口
{
    CMPIF=0;          //清除完成标志
    if(SW17==1)
    {
        LED15=0;      //点亮上升沿中断请求指示灯
    }
    else
    {
        LED16=0;      //点亮下降沿中断请求指示灯
    }
}
void main()
{
    sys_init();
    CMPPS1=0; CMPPS0=0;        //选择外部引脚 P3.7（CMP+）为正极输入源
    CMPNS= 1;                  //选择内部 1.19V 为负极输入源
    CMPOE=1;                   //允许比较器的比较结果输出
    DISFLT=0;                  //使能比较器输出端的 0.1μs 滤波电路
    LCDTY5=LCDTY4=LCDTY3=LCDTY2=LCDTY1=LCDTY0=0;
    //比较结果不去抖动，直接输出
    CMPEN =1;                  //使能比较器
    EA = 1;
    P40=0;
    while (1)
    {
        if(SW17==1)
        {
            INVCMPO=0;         //比较结果正常输出到 P3.4
            PIE =1;            //使能比较器的上升沿中断
            NIE =0;            //关闭比较器的下降沿中断
        }
        else
        {
            INVCMPO=1;         //比较结果取反后输出到 P3.4
            NIE =1;            //使能比较器的下降沿中断
            PIE =0;            //关闭比较器的上升沿中断
        }
        LED17=~P34;            //LED17 显示比较器的输出结果
    }
}
```

## 8.3　工程训练：应用比较器和 A/D 转换模块测量内部 1.19V 基准电压

### 1．工程训练目标

（1）理解 STC32G12K128 单片机比较器的电路结构。

（2）掌握 STC32G12K128 单片机比较器的工作特性与应用编程。

（3）进一步掌握 STC32G12K128 单片机 A/D 转换模块的工作特性与应用编程。

### 2．任务概述

1）任务目标

利用比较器和 A/D 转换模块测量 STC32G12K128 单片机内部 1.19V 的基准电压。

2）电路设计

比较器反相端接内部 1.19V 输入，同相端为 P3.7，P3.7 接比较器的输出电路，如图 8.2 所示。同时将 P3.7 连接到 A/D 转换模块的 ADC12 通道（P0.4），用 A/D 转换模块测量图 8.2 中分压电阻 W1 的分压输出（P3.7 端的模拟输入电压），测得的数值送 LED 数码管显示。

具体连接为：用杜邦线将 P3.7（#36 引脚插针）与 P0.4（#63 引脚插针）相连。

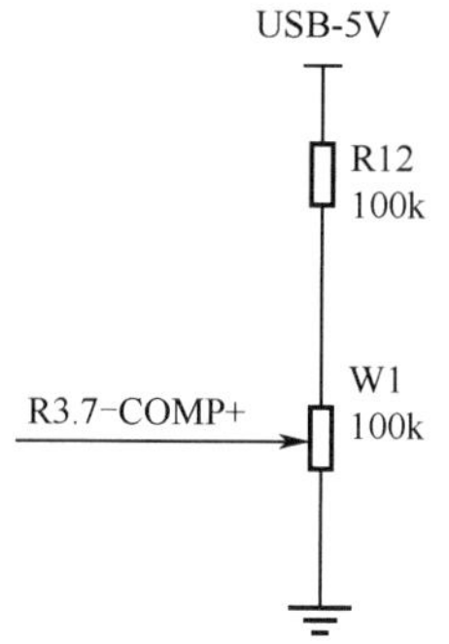

### 3．参考程序（C 语言版）

（1）程序说明。比较器的反相端接内部 1.19V 输入，同相端为 P3.7（W1 的分压输出），用 LED9 显示比较器的输出结果，比

图 8.2　W1 的分压电路示意图

较结果的输出端是 P3.4 或 P4.1，读取输出端的状态，并将其送至 LED9 进行显示，通过调节 W1 调节输出电压，并将其送比较器同相端，与反相端 1.19V 的基准电压进行比较，确定 1.19V 的基准电压对应 W1 输出的位置，同时用 A/D 转换模块测量 W1 的输出电压，并在 LED 数码管上显示。

（2）主程序文件 project831.c 如下：

```c
#include<stc32g.h>
#include<intrins.h>
typedef unsigned char   u8;
typedef unsigned int    u16;
typedef unsigned long   u32;
#define MAIN_Fosc   18432000UL   //设置主时钟频率,下载时按此频率设置
#include"sys_inti.c"
#include"LED_display.c"
#define CMPEN 0x80          //CMPCR1.7：比较器模块使能位
#define CMPIF 0x40          //CMPCR1.6：比较器中断标志位
#define PIE 0x20            //CMPCR1.5：比较器上升沿中断使能位
#define NIE 0x10            //CMPCR1.4：比较器下降沿中断使能位
#define PIS 0x08            //CMPCR1.3：比较器正极选择位
#define NIS 0x04            //CMPCR1.2：比较器负极选择位
#define CMPOE 0x02          //CMPCR1.1：比较结果输出控制位
#define CMPRES 0x01         //CMPCR1.0：比较器比较结果标志位
#define INVCMPO 0x80        //CMPCR2.7：比较结果反向输出控制位
#define DISFLT 0x40         //CMPCR2.6：比较器输出端滤波使能控制位
#define LCDTY 0x3F          //CMPCR2.[5:0]：比较器输出的去抖时间控制
sbit LED9=P4^6;             //比较器的输出引脚
u8 cnt1ms=0;
u16 Get_ADC12bitResult(u8 channel);     //channel = 0~15
void Timer0Init(void)                   //1ms@18.432MHz
{
    AUXR |= 0x80;          //定时器时钟 1T 模式
    TMOD &= 0xF0;          //设置定时器模式
    TL0 = 0x00;            //设置定时初值
    TH0 = 0xB8;            //设置定时初值
```

```
        TF0 = 0;                    //清除 TF0 标志
    //    TR0 = 1;                  //T0 开始计时
}
void main()
{
    u32 adc_data;
    sys_inti();
    Timer0Init();
    CMPCR1 = 0;                  //初始化比较器控制寄存器 1
    CMPCR2 = 0;                  //初始化比较器控制寄存器 2
    CMPCR1 &= ~PIS;              //选择外部引脚 P3.7（CMP+）为正极输入源
    CMPCR1 &= ~NIS;              //选择内部 BandGap 电压 BGV 为负极输入源
    CMPCR1 |= CMPOE;             //允许比较结果输出
    CMPCR2 &= ~DISFLT;           //不禁用（使能）比较器输出端的 0.1μs 滤波电路
    CMPCR2 &= ~LCDTY;            //比较结果不去抖动，直接输出
    CMPCR1 |= CMPEN;             //使能比较器工作
    P0M1|=0x10;                  //将模拟电压输入通道设置为高阻模式
    ADCCFG|=0x20;                //设置 A/D 转换数据格式
    ADC_CONTR = 0x80;            //接通 A/D 转换电源
    CMPEXCFG = 0x00;
    CMPEXCFG &= ~0x03;           //P3.7 为 CMP+输入引脚
    CMPEXCFG |= 0x04;            //内部 1.19V 参考电压为 CMP-输入引脚
    delay_ms(100);               //适当延时，机器预热
    ET0 = 1;                     //允许 T0 中断
    TR0 = 1;                     //启动 T0
    EA = 1;                      //打开总中断
    while (1)
    {
        Dis_buf[5]=adc_data/100%10+17;
        Dis_buf[6]= adc_data/10%10;
        Dis_buf[7]= adc_data%10;
        LED_display();
        LED9=~P34;
        if(cnt1ms >= 10) //10ms 测量一次
        {
            cnt1ms = 0;
            adc_data = Get_ADC12bitResult(12);//以查询方式进行 ADC，返回值就是结果
            adc_data=(adc_data*470)/4096;//转换为对应的模拟电压，保留 2 位小数点
        }
    }
}
u16 Get_ADC12bitResult(u8 channel)  //channel = 0~15  //A/D 测量
{
    ADC_RES = 0;
    ADC_RESL = 0;
    ADC_CONTR = (ADC_CONTR & 0xe0) | 0x40 | channel; //启动 ADC
    _nop_();      _nop_();      _nop_();      _nop_();
    while((ADC_CONTR & 0x20) == 0); //等待 ADC
    ADC_CONTR &= ~0x20;                      //清除 ADC 结束
    return (((u16)ADC_RES << 8) | ADC_RESL );
}
/*----------- Timer0 1ms 中断服务函数-----------*/
void timer0(void) interrupt 1
{
```

```
        cnt1ms++;
    }
```

## 4．任务实施

（1）分析 project831.c 程序文件。

（2）将 sys_inti.c 与 LED_display.c 两个文件复制到当前项目文件夹中。

（3）用 Keil C251 编辑、编译用户程序，生成机器代码。

①用 Keil C251 新建 project831 项目。

②新建 project831.c 文件。

③将 project831.c 文件添加到当前项目中。

④设置编译环境，勾选"编译时生成机器代码文件"。

⑤编译程序文件，生成 project831.hex 文件。

（4）将实验箱连至 PC。

（5）利用 STC-ISP 将 project831.hex 文件下载到实验箱单片机中。

（6）观察 LED 数码管（应有数值显示），若 LED9 点亮，说明 W1 的输出电压高于 1.19V；若 LED9 熄灭，说明 W1 的输出电压低于 1.19V。

（7）调整 W1 的输出电压，确定 1.19V 电压对应 W1 的调整位置及测量内部 1.19V 电压：根据第（6）步的标准，反复调整 W1 的阻值，使 LED9 处于亮灭临界点附近，此时测得的电压即为 1.19V 内部电压，观察 LED 数码管显示的电压是否为 1.19V。

# 本章小结

STC32G12K128 单片机内置了 1 个比较器，其同相、反相输入端的输入源可设置为内部输入和外部输入；比较器中设有去抖动（滤波）电路，比较器的输出不直接作为比较的输出信号和中断请求信号，而是采用延时的方法去抖动，延时时间可调；比较结果可直接同相输出或反相输出。比较结果可选择 P3.4 或 P4.1 引脚输出，也可以查询或中断的方式检测比较器的结果状态。比较器中断有上升沿中断和下降沿中断两种形式。

比较器的功能可取代外部通用比较器的功能，如温度、湿度、压力等控制领域中的比较器，但又比一般比较器具有更可靠、更强的控制功能。另外，STC32G12K128 单片机的比较器可模拟实现 A/D 转换功能。

# 思考与提高

## 一、填空题

（1）STC32G12K128 单片机中的比较器由集成运放比较电路、_____、中断标志形成电路（含中断允许控制）、输出电路及控制电路等组成。

（2）STC32G12K128 单片机中比较器负极内部的 REFV 电压为_____V。

（3）STC32G12K128 单片机中比较器比较结果的输出引脚是_____或_____。

（4）STC32G12K128 单片机中比较器的反相输入端有内部 REFV 电压和_____两种信号源，由 CMPEXCFG 中的 CMPNS 位进行控制。当 CMPNS 为 1 时，选择的反相输入信号源是_____，当 CMPNS 为 0 时，选择的反相输入信号源是_____。

（5）STC32G12K128 单片机中比较器的同相端有 P3.7、P5.0、P5.1 和_____四种信号源，由 CMPEXCFG 中的 CMPPS[1:0]位进行控制。当 CMPPS[1:0]为 01 时，选择的同相输入信号源是_____；当 CMPPS[1:0]为 11 时，选择的同相输入信号源是_____。

（6）CMPCR2 中的 _____ 是比较器输出的取反控制位，为 ___ 时取反输出，为 ___ 时正常输出。

（7）CMPCR2 中的 _____ 是比较器输出 0.1μs 模拟滤波的选择控制位。

（8）CMPCR2 中的 _____ 是比较器输出结果确认时间长度的选择控制位。

（9）CMPEXCFG 中的 CHYS[1:0]的作用是 _____。

二、选择题

（1）当 CMPEXCFG 中的 CMPPS[1:0]为 00 时，比较器同相端选择的信号源是（　　）。

    A．ADCIN　　　　　B．P3.7　　　　　C．P5.0　　　　　D．P5.1

（2）当 CMPEXCFG 中的 CMPNS 为 1 时，比较器反相输入端选择的信号源是（　　）。

    A．选择的模拟输入通道信号　　　　　B．P3.7

    C．P3.6　　　　　　　　　　　　　　D．内部 REFV

（3）当 CMPCR1 中的 PIE 为 1 时，比较器的有效中断请求信号是（　　）。

    A．上升沿　　　　　B．高电平　　　　　C．下降沿　　　　　D．低电平

（4）当 CMPCR1 中的 NIE 为 1 时，比较器的有效中断请求信号是（　　）。

    A．上升沿　　　　　B．高电平　　　　　C．下降沿　　　　　D．低电平

（5）当 CMPCR1 中的 LCDTY[5:0]为 26 时，比较器的比较结果确认时间为（　　）个系统时钟。

    A．9　　　　　　　B．26　　　　　　　C．13　　　　　　　D．17

（6）当 CMPEXCFG 中的 CHYS[1:0]为 01 时，比较器设定的延迟电压是（　　）。

    A．10mV　　　　　B．20mV　　　　　C．0mV　　　　　　D．30mV

三、判断题

（1）CMPCR1 中的 CMPOE 是比较器输出结果的允许控制位，当其为 1 时允许比较器的比较结果输出到 P3.4 引脚。　　　　　　　　　　　　　　　　　　　　　　　　　　　　（　　）

（2）CMPCR1 中的 CMPRES 是比较器的比较结果标志位，CMPRES 是一个只读位。（　　）

（3）CMPCR1 中的 CMPRES 是比较器的比较结果标志位，但 CMPRES 是经过"过滤"控制后的输出结果。　　　　　　　　　　　　　　　　　　　　　　　　　　　　　　　　（　　）

（4）只有当 CMPCR1 中的 CMPEN 控制位为 1 时，比较器才能正常工作。　　　　（　　）

（5）CMPCR2 中的 INVCMPO 是比较器比较结果的取反输出控制位。　　　　　　（　　）

四、问答题

（1）比较器中断的中断号是多少？其中断优先级是如何控制的？

（2）比较器的中断请求标志是哪个？在什么情况下，其标志位会置位？

（3）比较器比较结果的输出引脚是哪几个？

（4）CMPCR2 中的 LCDTY[5:0]的含义是什么？

（5）比较器比较结果的取反输出是如何实现的？

五、程序设计题

（1）应用比较器，编程读取内部 REFV 电压，并送 LED 数码管显示。

备注：采用与 project831 项目不同的方式。

（2）编程实现对 P3.7 与 P3.6 输入电压信号大小的比较判断，当 P3.7 输入电压大于 P3.6 输入电压时，点亮 P6.7 控制的 LED，反之，点亮 P6.6 控制的 LED。LED 为低电平驱动。

备注：设置比较延迟电压为 20mV。

# 第9章　人机对话端口的应用设计

**内容提要：**

键盘和显示装置是单片机应用系统最为基本的外围电路。其中，键盘用来向单片机（或者说CPU）传递命令与数据；显示装置用于显示单片机处理后的数据或单片机应用系统的工作状态。有了键盘和显示装置，就可以构建完整的单片机应用系统了。

本章将首先学习单片机应用系统的开发原则、开发流程，以及工程报告的编制；其次学习非编码键盘中的独立键盘和矩阵键盘；最后学习LCD模块，包括字符型LCD1602和含中文字库的点阵型LCD12864。

## 9.1　单片机应用系统的开发流程

由于不同单片机应用系统的应用目的不同，因此在设计时要考虑其应用特点。例如，有些系统可能对用户的操作体验有较高的要求，有些系统可能对测量精度有较高的要求，有些系统可能对实时控制能力有较高的要求，有些系统可能对数据处理能力有特别的要求。如果要设计一个符合生产要求的单片机应用系统，就必须充分了解这个系统的应用目的和特殊性。虽然各种单片机应用系统的特点不同，但一般单片机应用系统的设计和开发过程具有一定的共性。本节将从单片机应用系统的设计原则、开发流程和工程报告的编制来论述一般单片机应用系统的设计和开发。

### 9.1.1　单片机应用系统的设计原则

（1）系统功能应满足生产要求：以系统功能需求为出发点，根据实际生产要求设计各个功能模块，如显示、键盘、数据采集、检测、通信、控制、驱动、供电等模块。

（2）系统运行应安全可靠：在元器件的选择和使用上，应选用可靠性高的元器件，防止元器件损坏，影响系统的可靠运行；在硬件电路设计上，应选用典型应用电路，排除电路的不稳定因素；在系统工艺设计上，应采取必要的抗干扰措施，如去耦、光耦隔离和屏蔽等防止环境干扰的硬件抗干扰措施，以及传输速率、节电方式和掉电保护等软件抗干扰措施。

（3）系统应具有较高的性价比：简化外围硬件电路，在系统性能允许的范围内尽可能用软件程序取代硬件电路，以降低系统的制造成本，取得更高的性价比。

（4）系统应易于操作和维护：操作方便表现在操作简单、直观形象和便于操作。在进行系统设计时，在系统性能不变的情况下，应尽可能简化人机交互接口，可以配置操作菜单，但常用参数及设置应明显，以实现良好的用户体验。

（5）系统功能应灵活，便于扩展：如果要实现灵活的功能扩展，就要充分考虑和利用现有的各种资源，使得系统结构、数据接口等能够灵活扩展，为将来可能的应用拓展提供空间。

（6）系统应具有自诊断功能：应采用必要的冗余设计或增加自诊断功能。成熟、批量化生产的电子产品在这方面表现突出，如空调、洗衣机、电磁炉等产品，当这些产品出现故障时，通常会显示相应的代码，提示用户或专业人员哪一个模块出现了故障，帮助用户或专业人员快速锁定故障点。

（7）系统应能与上位机通信或并用：上位机具有强大的数据处理能力及友好的控制界面，系统的许多操作可通过上位机软件界面的相应按钮来完成，从而实现远程控制等。单片机系统与上位机之间通常通过串行通信端口传输数据来实现相关的操作。

在单片机应用系统的设计原则中，适用、可靠、经济最为重要。对一个单片机应用系统的设计要求，应根据具体任务和实际情况进行具体分析后提出。

### 9.1.2 单片机应用系统的开发流程

#### 1．系统需求调查分析

做好详细的系统需求调查是对研制的新系统进行准确定位的关键。在建造一个新的单片机应用系统时，首先要调查市场或用户的需求，了解用户对新系统的期望和要求，通过对各种需求信息进行综合分析，得出市场或用户是否需要新系统的结论；其次应对国内外同类系统的状况进行调查。调查的主要内容如下：

（1）原有系统的结构、功能及存在的问题；

（2）国内外同类系统的最新发展情况及与新系统有关的各种技术资料；

（3）同行业中哪些用户已经采用了新系统，新系统的结构、功能、使用情况及产生的经济效益。

根据需求调查结果整理出需求报告，作为系统可行性分析的主要依据。显然，需求报告的准确性将影响可行性分析的结果。

#### 2．系统可行性分析

系统可行性分析用于明确整个设计项目在现有的技术条件和个人能力上是否可行。首先要保证设计项目可以利用现有的技术来实现，通过查找资料和寻找类似设计项目找到与需要完成的设计项目相关的设计方案，从而分析该项目是否可行，以及如何实现；如果设计的是一个全新的项目，则需要了解该项目的功能需求、体积和功耗等，同时需要非常熟悉当前的技术条件和元器件性能，以确保选用合适的元器件能够完成所有的功能。其次需要了解整个项目开发所需要的知识是否都具备，如果不具备，则需要估计在现有的知识背景和时间限制下能否掌握并完成整个设计，必要的时候，可以选用成熟的开发板来加快设计速度。

系统可行性分析将对新系统开发研制的必要性及可实现性给出明确的结论，根据这一结论决定系统的开发研制工作是否继续进行。系统可行性分析通常从以下几个方面进行论证：

（1）市场或用户需求；

（2）经济效益和社会效益；

（3）技术支持与开发环境；

（4）现在的竞争力与未来的生命力。

#### 3．系统总体方案设计

系统总体方案设计是系统实现的基础。系统总体方案设计的主要依据是市场或用户的需求、应用环境状况、关键技术支持、同类系统经验借鉴及开发人员的设计经验等，主要内容包括系统结构设计、系统功能设计和系统实现方法。单片机的选型和元器件的选择，要做到性能特点适合所要完成的任务，避免过多的功能闲置；性价比要高，以提高整个系统的性价比；结构原理要熟悉，以缩短开发周期；货源要稳定，有利于批量的增加和系统的维护。对于硬件与软件的功能划分，在 CPU 时间不紧张的情况下，应尽量采用软件实现；如果系统回路多、实时性要求高，那么就要考虑用硬件实现。

#### 4．系统硬件电路设计、印制电路板设计和硬件焊接调试

1）系统硬件电路设计

系统硬件电路设计主要包括单片机电路设计、扩展电路设计、输入输出通道应用功能模块设计和人机交互控制面板设计。其中，单片机电路设计主要是进行单片机的选型，如 STC 单片机，

一个合适的单片机能最大限度地简化其外围连接电路，从而简化整个系统的硬件；扩展电路设计主要是 I/O 电路的设计，根据实际情况确定是否需要扩展程序存储器 ROM、数据存储器 RAM 等；输入输出通道应用功能模块设计主要是采集、测量、控制、通信等功能涉及的传感器电路、放大电路、A/D 转换电路、D/A 转换电路、开关量接口电路、驱动及执行机构电路等的设计；人机交互控制面板设计主要是用户操作接触到的按键、开关、显示屏、报警和遥控等电路的设计。

### 2）印制电路板（PCB）设计

印制电路板设计采用专门的绘图软件来完成，如 Altium Designer 等，电路原理图（SCH）转化成印制电路板必须做到正确、可靠、合理和经济。印制电路板要结合产品外壳的内部尺寸确定其形状、外形尺寸、基材和厚度等。印制电路板是单面板、双面板还是多层板要根据电路的复杂程度确定。印制电路板中元器件的布局通常与信号的流向保持一致，做到以每个功能电路的核心元器件为中心，围绕该元器件布局，元器件应均匀、整齐、紧凑地排列在印制电路板上，尽量减少各元器件间的引线和缩短各元器件之间的连线。印制电路板导线的最小宽度主要由导线与绝缘基板间的黏附强度和流过它们的电流值决定，在密度允许的条件下尽量用宽线，尤其注意加宽电源线和地线，导线越短，间距越大，绝缘电阻越大。在印制电路板的布线过程中，尽量采用手动布线，同时操作人员需要具有一定的印制电路板设计经验，对电源线、地线等要进行周全的考虑，避免引入不必要的干扰。

### 3）硬件焊接调试

硬件焊接之前需要准备所有元器件，将所有元器件准确无误地焊接完成后进入硬件焊接调试阶段。硬件焊接调试分为静态调试和动态调试。静态调试是检查印制电路板、连接线路和元器件部分有无物理性故障，主要检查手段有目测、用万用表测试和通电检查等。

目测是检查印制电路板的印制线是否有断线、毛刺，线与线和线与焊盘之间是否粘连、焊盘是否脱落、过孔是否未金属化等现象；还可以检查元器件是否焊接准确、焊点是否有毛刺、焊点是否有虚焊、焊锡是否使线与线或线与焊盘之间短路等。通过目测可以查出某些明确的元器件缺陷、设计缺陷，并及时进行处理。必要时还可以使用放大镜进行辅助观察。

在目测过程中，有些可疑的边线或接点需要用万用表进行检测，以进一步排除可能存在的问题，然后检查所有电源的电源线和地线之间是否有短路现象。

经过以上检查，没有明显问题后就可以尝试通电检查。接通电源后，首先检查电源各组电压是否正常，然后检查各个芯片插座电源端的电压是否在正常范围内、某些固定引脚的电平是否准确。切断电源，将芯片逐一准确地安装到相应的插座中，当再次接通电源时，不要急于用仪器观测波形和数据，而要及时仔细地观察各芯片或器件是否有过热、变色、冒烟、异味、打火等现象，如果有异常，应立即切断电源，查找原因并解决问题。

接通电源后若没有明显的异常情况，则可以进行动态调试。动态调试是一种在系统工作状态下，发现和排除硬件中存在的元器件内部故障、元器件间连接的逻辑错误等问题的硬件检查方法。硬件的动态调试必须在开发系统的支持下进行，故又称为联机仿真调试，具体方法是利用开发系统友好的交互界面，对单片机外围扩展电路进行访问、控制，使单片机外围扩展电路在运行中暴露问题，从而发现故障并予以排除。

### 5. 系统软件程序的设计与调试

单片机应用系统的软件程序通常包括数据采集和处理程序、控制算法实现程序、人机对话程序和数据处理与管理程序。

在进行具体的程序设计之前需要对程序进行总体设计。程序的总体设计是指从整个系统方面考虑程序结构、数据格式和程序功能的实现方法与手段。程序的总体设计包括拟定总体设计方案、确定算法和绘制程序流程图等。对于一些简单的工程项目，或对于经验丰富的设计人员来说，往往并不需要很详细的程序流程图。而对于初学者来说，绘制程序流程图是非常有必要的。

常用的程序设计方法有模块化程序设计和自顶向下逐步求精程序设计。

模块化程序设计的思想是先将一个完整的、较长的程序分解成若干个功能相对独立且较小的程序模块，然后对各个程序模块分别进行设计、编程和调试，最后把各个调试好的程序模块装配起来进行联调，从而得到一个有实用价值的程序。

自顶向下逐步求精程序设计要求从系统级的主干程序开始，从属的程序和子程序先用符号来代替，集中力量解决全局问题；然后层层细化、逐步求精，编制从属程序和子程序；最终完成一个复杂程序的设计。

软件程序调试是通过对目标程序的编译、链接、执行来发现软件程序中存在的语法错误与逻辑错误，并加以纠正的过程。软件程序调试的原则是先独立后联机、先分块后组合、先单步后连续。

### 6．系统软/硬件联合调试

系统软/硬件联合调试是指将软件和硬件联合起来进行调试，从中发现硬件故障或软/硬件设计错误。软/硬件联合调试可以对设计系统的正确性与可靠性进行检验，从中发现组装问题或设计错误。这里的设计错误是指设计过程中出现的小错误或局部错误，绝不允许出现重大错误。

系统软/硬件联合调试主要用于检验软件、硬件是否能按设计的要求工作；系统运行时是否有潜在的在设计时难以预料的错误；系统的精度、运行速度等动态性能指标是否满足设计要求等。

### 7．系统方案局部修改、再调试

对于系统调试中发现的问题或错误，以及出现的不可靠因素，要提出有效的解决方法，对原方案做局部修改，再进行调试。

### 8．生成正式系统或产品

作为正式系统或产品，不仅要求该系统或产品能正确、可靠地运行，还应提供关于该系统或产品的全部文档。这些文档包括系统设计方案、硬件电路原理图、软件程序清单、软/硬件功能说明书、软/硬件装配说明书、系统操作手册等。在开发产品时，还要考虑产品的外观设计、包装、运输、促销、售后服务等问题。

## 9.1.3 单片机应用系统工程报告的编制

在一般情况下，单片机应用系统需要编制一份工程报告，报告内容主要包括封面、目录、摘要、正文、参考文献、附录等，对于具体的字体、字号、图表、公式等书写格式要求，总体来说必须做到美观、大方和规范。

### 1．报告内容

（1）封面：封面应包括设计系统名称、设计人与设计单位名称、完成时间等。名称应准确、鲜明、简洁，能概括整个设计系统中最重要的内容，应避免使用不常用的缩略词、首字母缩写字、字符、代号和公式等。

（2）目录：目录按章、节、条序号和标题编写，一般为二级或三级，包含摘要（中文、英文）、正文各章节标题、结论、参考文献、附录等，以及相对应的页码。

（3）摘要：摘要应包括目的、方法、结果和结论等，也就是对设计报告内容、方法和创新点的总结，一般字数为 300 字左右，应避免将摘要写成目录格式的内容介绍。此外，还需有 3～5个关键词，按词条的外延层次排列（外延大的排在前面），有时可能需要相对应的英文版摘要和关键词。

（4）正文：正文是整个工程报告的核心，主要包括系统整体设计方案、硬件电路框图及原理图设计、软件程序流程图及程序设计、系统软/硬件综合调试、关键数据测量及结论等。正文分章节撰写，每章应另起一页。章节标题要突出重点、简明扼要、层次清晰，字数一般在 15 字以内，不得使用标点符号。总体来说，正文要结构合理，层次分明，推理严密，重点突出，图表、公式、源程序规范，内容集中简练，文笔通顺流畅。

（5）参考文献：凡有直接引用他人成果（文字、数据、事实及转述他人的观点）之处均应加标注说明，列于参考文献中，按文中出现的顺序列出直接引用的主要参考文献。引用参考文献标注方式应全文统一，标注的格式为[序号]，放在引文或转述观点的最后一个句号之前，所引文献序号以上角标形式置于方括号中。参考文献的格式如下。

①学术期刊文献：[序号]作者．文献题名[J]．刊名，出版年份，卷号（期号）：起始页码-终止页码。

②学术著作：[序号]作者．书名[M]．版次（首次可不注）．翻译者．出版地：出版社，出版年：起始页码-终止页码。

③有 ISBN 号的论文集：[序号]作者．题名[A]．主编．论文集名[C]．出版地：出版社，出版年：起始页码-终止页码。

④学位论文：[序号]作者．题名[D]．保存地：保存单位，年份。

⑤电子文献:[序号]作者．电子文献题名[文献类型（DB 数据库）/载体类型（OL 联机网络）]．文献网址或出处，发表或更新日期/引用日期（任选）。

（6）附录：对于与设计系统相关但不适合写在正文中的元器件清单、仪器仪表清单、电路图图纸、设计的源程序、系统（作品）操作使用说明等有特色的内容，可作为附录安排编写，序号采用"附录 A""附录 B"等。

## 2．书写格式要求

（1）字体和字号：一级标题是各章标题，字体为小二号黑体，居中排列；二级标题是各节一级标题，字体为小三号宋体，居左顶格排列；三级标题是各节二级标题，字体为四号黑体，居左顶格排列；四级标题是各节三级标题，字体为小四号粗楷体，居左顶格排列；四级标题下的分级标题字体为五号宋体，标题中的英文字体均采用 Times New Roman 字体，字号同标题字号；正文字体一般为五号宋体。不同场合下的字体和字号不尽相同，上述格式仅供参考。

（2）名词术语：科技名词术语及设备、元器件的名称，应采用国家标准或行业标准中规定的术语或名称。标准中未规定的术语或名称要采用行业通用术语或名称。全文名词和术语必须统一。一些特殊名词或新名词应在适当位置加以说明或注解。在采用英语缩写词时，除本行业广泛应用的通用缩写词外，文中第一次出现的缩写词应该用括号注明英文全称。

（3）物理量：物理量的名称和符号应统一。物理量的计量单位及符号除用人名命名的单位第一个字母用大写字母之外，其他字母一律用小写字母。物理量符号、物理常量、变量符号用斜体，计量单位等符号均用正体。

（4）公式：公式原则上应居中书写。公式序号按章编排，如第一章第一个公式的序号为"(1-1)"，附录 B 中的第一个公式为"(B-1)"等。正文中一般用"见式(1-1)"或"由公式(1-1)"形式引用公式。公式中用斜线表示"除"的关系，若有多个字母，则应加括号，以免含糊不清，如 a/(bcosx)。

（5）插图：插图包括曲线图、结构图、示意图、框图、流程图、记录图、布置图、地图、照片等。每个图均应有图题（由图号和图名组成）。图号按章编排，如第一章第一张图的图号为"图 1-1"等。图题置于图下，图注或其他说明应置于图题之上。图名在图号之后空一格排写。插图与其图题为一个整体，不得拆开排于两页，该页空白不够排写该插图整体时，可将其后文字部分提前排写，将图移至次页最前面。插图应符合国家标准及专业标准，对无规定符号的图形应采用其行业的常用画法。插图应与文字紧密配合，且保证文图相符，技术内容正确。

（6）表：表不加左边线、右边线，表头设计应简单明了，尽量不用斜线。每个表均应有表号与表题，表号与表题之间应空一格，置于表上。表号一般按章编排，如第一章第一个表的序号为"表 1-1"等。表题中不允许使用标点符号，表题后不加标点，整个表如用同一单位，应将单位符号移至表头右上角，并加圆括号。如果某个表需要跨页接排，在随后的各页应重复表的编排。编号后跟表题（可省略）和"（续表）"字样。表中数据应正确无误，书写清楚，数字空缺的格内加一字线，不允许用空格、同上之类的写法。

## 9.2 键盘端口与应用编程

键盘可分为编码键盘和非编码键盘。其中，编码键盘是指键盘上闭合键的识别由专用的硬件编码器实现，并产生键编码号或键值的键盘，如计算机键盘；非编码键盘是指靠软件编程来识别的键盘。在单片机应用系统中，常用的键盘是非编码键盘。非编码键盘又分为独立键盘和矩阵键盘。

### 1．按键工作原理

1）按键外形及符号

常用单片机应用系统中的机械式按键实物图如图 9.1 所示。单片机应用系统中常用的按键都是机械弹性按键，当用力按下按键时，按键闭合，两个引脚导通；当松开手后，按键自动恢复常态，两个引脚断开。按键符号如图 9.2 所示。

图 9.1　常用单片机应用系统中的机械式按键实物图

图 9.2　按键符号

2）按键触点的机械抖动及处理

机械式按键在按下或松开时，由于机械弹性作用的影响，通常伴随有一定时间的触点机械抖动，之后其触点才能稳定下来。按键触点的机械抖动如图 9.3 所示。

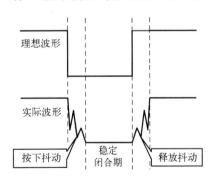

图 9.3　按键触点的机械抖动

按键在按下或松开的瞬间有明显的抖动现象，抖动时间的长短与按键的机械特性有关，一般为 5～10ms。按键被按下且未松开的时间一般称为稳定闭合期，这个时间由用户操作按键的动作决定，一般为几十毫秒至几百毫秒，甚至更长时间。因此，单片机应用系统在检测按键是否按下时都要进行去抖动处理。去抖动处理通常有硬件电路去抖动和软件延时去抖动两种方法。用于去抖动的硬件电路主要有 R-S 触发器去抖动电路、RC 积分去抖动电路和专用去抖动芯片电路等。软件延时去抖动的方法也可以很好地解决按键抖动问题，并且不需要添加额外的硬件电路，节省了硬件成本，因此其在实际单片机应用系统中得到了广泛应用。

### 2．独立键盘的原理及应用

在单片机应用系统中，如果不需要输入数字 0～9，只需要几个功能键，则可以采用独立键盘。

1）独立键盘的结构与原理

独立键盘是直接用单片机 I/O 端口构成的单个按键电路，其特点是每个按键单独占用一个 I/O 端口，每个按键的工作不会影响其他 I/O 端口的状态。当按键处于常态时，由于单片机硬件复位后按键的输入端默认是高电平，所以按键输入采用低电平有效，即按下按键时出现低电平。单片机 P1、P2 和 P3 这 3 个端口的内部具有上拉电阻，按键外电路可以不接上拉电阻；单片机 P0 端口的内部没有上拉电阻，如果独立按键接在 P0 等没有上拉电阻的 I/O 端口，那么一定要接上拉电阻。

2）查询式独立按键的原理及应用

查询式独立按键是单片机应用系统中常用的按键结构。先逐位查询每个 I/O 端口的输入状态，如果某个 I/O 端口输入低电平，则进一步确认该 I/O 端口所对应的按键是否已按下，如果确实是低电平，则转向该按键对应的功能处理程序。独立按键应用的原理图如图 9.4 所示。软件处理的流程如下。

- 循环检测是否有按键按下且出现低电平。
- 调用延时子程序进行软件去抖动处理。
- 再次检测是否有按键按下且出现低电平。
- 进行按键功能处理。
- 等待按键松开。

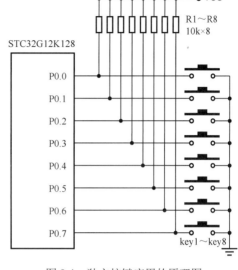

图 9.4　独立按键应用的原理图

【例 9.1】 根据图 9.4，当按键 key1～key8 被按下，则对应改变 P6.0～P6.7 控制的 LED 亮灭状态，LED 为低电平驱动。

解：设计一个独立键盘扫描函数，返回按键键值，设按键 key1～key8 对应的键值为 1～8，没按键被按下时返回的键值为 0。

C 语言源程序如下：

```c
#include <stc32g.h>
#include<intrins.h>
#include <sys_init.c>
#define uchar unsigned char
#define uint unsigned int
sbit key1=P0^0; sbit key2=P0^1; sbit key3=P0^2; sbit key4=P0^3;
sbit key5=P0^4; sbit key6=P0^5; sbit key7=P0^6; sbit key8=P0^7;
//定义按键端口
sbit LED1=P6^0; sbit LED2=P6^1; sbit LED3=P6^2; sbit LED4=P6^3;
sbit LED5=P6^4; sbit LED6=P6^5; sbit LED7=P6^6; sbit LED8=P6^7;
//定义LED端口
void Delay10ms()        //@12.000MHz
{
    unsigned char i,j;
    _nop_();
    _nop_();
    i = 156;
    j = 213;
    do
    {
    while (--j);
    } while (--i);
}
uchar M_scan()        //独立键盘扫描函数
{
    uchar x=0;
    if(key1==0|key2==0|key3==0|key4==0|key5==0| key6==0| key7==0| key8==0)
    {
```

```
            Delay10ms();        //去抖
            if(key1==0|key2==0|key3==0|key4==0|key5==0|key6==0|key7==0|
key8==0)
            {
                if(key1==0)  x=1;
                else if(key2==0)  x=2;
                else if(key3==0)  x=3;
                else if(key4==0)  x=4;
                else if(key5==0)  x=5;
                else if(key6==0)  x=6;
                else if(key7==0)  x=7;
                else x=8;
                while(key1==0|key2==0|key3==0|key4==0|key5==0|key6==0|key7==0|
key8==0);                              //键释放
            }
        }
    return(x);
}
void main ( )                   //主程序
{
    uchar y;
    sys_init();
    while(1)
    {
        y= M_scan();
        if(y!=0)
        {
            if(y==1) LED1=!LED1;
            else if(y==2)LED2=!LED2;
            else if(y==3)LED3=!LED3;
            else if(y==4)LED4=!LED4;
            else if(y==5)LED5=!LED5;
            else if(y==6)LED6=!LED6;
            else if(y==7)LED7=!LED7;
            else LED8=!LED8;
        }
    }
}
```

　　M_scan()程序中等待按键松开语句"while(key1==0| key2==0…"的作用是严格检测按键是否松开，只有按键被松开了，才完成当次按键操作。这样处理的好处是每按一次按键，都只进行一次操作，避免出现按键连续被按的情况。但有些时候需要持续按住按键以实现某种特定的功能（例如，持续按下用于加1或减1的按键，如果按下按键不松开，能够快速、方便实现连续加1或减1操作），此时则可以把上述等待按键松开语句换为一句延时语句，延时时间根据实际按键效果调整，最终的用户操作体验可能会更好，程序设计时可以根据需要选用。

　　3）中断式独立按键的原理及应用

　　中断式独立按键是单片机外部中断的典型应用。如图9.5所示是利用单片机的两个外部中断INT0（P3.2）和INT1（P3.3）组成的两个中断式独立按键。很明显，采取一个按键占用一个外部中断的方式，浪费了单片机的资源。

　　改进后的中断式独立按键如图9.6所示，4个二极管构成一个4输入与门，4个独立按键任意一个按下时，P3.2为低电平，生成一个外部中断0的中断请求信号，然后在外部中断0的中断处理程序中进一步检测按键输入信号，确定具体的按键，输出对应的按键值。

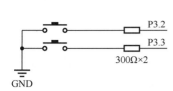

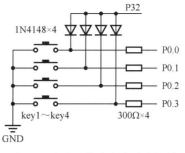

图 9.5　中断式独立按键　　　　　　图 9.6　改进后的中断式独立按键

【例 9.2】如图 9.6 所示，设按键 key1～key4 分别通过 P6.0～P6.3 控制 4 个 LED。

**解：** 当按键 key1～key4 中有按键被按下时，引发外部中断 0，系统顺序判断 4 个按键的输入信号，输出相应按键的键值，按键 key1～key4 对应的键值为 1～4，没有按键被按下时输出的键值为 0，按键的键值存放在一个全局变量中。

C 语言源程序如下：

```
#include <stc32g.h> //包含支持 STC32G12K128 的头文件
#include<intrins.h>
#include <sys_init.c>
#define uchar unsigned char
#define uint  unsigned int
sbit key1=P0^0; sbit key2=P0^1; sbit key3=P0^2; sbit key4=P0^3;
//定义按键端口
sbit LED1=P6^0; sbit LED2=P6^1; sbit LED3=P6^2; sbit LED4=P6^3;
//定义 LED 端口
uchar x=0;
void Delay10ms()     //@12.000MHz
{
    unsigned char i, j;
    _nop_();
    _nop_();
    i = 156;
    j = 213;
    do
    {
        while (--j);
    } while (--i);
}
void main ( )    //主程序
{
    sys_init();
     IT0=1;
    ET0=1;
    EA=1;
    while(1)
    {
        if(x!=0)
        {
            if(x==1) LED1=!LED1;
            else if(x==2)LED2=!LED2;
            else if(x==3)LED3=!LED3;
            else LED4=!LED4;
            x=0;
```

```
        }
    }
}
void ex0_int0() interrupt 0
{
    Delay10ms();          //去抖
    if(key1==0|key2==0|key3==0|key4==0)
    {
        if(key1==0) x=1;
        else if(key2==0) x=2;
        else if(key3==0) x=3;
        else x=4;
        while(key1==0|key2==0|key3==0| key4==0);     //键释放
    }
}
```

### 3. 矩阵键盘的原理及应用

在单片机应用系统中，在按键比较多的情况下（如需要输入数字 0～9 等），采用独立式按键结构就会占用过多的单片机 I/O 端口资源，这种情况下通常选用行列矩阵键盘（简称矩阵键盘）。

#### 1）矩阵键盘的结构与原理

矩阵键盘的电路主要由行线和列线组成，按键位于行线和列线的交叉点上，其电路示意图如图 9.7 所示，只要 8 个 I/O 端口就可以构成含 16（4×4）个按键的矩阵键盘，比采用独立按键形成的键盘所含的按键数多出一倍。

矩阵键盘中，行线和列线分别连接到按键开关的两端，列线通过上拉电阻接正电源，并将行线所接单片机的 I/O 端口作为输出端，而列线所接的 I/O 端口则作为输入端。当按键没有被按下时，所有的输入端都是高电平、行线输出是低电平，一旦有按键被按下，则输入端的电平就会被拉低，所以通过读取输入端的状态就可得知是否有按键被按下。至于具体是哪一个按键被按下，则需要将行线、列线信号结合起来分析。

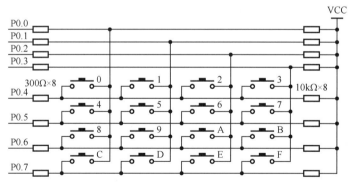

图 9.7　矩阵键盘的电路示意图

#### 2）矩阵键盘的识别与编码

（1）判断有无按键被按下。

①行线全扫描：将全部行线置低电平，然后检测列线的状态。只要列线不全是高电平，就表示键盘中有按键被按下。

②调用延时去抖动程序。

③进行行线全扫描。

（2）判断闭合按键所在的位置。在确认有按键被按下后，即可进入确定其位置的流程。最常见的位置判断方法有 2 种，即扫描法和反转法。

①扫描法：依次将行线置为低电平，即在置某根行线为低电平时，其他行线为高电平。在某根行线被置为低电平后，逐次检测各列线的电平状态。若某列线的电平为低，则该列线与置为低电平的行线交叉处的按键就是闭合的按键，根据闭合按键的行值和列值得到按键的键值，即键值=行号×4+列号。

②反转法：简单说就是先进行行线全扫描，读取列码；进行列线全扫描，读取行码；将行码、列码组合在一起，得到按键的键码。

预先将各按键对应的行线全扫描、列线全扫描的组合码按照按键序号（如 0~15）存放在一个数组中，然后现场读取反转法的组合码与预存的数组数据进行比较，二者相同时对应的数组序号即为按键的键值。

【例 9.3】矩阵键盘电路示意图如图 9.7 所示，采用反转法判断闭合按键，键值送 LED 数码管显示。

**解：**显示函数采用 project372 项目中的 LED_display()；矩阵键盘识别函数定义为 keyscan()，序号为 0~15 的按键对应的键值为 0~15，无按键闭合时扫描函数的返回值为 16。

C 语言源程序如下：

```c
#include <stc32g.h>  //包含支持 STC32G12K128 的头文件
#include <intrins.h>
#include <sys_init.c>
#define uchar unsigned char
#define uint  unsigned int
#include <LED_display.c>
#define KEY P1
uchar key_volume;          //定义键值存放变量
uchar code key[]=
{0xee,0xed,0xeb,0xe7,0xde,0xdd,0xdb,0xd7,0xbe,0xbd,0xbb,0xb7,0x7e,0x7d,0x7b,0x77};
void Delay10ms()          //@12.000MHz
{
    unsigned char i,j;
    i = 20;
    j = 113;
    do
    {
        while (--j);
    } while (--i);
}
/*---键盘扫描子程序---*/
uchar  keyscan()
{
    uchar i=0,row,column;    //定义行变量、列变量
    KEY=0x0f;                //先对 KEY 置数，行线全扫描
    if(KEY!=0x0f)
    {
        Delay10ms();
        if(KEY!=0x0f)
        {
            column=KEY;
            KEY=0xf0;
            Delay10ms();
            row=KEY;
            key_volume=row+column;
```

```
            while(i<16)
            {
                if(key_volume==key[i])
                    {key_volume=i;goto l1;}
                i++;
            }
            l1:;
        }
    }
    else
    KEY=0xff;
    return (16);
}
/*---主程序---*/
main()
{
    sys_init();
    KEY = 0xff;
    while(1)
    {
        keyscan();
        Dis_buf[0]=key_volume;
        LED_display();
    }
}
```

不管采用反转法，还是采用扫描法，或者采用其他方法，无非就是把按键按下时所在的位置找出来并加以编码，从而令每一个按键对应一个数值，实现对相关功能的控制。

3）矩阵键盘的应用

矩阵键盘的应用主要由键盘的工作方式决定，键盘的工作方式应根据实际应用系统中程序结构和功能实现的复杂程度等因素来选取。键盘的工作方式主要有查询扫描、定时扫描和中断扫描三种。

（1）查询扫描：查询扫描工作方式是把键盘扫描子程序和其他子程序并列排在一起，单片机循环分时运行各个子程序，当有按键被按下并且单片机查询到的时候立即响应键盘输入操作，根据键值执行相应的功能操作。

（2）定时扫描：定时扫描工作方式利用单片机内部的定时器产生一定时间的定时，定时扫描键盘是否有操作。一旦检测到有按键被按下立即响应，根据键值执行相应的功能操作。

（3）中断扫描：中断扫描工作方式能够提高单片机的工作效率，当没有按键被按下时，单片机并不理会键盘程序，一旦有按键被按下，就通过硬件产生外部中断，单片机立即扫描键盘并根据键值执行相应的功能操作。采用中断扫描工作方式需要修改矩阵键盘电路，根据按键信号产生中断请求信号，送某个外部中断输入引脚，如图9.8所示，当有按键被按下时会引发外部中断0。

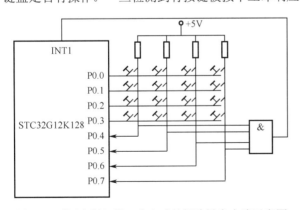

图9.8 采用中断扫描工作方式的矩阵键盘电路示意图

# 9.3 LCD 模块的显示端口与应用编程

## 9.3.1 LCD 模块概述

液晶显示（LCD）模块是一种将 LCD 元器件、连接件、集成电路、印制电路板、背光源、结构件装配在一起的组件。根据显示方式和内容的不同，LCD 模块可以分为数显笔段型 LCD 模块、点阵字符型 LCD 模块和点阵图形型 LCD 模块 3 种。

（1）数显笔段型 LCD 模块是一种段型 LCD 元器件，主要用于显示数字和一些标识符号（通常由 7 个字段在形状上组成数字 "8" 的结构），广泛应用于计算器、电子手表、数字万用表等产品中。

（2）点阵字符型 LCD 模块是由点阵字符 LCD 元器件和专用的行列驱动器、控制器，以及必要的连接件、结构件装配而成的，能够显示 ASCII 码字符（如数字、大小写字母、各种符号等），但不能显示图形，每一个字符单元显示区域由一个 5×7 的点阵组成，典型产品有 LCD1602 和 LCD2004 等。

（3）点阵图形型 LCD 模块的点阵像素在行和列上是连续排列的，不仅可以显示字符，还可以显示连续、完整的图形，甚至集成了字库，可以直接显示汉字，典型产品有 LCD12864 和 LCD19264 等。

从 LCD 模块的命名数字可以看出，LCD 模块通常是按照显示字符的行数或 LCD 点阵的行列数来命名的，如 1602 是指 LCD 模块每行可以显示 16 个字符，一共可以显示 2 行；12864 是指 LCD 点阵区域有 128 列、64 行，可以控制任意一个点显示或不显示。

常用的 LCD 模块均自带背光，不开背光的时候需要自然采光才可以看清楚，开启背光则是通过背光源采光，在黑暗的环境下也可以正常使用。

内置控制器的 LCD 模块可以与单片机的 I/O 端口直接相连，硬件电路简单，使用方便，显示信息量大，不需要占用 CPU 扫描时间，在实际产品中得到广泛应用。

本小节将主要介绍 LCD1602 和 LCD12864 两种典型的液晶显示模块，详细分析并行数据操作方式和串行数据操作方式。目前常用的 LCD1602 和 LCD12864 都可以工作于并行或串行数据操作方式，但实际应用中，LCD1602 以并行数据操作方式居多，而 LCD12864 的应用则两种方式均可。

## 9.3.2 点阵字符型液晶显示模块 LCD1602

LCD1602 是由 32 个 5×7 点阵块组成的字符块集，每个字符块是 1 个字符位，每 1 位显示 1 个字符，字符位之间有 1 个点的间隔，起到字符间距和行距的作用，其内部集成了日立公司的控制器 HD44780U 或与 LCD1602 兼容的 HD44780U 的替代品。

### 1. LCD1602 特性概述

①采用+5V 供电，对比度可调整，背光灯可控制。

②内含振荡电路，系统内含重置电路。

③提供各种控制指令，如复位显示器、字符闪烁、光标闪烁、显示移位多种功能。

④显示数据 RAM 共 80 字节。

⑤字符产生器 ROM 共有 160 个 5×7 点阵字形。

⑥字符产生器 RAM 可由用户自行定义 8 个 5×7 点阵字形。

### 2. LCD1602 引脚说明及应用电路

LCD1602 的实物图如图 9.9 所示。LCD1602 的硬件接口采用标准的 16 引脚单列直插封装 SIP16。LCD1602 的引脚及应用电路示意图如图 9.10 所示。

图 9.9　LCD1602 的实物图

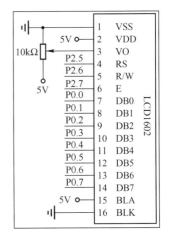

图 9.10　LCD1602 的引脚及应用电路示意图

①第 1 引脚 VSS：电源负极。

②第 2 引脚 VDD：电源正极。

③第 3 引脚 VO：LCD 对比度调节端，一般接 10kΩ 的电位器调整对比度，或者接一个合适的固定电阻固定对比度。

④第 4 引脚 RS：数据/指令选择端。RS＝0，读/写指令；RS＝1，读/写数据。RS 可接单片机的 I/O 端口。

⑤第 5 引脚 R/W：读/写选择端。R/W＝0，写入操作；R/W＝1，读取操作。R/W 可接单片机的 I/O 端口。

⑥第 6 引脚 E：使能信号控制端，高电平有效。E 可接单片机的 I/O 端口。

⑦第 7～14 引脚 DB0～DB7：数据 I/O 端口。一般接单片机的 P0 端口，也可以接其他 I/O 端口。由于 LCD1602 内部自带上拉电阻，所以在设计实际硬件电路时可以不加上拉电阻。

⑧第 15 引脚 BLA：背光灯电源正极。

⑨第 16 引脚 BLK：背光灯电源负极。

### 3．LCD1602 的操作方式

用单片机来控制 LCD 模块，系统内部可以看成有两组寄存器：一组为指令寄存器，另一组为数据寄存器，由 RS 引脚来控制。所有对命令寄存器或数据寄存器的存取均需要检查 LCD 模块内部的忙标志（Busy Flag）。对 LCD1602 的操作有 4 种方式。

（1）写指令：RS 清零；R/W 清零；将指令代码送到 LCD1602 的数据总线上；E 置位，并适当延时；E 清零。写指令用于向 LCD1602 传送控制指令，具体控制方法见下一小节相关内容。

（2）写数据：RS 置位；R/W 清零；将显示字符的编码值送到 LCD1602 的数据总线上；E 置位，并适当延时；E 清零。写数据到 CGRAM 或 DDRAM 中时，需要先设置 CGRAM 或 DDRAM 地址，再写数据。

（3）读取指令（实际为读忙标志）：RS 清零；R/W 置位；E 置位，并适当延时；读 LCD1602 数据总线的数据；E 清零。

忙标志在数据字节的最高位，忙标志读取的指令格式如表 9.1 所示。

表 9.1　忙标志读取的指令格式

| 位号 | DB7 | DB6 | DB5 | DB4 | DB3 | DB2 | DB1 | DB0 |
|---|---|---|---|---|---|---|---|---|
| 位名称 | BF | A6 | A5 | A4 | A3 | A2 | A1 | A0 |

LCD1602 的忙标志 BF 用于指示 LCD1602 目前的工作情况。当 BF = 1 时，表示正在进行内部数据处理，不接收外界送来的指令或数据；当 BF = 0 时，表示已准备好接收指令或数据。

当程序读取一次数据时，位 7 表示忙标志，另外 7 位的地址表示 CGRAM 或 DDRAM 中的地址，至于指向哪一个地址，根据最后写入的地址设置指令而定。

忙标志用来告知 LCD1602 内部正忙，不接收任何控制指令。对于这一位的检查，可以令 RS = 0 时读取第 7 位的状态来判断，当此位为 0 时才可以写入命令或数据。LCD1602 内部的控制器共有 11 条控制指令。

（4）读数据：RS 置位；R/W 置位；E 置位，并适当延时；读 LCD1602 数据总线的数据；E 清零。从 CGRAM 或 DDRAM 中读取数据时，先设置 CGRAM 或 DDRAM 地址，再读取数据。

#### 4．LCD1602 的控制指令

①复位显示器：指令码为 0x01，将 LCD1602 的 DDRAM 数据全部填入空白码 20H。执行此指令，将清除显示器的内容，同时将光标移到左上角。

②光标归位设置：指令码为 0x02，地址计数器被清零，DDRAM 数据不变，光标移到左上角。

③设置字符进入模式：指令格式如表 9.2 所示。

表 9.2 设置字符进入模式的指令格式

| 位号 | DB7 | DB6 | DB5 | DB4 | DB3 | DB2 | DB1 | DB0 |
|---|---|---|---|---|---|---|---|---|
| 位名称 | 0 | 0 | 0 | 0 | 0 | 1 | I/D | S |

I/D：地址计数器中数值递增或递减控制位。I/D = 1 时为递增，每读写显示 RAM 中的字符码 1 次，地址计数器会加 1，光标所显示的位置同时右移 1 位；同理，I/D = 0 时为递减，每读写显示 RAM 中的字符码 1 次，地址计数器会减 1，光标所显示的位置同时左移 1 位。

S：显示屏移动或不移动控制位。当 S = 1 时，写入 1 个字符到 DDRAM 时，I/D = 1 显示屏向左移动 1 格，I/D = 0 显示屏向右移动 1 格，而光标位置不变；当 S = 0 时，显示屏不移动

④显示器开关：指令格式如表 9.3 所示。

表 9.3 显示器开关的指令格式

| 位号 | DB7 | DB6 | DB5 | DB4 | DB3 | DB2 | DB1 | DB0 |
|---|---|---|---|---|---|---|---|---|
| 位名称 | 0 | 0 | 0 | 0 | 1 | D | C | B |

D：显示屏开关控制位。D = 1 时，显示屏打开；D = 0 时，显示屏关闭。

C：光标出现控制位。C = 1 时，光标出现在地址计数器所指的位置；C = 0 时，光标不出现。

B：光标闪烁控制位。B = 1 时，光标出现后会闪烁；B = 0 时，光标不闪烁

⑤显示光标移位：指令格式如表 9.4 所示。

表 9.4 显示光标移位的指令格式

| 位号 | DB7 | DB6 | DB5 | DB4 | DB3 | DB2 | DB1 | DB0 |
|---|---|---|---|---|---|---|---|---|
| 位名称 | 0 | 0 | 0 | 1 | S/C | R/L | * | * |

其中，"*"表示"0"或者"1"都可以（下同），具体操作如表 9.5 所示。

表 9.5 显示光标移位操作控制

| S/C | R/L | 操 作 |
|---|---|---|
| 0 | 0 | 光标向左移，即 10H |
| 0 | 1 | 光标向右移，即 14H |

| S/C | R/L | 操　作 |
|---|---|---|
| 1 | 0 | 字符和光标向左移，即 18H |
| 1 | 1 | 字符和光标向右移，即 1CH |

⑥功能置位：指令格式如表 9.6 所示。

表 9.6　功能置位的指令格式

| 位号 | DB7 | DB6 | DB5 | DB4 | DB3 | DB2 | DB1 | DB0 |
|---|---|---|---|---|---|---|---|---|
| 位名称 | 0 | 0 | 1 | DL | N | F | * | * |

DL：数据长度选择位。DL = 1 时，8 位数据传输；DL = 0 时，4 位数据传输，使用 D7~D4 各位，分 2 次送入 1 个完整的字符数据。

N：显示屏为单行或双行选择位。N = 1 时，双行显示；N = 0 时，单行显示。

F：大小字符显示选择位。F = 1 时为 5×10 点矩阵，字会大些；F = 0 时为 5×7 点矩阵字形，一般情况下常用于设置为 8 位数据端口，16×2 双行显示，5×7 点阵，初始化数据为 0011 1000B，即 38H

⑦CGRAM 地址设置：指令格式如表 9.7 所示。设置 CGRAM 为 6 位的地址值，便可对 CGRAM 读/写数据。

表 9.7　CGRAM 地址设置的指令格式

| 位号 | DB7 | DB6 | DB5 | DB4 | DB3 | DB2 | DB1 | DB0 |
|---|---|---|---|---|---|---|---|---|
| 位名称 | 0 | 1 | A5 | A4 | A3 | A2 | A1 | A0 |

⑧DDRAM 地址设置：指令格式如表 9.8 所示。设置 DDRAM 为 7 位的地址值，便可对 DDRAM 读/写数据。

表 9.8　DDRAM 地址设置的指令格式

| 位号 | DB7 | DB6 | DB5 | DB4 | DB3 | DB2 | DB1 | DB0 |
|---|---|---|---|---|---|---|---|---|
| 位名称 | 1 | A6 | A5 | A4 | A3 | A2 | A1 | A0 |

### 5. LCD1602 显示位置与显示 RAM 地址映射

液晶显示模块的操作都需要一定的时间，所以在执行每条指令之前，一定要确认液晶显示模块的忙标志为低电平（表示不忙），否则此指令无效。要显示字符时，需要先指定要显示字符的地址，也就是告诉液晶显示模块显示字符的位置，然后再指定具体显示的字符内容，如图 9.11 所示是 LCD1602 的内部显示地址。

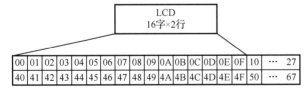

图 9.11　LCD1602 的内部显示地址

由于写入显示地址时要求最高位 D7 恒定为高电平"1"，所以实际写入显示地址的指令代码为"0x80+DDRAM 地址"。

### 6. 显示字符的编码数据

显示字符的编码数据实际上就是字符对应的 ASCII 码值。

小结：当我们需要 LCD1602 显示某个字符时，就是将这个字符对应的 ASCII 码写入这个位置对应的显示 RAM 中。例如，想在第 1 行第 3 个位置显示一个"3"字符，就是将 3 的 ASCII 码（'3'）写入 02H 地址的显示 RAM 中。

#### 7．LCD1602 的读/写时序图

LCD1602 的读/写时序是有严格要求的，实际应用中，由单片机控制 LCD1602 的读/写时序，对其进行相应的显示操作。LCD1602 的写操作时序图如图 9.12 所示。

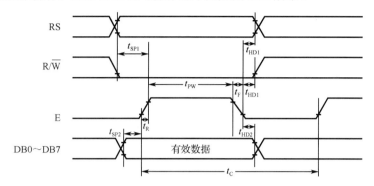

图 9.12　LCD1602 的写操作时序图

由 LCD1602 的写操作时序图可知 LCD1602 的写操作流程如下。

①通过 RS 确定是写数据还是写命令。写命令包括使 LCD1602 的光标显示/不显示、光标闪烁/不闪烁、需要/不需要移屏、指定显示位置等；写数据是指定显示内容。

②将读/写控制端设置为低电平（写模式）。

③将数据或命令送到数据线上。

④给 E 一个高脉冲将数据送入 LCD1602，完成写操作。

LCD1602 的读操作时序图如图 9.13 所示。

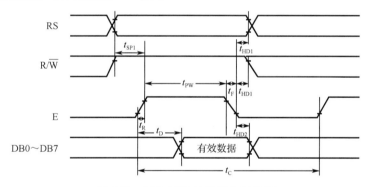

图 9.13　LCD1602 的读操作时序图

由 LCD1602 的读操作时序图可知 LCD1602 的读操作流程如下。

①通过 RS 确定是读取忙标志及地址计数器内容还是读取数据寄存器。

②将读/写控制端设置为高电平（读模式）。

③将忙标志或数据送到数据线上。

④给 E 一个高脉冲将数据送入单片机，完成读操作。

#### 8．LCD1602 的软件程序设计应用

【例 9.4】LCD1602 硬件电路的连接示意图如图 9.10 所示，在指定位置显示数据，该数据可由两个外部中断按键通过加 1 或者减 1 进行修改，并通过运算得到个位、十位、百位，分别显示；在指定位置显示 ASCII 字符；在指定位置显示数字。

**解**：LCD1602 的应用思路就是指定显示位置、指定显示内容即可，注意显示内容是字符、数字和变量的区别。C 语言源程序如下：

```c
#include <stc32g.h>        //包含支持STC32G12K128的头文件
#include<intrins.h>
#include <sys_init.c>
#define uchar unsigned char
#define uint unsigned int
unsigned int i=315;        //定义变量i的初始值为315
sbit RS=P2^5;              //定义LCD1602的RS
sbit RW=P2^6;              //定义LCD1602的RW
sbit E=P2^7;               //定义LCD1602的E
#define  Lcd_Data P0       //定义LCD1602数据端口
unsigned char code Lcddata[ ] = {"0123456789:"};
void Delay10us()          //@12.000MHz
{
    unsigned char i;
    i = 38;
    while (--i);
}
void Read_Busy(void)      //读忙信号判断
{
    unsigned char ch;
    cheak:Lcd_Data=0xff;
    RS=0;
    RW=1;
    E=1;
    Delay10us();
    ch=Lcd_Data;
    E=0;
    ch=ch|0x7f;
    if(ch!=0x7f)
    goto cheak;
}
void Write_Comm(unsigned char lcdcomm) //写指令函数
{
    Read_Busy();
    RW=0;
    Lcd_Data=lcdcomm;
    E=1;
    Delay10us();
    E=0;
}
void Write_Char(unsigned int num)         //写字符函数
{
    Read_Busy();
    RS=1;
    RW=0;
    Lcd_Data = Lcddata[ num ];
    E=1;
    Delay10us();
    E=0;
}
void Write_Data(unsigned char lcddata)  //写数据函数
{
    Read_Busy();
    RS=1;
```

```
    RW=0;
    Delay10us();
    Lcd_Data = lcddata;
    E=1;
    E=0;
}
void Init_LCD(void)         //初始化 LCD
{
    Write_Comm(0x01);       //清除显示
    Write_Comm(0x38);       //8 位数据 2 行 5×7
    Write_Comm(0x06);       //文字不动, 光标右移
    Write_Comm(0x0c);       //显示开/关, 光标开, 闪烁开
}
void main(void)//主函数
{
    sys_init();
    IT0=1;                  //外部中断 INT0 边沿触发
    EX0=1;                  //外部中断 INT0 允许
    IT1=1;                  //外部中断 INT1 边沿触发
    EX1=1;                  //外部中断 INT1 允许
    EA=1;                   //打开总中断
    Init_LCD( );            //初始化 LCD1602
    Write_Comm(0xC2);       //指定显示位置
    Write_Data( 'S' );      //指定显示数据
    Write_Data( 'T' );
    Write_Data( 'C' );
    Write_Comm(0xC5);       //指定显示位置
    Write_Data( '8' );      //指定显示数据
    Write_Data( 'H' );
    Write_Data( '8' );
    Write_Data( 'K' );
    Write_Data( '6' );
    Write_Char(4);
    Write_Data( 'S' );
    while(1)
    {
        Write_Comm(0x80);           //指定显示位置
        Write_Char(i/100%10);       //显示 i 百位
        Write_Char(i%100/10);       //显示 i 十位
        Write_Char(i%100%10);       //显示 i 个位
    }
}
void INT0() interrupt 0     //外部中断 0 处理按键程序
{
    EA=0;                   //禁止总中断
    i--;                    //变量 i 减 1
    if(i<0){i=999;}         //判断如果 i 小于 0 就回到 999
    EA=1;                   //打开总中断
}
void INT1() interrupt 2     //外部中断 1 处理按键程序
{
    EA=0;                   //禁止总中断
    i++;                    //变量 i 加 1
    if(i>999){i=0;}         //判断如果 i 大于 999 就回到 0
```

| | |
|---|---|
| EA=1; | //打开总中断 |

}

小结：指定显示位置使用 Write_Comm()语句；显示运算后得到的数字使用 Write_Char()语句；显示 ASCII 字符使用 Write_Data(' ')语句；显示数字使用 Write_Char()和 Write_Data(' ')语句都可以。

### 9.3.3 点阵图形型液晶显示模块 LCD12864

点阵图形型 LCD 模块一般简称为图形 LCD 或点阵 LCD，分为包含中文字库的点阵图形型 LCD 模块与不包含中文字库的点阵图形型 LCD 模块。点阵图形型 LCD 模块的数据接口可分为并行接口（8 位或 4 位）和串行通信端口。本小节以包含中文字库的点阵图形型 LCD 模块 LCD12864 为例，介绍点阵图形型 LCD 的应用。虽然不同厂家生产的 LCD12864 不一定完全一样，但具体应用大同小异，以厂家配套的技术文档为依据。

#### 1. LCD12864 特性概述

内部包含 GB/T 2312—1980 的 LCD12864 控制器芯片的型号是 ST7920，具有 128×64 点阵，能够显示 4 行，每行 8 个汉字，每个汉字是 16×16 点阵的。为了便于简单显示汉字，LCD12864 具有 2MB 的中文字形 CGROM，其中含有 8192 个 16×16 点阵中文字库；为了便于显示汉字拼音、英文和其他常用字符，LCD12864 具有 16KB 的 16×8 点阵的 ASCII 字符库；为了便于构造用户图形，LCD12864 提供了一个 64×128 点阵的 GDRAM 绘图区域；为了便于用户自定义字形，LCD12864 提供了 4 组 16×16 点阵的造字空间。所以 LCD12864 能够实现汉字、ASCII 码、点阵图形、自定义字形的同屏显示。

LCD12864 的工作电压为 5V 或 3.3V，具有睡眠、正常及低功耗工作模式，可满足系统各种工作电压及电池供电便携、低功耗的要求。LCD12864 具有 LED 背光灯显示功能，外观尺寸为 93mm×70mm，具有硬件接口电路简单、操作指令丰富和软件编程应用简便等优点，可构成全中文人机交互图形操作界面，在实际应用中得到广泛使用。

#### 2. LCD12864 引脚说明及应用电路

LCD12864 的实物图如图 9.14 所示。LCD12864 的硬件接口采用标准的 20 引脚单列直插封装 SIP20。LCD12864 的引脚及并行数据应用电路示意图如图 9.15 所示。

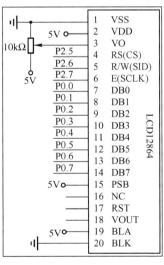

图 9.14　LCD12864 的实物图　　　图 9.15　LCD12864 引脚及并行数据应用电路示意图

LCD12864 的引脚定义及硬件电路接口应用说明如下。

①第 1 引脚 VSS：电源负极。

②第 2 引脚 VDD：电源正极。

③第 3 引脚 VO：空引脚或对比度调节电压输入端，悬空或接 10kΩ 的电位器调整对比度，或接合适的固定电阻固定对比度。

④第 4 引脚 RS（CS）：数据/指令选择端。RS=0，读/写指令；RS=1，读/写数据。LCD12864 工作于串行数据传输模式时为 CS，为模块的片选端，高电平有效。该引脚可接单片机的 I/O 端口，或者在传输串行数据时 CS 直接接高电平。

⑤第 5 引脚 R/W（SID）：读/写选择端。R/W=0，写入操作；R/W=1，读取操作。LCD12864 工作于串行数据传输模式时为 SID，为串行传输的数据端。该引脚可接单片机的 I/O 端口。

⑥第 6 引脚 E（SCLK）：使能信号控制端，高电平有效。LCD12864 工作于串行数据传输模式时为 SCLK，为串行传输的时钟输入端。该引脚可接单片机的 I/O 端口。

⑦第 7~14 引脚 DB0~DB7：三态数据 I/O 端口。一般接单片机的 P0 端口，也可以接其他 I/O 端口。由于 LCD12864 内部自带上拉电阻，因此在进行实际硬件电路的设计时可以不加上拉电阻。LCD12864 工作于串行数据传输模式时，第 7~14 引脚留空即可。

⑧第 15 引脚 PSB：PSB=1，并行数据模式；PSB=0，串行数据模式。

⑨第 16 引脚 NC：空引脚。

⑩第 17 引脚 RST：复位端，低电平有效。LCD12864 内部接有上电复位电路，在不需要经常复位的一般电路设计中，直接悬空即可。

⑪第 18 引脚 VOUT：空引脚或驱动电源电压输出端。

⑫第 19 引脚 BLA：背光灯电源正极。

⑬第 20 引脚 BLK：背光灯电源负极。

### 3. LCD12864 的操作方式

同 LCD1602 一样，LCD12864 也有写指令、读忙标志、写数据、读数据这 4 种工作方式。操作方式也与 LCD1602 一致。每次写操作必须读取忙标志，以确认 LCD12864 是否有空。忙标志字节数据格式如表 9.9 所示，读取忙标志（BF）可以确认内部动作是否完成，同时读出地址计数器（AC）的值。

表 9.9　忙标志字节数据格式

| 位号 | DB7 | DB6 | DB5 | DB4 | DB3 | DB2 | DB1 | DB0 |
|---|---|---|---|---|---|---|---|---|
| 位名称 | BF | AC6 | AC5 | AC4 | AC3 | AC2 | AC1 | AC0 |

### 4. LCD12864 的控制指令

模块控制芯片提供两套编程控制命令。当 RE = 0 时，基本编程指令如表 9.10 所示；当 RE = 1 时，扩展编程指令如表 9.11 所示。

表 9.10　基本编程指令（RE = 0）

| 指令名称 | 引脚控制 | | 指令码 | | | | | | | | 功能说明 |
|---|---|---|---|---|---|---|---|---|---|---|---|
| | RS | R/W | D7 | D6 | D5 | D4 | D3 | D2 | D1 | D0 | |
| 清除显示 | 0 | 0 | 0 | 0 | 0 | 0 | 0 | 0 | 0 | 1 | 将 DDRAM 填满 20H，并将 DDRAM 的地址计数器 AC 设定为 00H |
| 地址归位 | 0 | 0 | 0 | 0 | 0 | 0 | 0 | 0 | 1 | X | 将 DDRAM 的地址计数器 AC 设定为 00H，并将光标移到开头原点位置；这个指令不改变 DDRAM 的内容 |

| 指令名称 | 引脚控制 | | 指令码 | | | | | | | | 功能说明 |
|---|---|---|---|---|---|---|---|---|---|---|---|
| | RS | R/W | D7 | D6 | D5 | D4 | D3 | D2 | D1 | D0 | |
| 显示状态开/关 | 0 | 0 | 0 | 0 | 0 | 0 | 1 | D | C | B | D=1，整体显示 ON<br>C=1，光标 ON<br>B=1，光标位置反白允许 |
| 进入模式设定 | 0 | 0 | 0 | 0 | 0 | 0 | 0 | 1 | I/D | S | 数据在读取与写入时，设定光标的移动方向及指定显示的移位 |
| 光标或显示移位控制 | 0 | 0 | 0 | 0 | 0 | 1 | S/C | R/L | X | X | 设定光标的移动与显示的移位控制位；这个指令不改变 DDRAM 的内容 |
| 功能设置 | 0 | 0 | 0 | 0 | 1 | DL | X | RE | X | X | DL=0/1：4/8 位数据<br>RE=1：扩充指令操作<br>RE=0：基本指令操作 |
| 设置 CGRAM 地址 | 0 | 0 | 0 | 1 | AC5 | AC4 | AC3 | AC2 | AC1 | AC0 | 设定 CGRAM 地址 |
| 设置 DDRAM 地址 | 0 | 0 | 1 | 0 | AC5 | AC4 | AC3 | AC2 | AC1 | AC0 | 设定 DDRAM 地址（显示位置） |

表 9.11　扩展编程指令表（RE = 1）

| 指令名称 | 引脚控制 | | 指令码 | | | | | | | | 功能说明 |
|---|---|---|---|---|---|---|---|---|---|---|---|
| | RS | R/W | D7 | D6 | D5 | D4 | D3 | D2 | D1 | D0 | |
| 待命模式 | 0 | 0 | 0 | 0 | 0 | 0 | 0 | 0 | 0 | 1 | 进入待命模式，执行其他任何指令都将终止待命模式 |
| 卷动地址或 IRAM 地址选择 | 0 | 0 | 0 | 0 | 0 | 0 | 0 | 0 | 1 | SR | SR=1：允许输入垂直卷动地址<br>SR=0：允许输入 IRAM 地址 |
| 反白选择 | 0 | 0 | 0 | 0 | 0 | 0 | 0 | 1 | R1 | R0 | 选择 4 行中的任一行进行反白显示，可循环设置反白显示或正常显示 |
| 睡眠模式 | 0 | 0 | 0 | 0 | 0 | 0 | 1 | SL | X | X | SL = 0：进入睡眠模式<br>SL = 1：脱离睡眠模式 |
| 扩充功能设定 | 0 | 0 | 0 | 0 | 1 | CL | X | RE | G | 0 | CL=0/1：4/8 位数据<br>RE = 1：扩充指令操作<br>RE = 0：基本指令操作<br>G = 1：绘图显示开<br>G= 0：绘图显示关 |
| 设定 IRAM 地址或卷动地址 | 0 | 0 | 0 | 1 | AC5 | AC4 | AC3 | AC2 | AC1 | AC0 | SR= 1：AC5～AC0 为垂直卷动地址<br>SR= 0：AC3～AC0 为 ICON IRAM 地址 |
| 设定绘图RAM 地址 | 0 | 0 | 1 | AC6 | AC5 | AC4 | AC3 | AC2 | AC1 | AC0 | 设定 CGRAM 地址到地址计数器 AC |

## 5. LCD12864 的字符显示

1）显示位置与显示 RAM 地址的关系

带中文字库的 LCD12864 每屏可显示 4 行 8 列共 32 个 16×16 点阵的汉字，每个显示 RAM 可显示 1 个中文字符或 2 个 16×8 点阵全高 ASCII 码字符,即每屏最多可同时实现 32 个中文字符或 64 个 ASCII 码字符的显示。

字符显示是通过将字符的显示编码写入该字符显示位置对应的显示 RAM 中实现的。LCD12864 每屏有 32 个汉字显示位,对应有 32 个显示 RAM 地址,每个存储地址存储数据为 16 位。字符显示位置与显示 RAM 地址的关系如表 9.12 所示。

表 9.12　字符显示位置与显示 RAM 地址的关系

| 80H | | 81H | | 82H | | 83H | | 84H | | 85H | | 86H | | 87H | |
|---|---|---|---|---|---|---|---|---|---|---|---|---|---|---|---|
| 90H | | 91H | | 92H | | 93H | | 94H | | 95H | | 96H | | 97H | |
| 88H | | 89H | | 8AH | | 8BH | | 8CH | | 8DH | | 8EH | | 8FH | |
| 98H | | 99H | | 9AH | | 9BH | | 9CH | | 9DH | | 9EH | | 9FH | |
| H | L | H | L | H | L | H | L | H | L | H | L | H | L | H | L |

在实际应用 LCD12864 时需要特别注意,每个显示地址包括两个单元,当字符编码为 2 字节时,应先写入高位字节,再写入低位字节,中文字符编码的第 1 字节只能出现在高位字节(H)位置,否则会出现乱码。在显示中文字符时,应先设定显示字符的位置,即先设定显示地址,再写入中文字符编码。显示 ASCII 码字符的过程与显示中文字符的过程相同,但在显示连续字符时,只需要设定一次显示地址,由模块自动对地址加 1 并指向下一个字符位置;否则,显示的字符中将会有一个空 ASCII 字符位置。

2)LCD12864 字符的显示编码

根据写入编码的不同,可分别在液晶屏上显示 CGROM(中文字库)、HCGROM(ASCII 码字库)及 CGRAM(自定义字形)的内容。

①显示半宽字形(ASCII 码字符):字符显示的编码范围为 02H~7FH。

②显示中文字形:字符显示的编码范围为 A1A0H~F7FFH(GB2313 中文字库字形编码)。

③显示 CGRAM 字形:字符显示的编码范围为 0000~0006H(实际上只有 0000H、0002H、0004H、0006H,共 4 个)。

3)字符显示的操作步骤

①根据显示位置,设置显示 RAM 的地址。

②根据显示内容,写入显示字符的编码值。

注意:每次写入指令代码或显示编码数据都需要读取 LCD12864 的指令状态数据,判断 LCD12864 是否忙。只有 LCD12864 处于不忙状态时才可以写入指令代码或显示编码数据。

6.LCD12864 图形显示

1)显示位置与显示 RAM 地址的关系

如图 9.16 所示为用 LCD12864 进行图形显示时显示位置与显示 RAM 地址的关系。以行(垂直坐标)、列(水平坐标)来标注显示位置与显示存储的关系,分上屏(上屏的水平坐标:00H~07H)和下屏(下屏的水平坐标:08H~0FH),一个存储地址包含 16 个二进制位,数据为"1"时点亮对应的显示位、为"0"时熄灭对应的显示位。访问时按行(垂直坐标)、列(水平坐标)顺序访问,垂直坐标的更换必须通过指令设置,水平坐标的起始地址需要通过指令设置,当写入两个 8 位显示图形数据后,水平坐标地址计数器会自动加 1。具体过程是:先连续写入垂直坐标(AC6~AC0)与水平坐标(AC3~AC0),再写入两个 8 位图形数据到绘图 RAM,此时水平坐标地址计数器(AC)会自动加 1。

注意:在利用字模工具获取图形的字模数据时,必须按横向模式取图形的字模数据。

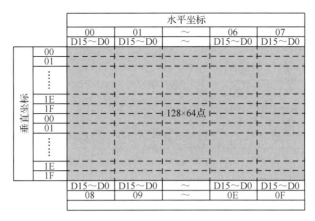

图 9.16 显示位置与显示 RAM 地址的关系（图形显示）

2）图形显示的操作步骤

①在写入绘图 RAM 之前先进入扩充指令操作。

②将垂直坐标写入绘图 RAM。

③将水平坐标写入绘图 RAM。

④返回基本指令操作。

⑤将图形数据的 DB15～DB8 写入绘图 RAM。

⑥将图形数据的 DB7～DB0 写入绘图 RAM。

### 7. LCD12864 端口时序图

当 LCD12864 的第 15 引脚 PSB 接高电平时，LCD12864 工作于并行方式，单片机与 LCD12864 通过第 4 引脚 RS、第 5 引脚 RW、第 6 引脚 E、第 7～14 引脚 DB0～DB7 完成数据传输。LCD12864 工作于并行方式时，单片机写数据到 LCD12864 和单片机从 LCD12864 读取数据的时序图与 LCD1602 工作于并行方式读取数据的时序图类似。

当 LCD12864 的第 15 引脚 PSB 接低电平时，LCD12864 工作于串行方式，单片机通过与 LCD12864 第 4 引脚 CS、第 5 引脚 SID、第 6 引脚 SCLK 完成数据传输。一个完整的串行传输流程是：首先传输起始字节（又称同步字符串）（5 个连续的 1）。在传输起始字节时，传输计数将被重置且串行传输被同步，跟随起始字节的 2 位分别指定传输方向位 RW 及寄存器选择位 RS，最后第 8 位则为 0。在接收到同步位及 RW 和 RS 资料的起始字节后，每一个 8 位的指令将被分成 2 字节接收，即高 4 位（D7～D4）的指令资料将被放在第 1 字节的 LSB 部分，低 4 位（D3～D0）的指令资料将被放在第 2 字节的 LSB 部分，至于相关的另 4 位则都为 0。串行方式的时序图如图 9.17 所示。

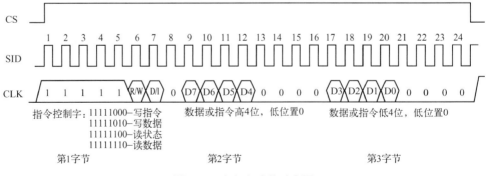

图 9.17 串行方式的时序图

## 8. LCD12864 串行方式程序设计应用实例

【例 9.5】电路示意图如图 9.18 所示，LCD12864 工作于串行方式（PSB=0）。在指定位置显示汉字和 ASCII 字符；切换到扩充指令操作进行绘图操作等；在指定位置显示数据，该数据是 4×4 矩阵键盘的键值（0~15），需要进行运算得到个位、十位的数值，并分别显示。单片机的工作频率为12MHz，4×4 矩阵键盘与单片机通过 P0 连接。

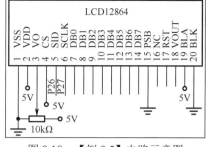

图 9.18 【例 9.5】电路示意图

**解：** C 语言源程序如下：

```c
#include <stc32g.h>         //包含支持 STC32G12K128 的头文件
#include<intrins.h>
#include <sys_init.c>
#define uchar unsigned char
#define uint unsigned int
#define KeyBus P0    //矩阵键盘端口
sbit PSB = P2^4;       /*PSB=0 串行数据，如果 PSB 连接 P2.4，则令 P2.4=0*/
sbit CS = P2^5;        /*CS=1 打开显示，如果 CS 连接 P2.5，则令 P2.5=1*/
sbit SID = P2^6;       //数据引脚定义
sbit SCLK = P2^7;      //时钟引脚定义
delayms(unsigned int t) //延时
{
   unsigned int i, j;
   for(i=0;i<t;i++)
   for(j=0;j<120;j++);
}
unsigned char lcm_r_byte(void)  //接收 1 字节
{
    unsigned char i, temp1, temp2;
    temp1 = 0;
    temp2 = 0;
   for(i=0;i<8;i++)
   {
      temp1=temp1<<1;
      SCLK = 0;
      SCLK = 1;
      SCLK = 0;
      if(SID) temp1++;
   }
   for(i=0;i<8;i++)
   {
      temp2=temp2<<1;
      SCLK = 0;
      SCLK = 1;
      SCLK = 0;
      if(SID) temp2++;
   }
   return ((0xf0&temp1)+(0x0f&temp2));
}
void lcm_w_byte(unsigned char bbyte)    //发送 1 字节
{
   unsigned char i;
   for(i=0;i<8;i++)
   {
```

· 193 ·

```
        SID=bbyte&0x80;                //取出最高位
        SCLK=1;
        SCLK=0;
        bbyte<<=1;                     //左移
    }
}
void CheckBusy( void )                 //检查忙状态
{
    do   lcm_w_byte(0xfc);             //11111, RW(1), RS(0), 0
    while(0x80&lcm_r_byte());          //BF(.7)=1 Busy
}
void lcm_w_test(bit start, unsigned char ddata)//写指令或数据
{
    unsigned char start_data, Hdata, Ldata;
    if(start==0) start_data=0xf8;      //0 写指令
    else  start_data=0xfa;             //1 写数据
    Hdata=ddata&0xf0;                  //取高 4 位
    Ldata=(ddata<<4)&0xf0;             //取低 4 位
    lcm_w_byte(start_data);            //发送起始信号
    lcm_w_byte(Hdata);                 //发送高 4 位
    lcm_w_byte(Ldata);                 //发送低 4 位
    CheckBusy( );                      //检查忙标志
}
void lcm_w_char(unsigned char num)  //向 LCD12864 发送一个数字
{
    lcm_w_test(1, num+0x30);
}
void lcm_w_word(unsigned char *str)//向 LCD12864 发送一个字符串，长度为 64 字符之内
{
    while(*str != '\0')
    {
        lcm_w_test(1, *str++);
    }
    *str = 0;
}
void lat_disp (unsigned char data1, unsigned char data2)
{
    unsigned char i, j, k, x, y;
    x=0x80;y=0x80;                     //上半屏显示
    for(k=0;k<2;k++)
    {
        for(j=0;j<16;j++)
        {
            for(i=0;i<8;i++)
            {
                lcm_w_test(0, 0x36);   //扩充指令操作
                lcm_w_test(0, y+j*2);  //垂直坐标 y 写入绘图 RAM 地址
                lcm_w_test(0, x+i);    //水平坐标 x 写入绘图 RAM 地址
                lcm_w_test(0, 0x30);   //基本指令操作
                lcm_w_test(1, data1);  //位元数据 DB15～DB8 写入绘图 RAM
                lcm_w_test(1, data1);  //位元数据 DB7～DB0 写入绘图 RAM
            }
            for(i=0;i<8;i++)
            {
```

```
        lcm_w_test(0, 0x36);              //扩充指令操作
        lcm_w_test(0, y+j*2+1);           //垂直坐标 y 写入绘图 RAM 地址
        lcm_w_test(0, x+i);               //水平坐标 x 写入绘图 RAM 地址
        lcm_w_test(0, 0x30);              //基本指令操作
        lcm_w_test(1, data2);             //位元数据 DB15～DB8 写入绘图 RAM
        lcm_w_test(1, data2);             //位元数据 DB7～DB0 写入绘图 RAM
        }
    }
    x=0x88;                   //下半屏显示
    }
}
void lcm_init(void)          //初始化 LCD12864
{
    delayms(100);            //延时
    lcm_w_test(0, 0x30);     //8 位数据，基本指令集
    lcm_w_test(0, 0x0c);     //显示打开，光标关，反白关
    lcm_w_test(0, 0x01);     //清屏，将 DDRAM 地址计数器归零
    delayms(100);            //延时
}
void lcm_clr(void)           //清屏函数
{
    lcm_w_test(0, 0x01);
    delayms(40);
}
unsigned char keyscan(void)
{
    unsigned char temH,temL,key;
    KeyBus = 0x0f;           //高 4 位输出 0
    if(KeyBus!=0x0f)
    {
        temL = KeyBus;                    //读入，低 4 位含有按键信息
        KeyBus = 0xf0;                    //低 4 位输出 0
        _nop_(); _nop_(); _nop_(); _nop_();  //延时
        temH = KeyBus;                    //读入，高 4 位含有按键信息
        switch(temL)
        {
            case 0x0e: key = 1; break;
            case 0x0d: key = 2; break;
            case 0x0b: key = 3; break;
            case 0x07: key = 4; break;
            default: return 0;             //没有按键输出 0
        }
        switch(temH)
        {
            case 0xe0: return key;break;
            case 0xd0: return key + 4;break;
            case 0xb0: return key + 8;break;
            case 0x70: return key + 12;break;
            default: return 0;             //没有按键输出 0
        }
    }
}
main( )
{
```

```
    unsigned char i=0, j=0;
    sys_init();
    PSB = 0;      //PSB=0 表示串行数据
    CS = 1;       //CS=1 打开显示
    lcm_init( );//初始化液晶显示器
    lcm_clr( ); //清屏
    lcm_w_test(0, 0x80);lcm_w_word(" ┌──────┐ ");            //先指定显示位置
    lcm_w_test(0, 0x90);lcm_w_word(" │STC32G12K128│ ");     //再显示内容
    lcm_w_test(0, 0x88);lcm_w_word(" │LCD12864 应用│ ");
    lcm_w_test(0, 0x98);lcm_w_word(" └──────┘ ");
    delayms(20000);              //延时，观察显示内容
    lcm_clr( );                  //清屏
    lat_disp (0xaa, 0x55);       //10101010 和 01010101 交错显示
    delayms(5000);               //延时，观察显示内容
    lcm_clr( );                  //清屏
    lcm_w_test(0, 0x90);         //指定显示位置
    lcm_w_word("4X4 矩阵键盘应用");      //显示
    lcm_w_test(0, 0x88);               //指定显示位置
    lcm_w_word("================");  //显示
    while(1)
    {
        i=keyscan(); //按键值赋予变量 i
        if(i!=0)     //有按键按下刷新显示按键值
        {
            j=i-1;   //对应按键 0～15
            lcm_w_test(0, 0x9C);  //先指定显示位置
            lcm_w_char(j/10);     //计算十位并显示
            lcm_w_char(j%10);     //计算个位并显示
        }
    }
}
```

# 9.4  工程实践

## 9.4.1  STC32G12K128 单片机与矩阵键盘的端口与应用

### 1. 工程训练目标

（1）理解矩阵键盘的结构。

（2）掌握矩阵键盘的识别方法，包括扫描法与反转法。

（3）掌握 STC32G12K128 单片机与矩阵键盘的端口与应用编程。

### 2. 任务概述

1）任务目标

设计一个 2×4 矩阵键盘，8 个按键对应十六进制数码 0～7，当某按键闭合时，对应的数码在 LED 数码管最右边的位置显示。

2）电路设计

直接用实验箱搭建矩阵键盘电路，2×4 矩阵键盘的 2 根行线与 P0.6、P0.7 相连，4 根列线与 P0.0、P0.1、P0.2、P0.3 相连，如图 2.35 所示。

3）参考程序（C 语言版）

（1）程序说明。采用扫描法识别矩阵键盘，设计一个独立的矩阵键盘识别函数 keyscan()，返

回参数为按键的键码，无按键闭合时，返回的键码为16，编号为0～7的按键的键码依次为0～7。在使用矩阵键盘识别函数时，先要判断是否有按键闭合，当确认有按键闭合时再根据键码做相应的动作。

（2）主程序文件 project941.c 如下：

```c
#include<stc32g.h>
#include<intrins.h>
typedef unsigned char   u8;
typedef unsigned int    u16;
typedef unsigned long   u32;
#define MAIN_Fosc   18432000UL   //设置主时钟频率，下载时按此频率设置
#include"sys_inti.c"
#include"LED_display.c"
#define KEY P0
/*---------------键盘扫描子程序----------------------*/
u8  keyscan()
{
    u8 row,column,key_volume;
    KEY=0x0f;                    //先对 KEY 置数，行全扫描
    if(KEY!=0x0f)                //判断是否有按键闭合
    {
        delay_ms(10);            //延时，软件去抖
        if(KEY!=0x0f)            //确认按键闭合
        {
            KEY=0xbf;            //0 行扫描
            if(KEY!=0xbf)
            {
                row=0;
                goto colume_scan;
            }
            KEY=0x7f;            //1 行扫描
            delay_ms(10);
            if(KEY!=0x7f)
            {
                row=1;
                goto colume_scan;
            }
            return(16);
    colume_scan:
            if((KEY&0x01)==0)column=0;
            else if((KEY&0x02)==0)column=1;
            else if((KEY&0x04)==0)column=2;
            else column=3;
            key_volume=row*4+column;
            return (key_volume);
        }
        return (16);
    }
    else return (16);
    KEY=0xff;
}

/*-------------主程序--------------*/
void main(void)
```

```
{
    u8 key;
    sys_inti();
    KEY = 0xff;
    Dis_buf[7]=16;
    while(1)
    {
        key=keyscan();
        if(key!=16)
        {
            Dis_buf[7]=key;
        }
        LED_display();
    }
}
```

**3. 任务实施**

（1）分析 project941.c 程序文件。

（2）将 LED_display.c 和 sys_inti.c 复制到当前项目文件夹。

（3）用 Keil C251 编辑、编译用户程序，生成机器代码。

①用 Keil C251 新建 project941 项目。

②新建 project941.c 文件。

③将 project941.c 文件添加到当前项目中。

④设置编译环境，勾选"编译时生成机器代码文件"。

⑤编译程序文件，生成 project941.hex 文件。

（4）将实验箱连至 PC。

（5）利用 STC-ISP 将 project941.hex 文件下载到实验箱单片机中。

（6）开机时，LED 数码管无显示。

（7）调试矩阵键盘。

①依次按动 0~7 号按键，观察 LED 数码管显示的内容是否符合要求。

②同时按住两个或两个以上按键，观察 LED 数码管的显示情况。

**4. 训练拓展**

（1）修改程序，新输入的键值在 LED 数码管的最低位显示，原先数码管上显示的值依次往左移动 1 位，最高位自然丢失，并要求能实现高位自动清零（高位无效的零不显示）。

（2）修改程序，矩阵键盘的识别方法从扫描法改为反转法。

## 9.4.2　STC32G12K128 单片机与 LCD12864（含中文字库）的端口与应用

**1. 工程训练目标**

（1）理解 LCD12864（含中文字库）显示屏引脚的含义。

（2）掌握字符、中文，以及图形的显示方法。

（3）掌握 STC32G12K128 单片机与 LCD12864（含中文字库）的端口与应用编程。

**2. 任务概述**

1）任务目标

在 LCD12864（含中文字库）显示屏上交替显示文字和图片。文字是"南通国芯微电子""www.stcmcu.com""专业制造 51 单片机""QQ: 800003751"，分 4 行显示。图片显示效果（部分）

如图 9.19 所示。

2）电路设计

STC32G12K128 单片机与 LCD12864（含中文字库）的
端口电路如图 2.47 所示，LCD12864（含中文字库）显示屏
要外接至 J5。

3）参考程序（C 语言版）

图 9.19　显示效果（部分）

（1）程序说明。为了便于调用 LCD12864（含中文字库）
显示函数，设计一个独立的显示文件，即 LCD12864_HZ.c，
在主程序中利用包含语句将 LCD12864_HZ.c 文件包含进去即可，即#include "LCD12864_HZ.c"。

（2）LCD12864_HZ.c 的内容如下：

```
sbit        LCD_RS = P4^5;          //定义引脚
sbit        LCD_RW = P4^4;
sbit        LCD_E = P4^2;
//sbit      PSB = P3^5;             //PSB 引脚为 12864 的串、并通信功能切换，PSB=1
sbit        LCD_RESET = P3^4;       //17：置位  L：使能
#define LCD_Data P6
#define Busy     0x80               //用于检测 LCD 状态字中的忙标识
void delay_ms(u16 ms)
{
    u16 i;
    do{
        i = MAIN_Fosc/6000;
        while(--i);
    }while(--ms);
}
void LCD_delay(void)
{
    _nop_();    _nop_();    _nop_();    _nop_();    _nop_();
    _nop_();    _nop_();    _nop_();    _nop_();    _nop_();
}
/*-------检测信号---------*/
u8 ReadStatusLCD(void)
{
    LCD_Data = 0xFF;
    LCD_RS = 0;
    LCD_RW = 1;
    LCD_delay();
    LCD_E = 1;
    LCD_delay();
    while (LCD_Data & Busy);  //检测忙信号
    LCD_E = 0;
    return(LCD_Data);
}
/*--------写数据-----------*/
void WriteDataLCD(u8 WDLCD)
{
    ReadStatusLCD();  //检测忙
    LCD_RS = 1;
    LCD_RW = 0;
    LCD_Data = WDLCD;
    LCD_delay();
```

```
        LCD_E = 1;
        LCD_delay();
        LCD_E = 0;
    }
    /*----------写指令---------*/
    void WriteCommandLCD(u8 WCLCD, u8 BuysC)  //BuysC 为 0 时忽略忙检测
    {
        if (BuysC) ReadStatusLCD(); //根据需要检测忙
        LCD_RS = 0;
        LCD_RW = 0;
        LCD_Data = WCLCD;
        LCD_delay();
        LCD_E = 1;
        LCD_delay();
        LCD_E = 0;
    }
    /*------LCD 初始化--------*/
    void LCDInit(void)
    {
    //  PSB = 1;    //并行端口，控制引脚已固定接高电平
    //  PSB = 0;    //SPI 口
        delay_ms(10);
        LCD_RESET = 0;
        delay_ms(10);
        LCD_RESET = 1;
        delay_ms(100);
        WriteCommandLCD(0x30,1); //显示模式设置，开始要求每次检测忙信号
        WriteCommandLCD(0x01,1); //显示清屏
        WriteCommandLCD(0x06,1); //显示光标移动设置
        WriteCommandLCD(0x0C,1); //显示开及光标设置
    }
    /*-------清屏----------*/
    void LCDClear(void)
    {
        WriteCommandLCD(0x01,1); //显示清屏
        WriteCommandLCD(0x34,1); //显示光标移动设置
        WriteCommandLCD(0x30,1); //显示开及光标设置
    }
    /*-----按指定位置显示一串字符-----*/
    void DisplayListChar(u8 X,u8 Y,u8 code *DData)
    {
        u8 ListLength,X2;
        ListLength = 0;
        X2 = X;
        if(Y < 1)   Y=1;
        if(Y > 4)   Y=4;
        X &= 0x0F; //限制 X 不能大于 16，Y 在 1～4 范围内
        switch(Y)
        {
            case 1: X2 |= 0X80; break;  //根据行数来选择相应地址
            case 2: X2 |= 0X90; break;
            case 3: X2 |= 0X88; break;
            case 4: X2 |= 0X98; break;
        }
```

```
        WriteCommandLCD(X2,1);  //发送地址码
        while (DData[ListLength] >= 0x20) //若到达字符串尾则退出
        {
            if (X <= 0x0F) //X坐标应小于0xF
            {
                WriteDataLCD(DData[ListLength]); //
                ListLength++;
                X++;
            }
        }
    }
}
/*--------图形显示122*32----------*/
void DisplayImage (u8 code *DData)
{
    u8 x,y,i;
    unsigned int tmp=0;
    for(i=0;i<9;)          //分两屏，上半屏和下半屏，因为起始地址不同，需要分开
    {
        for(x=0;x<32;x++)    //32 行
        {
            WriteCommandLCD(0x34,1);
            WriteCommandLCD((u8)(0x80+x),1); //列地址
            WriteCommandLCD((u8)(0x80+i),1); //行地址，下半屏，即第三行地址 0X88
            WriteCommandLCD(0x30,1);
            for(y=0;y<16;y++)
                WriteDataLCD(DData[tmp+y]);    //读取数据写入 LCD
            tmp+=16;
        }
        i+=8;
    }
    WriteCommandLCD(0x36,1);                 //扩充功能设定
    WriteCommandLCD(0x30,1);
}
```

（3）主程序文件 project942.c 如下：

```
#include <STC32G.h>
#include <stdio.h>
#include <intrins.h>
typedef unsigned char   u8;
typedef unsigned int    u16;
typedef unsigned long   u32;
#define MAIN_Fosc  24000000UL
#include"sys_inti.c"
#include "LCD12864_HZ.C"
/*------------图片的字模数组，可利用字模提取软件获取------------*/
u8  code uctech[]   = {"南通国芯微电子"};
u8  code net[]      = {" www.stcmcu.com "};
u8  code mcu[]  = {"专业制造51单片机"};
u8  code qq[]       = {" QQ: 800003751 "};
/*--------点阵图形数据------*/
u8 code gImage_gxw[1024] = { /* 0X10,0X01,0X00,0X80,0X00,0X40,*/
0X00,0X00,0X00,0X00,0X00,0X00,0X00,0X00,0X00,0X00,0X00,0X00,0X00,0X00,0X00,0X0
0,0X00,0X00,0X3F,0X03,0XF0,0X3F,0X03,0XF0,0X00,0X00,0X00,0X0C,0X00,0X00,0X00,
0XC0,0X00,0X00,0X21,0X02,0X10,0X21,0X02,0X10,0X00,0X00,0X00,0X0C,0X00,0X18,0X
```

FF,0XE0,0X00,0X00,0X21,0X02,0X10,0X21,0X02,0X10,0X00,0X00,0X00,0X08,0X1C,0X1C
,0X1B,0X00,0X00,0X00,0X21,0X02,0X10,0X21,0X02,0X10,0X00,0X00,0X1F,0XFF,0XFE,0
X0C,0X0E,0X00,0X00,0X00,0X21,0X02,0X10,0X21,0X02,0X10,0X00,0X00,0X00,0X0C,0X0
0,0X00,0X8C,0X60,0X00,0X00,0X21,0X02,0X10,0X21,0X02,0X10,0X00,0X00,0X04,0X0C,
0X10,0X00,0XFF,0XF0,0X00,0X00,0X21,0X02,0X10,0X21,0X02,0X10,0X00,0X00,0X07,0X
FF,0XF8,0X0C,0XCC,0X60,0X00,0X00,0X21,0X02,0X10,0X21,0X02,0X10,0X00,0X00,0X06
,0X63,0X18,0X7E,0XCC,0X60,0X00,0X7F,0XFF,0XFF,0XFF,0XFF,0XFF,0XFF,0XF8,0X00,0
X06,0X33,0X98,0X0C,0XFF,0XE0,0X00,0X7F,0XFF,0XFF,0XFF,0XFF,0XFF,0XFF,0XF8,0X0
0,0X06,0X32,0X18,0X0C,0XCC,0X60,0X00,0X60,0X00,0X00,0X00,0X00,0X00,0X00,0X18,
0X00,0X06,0X05,0XD8,0X0C,0XCC,0X60,0X00,0X60,0X00,0X00,0X00,0X00,0X00,0X00,0X
18,0X00,0X06,0XFF,0X78,0X0C,0XFF,0XE0,0X00,0X60,0X00,0X00,0X00,0X00,0X00,0X00
,0X18,0X00,0X06,0X08,0XD8,0X0C,0XCC,0X60,0X00,0X60,0X00,0X00,0X00,0X00,0X00,0
X00,0X18,0X00,0X07,0XFF,0XF8,0X0C,0XCC,0X60,0X00,0X60,0X00,0X00,0X00,0X00,0X0
0,0X00,0X18,0X00,0X06,0X0C,0X18,0X0C,0XCF,0XE0,0X00,0X60,0X00,0X00,0X00,0X00,
0X00,0X00,0X18,0X00,0X06,0X0C,0X18,0X3E,0X80,0X40,0X00,0X60,0X00,0X00,0X00,0X
00,0X00,0X00,0X18,0X00,0X06,0X0C,0X18,0X73,0XC0,0X00,0X00,0X60,0X00,0X00,0X00
,0X00,0X00,0X00,0X18,0X00,0X06,0X0D,0XF0,0X20,0X7F,0XF8,0X00,0X60,0X00,0X00,0
X00,0X00,0X00,0X00,0X18,0X00,0X06,0X00,0X30,0X00,0X00,0X00,0X00,0X60,0X00,0X0
0,0X00,0X00,0X00,0X00,0X18,0X00,0X00,0X00,0X00,0X00,0X00,0X00,0X00,0X60,0X00,
0X00,0X00,0X00,0X00,0X00,0X18,0X00,0X00,0X00,0X00,0X00,0X00,0X00,0X00,0X60,0X
00,0X00,0X00,0X00,0X00,0X00,0X18,0X00,0X06,0X00,0X18,0X01,0X84,0X00,0X00,0X60
,0X00,0X00,0X00,0X00,0X00,0X00,0X18,0X00,0X07,0XFF,0XFC,0X01,0XC6,0X00,0X00,0
X60,0X00,0X00,0X00,0X00,0X00,0X00,0X18,0X00,0X06,0X00,0X58,0X01,0X86,0X30,0X0
0,0X60,0X00,0X00,0X00,0X00,0X00,0X00,0X18,0X00,0X07,0XFF,0XD8,0X7F,0XFF,0XF8,
0X00,0X60,0X00,0XFD,0X1F,0XF0,0X7A,0X00,0X18,0X00,0X06,0X0C,0X18,0X01,0X86,0X
00,0X00,0X60,0X01,0X87,0X13,0X30,0XC6,0X00,0X18,0X00,0X06,0X0C,0X18,0X01,0X86
,0X00,0X00,0X60,0X03,0X03,0X33,0X11,0X83,0X00,0X18,0X00,0X06,0X0C,0X18,0X00,0
X40,0X00,0X00,0X60,0X03,0X03,0X03,0X01,0X83,0X00,0X18,0X00,0X06,0X0C,0XD8,0X0
0,0X30,0X00,0X00,0X60,0X03,0X80,0X03,0X03,0X80,0X00,0X18,0X00,0X06,0XFF,0XF8,
0X03,0X38,0X00,0X00,0X60,0X01,0XC0,0X03,0X03,0X00,0X00,0X18,0X00,0X06,0X0F,0X
18,0X0B,0X98,0X80,0X00,0X60,0X00,0X78,0X03,0X03,0X00,0X00,0X18,0X00,0X06,0X0D
,0X98,0X0B,0X18,0XC0,0X00,0X60,0X00,0X1E,0X03,0X03,0X00,0X00,0X18,0X00,0X06,0
X0C,0XD8,0X1B,0X00,0X70,0X00,0X60,0X00,0X07,0X03,0X03,0X00,0X00,0X18,0X00,0X0
6,0X0C,0X18,0X1B,0X01,0X30,0X00,0X60,0X00,0X03,0X03,0X03,0X80,0X00,0X18,0X00,
0X06,0X0C,0XD8,0X3B,0X01,0X30,0X00,0X60,0X03,0X03,0X03,0X03,0X83,0X00,0X18,0X
00,0X07,0XF7,0XB8,0X33,0X01,0X80,0X00,0X60,0X03,0X03,0X03,0X01,0X82,0X00,0X18
,0X00,0X06,0X00,0X18,0X03,0X01,0X80,0X00,0X60,0X01,0XC6,0X03,0X01,0XC6,0X00,0
X18,0X00,0X07,0XFF,0XF8,0X01,0XFF,0X80,0X00,0X60,0X01,0X7C,0X07,0XC0,0X7C,0X0
0,0X18,0X00,0X06,0X00,0X18,0X00,0X00,0X00,0X00,0X60,0X00,0X00,0X00,0X00,0X00,
0X00,0X18,0X00,0X04,0X00,0X00,0X00,0X00,0X00,0X00,0X60,0X00,0X00,0X00,0X00,0X
00,0X00,0X18,0X00,0X00,0X00,0X00,0X00,0X00,0X00,0X00,0X60,0X00,0X00,0X00,0X00
,0X00,0X00,0X18,0X00,0X00,0X00,0X00,0X00,0X00,0X00,0X00,0X60,0X00,0X00,0X00,0
X00,0X00,0X00,0X18,0X00,0X00,0X00,0X00,0X00,0X00,0X00,0X00,0X60,0X00,0X00,0X0
0,0X00,0X00,0X00,0X18,0X21,0X86,0X00,0X07,0X00,0X00,0X00,0X10,0X60,0X00,0X00,
0X00,0X00,0X00,0X00,0X18,0X31,0X86,0X00,0X07,0X00,0X03,0XFF,0XF8,0X60,0X00,0X
00,0X00,0X00,0X00,0X00,0X18,0X65,0X66,0X00,0X02,0X00,0X00,0X00,0X68,0X60,0X00
,0X00,0X00,0X00,0X00,0X00,0X18,0XC7,0X7C,0X00,0X02,0X08,0X00,0X00,0XC0,0X60,0
X00,0X00,0X00,0X00,0X00,0X00,0X18,0X95,0X6C,0X41,0XFF,0XFC,0X00,0X03,0X80,0X6
0,0X00,0X00,0X00,0X00,0X00,0X00,0X19,0X3D,0X6F,0XE1,0X82,0X0C,0X00,0X0E,0X00,
0X60,0X00,0X00,0X00,0X00,0X00,0X00,0X18,0X3E,0XE9,0XA1,0X82,0X0C,0X00,0X0E,0X
00,0X60,0X00,0X00,0X00,0X00,0X00,0X00,0X18,0X60,0X59,0X81,0X82,0X0C,0X00,0X0C
,0X0C,0X60,0X00,0X00,0X00,0X00,0X00,0X00,0X18,0X6F,0XFD,0X81,0XFF,0XFC,0X1F,0
XFF,0XFE,0X60,0X00,0X00,0X00,0X00,0X00,0X00,0X18,0XE0,0X15,0X81,0X82,0X0C,0X0
0,0X0C,0X02,0X7F,0XFF,0XFF,0XFF,0XFF,0XFF,0XF8,0XA6,0X45,0X81,0X82,0X0C,

```
0X00,0X0C,0X00,0X7F,0XFF,0XFF,0XFF,0XFF,0XFF,0XF9,0X27,0XC7,0X01,0X82,0X
0C,0X00,0X0C,0X00,0X00,0X21,0X02,0X10,0X21,0X02,0X10,0X00,0X26,0X47,0X01,0XFF
,0XFC,0X00,0X0C,0X00,0X00,0X21,0X02,0X10,0X21,0X02,0X10,0X00,0X26,0X5F,0X01,0
X82,0X0B,0X00,0X0C,0X00,0X00,0X21,0X02,0X10,0X21,0X02,0X10,0X00,0X26,0X77,0X0
1,0X02,0X03,0X00,0X0C,0X00,0X00,0X21,0X02,0X10,0X21,0X02,0X10,0X00,0X26,0XEF,
0X80,0X02,0X03,0X00,0X0C,0X00,0X00,0X21,0X02,0X10,0X21,0X02,0X10,0X00,0X24,0X
59,0XC0,0X02,0X03,0X00,0X0C,0X00,0X00,0X21,0X02,0X10,0X21,0X02,0X10,0X00,0X38
,0X30,0XE0,0X03,0XFF,0X80,0X7C,0X00,0X00,0X21,0X02,0X10,0X21,0X02,0X10,0X00,0
X38,0XE0,0X00,0X00,0X00,0X00,0X18,0X00,0X00,0X3F,0X03,0XF0,0X3F,0X03,0XF0,0X0
0,0X00,0X00,0X00,0X00,0X00,0X00,0X00,0X00,};
    /*---------- 主函数-----------*/
    void main(void)
    {
    sys_inti();
        delay_ms(100);           //启动等待，等 LCD 进入工作状态
        LCDInit();               //LCM 初始化
        delay_ms(5);             //延时片刻(可不要)
        while(1)
        {
            LCDClear();
            DisplayImage(gImage_gxw);         //显示图形
            delay_ms(5000);
            LCDClear();
            DisplayListChar(0,1,uctech);      //显示字库中的中文数字
            DisplayListChar(0,2,net);         //显示字库中的中文数字
            DisplayListChar(0,3,mcu);         //显示字库中的中文
            DisplayListChar(0,4,qq);          //显示字库中的中文数字
            delay_ms(5000);
        }
    }
```

### 3. 任务实施

（1）分析 LCD12864_HZ.c 和 project942.c 程序文件。

（2）用 Keil C251 新建 project942 项目。

（3）将 sys_inti.c 文件复制到当前项目文件夹中。

（4）新建 LCD12864_HZ.c 文件。

（5）新建 project942.c 文件。

（6）将 project942.c 文件添加到项目中，设置编译环境，编译与生成 project942 项目的机器代码文件 project942.hex。

（7）将 LCD12864（含中文字库）显示屏插到实验箱的 J5 插针上。

（8）将实验箱连至 PC。

（9）利用 STC-ISP 将 project942.hex 文件下载到实验箱单片机中。

（10）观察 LCD12864 显示屏是否显示指定的中文和图片，并记录。

### 4. 训练拓展

将工程训练 4.4.1 中的 LED 数码管显示改为 LCD12864（含中文字库）显示屏显示，修改程序并调试。

# 本章小结

本章从单片机应用系统的设计原则、开发流程和工程报告的编制等方面来介绍单片机应用系

统的设计和开发过程。

单片机系统的键盘电路主要分独立按键键盘和矩阵键盘。如果系统中只需要几个功能键，一般采用独立按键键盘；如果需要的按键比较多（如需要输入数字 0～9 等），通常采用矩阵键盘。

LCD 模块根据显示方式和内容的不同，可以分为笔画型液晶显示模块、字符型液晶显示模块与点阵字符型液晶显示模块（又分含中文字库与不含中文字库）等类型。本章重点介绍了字符型LCD1602 显示模块和带中文字库的 LCD12864 显示模块的硬件端口、指令表，以及应用编程。

# 思考与提高

**一、填空题**

（1）按键的机械抖动时间一般为_____。消除机械抖动的方法有硬件去抖和软件去抖，硬件去抖主要有_____触发器和_____两种方法；软件去抖是通过调用_____延时程序来实现的。

（2）键盘按按键的结构原理分为_____和_____两种；按端口原理分为_____和_____两种；按按键的连接结构分为_____和_____两种。

（3）独立键盘中各个按键是_____，与单片机的端口关系是每个按键占用一个_____。

（4）当单片机有 8 位 I/O 端口用于扩展键盘，若采用独立键盘，可扩展___个按键；当采用矩阵键盘结构时，最多可扩展___个按键。

（5）为保证每次的按键动作只完成一次功能，必须对按键做_____处理。

（6）单片机应用系统的设计原则包括_____、_____、操作维护方便与_____四个方面。

（7）LCD1602 名称中的 16 代表_____，02 代表_____。

（8）LCD12864 名称中的 128 代表_____，64 代表_____。

（9）LCD1602 中，RS 引脚的功能是_____，R/W 引脚的功能是_____，E 引脚的功能是_____。

（10）LCD1602 中，VO 引脚的功能是_____。

（11）LCD1602 中，LEDA 引脚的功能是_____，LEDK 引脚的功能是_____。

（12）LCD12864 中，PSB 引脚的功能是_____。

（13）LCD1602 显示模块的型号中，第 1 行第 2 位对应的 DDRAM 地址是_____，若要显示某个字符，则把该字符的_____写入该位置的 DDRAM 地址中。

**二、选择题**

（1）按键的机械抖动时间一般为_____。

    A．1～5ms        B．5～10ms        C．10～15ms        D．15～20ms

（2）软件去抖是通过调用延时程序来避开按键的抖动时间的，去抖延时程序的延时时间一般为_____。

    A．5ms        B．10ms        C．15ms        D．20ms

（3）人为按键的操作时间一般为_____。

    A．100ms        B．500ms        C．750ms        D．1000ms

（4）若 P1.0 连接一个独立按键，未按时是高电平，处理按键释放正确的语句是_____。

    A．while(P10==0);   B．if(P10==0);    C．while(P10!=0);   D．while(P10==1);

（5）若 P1.1 连接一个独立按键，未按时是高电平，进行按键识别的正确方法是_____。

    A．if(P11==0)       B．if(P11==1)       C．while(P11==0)    D．while(P11==1)

（6）在画程序流程图时，代表疑问性操作的框图是_____。

A. ▭　　　　　B. ⬭　　　　　C. ◇　　　　　D. ○

（7）在工程设计报告的参考文献中，代表期刊文章的标识是_____。

A. M　　　　　B. J　　　　　C. S　　　　　D. R

（8）在工程设计报告的参考文献中，D 代表的是_____。

A. 专著　　　　B. 论文集　　　　C. 学位论文　　　　D. 报告

（9）LCD 模块的显示控制中，若 RS=1，R/W=0，E 使能，此时 LCD 的操作是_____。

A. 读数据　　　B. 写指令　　　C. 写数据　　　D. 读忙标志

（10）LCD 模块的显示控制中，若 RS=1，R/W=1，E 使能，此时 LCD 的操作是_____。

A. 读数据　　　B. 写指令　　　C. 写数据　　　D. 读忙标志

（11）LCD 模块的显示控制中，若 RS=0，R/W=0，E 使能，此时 LCD 的操作是_____。

A. 读数据　　　B. 写指令　　　C. 写数据　　　D. 读忙标志

（12）LCD 模块的显示控制中，若 RS=0，R/W=1，E 使能，此时 LCD 的操作是_____。

A. 读数据　　　B. 写指令　　　C. 写数据　　　D. 读忙标志

（13）操作 LCD1602 的指令中，设置 01H 地址位的作用是_____。

A. 光标返回　　　　　　　　　B. 清显示

C. 设置字符输入模式　　　　　D. 显示开/关控制

（14）操作 LCD1602 的指令中，设置 88H 地址位的作用是_____。

A. 设置字符发生器的地址　　　　B. 设置 DDRAM 地址

C. 光标或字符移位　　　　　　　D. 设置基本操作

（15）若要在 LCD1602 的第 2 行第 0 位显示字符"D"，则把_____数据写入 LCD1602 对应的 DDRAM 中。

A. 0DH　　　　B. 44H　　　　C. 64H　　　　D. D0H

（16）操作 LCD12864 显示模块（含中文字库）的指令中，指令控制位 RE 的作用是_____。

A. 显示开/关选择　　　　　　　B. 游标开/关选择

C. 4/8 位数据选择　　　　　　　D. 扩充指令/基本指令选择

（17）操作 LCD12864 显示模块（含中文字库）的指令中，设置 81H 地址位的作用是_____。

A. 设置 CGRAM 地址　　　　　　B. 设置 DDRAM 地址

C. 地址归位　　　　　　　　　　D. 显示状态的开/关

## 三、判断题

（1）机械开关与机械按键的工作特性是一致的，仅是称呼不同而已。　　（　　）

（2）PC 键盘属于非编码键盘。　　（　　）

（3）单片机用于扩展键盘的 I/O 端口线为 10 根，可扩展的最大按键数为 24 个。　　（　　）

（4）按键释放处理中，也必须进行去抖动处理。　　（　　）

（5）参考文献中文献题名后面的英文表识 M 代表的是专著。　　（　　）

（6）LCD 是主动显示元器件，而 LED 是被动显示元器件。　　（　　）

（7）LCD1602 可以显示 32 个 ASCII 码字符。　　（　　）

（8）LCD12864 显示模块（含中文字库）可以显示 32 个中文字符。　　（　　）

（9）LCD12864 显示模块（含中文字库）可以显示 64 个 ASCII 码字符。　　（　　）

（10）一个 16×16 点阵字符的字模数据需要占用 32B 的地址空间。　　（　　）

（11）一个 32×32 点阵字符的字模数据需要占用 128B 的地址空间。　　（　　）

（12）LCD12864 显示模块（不含中文字库）写入数据是按屏、按页、按列进行的。（　　）

### 四、问答题

（1）简述编码键盘与非编码键盘的工作特性。在单片机应用系统中，一般是采用编码键盘还是非编码键盘？

（2）画出 RS 触发器的硬件去抖电路，并分析其工作原理。

（3）编程实现独立按键的按键识别与按键确认。

（4）在矩阵键盘处理中，全扫描指的是什么？

（5）简述矩阵键盘中巡回扫描识别键盘的工作过程。

（6）简述矩阵键盘中反转法识别键盘的工作过程。

（7）在按键释放处理程序中，当按键闭合时间较长时会出现动态 LED 数码管显示变暗或闪烁的情况，请分析原因并提出解决方法。

（8）在 LED 数码管显示中，如何让选择位闪烁显示？

（9）在很多单片机应用系统中，为了防止用户误操作而设计有键盘锁定功能，请问应该如何实现键盘锁定功能？

（10）简述单片机应用系统的开发流程。

（11）在 LCD 模块显示操作中，如何实现写入数据？

（12）在 LCD 模块显示操作中，如何实现写入指令？

（13）在 LCD 模块显示操作中，如何读取忙指令标志？

（14）向 LCD 模块写入数据或写入指令时应注意什么？

（15）在 LCD1602 模块中，若要在第 2 行第 5 位显示字符"W"，应如何操作？

（16）若要在 LCD12864 模块（含中文字库）中显示 ASCII 码字符，简述操作步骤。

（17）若要在 LCD12864 模块（含中文字库）中显示中文字符，简述操作步骤。

（18）若要在 LCD12864 模块（含中文字库）中绘图，简述操作步骤。

（19）在 LCD12864 模块（含中文字库）中，如何实现基本指令与扩充指令的切换？

（20）在字模提取软件的参数设置中，横向取模方式与纵向取模方式有何不同？

（21）在字模提取软件的参数设置中，倒序设置的含义是什么？

### 五、程序设计题

（1）设计一个电子时钟，采用 24 小时计时，具备闹铃功能。

①采用独立键盘实现校对时间与设置闹铃时间功能。

②采用矩阵键盘，实现校对时间与设置闹铃时间功能。

（2）设计 2 个按键，1 个用于数字加，1 个用于数字减，采用 LCD1602 显示数字，初始值为 100。画出硬件电路图，编写程序并上机运行。

（3）设计一个图片显示器，采用 LCD12864 显示模块（不含中文字库）显示。采用 1 个按键进行图片切换，共 4 幅图片，图片内容自定义。画出硬件电路图，编写程序并上机运行。

（4）设计一个图片显示器，采用 LCD12864 显示模块（含中文字库）显示。采用按键手工切换与定时自动切换。手工切换采用 22 按键，1 个按键用于往上翻，1 个按键用于往下翻。定时自动切换时间为 2s，显示屏中同时显示图片与自动切换时间（倒计时形式）。画出硬件电路图，编写程序并上机运行。

（5）将第（1）题中的电子时钟的显示模块改为 LCD1602，其余要求不变。

（6）将第（1）题中的电子时钟的显示模块改为 LCD12864（含中文字库），其余要求不变。

# 第 10 章 STC32G-SOFTWARE-LIB 函数库

**内容提要:**

从本章起,对后续片内资源的介绍,都将以"淡化原理,着重介绍应用编程与实践"为原则,依托 STC 官方发布的 STC32G-SOFTWARE-LIB 函数库,介绍相关应用程序的开发,基于任务轮询模式运行程序。

本章将首先介绍 STC32G-SOFTWARE-LIB 函数库的目录结构,然后重点介绍各端口的驱动函数。读者应掌握 STC32G12K128 单片机程序的运行模式,理解应用程序的含义、使用方法及开发方法。

STC32G-SOFTWARE-LIB 函数库是一个完整的软件包,包含 STC32 系列单片机大部分硬件端口的应用示例程序,主要基于 STC32G12K128 单片机开发,适用于 STC32 系列单片机的学习。

## 10.1 目录结构

STC32G-SOFTWARE-LIB 函数库的目录结构如图 10.1 所示,包括硬件驱动程序目录、应用程序目录、项目及输出文件目录和用户程序及配置文件目录,学习时应重点掌握硬件驱动程序目录中的相关内容,在此基础上完成各种应用程序的编写。

```
|----Driver (硬件驱动程序目录)
|    |----inc (驱动程序头文件目录)
|    |----isr (驱动中断程序目录)
|    |----src (驱动程序源代码目录)
|----App (应用程序目录)
|    |----inc (应用程序头文件目录)
|    |----src (应用程序源代码目录)
|----RVMDK (项目及输出文件目录)
|    |----list (编译输出文件目录)
|----User (用户程序及配置文件目录)
```

图 10.1 STC32G-SOFTWARE-LIB 函数库的目录结构

### 10.1.1 硬件驱动程序部分

硬件驱动程序部分主要包含各端口的初始化函数文件、驱动函数文件,以及中断服务函数文件,如表 10.1 所示。

表 10.1 硬件驱动程序部分主要包含的内容

| 文件 | 功能描述 |
|---|---|
| STC32G_ADC (.h、.c) | A/D 转换模块初始化及应用相关函数 |
| STC32G_Compare (.h、.c) | 比较器模块初始化相关函数 |
| STC32G_Delay (.h、.c) | 标准延时函数 |
| STC32G_EEPROM (.h、.c) | 内部 EEPROM(FLASH)模块初始化及应用相关函数 |
| STC32G_Exti (.h、.c) | 外部中断初始化相关函数 |
| STC32G_GPIO (.h、.c) | I/O 端口初始化相关函数 |
| STC32G_I2C (.h、.c) | I²C 总线初始化及应用相关函数 |
| STC32G_NVIC (.h、.c) | 嵌套向量中断控制器初始化相关函数 |
| STC32G_Soft_I2C(.h、.c) | 软件模拟 I²C 总线初始化及应用相关函数 |
| STC32G_Soft_UART (.h、.c) | 软件模拟 UART 初始化及应用相关函数 |
| STC32G_SPI (.h、.c) | SPI 端口初始化及应用相关函数 |
| STC32G_Timer (.h、.c) | 定时器模块初始化及应用相关函数 |
| STC32G_UART (.h、.c) | UART 模块初始化及应用相关函数 |
| STC32G_WDT (.h、.c) | 看门狗初始化及应用相关函数 |

| 文件 | 功能描述 |
|---|---|
| STC32G_PWM (.h、.c) | 16 位高级 PWM 定时器初始化及应用相关函数 |
| STC32G_DMA (.h、.c) | DMA 通道初始化及应用相关函数 |
| STC32G_Switch.h | 功能引脚切换定义头文件 |
| STC32G_ADC_Isr.c | A/D 转换模块中断服务函数 |
| STC32G_Compare_Isr.c | 比较器模块中断服务函数 |
| STC32G_Exti_Isr.c | 外部中断模块中断服务函数 |
| STC32G_GPIO_Isr.c | I/O 端口中断服务函数 |
| STC32G_I2C_Isr.c | I$^2$C 总线中断服务函数 |
| STC32G_SPI_Isr.c | SPI 端口中断服务函数 |
| STC32G_Timer_Isr.c | 定时器模块中断服务函数 |
| STC32G_UART_Isr.c | UART 模块中断服务函数 |
| STC32G_PWM_Isr.c | 16 位高级 PWM 定时器中断服务函数 |
| STC32G_DMA_Isr.c | DMA 通道中断服务函数 |

### 10.1.2 应用程序部分

应用程序部分是指基于 STC32G12K128 单片机驱动函数开发某种应用的应用程序文件，其包含的内容如表 10.2 所示。

表 10.2 应用程序部分包含的内容

| 文件 | 功能描述 |
|---|---|
| APP(.h、.c) | 应用程序共用变量、函数声明 |
| APP_AD_UART(.h、.c) | 多路 A/D 转换查询采样，通过 SPI 端口发送示例程序 |
| APP_DMA_AD(.h、.c) | A/D 转换模块、DMA 通道应用示例程序 |
| APP_DMA_I2C(.h、.c) | I$^2$C 总线+DMA 通道收发数据示例程序 |
| APP_DMA_LCM(.h、.c) | LCM 端口+DMA 通道驱动液晶屏示例程序 |
| APP_DMA_M2M(.h、.c) | DMA Memory to Memory 数据转移示例程序 |
| APP_DMA_SPI_PS(.h、.c) | UART_DMA、M2M_DMA、SPI_DMA 综合应用示例程序 |
| APP_DMA_UART(.h、.c) | SPI 端口、DMA 通道数据批量收发存储示例程序 |
| APP_INT_UART(.h、.c) | INT0～INT4 外部中断将单片机从休眠中唤醒的示例程序 |
| APP_Lamp(.h、.c) | 通过 P6 控制实现跑马灯示例程序 |
| APP_RTC(.h、.c) | 内置 RTC 模块应用示例程序 |
| APP_I2C_PS(.h、.c) | 软件模拟 I$^2$ 总线与硬件 I$^2$C 总线自发自收示例程序 |
| APP_SPI_PS(.h、.c) | 通过串行端口发送数据给 MCU1，MCU1 将接收到的数据由 SPI 端口发送给 MCU2，MCU2 再通过 SPI 端口将接收到的数据发送出去的示例程序 |
| APP_WDT(.h、.c) | 看门狗复位应用示例程序 |
| APP_EEPROM(.h、.c) | STC32G12K128 单片机通过串行端口对内部自带的 EEPROM(FLASH)进行读写的示例程序 |
| APP_PWMA_Output.c | PWMA 组 PWM1、PWM2、PWM3、PWM4 控制呼吸灯示例程序 |
| APP_PWMB_Output.c | PWMB 组 PWM5、PWM6、PWM7、PWM8 控制呼吸灯示例程序 |

### 10.1.3 用户程序及配置文件

基于 STC32G-SOFTWARE-LIB 函数库开发的用户程序及配置文件如表 10.3 所示。

表 10.3  基于 STC32G-SOFTWARE-LIB 函数库开发的用户程序及配置文件

| 文件 | 功能描述 |
|------|---------|
| config.h | 用户配置文件，主要是主时钟定义 |
| main.c | 主函数文件 |
| stc32g.h | STC32G12K128 单片机寄存器定义头文件 |
| system_init (.h .c) | 系统初始化配置文件，包括 I/O 初始化、访问程序存储器等待时间，以及访问扩展 RAM 等待时间 |
| task (.h .c) | 任务调度配置文件 |
| type_def.h | 数据类型定义文件 |
| isr.asm | 中断号大于 31 的中断，借用 13 号中断向量转换文件 |

## 10.2  硬件驱动

### 10.2.1  A/D 转换模块

与 A/D 转换模块驱动有关的文件有 STC32G_ADC.h、STC32G_ADC.c、STC32G_ADC_Isr.c，核心文件是 STC32G_ADC.c，包括初始化函数、电源控制函数、查询法读取转换结果函数，具体说明如下。

#### 1．初始化函数

（1）初始化函数的原型如表 10.4 所示。

表 10.4  初始化函数的原型

| 函数名 | void  ADC_Inilize(ADC_InitTypeDef  *ADCx) |
|--------|---------|
| 功能描述 | 初始化程序 |
| 参数 | *ADCx：结构参数 |
| 返回 | 无 |

（2）*ADCx 结构参数的定义。

```
typedef struct
{
    u8 ADC_SMPduty;
    u8 ADC_Speed;
    u8 ADC_AdjResult;
    u8 ADC_CsSetup;
    u8 ADC_CsHold;
} ADC_InitTypeDef;
```

（3）*ADCx 结构参数的说明。

①ADC_SMPduty：A/D 转换模块模拟信号采样的时间控制，设置范围为 0～31，但在实际应用中不能小于 10。

②ADC_Speed：设置 A/D 转换模块的工作时钟频率，如表 10.5 所示。

表 10.5  ADC_Speed 参数的设置

| ADC_Speed 参数值 | 功能描述 | ADC_Speed 参数值 | 功能描述 |
|------------------|---------|------------------|---------|
| ADC_SPEED_2X1T | SYSclk/2/1 | ADC_SPEED_2X9T | SYSclk/2/9 |
| ADC_SPEED_2X2T | SYSclk/2/2 | ADC_SPEED_2X10T | SYSclk/2/10 |
| ADC_SPEED_2X3T | SYSclk/2/3 | ADC_SPEED_2X11T | SYSclk/2/11 |
| ADC_SPEED_2X4T | SYSclk/2/4 | ADC_SPEED_2X12T | SYSclk/2/12 |

| ADC_Speed 参数值 | 功能描述 | ADC_Speed 参数值 | 功能描述 |
|---|---|---|---|
| ADC_SPEED_2X5T | SYSclk/2/5 | ADC_SPEED_2X13T | SYSclk/2/13 |
| ADC_SPEED_2X6T | SYSclk/2/6 | ADC_SPEED_2X14T | SYSclk/2/14 |
| ADC_SPEED_2X7T | SYSclk/2/7 | ADC_SPEED_2X15T | SYSclk/2/15 |
| ADC_SPEED_2X8T | SYSclk/2/8 | ADC_SPEED_2X16T | SYSclk/2/16 |

③ ADC_AdjResult：设置 A/D 转换模块转换结果的格式。当该参数值为 ADC_LEFT_JUSTIFIED 时，转换结果采用左对齐的形式；当该参数值为 ADC_RIGHT_JUSTIFIED 时，转换结果采用右对齐的形式。

④ADC_CsSetup：设置 ADC 通道选择的时间，取值可为 0（默认）或 1。

⑤ADC_CsHold：设置 ADC 通道选择保持的时间，取值可为 0、1（默认）、2 或 3。

2. 电源控制函数

电源控制函数的原型如表 10.6 所示。

表 10.6 电源控制函数的原型

| 函数名 | void ADC_PowerControl(u8 pwr) |
|---|---|
| 功能描述 | 电源控制程序 |
| 参数 | pwr：ENABLE，接通电源；DISABLE，切断电源 |
| 返回 | 无 |

3. 查询法读取转换结果函数

查询法读取转换结果函数的原型如表 10.7 所示。

表 10.7 查询法读取转换结果函数的原型

| 函数名 | u16 Get_ADCResult(u8 channel) |
|---|---|
| 功能描述 | 通过查询法读一次转换结果 |
| 参数 | channel：设置要转换的 ADC 通道，取值为 0～15（对应 ADC0～ADC15） |
| 返回 | 转换结果。如果等于 4096，表示发生错误 |

## 10.2.2 比较器模块

与比较器模块驱动有关的文件有 STC32G_Compare.h、STC32G_Compare.c、STC32G_Compare_Isr.c，核心文件是 STC32G_Compare.c，具体说明如下。

（1）初始化函数的原型如表 10.8 所示。

表 10.8 初始化函数的原型

| 函数名 | void CMP_Inilize(CMP_InitDefine *CMPx) |
|---|---|
| 功能描述 | 比较器的初始化程序 |
| 参数 | *CMPx：结构参数 |
| 返回 | 无 |

（2）*CMPx 结构参数的定义。

```
typedef struct
{
    u8 CMP_EN;
    u8 CMP_P_Select;
```

```
    u8 CMP_N_Select;
    u8 CMP_Outpt_En;
    u8 CMP_InvCMPO;
    u8 CMP_100nsFilter;
    u8 CMP_OutDelayDuty;
} CMP_InitDefine;
```

（3）*CMPx 结构参数的说明。

①CMP_EN：当此参数值为 ENABLE 时，比较器被使能；当此参数值为 DISABLE 时，比较器被禁用。

②CMP_P_Select：选择输入比较器正极的信号源，如表 10.9 所示。

表 10.9　CMP_P_Select 参数的设置

| CMP_P_Select 参数值 | 功能描述 | CMP_P_Select 参数值 | 功能描述 |
|---|---|---|---|
| CMP_P_P37 | 选择外部端口 P3.7 作为比较器正极的输入源 | CMP_P_P50 | 选择外部端口 P5.0 作为比较器正极的输入源 |
| CMP_P_P51 | 选择外部端口 P5.1 作为比较器正极的输入源 | CMP_P_ADC | 由 ADC_CHS 所选择的 ADC 输入端作为正极的输入源 |

③CMP_N_Select：选择输入比较器负极的信号源。当此参数值为 CMP_N_P36 时，选择外部端口 P3.6 作为比较器负极的输入源；当此参数值为 CMP_N_GAP 时，选择内部 BandGap 经过 OP 后的电压作为负极的输入源。

④CMP_Outpt_En：比较结果输出设置。当此参数值为 ENABLE 时，使能比较结果输出，比较结果输出到 P3.4 或者 P4.1；当此参数值为 DISABLE 时，禁止比较结果输出。

⑤CMP_InvCMPO：比较器输出取反设置。当此参数值为 ENABLE 时，使能比较器输出取反；当此参数值为 DISABLE 时，禁止比较器输出取反。

⑥CMP_100nsFilter：当此参数值为 ENABLE 时，使能内部 $0.1\mu F$ 滤波；当此参数值为 DISABLE 时，禁止内部 $0.1\mu F$ 滤波。

⑦CMP_OutDelayDuty：设置比较结果变化确认延时周期数，取值范围为 0～63。

## 10.2.3　EEPROM

与 EEPROM 驱动有关的文件有 STC32G_EEPROM.h、STC32G_EEPROM.c，核心文件是 STC32G_EEPROM.c，包括 EEPROM 读取函数、EEPROM 写入函数、EEPROM 擦除函数，具体说明如下。

### 1. EEPROM 读取函数

EEPROM 读取函数的原型如表 10.10 所示。

表 10.10　EEPROM 读取函数的原型

| 函数名 | void EEPROM_read_n(u32 EE_address，u8 *DataAddress，u16 number) |
|---|---|
| 功能描述 | 从指定 EEPROM 的首地址开始，读取若干字节的数据，并将其存放到指定的缓冲区 |
| 参数 1 | EE_address：读取 EEPROM 的首地址 |
| 参数 2 | *DataAddress：读取的存放数据的缓冲区的首地址 |
| 参数 3 | number：读取数据的字节长度 |
| 返回 | 无 |

### 2．EEPROM 写入函数

EEPROM 写入函数的原型如表 10.11 所示。

表 10.11　EEPROM 写入函数的原型

| 函数名 | void EEPROM_write_n(u32 EE_address，u8 *DataAddress，u16 number) |
|---|---|
| 功能描述 | 把缓冲区的若干个字节写入指定首地址的 EEPROM |
| 参数 1 | EE_address：写入 EEPROM 的首地址 |
| 参数 2 | *DataAddress：写入数据缓冲区的首地址 |
| 参数 3 | number：写入数据的字节长度 |
| 返回 | 无 |

### 3．EEPROM 擦除函数

EEPROM 擦除函数的原型如表 10.12 所示。

表 10.12　EEPROM 擦除函数的原型

| 函数名 | void EEPROM_SectorErase(u32 EE_address) |
|---|---|
| 功能描述 | 把指定地址的 EEPROM 扇区擦除 |
| 参数 | EE_address：要擦除的 EEPROM 扇区的地址 |
| 返回 | 无 |

## 10.2.4　外部中断

与外部中断操作有关的文件有 STC32G_Exti.h、STC32G_Exti.c、STC32G_Exti_Isr.c，核心文件是 STC32G_Exti.c，也就是外部中断初始化函数，具体说明如下。

（1）外部中断初始化函数的原型如表 10.13 所示。

表 10.13　外部中断初始化函数的原型

| 函数名 | u8 Ext_Inilize(u8 EXT，EXTI_InitTypeDef *INTx) |
|---|---|
| 功能描述 | 外部中断初始化程序 |
| 参数 1 | EXT：外部中断号。只有 INT0、INT1 可设置中断模式，其他中断默认采用下降沿触发方式 |
| 参数 2 | *INTx：结构参数 |
| 返回 | 成功返回 SUCCESS，错误返回 FAIL |

（2）*INTx 结构参数的定义。

```
typedef struct
{
    u8 EXTI_Mode;
} EXTI_InitTypeDef;
```

（3）*INTx 结构参数的说明。

EXTI_Mode：中断模式设置。当该参数值为 EXT_MODE_RiseFall 时，外部中断触发方式为"上升沿+下降沿"；当该参数值为 EXT_MODE_Fall 时，外部中断触发方式为下降沿触发。

## 10.2.5　GPIO

与 GPIO 操作有关的文件有 STC32G_GPIO.h、STC32G_GPIO.c、STC32G_GPIO_Isr.c，核心文件是 STC32G_GPIO.c，也就是 GPIO 初始化函数，具体说明如下。

（1）GPIO 初始化函数的原型如表 10.14 所示。

表 10.14　GPIO 初始化函数的原型

| 函数名 | u8 GPIO_Inilize(u8 GPIO，GPIO_InitTypeDef *GPIOx) |
|---|---|
| 功能描述 | 初始化 I/O 端口 |
| 参数 1 | GPIO：I/O 端口组号，取值 GPIO_P0～GPIO_P7，对应 P0～P7 |
| 参数 2 | *GPIOx：结构参数 |
| 返回 | 成功返回 SUCCESS，错误返回 FAIL |

（2）*GPIOx 结构参数的定义。

```
typedef struct
{
    u8 Mode;
    u8 Pin;
} GPIO_InitTypeDef;
```

（3）*GPIOx 结构参数的说明。

①Mode：用于设置 I/O 端口的工作模式，如表 10.15 所示。

表 10.15　I/O 端口工作模式的设置

| Mode 参数值 | 工作模式 |
|---|---|
| GPIO_PullUp | 准双向端口，内部弱上拉，可输入/输出，当输入时要先写 1 |
| GPIO_HighZ | 高阻输入，只能用作输入 |
| GPIO_OUT_OD | 开漏输出，可输入/输出，输入/输出 1 时需要接上拉电阻 |
| GPIO_OUT_PP | 推挽输出，需要串联限流电阻 |

②Pin：选择端口，如表 10.16 所示。

表 10.16　端口的选择

| Pin 参数值 | 功能描述 | Pin 参数值 | 功能描述 |
|---|---|---|---|
| GPIO_Pin_0 | I/O 引脚 Px.0 | GPIO_Pin_1 | I/O 引脚 Px.1 |
| GPIO_Pin_2 | I/O 引脚 Px.2 | GPIO_Pin_3 | I/O 引脚 Px.3 |
| GPIO_Pin_4 | I/O 引脚 Px.4 | GPIO_Pin_5 | I/O 引脚 Px.5 |
| GPIO_Pin_6 | I/O 引脚 Px.6 | GPIO_Pin_7 | I/O 引脚 Px.7 |
| GPIO_Pin_LOW | Px 整组 I/O 低 4 位引脚 | GPIO_Pin_HIGH | Px 整组 I/O 高 4 位引脚 |
| GPIO_Pin_All | Px 整组 I/O 8 位引脚 | 或运算（如 GPIO_Pin_0\|GPIO_Pin_1\|GPIO_Pin_7） | Px.0、Px.1、Px.7 |

## 10.2.6　I²C 总线

与 I²C 总线驱动有关的文件有 STC32G_I2C.h、STC32G_I2C.c、STC32G_I2C_Isr.c，核心文件是 STC32G_I2C.c，包括 I²C 初始化函数、I²C 写入数据函数、I²C 读取数据函数，具体说明如下。

### 1. I²C 初始化函数

（1）I²C 初始化函数的原型如表 10.17 所示。

表 10.17　I²C 初始化函数的原型

| 函数名 | void I2C_Init(I2C_InitTypeDef *I2Cx) |
|---|---|
| 功能描述 | I²C 初始化程序 |
| 参数 | *I2Cx：结构参数 |
| 返回 | 无 |

（2）*I2Cx 结构参数的定义。

```
typedef struct
{
    u8 I2C_Speed;
    u8 I2C_Enable;
    u8 I2C_Mode;
    u8 I2C_MS_WDTA;
    u8 I2C_SL_ADR;
    u8 I2C_SL_MA;
} I2C_InitTypeDef;
```

（3）*I2Cx 结构参数的说明。

①I2C_Speed：总线速度设置，取值范围为 0～63。

②I2C_Enable：$I^2C$ 总线使能设置。当该参数值为 ENABLE 时，使能 $I^2C$ 总线功能；当该参数值为 DISABLE，禁用 $I^2C$ 总线功能。

③I2C_Mode：主机/从机模式选择。当该参数值为 I2C_Mode_Master 时，设置为主机模式；当该参数值为 I2C_Mode_Slave 时，设置为从机模式。

④I2C_MS_WDTA：主机自动发送设置。当该参数值为 ENABLE 时，使能主机自动发送；当该参数值为 DISABLE 时，禁用主机自动发送。

⑤I2C_SL_ADR：从机设备地址设置，取值范围为 0～127。

⑥I2C_SL_MA：从机设备地址比较设置。当该参数值为 ENABLE 时，使能从机设备地址比较；当该参数值为 DISABLE 时，禁止从机设备地址比较。

### 2. $I^2C$ 写入数据函数

$I^2C$ 写入数据函数的原型如表 10.18 所示。

表 10.18　$I^2C$ 写入数据函数的原型

| 函数名 | void I2C_WriteNbyte(u8 addr，u8 *p，u8 number) |
|---|---|
| 功能描述 | 通过 $I^2C$ 总线写入若干数据程序 |
| 参数 1 | addr：指定写入 $I^2C$ 总线的起始地址 |
| 参数 2 | *p：写入数据的存储位置 |
| 参数 3 | number：写入数据的个数（字节数） |
| 返回 | 无 |

### 3. $I^2C$ 读取数据函数

$I^2C$ 读取数据函数的原型如表 10.19 所示。

表 10.19　$I^2C$ 读取数据函数的原型

| 函数名 | void I2C_ReadNbyte(u8 addr，u8 *p，u8 number) |
|---|---|
| 功能描述 | 通过 $I^2C$ 总线读取若干数据程序 |
| 参数 1 | addr：指定读取 $I^2C$ 总线的起始地址 |
| 参数 2 | *p：读取数据的存储位置 |
| 参数 3 | number：读取数据的个数（字节数） |
| 返回 | 无 |

## 10.2.7　定时/计数器

与定时/计数器驱动有关的文件有 STC32G_Timer.h、STC32G_Timer.c、STC32G_Timer_Isr.c，核心文件是 STC32G_Timer.c，主要包括定时器的初始化函数与定时中断服务函数，具体说明如下。

（1）定时器初始化函数的原型如表 10.20 所示。

表 10.20　定时器初始化函数的原型

| 函数名 | u8 Timer_Inilize(u8 TIM，TIM_InitTypeDef *TIMx) |
|---|---|
| 功能描述 | 定时器初始化程序 |
| 参数 1 | TIM：定时器通道，取值为 Timer0、Timer1、Timer2、Timer3、Timer4 |
| 参数 2 | *TIMx：结构参数 |
| 返回 | 无 |

（2）*TIMx 结构参数的定义。

```
typedef struct
{
    u8   TIM_Mode;
    u8   TIM_ClkSource;
    u8   TIM_ClkOut;
    u16  TIM_Value;
    u8   TIM_Run;
} TIM_InitTypeDef;
```

（3）*TIMx 结构参数的说明。

①TIM_Mode：工作模式设置，如表 10.21 所示。

表 10.21　工作模式的设置

| TIM_Mode 参数值 | 功能描述 |
|---|---|
| TIM_16BitAutoReload | 配置成 16 位自动重载模式 |
| TIM_16Bit | 配置成 16 位手动重载模式 |
| TIM_8BitAutoReload | 配置成 8 位自动重载模式 |
| TIM_16BitAutoReloadNoMask | 配置成 16 位自动重载模式，中断自动打开，不可屏蔽 |

②TIM_ClkSource：时钟源设置，如表 10.22 所示。

表 10.22　时钟源的设置

| TIM_ClkSource 参数值 | 功能描述 |
|---|---|
| TIM_CLOCK_1T | 配置成 1T 模式 |
| TIM_CLOCK_12T | 配置成 12T 模式 |
| TIM_CLOCK_Exit | 配置成外部信号计数器模式 |

③TIM_ClkOut：可编程时钟输出设置。当该参数值为 ENABLE 时，使能可编程时钟输出；当该参数值为 DISABLE 时，禁止可编程时钟输出。

④TIM_Value：装载定时/计数器初值，取值范围为 0（默认）～65535。

⑤TIM_Run：定时/计数器启动设置。当该参数值为 ENABLE 时，启动计数；当该参数值为 DISABLE 时，停止计数。

## 10.2.8　串行端口

与串行端口驱动有关的文件有 STC32G_UART.h、STC32G_UART.c、STC32G_UART_Isr.c，核心文件是 STC32G_UART.c，包括 UART 初始化函数、UART 发送 1 字节数据函数、UART 发送字符串函数，具体说明如下。

**1．UART 初始化函数**

（1）UART 初始化函数的原型如表 10.23 所示。

表 10.23　UART 初始化函数的原型

| 函数名 | u8 UART_Configuration(u8 UARTx，COMx_InitDefine *COMx) |
|---|---|
| 功能描述 | UART 初始化程序 |
| 参数 1 | UARTx：设置 UART 通道，取值为 UART1～UART4 |
| 参数 2 | *COMx：结构参数 |
| 返回 | 无 |

（2）*COMx 结构参数的定义。

```
typedef struct
{
    u8   UART_Mode;
    u8   UART_BRT_Use;
    u32  UART_BaudRate;
    u8   Morecommunicate;
    u8   UART_RxEnable;
    u8   BaudRateDouble;
} COMx_InitDefine;
```

（3）*COMx 结构参数的说明。

①UART_Mode：工作模式设置，如表 10.24 所示。

表 10.24　工作模式的设置

| UART_Mode 参数值 | 功能描述 |
|---|---|
| UART_ShiftRight | 串行端口工作于同步输出方式，仅用于 UART1 |
| UART_8bit_BRTx | 串行端口工作于 8 位数据模式，波特率可变 |
| UART_9bit | 串行端口工作于 9 位数据模式，波特率固定 |
| UART_9bit_BRTx | 串行端口工作于 9 位数据模式，波特率可变 |

②UART_BRT_Use：波特率发生器设置，如表 10.25 所示。

表 10.25　波特率发生器的设置

| UART_BRT_Use 参数值 | 功能描述 |
|---|---|
| BRT_Timer1 | 使用 T1 作为波特率发生器，适用于 UART1 |
| BRT_Timer2 | 使用 T2 作为波特率发生器，适用于 UART1、UART2、UART3、UART4 |
| BRT_Timer3 | 使用 T3 作为波特率发生器，适用于 UART3 |
| BRT_Timer4 | 使用 T4 作为波特率发生器，适用于 UART4 |

③UART_BaudRate：波特率设置，一般取值为 110～115200。

④Morecommunicate：多机通信设置。当该参数值为 ENABLE 时，使能多机通信；当该参数值为 DISABLE 时，禁止多机通信。

⑤UART_RxEnable：允许接收设置。当该参数值为 ENABLE 时，使能接收；当该参数值为 DISABLE 时，禁止接收。

⑥BaudRateDouble：波特率加倍设置（仅用于 UART1）。当该参数值为 ENABLE 时，使能波特率加倍；当该参数值为 DISABLE 时，禁止波特率加倍。

## 2．UART 发送 1 字节数据函数

UART 发送 1 字节数据函数的原型如表 10.26 所示。

表 10.26　UART 发送 1 字节函数的原型

| 函数名 | void TX1_write2buff(u8 dat)，串行端口 1 |
| | void TX2_write2buff(u8 dat)，串行端口 2 |
| | void TX3_write2buff(u8 dat)，串行端口 3 |
| | void TX4_write2buff(u8 dat)，串行端口 4 |
| 功能描述 | UART 发送 1 字节数据 |
| 参数 | dat：待发送数据 |
| 返回 | 无 |

## 3．UART 发送字符串函数

UART 发送字符串函数的原型如表 10.27 所示。

表 10.27　UART 发送字符串函数的原型

| 函数名 | void PrintString1(u8 *puts)，串行端口 1 |
| | void PrintString2(u8 *puts)，串行端口 2 |
| | void PrintString3(u8 *puts)，串行端口 3 |
| | void PrintString4(u8 *puts)，串行端口 4 |
| 功能描述 | UART 发送一串数据（字符串），遇到停止符（0）结束 |
| 参数 | *puts：待发送数据缓冲区指针 |
| 返回 | 无 |

## 10.2.9　SPI 总线

与 SPI 总线驱动有关的文件有 STC32G_SPI.h、STC32G_SPI.c、STC32G_SPI_Isr.c，核心文件是 STC32G_SPI.c，包括 SPI 初始化函数、SPI 模式设置函数、通过 SPI 总线发送 1 字节数据函数，结合 SPI 中断实施应用编程，具体说明如下。

### 1．SPI 初始化函数

（1）SPI 初始化函数的原型如表 10.28 所示。

表 10.28　SPI 初始化函数的原型

| 函数名 | void SPI_Init(SPI_InitTypeDef *SPIx) |
| --- | --- |
| 功能描述 | SPI 初始化程序 |
| 参数 | *SPIx：结构参数 |
| 返回 | 无 |

（2）*SPIx 结构参数的定义。

```
typedef struct
{
  u8 SPI_Enable;
  u8 SPI_SSIG;
  u8 SPI_FirstBit;
  u8 SPI_Mode;
  u8 SPI_CPOL;
  u8 SPI_CPHA;
```

```
    u8 SPI_Speed;
} SPI_InitTypeDef;
```

（3）*SPIx 结构参数的说明。

①SPI_Enable：SPI 总线使能设置。当该参数值为 ENABLE 时，SPI 总线被使能；当该参数值为 DISABLE 时，SPI 总线被禁止。

②SPI_SSIG：片选位设置。当该参数值为 ENABLE 时，由 SS 引脚的状态确定该单元是主机还是从机；当该参数值为 DISABLE 时，忽略 SS 引脚的状态，通过 MSTR 确定该单元是主机还是从机。

③SPI_FirstBit：数据发送/接收顺序设置。当该参数值为 SPI_MSB 时，先发送/接收数据的高位；当该参数值为 SPI_LSB 时，先发送/接收数据的低位。

④SPI_Mode：主机/从机模式设置。当该参数值为 SPI_Mode_Master 时，设置为主机模式；当该参数值为 SPI_Mode_Slave 时，设置为从机模式。

⑤SPI_CPOL：SPI 时钟极性设置。当该参数值为 SPI_CPOL_Low 时，SCLK 空闲时为低电平；当该参数值为 SPI_CPOL_High 时，SCLK 空闲时为高电平。

⑥SPI_CPHA：SPI 时钟相位设置。当该参数值为 SPI_CPHA_1Edge 时，数据在 SCLK 的后时钟沿驱动，前时钟沿采样（SSIG=0）；当该参数值为 SPI_CPHA_2Edge 时，数据在 SCLK 的前时钟沿驱动，后时钟沿采样。

⑦SPI_Speed：SPI 时钟频率设置，如表 10.29 所示。

表 10.29　SPI 时钟频率的设置

| SPI_Speed 参数值 | 功能描述 |
| --- | --- |
| SPI_Speed_4 | SCLK 频率=SYSclk/4 |
| SPI_Speed_16 | SCLK 频率=SYSclk/16 |
| SPI_Speed_64 | SCLK 频率=SYSclk/64 |
| SPI_Speed_128 | SCLK 频率=SYSclk/128 |

### 2．SPI 模式设置函数

SPI 模式设置函数的原型如表 10.30 所示。

表 10.30　SPI 模式设置函数的原型

| 函数名 | void SPI_SetMode(u8 mode) |
| --- | --- |
| 功能描述 | 设置 SPI 主机/从机模式 |
| 参数 | Mode（SPI_Mode_Master：主机模式；SPI_Mode_Slave：从机模式） |
| 返回 | 无 |

### 3．通过 SPI 总线发送 1 字节数据函数

通过 SPI 总线发送 1 字节数据函数的原型如表 10.31 所示。

表 10.31　通过 SPI 总线发送 1 字节数据函数的原型

| 函数名 | void SPI_WriteByte(u8 dat) |
| --- | --- |
| 功能描述 | 通过 SPI 总线发送 1 字节数据 |
| 参数 | dat：要发送的数据 |
| 返回 | 无 |

## 10.2.10　软件模拟 I$^2$C 总线

与软件模拟 I$^2$C 总线驱动有关的文件有 STC32G_Soft_I2C.h、STC32G_Soft_I2C.c，核心文件

是 STC32G_SPI.c，包括软件模拟 $I^2C$ 总线发送一串数据函数、软件模拟 $I^2C$ 总线读取一串数据函数，具体说明如下。

### 1. 软件模拟 $I^2C$ 总线发送一串数据函数

软件模拟 $I^2C$ 总线发送一串数据函数的原型如表 10.32 所示。

表 10.32　软件模拟 $I^2C$ 总线发送一串数据函数的原型

| 函数名 | void SPI_Init(SPI_InitTypeDef *SPIx) |
|---|---|
| 功能描述 | 软件模拟 $I^2C$ 总线发送一串数据程序 |
| 参数 1 | addr：指定地址 |
| 参数 2 | *p：发送数据的存储位置 |
| 参数 3 | number：发送数据的个数（字节数） |
| 返回 | 无 |

### 2. 软件模拟 $I^2C$ 总线读取一串数据函数

软件模拟 $I^2C$ 总线读取一串数据函数的原型如表 10.33 所示。

表 10.33　软件模拟 $I^2C$ 总线读取一串数据函数的原型

| 函数名 | void SI2C_ReadNbyte(u8 addr，u8 *p，u8 number) |
|---|---|
| 功能描述 | 软件模拟 $I^2C$ 总线读取一串数据程序 |
| 参数 1 | addr：指定地址 |
| 参数 2 | *p：读取数据的存储位置 |
| 参数 3 | number：读取数据的个数（字节数） |
| 返回 | 无 |

## 10.2.11　看门狗

与看门狗驱动有关的文件有 STC32G_WDT.h、STC32G_WDT.c，核心文件是 STC32G_WDT.c，包括看门狗初始化函数、看门狗清零函数，具体说明如下。

### 1. 看门狗初始化函数

（1）看门狗初始化函数的原型如表 10.34 所示。

表 10.34　看门狗初始化函数的原型

| 函数名 | void WDT_Inilize(WDT_InitTypeDef *WDT) |
|---|---|
| 功能描述 | 看门狗初始化程序 |
| 参数 | *WDT 结构参数 |
| 返回 | 无 |

（2）*WDT 结构参数的定义。

```
typedef struct
{
    u8 WDT_Enable;
    u8 WDT_IDLE_Mode;
    u8 WDT_PS;
} WDT_InitTypeDef;
```

（3）*WDT 结构参数的说明。

①WDT_Enable：看门狗使能设置。当该参数值为 ENABLE 时，使能看门狗；当该参数值为 DISABLE 时，禁止看门狗。

②WDT_IDLE_Mode：IDLE 模式停止计数设置。当该参数值为 WDT_IDLE_STOP 时，IDLE 模式停止计数；当该参数值为 WDT_IDLE_RUN 时，IDLE 模式继续计数。

③WDT_PS：看门狗定时器时钟分频系数设置，如表 10.35 所示。

表 10.35　看门狗定时器时钟分频系数的设置

| WDT_PS 参数值 | 功能描述 |
|---|---|
| WDT_SCALE_2 | 系统时钟 2 分频 |
| WDT_SCALE_4 | 系统时钟 4 分频 |
| WDT_SCALE_8 | 系统时钟 8 分频 |
| WDT_SCALE_16 | 系统时钟 16 分频 |
| WDT_SCALE_32 | 系统时钟 32 分频 |
| WDT_SCALE_64 | 系统时钟 64 分频 |
| WDT_SCALE_128 | 系统时钟 128 分频 |
| WDT_SCALE_256 | 系统时钟 256 分频 |

### 2. 看门狗清零函数

看门狗清零函数的原型如表 10.36 所示。

表 10.36　看门狗清零函数的原型

| 函数名 | void WDT_Clear (void) |
|---|---|
| 功能描述 | 看门狗清零 |
| 参数 | 无 |
| 返回 | 无 |

## 10.2.12　16 位高级 PWM

与 16 位高级 PWM 驱动有关的文件有 STC32G_PWM.h、STC32G_PWM.c，核心文件是 STC32G_PWM.c，包括 PWM 初始化函数、更新 PWM 值函数，具体说明如下。

### 1. PWM 初始化函数

（1）PWM 初始化函数的原型如表 10.37 所示。

表 10.37　PWM 初始化函数的原型

| 函数名 | u8 PWM_Configuration(u8 PWM，PWMx_InitDefine *PWMx) |
|---|---|
| 功能描述 | 16 位高级 PWM 初始化程序 |
| 参数 1 | PWM：指定 PWM 通道，取值为 PWM1~PWM8、PWMA、PWMB |
| 参数 2 | *PWMx 结构参数 |
| 返回 | 成功返回 SUCCESS，错误返回 FAIL |

（2）*PWMx 结构参数的定义。

```
typedef struct
{
    u8   PWM_Mode;
    u16  PWM_Period;
    u16  PWM_Duty;
    u8   PWM_DeadTime;
    u8   PWM_EnoSelect;
    u8   PWM_CEN_Enable;
```

```
    u8   PWM_MainOutEnable;
} PWMx_InitDefine;
```

（3）PWMx 结构参数的说明。

①PWM_Mode：PWM 模式设置，如表 10.38 所示。

表 10.38　PWM 模式的设置

| PWM 参数值 | 功能描述 |
| --- | --- |
| CCMRn_FREEZE | 冻结 |
| CCMRn_MATCH_VALID | 匹配时设置通道的输出为有效电平 |
| CCMRn_MATCH_INVALID | 匹配时设置通道的输出为无效电平 |
| CCMRn_ROLLOVER | 翻转 |
| CCMRn_FORCE_INVALID | 强制为无效电平 |
| CCMRn_FORCE_VALID | 强制为有效电平 |
| CCMRn_PWM_MODE1 | PWM 模式 1 |
| CCMRn_PWM_MODE2 | PWM 模式 2 |

②PWM_Period：PWM 周期时间设置，取值为 0～65535。

③PWM_Duty：PWM 占空比时间设置，取值为 0～PWM_Period。

④PWM_DeadTime：PWM 死区发生器设置，取值为 0～255。

⑤PWM_EnoSelect：PWM 输出通道设置，如表 10.39 所示。

表 10.39　PWM 输出通道的设置

| PWM_EnoSelect 参数值 | 功能描述 | PWM_EnoSelect 参数值 | 功能描述 |
| --- | --- | --- | --- |
| ENO1P | 选择 PWM1P 输出 | ENO1N | 选择 PWM1N 输出 |
| ENO2P | 选择 PWM2P 输出 | ENO2N | 选择 PWM2N 输出 |
| ENO3P | 选择 PWM3P 输出 | ENO3N | 选择 PWM3N 输出 |
| ENO4P | 选择 PWM4P 输出 | ENO4N | 选择 PWM4N 输出 |
| ENO5P | 选择 PWM5P 输出 | ENO6P | 选择 PWM6P 输出 |
| ENO7P | 选择 PWM7P 输出 | ENO8P | 选择 PWM8P 输出 |
| 同组或运算（如 ENO1P\|ENO1N） | 选择 PWM1P 输出和 PWM1N 输出 | | |

⑥PWM_CEN_Enable：PWM 计数器使能设置。当该参数值为 ENABLE 时，使能 PWM 计数器；当该参数值为 DISABLE 时，禁止 PWM 计数器。

⑦PWM_MainOutEnable：PWM 主输出使能设置。当该参数值为 ENABLE 时，使能 PWM 主输出；当该参数值为 DISABLE 时，禁止 PWM 主输出。

**2．更新 PWM 值函数**

（1）更新 PWM 值函数的原型如表 10.40 所示。

表 10.40　更新 PWM 值函数的原型

| 函数名 | void UpdatePwm(u8 PWM，PWMx_Duty *PWMx) |
| --- | --- |
| 功能描述 | 更新 PWM 占空比值 |
| 参数 1 | PWM：指定 PWM 通道，取值为 PWM1～PWM8、PWMA、PWMB |
| 参数 2 | *PWMx：结构参数 |
| 返回 | 无 |

（2）*PWMx 结构参数的定义。

```
typedef struct
{
    u16  PWM1_Duty;   //PWM1 占空比时间，0～Period
    u16  PWM2_Duty;   //PWM2 占空比时间，0～Period
    u16  PWM3_Duty;   //PWM3 占空比时间，0～Period
    u16  PWM4_Duty;   //PWM4 占空比时间，0～Period
    u16  PWM5_Duty;   //PWM5 占空比时间，0～Period
    u16  PWM6_Duty;   //PWM6 占空比时间，0～Period
    u16  PWM7_Duty;   //PWM7 占空比时间，0～Period
    u16  PWM8_Duty;   //PWM8 占空比时间，0～Period
} PWMx_Duty;
```

（3）*PWM 结构参数的说明。

PWMx_Duty 用于设置 PWMx 输出的占空比时间，取值范围为 0～Period。

## 10.2.13  DMA 通道

与 DMA 通道驱动有关的文件有 STC32G_DMA.h、STC32G_DMA.c，核心文件是 STC32G_DMA.c，包括 ADCDMA 初始化函数、M2MDMA 初始化函数、UARTDMA 初始化函数、SPIDMA 初始化函数、LCMDMA 初始化函数及 I2CDMA 初始化函数，具体说明如下。

### 1．ADCDMA 初始化函数

（1）ADCDMA 初始化函数的原型如表 10.41 所示。

表 10.41  ADCDMA 初始化函数的原型

| 函数名 | void DMA_ADC_Inilize(DMA_ADC_InitTypeDef *DMA) |
|---|---|
| 功能描述 | DMA 通道的 ADC 初始化程序 |
| 参数 | *DMA：结构参数 |
| 返回 | 无 |

（2）*DMA 结构参数的定义。

```
typedef struct
{
    u8   DMA_Enable;
    u16  DMA_Channel;
    u16  DMA_Buffer;
    u8   DMA_Times;
} DMA_ADC_InitTypeDef;
```

（3）*DMA 结构参数的说明。

①DMA_Enable：当该参数值为 ENABLE 时，使能 A/D 转换 DMA 通道（ADCDMA）；当该参数值为 DISABLE 时，禁止 A/D 转换 DMA 通道（ADCDMA）。

②DMA_Channel：ADC 通道使能寄存器，bit15～bit0 分别对应 ADC15～ADC0，置 1 使能对应通道。

③DMA_Buffer：ADC 数据的存储地址。

④DMA_Times：设置每个通道的转换次数，如表 10.42 所示。

表 10.42  通道转换次数的设置

| DMA_Times 参数值 | 功能描述 | DMA_Times 参数值 | 功能描述 |
|---|---|---|---|
| ADC_1_Times | 转换 1 次 | ADC_2_Times | 转换 2 次 |

| DMA_Times 参数值 | 功能描述 | DMA_Times 参数值 | 功能描述 |
|---|---|---|---|
| ADC_4_Times | 转换 4 次 | ADC_8_Times | 转换 8 次 |
| ADC_16_Times | 转换 16 次 | ADC_32_Times | 转换 32 次 |
| ADC_64_Times | 转换 64 次 | ADC_128_Times | 转换 128 次 |
| ADC_256_Times | 转换 256 次 | | |

### 2．M2MDMA 初始化函数

（1）M2MDMA 初始化函数的原型如表 10.43 所示。

表 10.43　M2MDMA 初始化函数的原型

| 函数名 | void DMA_M2M_Inilize(DMA_M2M_InitTypeDef *DMA) |
|---|---|
| 功能描述 | DMA 通道的 M2M 初始化程序 |
| 参数 | *DMA：结构参数 |
| 返回 | 无 |

（2）*DMA 结构参数的定义。

```
typedef struct
{
    u8   DMA_Enable;
    u16  DMA_Rx_Buffer;
    u16  DMA_Tx_Buffer;
    u8   DMA_Length;
    u8   DMA_SRC_Dir;
    u8   DMA_DEST_Dir;
} DMA_M2M_InitTypeDef;
```

（3）*DMA 结构参数的说明。

①DMA_Enable：当该参数值为 ENABLE 时，使能 M2MDMA；当该参数值为 DISABLE 时，禁止 M2MDMA。

②DMA_Rx_Buffer：设置接收数据的存储地址。

③DMA_Tx_Buffer：设置发送数据的存储地址。

④DMA_Length：DMA 传输的总字节数，设置范围为 0～65535，实际传输字节数为设置值加 1，使用时注意不要超过 xdata 空间上限。

⑤DMA_SRC_Dir：设置数据源地址的改变方向。当该参数值为 ENABLE 时，数据读取完成后源地址自动递增；当该参数值为 DISABLE 时，数据读取完成后源地址自动递减。

⑥DMA_DEST_Dir：设置数据目标地址的改变方向。当该参数值为 ENABLE 时，数据写入完成后目标地址自动递增；当该参数值为 DISABLE 时，数据写入完成后目标地址自动递减。

### 3．UARTDMA 初始化函数

（1）UARTDMA 初始化函数的原型如表 10.44 所示。

表 10.44　UARTDMA 初始化函数的原型

| 函数名 | void DMA_UART_Inilize(u8 UARTx，DMA_UART_InitTypeDef *DMA) |
|---|---|
| 功能描述 | DMA 通道的 UART 初始化程序 |
| 参数 1 | UARTx：设置 UART 通道，取值为 UART1、UART2、UART3、UART4 |
| 参数 2 | *DMA：结构参数 |
| 返回 | 无 |

（2）*DMA 结构参数的定义。

```
typedef struct
{
    u8   DMA_TX_Enable;
    u8   DMA_TX_Length;
    u16  DMA_TX_Buffer;
    u8   DMA_RX_Enable;
    u8   DMA_RX_Length;
    u16  DMA_RX_Buffer;
} DMA_UART_InitTypeDef;
```

（3）*DMA 结构参数的说明。

①DMA_TX_Enable：当该参数值为 ENABLE 时，使能 DMA 发送；当该参数值为 DISABLE 时，禁止 DMA 发送。

②DMA_TX_Length：DMA 发送总字节数设置，设置范围为 0～65535，实际传输字节数为设置值加 1，使用时注意不要超过 xdata 空间上限。

③DMA_Tx_Buffer：设置发送数据的存储地址。

④DMA_RX_Enable：DMA 接收使能设置。当该参数值为 ENABLE 时，使能 DMA 接收；当该参数值为 DISABLE 时，禁止 DMA 接收。

⑤DMA_RX_Length：DMA 接收总字节数设置，设置范围为 0～65535，实际传输字节数为设置值加 1，使用时注意不要超过 xdata 空间上限。

⑥DMA_RX_Buffer：设置接收数据的存储地址。

### 4．SPIDMA 初始化函数

（1）SPIDMA 初始化函数的原型如表 10.45 所示。

表 10.45　SPIDMA 初始化函数的原型

| 函数名 | void DMA_SPI_Inilize(DMA_SPI_InitTypeDef *DMA) |
|---|---|
| 功能描述 | DMA 通道的 SPI 初始化程序 |
| 参数 | *DMA：结构参数 |
| 返回 | 无 |

（2）*DMA 结构参数的定义。

```
typedef struct
{
    u8   DMA_Enable;
    u8   DMA_Tx_Enable;
    u8   DMA_Rx_Enable;
    u16  DMA_Rx_Buffer;
    u16  DMA_Tx_Buffer;
    u8   DMA_Length;
    u8   DMA_AUTO_SS;
    u8   DMA_SS_Sel;
} DMA_SPI_InitTypeDef;
```

（3）*DMA 结构参数的说明。

①DMA_Enable：当该参数值为 ENABLE 时，使能 SPIDMA；当该参数值为 DISABLE 时，禁止 SPIDMA。

②DMA_Tx_Enable：DMA 发送数据使能设置。当该参数值为 ENABLE 时，使能以 SPI 方式进行 DMA 发送；当该参数值为 DISABLE 时，禁止以 SPI 方式进行 DMA 发送。

③DMA_Rx_Enable：DMA 接收数据使能设置。当该参数值为 ENABLE 时，使能以 SPI 方式进行 DMA 接收；当该参数值为 DISABLE 时，禁止以 SPI 方式进行 DMA 接收。

④DMA_Rx_Buffer：设置接收数据的存储地址。

⑤DMA_Tx_Buffer：设置发送数据的存储地址。

⑥DMA_Length：DMA 传输总字节数设置，设置范围为 0～65535，实际传输字节数为设置值加 1，使用时注意不要超过 xdata 空间上限。

⑦DMA_AUTO_SS：自动控制 SS 引脚使能设置。当该参数值为 ENABLE 时，以 SPI 方式进行 DMA 传输的过程中自动拉低 SS 引脚的电平，传输完成后恢复原始状态；当该参数值为 DISABLE 时，以 SPI 方式进行 DMA 传输的过程中不自动控制 SS 引脚的电平。

⑧DMA_SS_Sel：选择自动控制 SS 引脚电平的引脚，如表 10.46 所示。

表 10.46　选择自动控制 SS 引脚的电平的引脚

| DMA_SS_Sel 参数值 | 功能描述 | DMA_SS_Sel 参数值 | 功能描述 |
| --- | --- | --- | --- |
| SPI_SS_P12 | 选择 P1.2 作为控制引脚 | SPI_SS_P74 | 选择 P7.4 作为控制引脚 |
| SPI_SS_P22 | 选择 P2.2 作为控制引脚 | SPI_SS_P35 | 选择 P3.5 作为控制引脚 |

### 5．LCMDMA 初始化函数

（1）LCMDMA 初始化函数的原型如表 10.47 所示。

表 10.47　LCMDMA 初始化函数的原型

| 函数名 | void DMA_LCM_Inilize(DMA_LCM_InitTypeDef *DMA) |
| --- | --- |
| 功能描述 | DMA 通道的 LCM 初始化程序 |
| 参数 | *DMA：结构参数 |
| 返回 | 无 |

（2）*DMA 结构参数的定义。

```
typedef struct
{
    u8   DMA_Enable;
    u16  DMA_Rx_Buffer;
    u16  DMA_Tx_Buffer;
    u8   DMA_Length;
} DMA_LCM_InitTypeDef;
```

（3）*DMA 结构参数的说明。

①DMA_Enable：当该参数值为 ENABLE 时，使能 LCMDMA；当该参数值为 DISABLE 时，禁止 LCMDMA。

②DMA_Rx_Buffer：设置接收数据的存储地址。

③DMA_Tx_Buffer：设置发送数据的存储地址。

④DMA_Length：DMA 传输总字节数设置，设置范围为 0～65535，实际传输字节数为设置值加 1，使用时注意不要超过 xdata 空间上限。

### 6．I2CDMA 初始化函数

（1）I2CDMA 初始化函数的原型如表 10.48 所示。

表 10.48　I2CDMA 初始化函数的原型

| 函数名 | void DMA_I2C_Inilize(DMA_I2C_InitTypeDef *DMA) |
| --- | --- |
| 功能描述 | DMA 通道的 I²C 初始化程序 |

| 参数 | *DMA：结构参数 |
|------|----------------|
| 返回 | 无 |

（2）*DMA 结构参数的定义。

```
typedef struct
{
    u8  DMA_TX_Enable;
    u8  DMA_TX_Length;
    u16 DMA_TX_Buffer;
    u8  DMA_RX_Enable;
    u8  DMA_RX_Length;
    u16 DMA_RX_Buffer;
} DMA_I2C_InitTypeDef;
```

（3）DMA 结构参数的说明。

①DMA_TX_Enable：当该参数值为 ENABLE 时，使能以 I²C 总线方式进行 DMA 发送；当该参数值为 DISABLE 时，禁止以 I²C 总线方式进行 DMA 发送。

②DMA_TX_Length：DMA 发送总字节数设置，设置范围为 0～65535，实际传输字节数为设置值加 1，使用时注意不要超过 xdata 空间上限。

③DMA_Tx_Buffer：设置发送数据的存储地址。

④DMA_RX_Enable：当该参数值为 ENABLE 时，使能以 I²C 总线方式进行 DMA 接收；当该参数值为 DISABLE 时，禁止以 I²C 总线方式进行 DMA 接收。

⑤DMA_RX_Length：DMA 接收总字节数设置，设置范围为 0～65535，实际传输字节数为设置值加 1，使用时注意不要超过 xdata 空间上限。

⑥DMA_RX_Buffer：设置接收数据的存储地址。

## 10.2.14  LCM 模块

与 LCM 模块驱动有关的文件有 STC32G_LCM.h、STC32G_LCM.c，核心文件是 STC32G_LCM.c，即 LCM 初始化函数，具体说明如下。

（1）LCM 初始化函数的原型如表 10.49 所示。

表 10.49  LCM 初始化函数的原型

| 函数名 | void LCM_Inilize(LCM_InitTypeDef *LCM) |
|--------|----------------------------------------|
| 功能描述 | LCM 初始化程序 |
| 参数 | *LCM：结构参数 |
| 返回 | 无 |

（2）*LCM 结构参数的定义。

```
typedef struct
{
    u8  LCM_Enable;
    u8  LCM_Mode;
    u8  LCM_Bit_Wide;
    u8  LCM_Setup_Time;
    u8  LCM_Hold_Time;
} LCM_InitTypeDef;
```

（3）*LCM 结构参数的说明。

①LCM_Enable：LCM 端口使能设置。当该参数值为 ENABLE 时，使能 LCM 端口；当该参

数值为 DISABLE 时，禁止 LCM 端口。

②LCM_Mode：LCM 端口模式设置。当该参数值为 MODE_I8080 时，LCM 端口被设置为 I8080 模式；当该参数值为 MODE_M6800 时，LCM 端口被设置为 M6800 模式。

③LCM_Bit_Wide：LCM 数据宽度设置。当该参数值为 BIT_WIDE_8 时，LCM 端口的数据宽度被设置为 8 位；当该参数值为 BIT_WIDE_16 时，LCM 端口的数据宽度被设置为 16 位。

④LCM_Setup_Time：设置 LCM 通信数据的建立时间，范围为 0～7。

⑤LCM_Hold_Time：设置 LCM 通信数据的保持时间，范围为 0～3。

## 10.2.15 软件延时

与软件延时相关的文件有 STC32G_Delay.h、STC32G_Delay.c，核心文件是 STC32G_Delay.c，具体说明如下。

（1）软件延时函数的原型如表 10.50 所示。

表 10.50 软件延时函数的原型

| 函数名 | void delay_ms(unsigned char ms) |
| --- | --- |
| 功能描述 | 软件延时程序 |
| 参数 | ms：要延时的毫秒数，范围为 1～255ms（自动适应主时钟） |
| 返回 | 无 |

（2）隐含参数介绍。

MAIN_Fosc：主时钟频率，在 config.h 文件中进行设置，例如：
```
#define  MAIN_Fosc  24000000L    //定义主时钟频率
```

## 10.2.16 中断服务函数

各端口的中断服务函数位于各端口中断服务函数文件中，当某端口产生的中断被系统响应后，系统自动转到对应的中断服务函数执行，执行内容由用户根据实际需要编写。

（1）A/D 转换模块的中断服务函数如下：
```
void ADC_ISR_Handler (void) interrupt ADC_VECTOR
{
    ADC_FLAG = 0;      //清除中断标志
    ......              //TODO：在此处添加用户代码
}
```

（2）比较器模块的中断服务函数如下：
```
void CMP_ISR_Handler (void) interrupt CMP_VECTOR
{
    CMPIF = 0;        //清除中断标志
    ......             //TODO：在此处添加用户代码
    P47 = CMPRES;     //以中断方式读取比较器的比较结果
}
```

（3）定时器模块的中断服务函数如下：
```
void Timer0_ISR_Handler (void) interrupt TMR0_VECTOR   //T0
{
    Task_Marks_Handler_Callback();    //任务标记回调函数
}
void Timer1_ISR_Handler (void) interrupt TMR1_VECTOR   //T1
{
    ......              // TODO：在此处添加用户代码
    P66 = ~P66;
```

```
}
void Timer2_ISR_Handler (void) interrupt TMR2_VECTOR    //T2
{
    ......            // TODO: 在此处添加用户代码
    P65 = ~P65;
}
void Timer3_ISR_Handler (void) interrupt TMR3_VECTOR    //T3
{
    ......            // TODO: 在此处添加用户代码
    P64 = ~P64;
}
void Timer4_ISR_Handler (void) interrupt TMR4_VECTOR    //T4
{
    ......            // TODO: 在此处添加用户代码
    P63 = ~P63;
}
```

（4）串行端口的中断服务函数如下：

```
void UART1_ISR_Handler (void) interrupt UART1_VECTOR        //串行端口1
{
    u8 Status;
    if(RI)
    {
       RI = 0;
//--------USART LIN----------------
       Status = USARTCR5;
       if(Status & 0x02)     //if LIN header is detected
       {
          B_ULinRX1_Flag = 1;
       }
       if(Status & 0xc0)
//if LIN break is detected / LIN header error is detected
       {
          COM1.RX_Cnt = 0;
       }
       USARTCR5 &= ~0xcb;    //Clear flag
       if(COM1.B_RX_OK == 0)
       {
          if(COM1.RX_Cnt >= COM_RX1_Lenth)    COM1.RX_Cnt = 0;
          RX1_Buffer[COM1.RX_Cnt++] = SBUF;
          COM1.RX_TimeOut = TimeOutSet1;
       }
    }
    if(TI)
    {
       TI = 0;
       COM1.B_TX_busy = 0;
//if(COM1.TX_read != COM1.TX_write)
//{
//   SBUF = TX1_Buffer[COM1.TX_read];
//   if(++COM1.TX_read >= COM_TX1_Lenth)    COM1.TX_read = 0;
//}
//else  COM1.B_TX_busy = 0;
    }
}
```

```c
void UART2_ISR_Handler (void) interrupt UART2_VECTOR    //串行端口2
{
    u8 Status;
    if(S2RI)
    {
        CLR_RI2();
//--------USART LIN---------------
        Status = USART2CR5;
        if(Status & 0x02)    //if LIN header is detected
        {
            B_ULinRX2_Flag = 1;
        }
        if(Status & 0xc0)
//if LIN break is detected / LIN header error is detected
        {
            COM2.RX_Cnt = 0;
        }
        USART2CR5 &= ~0xcb;   //Clear flag
        if(COM2.B_RX_OK == 0)
        {
            if(COM2.RX_Cnt >= COM_RX2_Lenth)    COM2.RX_Cnt = 0;
            RX2_Buffer[COM2.RX_Cnt++] = S2BUF;
            COM2.RX_TimeOut = TimeOutSet2;
        }
    }
    if(S2TI)
    {
        CLR_TI2();
        COM2.B_TX_busy = 0;
//if(COM2.TX_read != COM2.TX_write)
//{
//  S2BUF = TX2_Buffer[COM2.TX_read];
//  if(++COM2.TX_read >= COM_TX2_Lenth)    COM2.TX_read = 0;
//}
//else  COM2.B_TX_busy = 0;
    }
}
void UART3_ISR_Handler (void) interrupt UART3_VECTOR    //串行端口3
{
    if(S3RI)
    {
        CLR_RI3();
        if(COM3.B_RX_OK == 0)
        {
            if(COM3.RX_Cnt >= COM_RX3_Lenth)    COM3.RX_Cnt = 0;
            RX3_Buffer[COM3.RX_Cnt++] = S3BUF;
            COM3.RX_TimeOut = TimeOutSet3;
        }
    }
    if(S3TI)
    {
        CLR_TI3();
        COM3.B_TX_busy = 0;
//      if(COM3.TX_read != COM3.TX_write)
```

```
//        {
//             S3BUF = TX3_Buffer[COM3.TX_read];
//             if(++COM3.TX_read >= COM_TX3_Lenth)    COM3.TX_read = 0;
//        }
//        else    COM3.B_TX_busy = 0;
    }
}
void UART4_ISR_Handler (void) interrupt UART4_VECTOR    //串行端口4
{
    if(S4RI)
    {
        CLR_RI4();
        if(COM4.B_RX_OK == 0)
        {
            if(COM4.RX_Cnt >= COM_RX4_Lenth)    COM4.RX_Cnt = 0;
            RX4_Buffer[COM4.RX_Cnt++] = S4BUF;
            COM4.RX_TimeOut = TimeOutSet4;
        }
    }
    if(S4TI)
    {
        CLR_TI4();
        COM4.B_TX_busy = 0;
//        if(COM4.TX_read != COM4.TX_write)
//        {
//             S4BUF = TX4_Buffer[COM4.TX_read];
//             if(++COM4.TX_read >= COM_TX4_Lenth)    COM4.TX_read = 0;
//        }
//        else    COM4.B_TX_busy = 0;
    }
}
```

（5）外部中断的中断服务函数如下：

```
void INT0_ISR_Handler (void) interrupt INT0_VECTOR //外部中断0
{
    ……  // TODO: 在此处添加用户代码
    //  P00 = ~P00;
    WakeUpSource = 1;
}

void INT1_ISR_Handler (void) interrupt INT1_VECTOR //外部中断1
{
    ……  // TODO: 在此处添加用户代码
    //  P01 = ~P01;
    WakeUpSource = 2;
}
void INT2_ISR_Handler (void) interrupt INT2_VECTOR //外部中断2
{
    ……   // TODO: 在此处添加用户代码
    //  P02 = ~P02;
    WakeUpSource = 3;
}
void INT3_ISR_Handler (void) interrupt INT3_VECTOR //外部中断3
{
    ……  // TODO: 在此处添加用户代码
```

```
//    P03 = ~P03;
      WakeUpSource = 4;
}
void INT4_ISR_Handler (void) interrupt INT4_VECTOR //外部中断4
{
      ......  // TODO：在此处添加用户代码
//    P04 = ~P04;
      WakeUpSource = 5;
```

（6）SPI 总线的中断服务函数如下：

```
void SPI_ISR_Handler() interrupt SPI_VECTOR
{
    if(MSTR) //主机模式
    {
      B_SPI_Busy = 0;
    }
    else      //从机模式
    {
      if(SPI_RxCnt >= SPI_BUF_LENTH)         SPI_RxCnt = 0;
      SPI_RxBuffer[SPI_RxCnt++] = SPDAT;
      SPI_RxTimerOut = 5;
    }
    SPI_ClearFlag(); //清零 SPIF和WCOL标志位
}
```

（7）I²C 总线的中断服务函数如下：

```
void I2C_ISR_Handler() interrupt I2C_VECTOR
{
      ......       // TODO：在此处添加用户代码
// 主机模式
    I2CMSST &= ~0x40;          //I²C指令发送完成状态清除
    if(DMA_I2C_CR & 0x04)      //ACKERR
    {
      DMA_I2C_CR &= ~0x04;    //发数据后收到NAK
    }
// 从机模式
    if (I2CSLST & 0x40)
    {
      I2CSLST &= ~0x40;        //处理START事件
    }
    else if (I2CSLST & 0x20)
    {
      I2CSLST &= ~0x20;        //处理RECV事件，SLACKO设置为0
      if (I2CIsr.isda)
      {
        I2CIsr.isda = 0;       //处理RECV事件（RECV DEVICE ADDR）
      }
      else if (I2CIsr.isma)
      {
        I2CIsr.isma = 0;       //处理RECV事件（RECV MEMORY ADDR）
        I2CIsr.addr = I2CRXD;
        I2CTXD = I2C_Buffer[I2CIsr.addr];
      }
      else
```

```
        {
            I2C_Buffer[I2CIsr.addr++] = I2CRXD;//处理RECV事件（RECV DATA）
        }
    }
    else if (I2CSLST & 0x10)
    {
        I2CSLST &= ~0x10;          //处理SEND事件
        if (I2CSLST & 0x02)
        {
            I2CTXD = 0xff;
        }
        else
        {
            I2CTXD = I2C_Buffer[++I2CIsr.addr];
        }
    }
    else if (I2CSLST & 0x08)
    {
        I2CSLST &= ~0x08;          //处理STOP事件
        I2CIsr.isda = 1;
        I2CIsr.isma = 1;
        DisplayFlag = 1;
    }
}
```

（8）LCM 模块的中断服务函数如下：

```
void LCM_ISR_Handler (void) interrupt LCM_VECTOR
{
    ......    // TODO：在此处添加用户代码
    if(LCMIFSTA & 0x01)
    {
        LCMIFSTA = 0x00;
        LcmFlag = 0;
    }
}
```

（9）CAN 总线的中断服务函数如下：

```
void CAN1_ISR_Handler (void) interrupt CAN1_VECTOR
{
    u8 isr;
    u8 store;
    u8 arTemp;
    arTemp = CANAR;
/*先进行现场保存，避免主循环里写完 CANAR 后产生中断，在中断里修改了 CANAR 内容*/
    store = AUXR2;             //通过 AUXR2 进行现场保存
    AUXR2 &= ~0x08;            //选择 CAN1 模块
    isr = CanReadReg(ISR);
    CANAR = ISR;
    CANDR = isr;               //写 1 清除标志位
    if((isr & 0x04) == 0x04) //TI
    {
//      CANAR = ISR;
//      CANDR |= 0x04;  //CLR FLAG
        B_Can1Send = 0;
    }
```

```
   if((isr & 0x08) == 0x08) //RI
   {
//        CANAR = ISR;
//        CANDR |= 0x08;  //CLR FLAG
       B_Can1Read = 1;
   }
   if((isr & 0x40) == 0x40) //ALI
   {
//        CANAR = ISR;
//        CANDR |= 0x40;  //CLR FLAG
   }
   if((isr & 0x20) == 0x20) //EWI
   {
       CANAR = MR;
       CANDR &= ~0x04;   //清除 Reset Mode，从 BUS-OFF 状态退出
//        CANAR = ISR;
//        CANDR |= 0x20;  //CLR FLAG
   }
   if((isr & 0x10) == 0x10) //EPI
   {
//        CANAR = ISR;
//        CANDR |= 0x10;  //CLR FLAG
   }
   if((isr & 0x02) == 0x02) //BEI
   {
//        CANAR = ISR;
//        CANDR |= 0x02;  //CLR FLAG
   }
   if((isr & 0x01) == 0x01) //DOI
   {
//        CANAR = ISR;
//        CANDR |= 0x01;  //CLR FLAG
   }
   AUXR2 = store;           //先通过 AUXR2 进行现场恢复
   CANAR = arTemp;          //后通过 CANAR 进行现场恢复
}
void CAN2_ISR_Handler (void) interrupt CAN2_VECTOR
{
   u8 isr;
   u8 store;
   u8 arTemp;
   arTemp = CANAR;
/*先进行现场保存，避免主循环里写完 CANAR 后产生中断，在中断里修改 CANAR 内容*/
   store = AUXR2;    //通过 AUXR2 进行现场保存
   AUXR2 |= 0x08;    //选择 CAN2 模块
   isr = CanReadReg(ISR);
   CANAR = ISR;
   CANDR = isr;                //写 1 清除标志位
   if((isr & 0x04) == 0x04)     //TI
   {
//        CANAR = ISR;
//        CANDR |= 0x04;            //CLR FLAG
       B_Can2Send = 0;
   }
```

```
    if((isr & 0x08) == 0x08)        //RI
    {
//        CANAR = ISR;
//        CANDR |= 0x08;            //CLR FLAG
        B_Can2Read = 1;
    }
    if((isr & 0x40) == 0x40)        //ALI
    {
//        CANAR = ISR;
//        CANDR |= 0x40;            //CLR FLAG
    }
    if((isr & 0x20) == 0x20)        //EWI
    {
        CANAR = MR;
        CANDR &= ~0x04;             //清除 Reset Mode，从 BUS-OFF 状态退出
//        CANAR = ISR;
//        CANDR |= 0x20;            //CLR FLAG
    }
    if((isr & 0x10) == 0x10)        //EPI
    {
//        CANAR = ISR;
//        CANDR |= 0x10;            //CLR FLAG
    }
    if((isr & 0x02) == 0x02)        //BEI
    {
//        CANAR = ISR;
//        CANDR |= 0x02;            //CLR FLAG
    }
    if((isr & 0x01) == 0x01)        //DOI
    {
//        CANAR = ISR;
//        CANDR |= 0x01;            //CLR FLAG
    }
    AUXR2 = store;          //先通过 AUXR2 进行现场恢复
    CANAR = arTemp;         //后通过 CANAR 进行现场恢复
```

（10）LIN 总线的中断服务函数如下：

```
void LIN_ISR_Handler (void) interrupt LIN_VECTOR
{
    u8 isr;
    u8 arTemp;
    arTemp = LINAR;
/*LINAR 现场保存，避免主循环里写完 LINAR 后产生中断，在中断里修改 LINAR 内容*/
    isr = LinReadReg(LSR);          //读取清除状态标志位
    if((isr & 0x03) == 0x03)
    {
        isr = LinReadReg(LER);
        if(isr == 0x00)             //No Error
        {
            LinRxFlag = 1;
        }
    }
    else
    {
```

· 234 ·

```
        isr = LinReadReg(LER);        //读取清除错误寄存器
    }
    LINAR = arTemp;                    //LINAR 现场恢复
}
```

（11）DMA 通道的中断服务函数如下：

```
void DMA_ADC_ISR_Handler (void) interrupt DMA_ADC_VECTOR
{
    ......    // TODO：在此处添加用户代码
    if(DMA_ADC_STA & 0x01)        //A/D 转换完成
    {
        DMA_ADC_STA &= ~0x01;     //清标志位
        DmaADCFlag = 1;
    }
}
void DMA_M2M_ISR_Handler (void) interrupt DMA_M2M_VECTOR
{
    ......    // TODO：在此处添加用户代码
    if(DMA_M2M_STA & 0x01)    //M2M 传输完成
    {
        DMA_M2M_STA &= ~0x01; //清标志位
        DmaM2MFlag = 1;
        if(u2sFlag)
        {
            u2sFlag = 0;
            SpiSendFlag = 1;
        }
        if(s2uFlag)
        {
            s2uFlag = 0;
            UartSendFlag = 1;
        }
    }
}
void DMA_UART1TX_ISR_Handler (void) interrupt DMA_UR1T_VECTOR
{
    ......    // TODO：在此处添加用户代码
    if (DMA_UR1T_STA & 0x01)        //发送完成
    {
        DMA_UR1T_STA &= ~0x01;      //清标志位
        DmaTx1Flag = 1;
    }
    if (DMA_UR1T_STA & 0x04)        //数据覆盖
    {
        DMA_UR1T_STA &= ~0x04;      //清标志位
    }
}
void DMA_UART1RX_ISR_Handler (void) interrupt DMA_UR1R_VECTOR
{
    ......    // TODO：在此处添加用户代码
    if (DMA_UR1R_STA & 0x01)        //接收完成
    {
        DMA_UR1R_STA &= ~0x01;      //清标志位
        DmaRx1Flag = 1;
//      DMA_UR1T_TRIG();            //重新触发 UART1 发送功能
```

```
//          DMA_UR1R_TRIG();              //重新触发 UART1 接收功能
    }
    if (DMA_UR1R_STA & 0x02)        //数据丢弃
    {
        DMA_UR1R_STA &= ~0x02;      //清标志位
    }
}
void DMA_UART2TX_ISR_Handler (void) interrupt DMA_UR2T_VECTOR
{
    ......    // TODO：在此处添加用户代码
    if (DMA_UR2T_STA & 0x01)        //发送完成
    {
        DMA_UR2T_STA &= ~0x01;      //清标志位
        DmaTx2Flag = 1;
    }
    if (DMA_UR2T_STA & 0x04)        //数据覆盖
    {
        DMA_UR2T_STA &= ~0x04;      //清标志位
    }
}
void DMA_UART2RX_ISR_Handler (void) interrupt DMA_UR2R_VECTOR
{
    ......    // TODO：在此处添加用户代码
    if (DMA_UR2R_STA & 0x01)        //接收完成
    {
        DMA_UR2R_STA &= ~0x01;      //清标志位
        DmaRx2Flag = 1;
//          DMA_UR2T_TRIG();              //重新触发 UART2 发送功能
//          DMA_UR2R_TRIG();              //重新触发 UART2 接收功能
    }
    if (DMA_UR2R_STA & 0x02)        //数据丢弃
    {
        DMA_UR2R_STA &= ~0x02;      //清标志位
    }
}
void DMA_UART3TX_ISR_Handler (void) interrupt DMA_UR3T_VECTOR
{
    ......    // TODO：在此处添加用户代码
    if (DMA_UR3T_STA & 0x01)        //发送完成
    {
        DMA_UR3T_STA &= ~0x01;      //清标志位
        DmaTx3Flag = 1;
    }
    if (DMA_UR3T_STA & 0x04)        //数据覆盖
    {
        DMA_UR3T_STA &= ~0x04;      //清标志位
    }
}
void DMA_UART3RX_ISR_Handler (void) interrupt DMA_UR3R_VECTOR
{
    // TODO：在此处添加用户代码
    if (DMA_UR3R_STA & 0x01)        //接收完成
    {
        DMA_UR3R_STA &= ~0x01;      //清标志位
```

```
            DmaRx3Flag = 1;
//          DMA_UR3T_TRIG();           //重新触发 UART3 发送功能
//          DMA_UR3R_TRIG();           //重新触发 UART3 接收功能
    }
    if (DMA_UR3R_STA & 0x02)        //数据丢弃
    {
        DMA_UR3R_STA &= ~0x02;      //清标志位
    }
}
void DMA_UART4TX_ISR_Handler (void) interrupt DMA_UR4T_VECTOR
{
    ......   // TODO：在此处添加用户代码
    if (DMA_UR4T_STA & 0x01)        //发送完成
    {
        DMA_UR4T_STA &= ~0x01;      //清标志位
        DmaTx4Flag = 1;
    }
    if (DMA_UR4T_STA & 0x04)        //数据覆盖
    {
        DMA_UR4T_STA &= ~0x04;      //清标志位
    }
}
void DMA_UART4RX_ISR_Handler (void) interrupt DMA_UR4R_VECTOR
{
    ......   // TODO：在此处添加用户代码
    if (DMA_UR4R_STA & 0x01)        //接收完成
    {
        DMA_UR4R_STA &= ~0x01;      //清标志位
        DmaRx4Flag = 1;
//          DMA_UR4T_TRIG();           //重新触发 UART4 发送功能
//          DMA_UR4R_TRIG();           //重新触发 UART4 接收功能
    }
    if (DMA_UR4R_STA & 0x02)        //数据丢弃
    {
        DMA_UR4R_STA &= ~0x02;      //清标志位
    }
}
void DMA_SPI_ISR_Handler (void) interrupt DMA_SPI_VECTOR
{
    ......   // TODO：在此处添加用户代码
    if(DMA_SPI_STA & 0x01)          //通信完成
    {
        DMA_SPI_STA &= ~0x01;       //清标志位
        if(MSTR)
        {                           //主机模式
            SpiTxFlag = 1;
            SPI_SS_2 = 1;
        }
        else
        {                           //从机模式
            SpiRxFlag = 1;
        }
    }
    if(DMA_SPI_STA & 0x02)          //数据丢弃
```

```
        {
            DMA_SPI_STA &= ~0x02;        //清标志位
        }
        if(DMA_SPI_STA & 0x04)            //数据覆盖
        {
            DMA_SPI_STA &= ~0x04;        //清标志位
        }
}
void DMA_I2CT_ISR_Handler (void) interrupt DMA_I2CT_VECTOR
{
    ......    // TODO：在此处添加用户代码
    if(DMA_I2CT_STA & 0x01)            //发送完成
    {
        DMA_I2CT_STA &= ~0x01;        //清标志位
        DmaI2CTFlag = 0;
    }
    if(DMA_I2CT_STA & 0x04)            //数据覆盖
    {
        DMA_I2CT_STA &= ~0x04;        //清标志位
    }
}
void DMA_I2CR_ISR_Handler (void) interrupt DMA_I2CR_VECTOR
{
    ......    // TODO：在此处添加用户代码
    if(DMA_I2CR_STA & 0x01)            //接收完成
    {
        DMA_I2CR_STA &= ~0x01;        //清标志位
        DmaI2CRFlag = 0;
    }
    if(DMA_I2CR_STA & 0x02)            //数据丢弃
    {
        DMA_I2CR_STA &= ~0x02;        //清标志位
    }
}
void DMA_LCM_ISR_Handler (void) interrupt DMA_LCM_VECTOR
{
    ......    // TODO：在此处添加用户代码
    if(DMA_LCM_STA & 0x01)
    {
        if(DmaLcmFlag)
        {
            DmaLcmFlag = 0;
            DMA_LCM_CR = 0;
        }
        else
        {
            LCM_Cnt--;
            if(LCM_Cnt == 0)
            {
                DMA_LCM_CR = 0;
                LCD_CS=1;
            }
            else
            {
```

```
                DMA_LCM_CR = 0xa0; //Write dat
            }
        }
        DMA_LCM_STA = 0;                      //清标志位
    }
}
void DMA_ISR_Handler (void) interrupt 13
{
    ......      // TODO：在此处添加用户代码
//----------- DMA ADC --------------
    if(DMA_ADC_STA & 0x01)            //A/D 转换完成
    {
        DMA_ADC_STA &= ~0x01;         //清标志位
        DmaADCFlag = 1;
    }
//----------- DMA M2M --------------
    if(DMA_M2M_STA & 0x01)            //M2M 传输完成
    {
        DMA_M2M_STA &= ~0x01;     //清标志位
        DmaM2MFlag = 1;
        if(u2sFlag)
        {
            u2sFlag = 0;
            SpiSendFlag = 1;
        }
        if(s2uFlag)
        {
            s2uFlag = 0;
            UartSendFlag = 1;
        }
    }
//---------- DMA UART1 -------------
    if (DMA_UR1T_STA & 0x01)      //发送完成
    {
        DMA_UR1T_STA &= ~0x01;    //清标志位
        DmaTx1Flag = 1;
    }
    if (DMA_UR1T_STA & 0x04)      //数据覆盖
    {
        DMA_UR1T_STA &= ~0x04;    //清标志位
    }
    if (DMA_UR1R_STA & 0x01)      //接收完成
    {
        DMA_UR1R_STA &= ~0x01;    //清标志位
        DmaRx1Flag = 1;
    }
    if (DMA_UR1R_STA & 0x02)      //数据丢弃
    {
        DMA_UR1R_STA &= ~0x02;    //清标志位
    }
//---------- DMA UART2 -------------
    if (DMA_UR2T_STA & 0x01)      //发送完成
    {
        DMA_UR2T_STA &= ~0x01;    //清标志位
```

```
        DmaTx2Flag = 1;
    }
    if (DMA_UR2T_STA & 0x04)      //数据覆盖
    {
        DMA_UR2T_STA &= ~0x04;    //清标志位
    }
    if (DMA_UR2R_STA & 0x01)      //接收完成
    {
        DMA_UR2R_STA &= ~0x01;    //清标志位
        DmaRx2Flag = 1;
    }
    if (DMA_UR2R_STA & 0x02)      //数据丢弃
    {
        DMA_UR2R_STA &= ~0x02;    //清标志位
    }
//---------- DMA UART3 -------------
    if (DMA_UR3T_STA & 0x01)      //发送完成
    {
        DMA_UR3T_STA &= ~0x01;    //清标志位
        DmaTx3Flag = 1;
    }
    if (DMA_UR3T_STA & 0x04)      //数据覆盖
    {
        DMA_UR3T_STA &= ~0x04;    //清标志位
    }
    if (DMA_UR3R_STA & 0x01)      //接收完成
    {
        DMA_UR3R_STA &= ~0x01;    //清标志位
        DmaRx3Flag = 1;
    }
    if (DMA_UR3R_STA & 0x02)      //数据丢弃
    {
        DMA_UR3R_STA &= ~0x02;    //清标志位
    }
//---------- DMA UART4 -------------
    if (DMA_UR4T_STA & 0x01)      //发送完成
    {
        DMA_UR4T_STA &= ~0x01;    //清标志位
        DmaTx4Flag = 1;
    }
    if (DMA_UR4T_STA & 0x04)      //数据覆盖
    {
        DMA_UR4T_STA &= ~0x04;    //清标志位
    }
    if (DMA_UR4R_STA & 0x01)      //接收完成
    {
        DMA_UR4R_STA &= ~0x01;    //清标志位
        DmaRx4Flag = 1;
    }
    if (DMA_UR4R_STA & 0x02)      //数据丢弃
    {
        DMA_UR4R_STA &= ~0x02;    //清标志位
    }
//---------- DMA SPI -------------
```

```
        if(DMA_SPI_STA & 0x01)          //通信完成
        {
            DMA_SPI_STA &= ~0x01;       //清标志位
            if(MSTR)
            {                           //主机模式
                SpiTxFlag = 1;
                SPI_SS_2 = 1;
            }
            else
            {                           //从机模式
                SpiRxFlag = 1;
            }
        }
        if(DMA_SPI_STA & 0x02)          //数据丢弃
        {
            DMA_SPI_STA &= ~0x02;       //清标志位
        }
        if(DMA_SPI_STA & 0x04)          //数据覆盖
        {
            DMA_SPI_STA &= ~0x04;       //清标志位
        }
//------------- LCM --------------
    if(LCMIFSTA & 0x01)
    {
        LCMIFSTA = 0x00;
        LcmFlag = 0;
    }
//---------- DMA LCM -------------
    if(DMA_LCM_STA & 0x01)
    {
        if(DmaLcmFlag)
        {
            DmaLcmFlag = 0;
            DMA_LCM_CR = 0;
        }
        else
        {
            LCM_Cnt--;
            if(LCM_Cnt == 0)
            {
                DMA_LCM_CR = 0;
                LCD_CS=1;
            }
            else
            {
                DMA_LCM_CR = 0xa0; //Write dat
            }
        }
        DMA_LCM_STA = 0;                //清标志位
    }
}
```

（12）RTC 实时时钟的中断服务函数如下：

```
void RTC_ISR_Handler (void) interrupt RTC_VECTOR
{
```

```
......  // TODO: 在此处添加用户代码
if(RTCIF & 0x80) //闹钟中断
{
    P01 = !P01;
    RTCIF &= ~0x80;
    B_Alarm = 1;
}
if(RTCIF & 0x08) //秒中断
{
    P00 = !P00;
    RTCIF &= ~0x08;
    B_1S = 1;
}
}
```

## 10.3 应用程序开发

### 10.3.1 系统流程

基于 STC32G-SOFTWARE-LIB 函数库进行应用程序的开发，可以采用过程控制方法，当需要使用某个端口时，直接调用函数库中的函数即可，具体编程方法同基于寄存器编程方法；也可以采用时间轮询调用的方法调用库中的函数。本章采用时间轮询调用的方法，应用程序的系统流程如图 10.2 所示，包括 3 部分：初始化、主循环（任务轮询）及中断。

### 10.3.2 应用程序框架分析

应用程序（用户程序）位于 User 文件夹中，包含 type_def.h、config.h、isr.asm、STC32G.h、system_init.h、system_init.c、task.h、task.c、main.c 等文件，其中STC32G.h 为 STC32 单片机特殊功能寄存器的定义文件，前面已反复学习过、应用过，下面不再赘述。

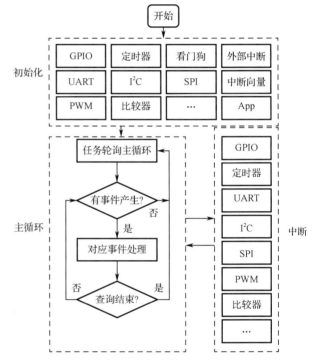

图 10.2 应用程序的系统流程

#### 1. config.h

（1）config.h 文件中的内容如下：

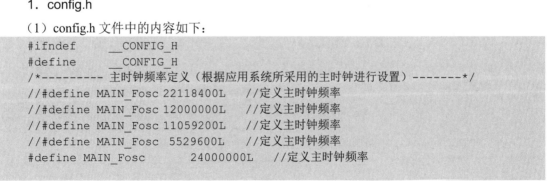

```
#ifndef    __CONFIG_H
#define    __CONFIG_H
/*--------- 主时钟频率定义（根据应用系统所采用的主时钟进行设置）-------*/
//#define MAIN_Fosc 22118400L    //定义主时钟频率
//#define MAIN_Fosc 12000000L    //定义主时钟频率
//#define MAIN_Fosc 11059200L    //定义主时钟频率
//#define MAIN_Fosc  5529600L    //定义主时钟频率
#define MAIN_Fosc      24000000L    //定义主时钟频率
```

```
/*--------头文件---------*/
#include "type_def.h"
#include "stc32g.h"
#include <stdlib.h>
#include <stdio.h>

/*------------  外部函数和变量声明-------------*/
#endif
```

（2）说明：config.h 分 3 个部分，第 1 部分为主时钟频率定义，所列为常用的主时钟频率，实际应用中可根据需要选用，也可添加其他主时钟频率；第 2 部分为头文件，包含了应用程序用到的头文件，上面程序中所列为常用头文件，实际应用中可根据需要添加；第 3 部分为外部函数和变量声明，实际应用时根据需要添加内容。

### 2．type_def.h

（1）type_def.h 文件中的内容如下：

```
#ifndef       __TYPE_DEF_H
#define       __TYPE_DEF_H
/*------------  数据类型定义----------*/
typedef unsigned     char        u8;       // 8 bit
typedef unsigned     int     u16;          // 16 bit
typedef unsigned     long        u32;        // 32 bit
typedef signed       char        int8;       // 8 bit
typedef signed       int     int16;  // 16 bit
typedef signed       long        int32;  // 32 bit
typedef unsigned     char        uint8;  // 8 bit
typedef unsigned     int     uint16; // 16 bit
typedef unsigned     long        uint32; // 32 bit
/*------------逻辑定义------*/
#define TRUE    1
#define FALSE   0
/*--------空符号定义---------*/
#define NULL     0
/*-----------中断优先级定义-------*/
#define Priority_0   0    //中断优先级为0级（最低级）
#define Priority_1   1    //中断优先级为1级（较低级）
#define Priority_2   2    //中断优先级为2级（较高级）
#define Priority_3   3    //中断优先级为3级（最高级）
/*---------使能与禁止定义------*/
#define ENABLE       1
#define DISABLE      0
/*------成功与失败定义---------*/
#define SUCCESS      0
#define FAIL         -1
#endif
```

（2）说明：type_def.h 文件包含了对常规数据类型、常用符号（TRUE 与 FALSE、ENABLE 与 DISABLE、SUCCESS 与 FAIL）、中断优先级等的定义。

### 3．system_init.h 与 system_init.c

（1）system_init.h 文件中的内容如下：

```
#ifndef __SYSTEM_INIT_H_
#define __SYSTEM_INIT_H_
void SYS_Init(void);
#endif
```

（2）system_init.c 文件中的内容如下：

```c
#include     "config.h"
#include     "STC32G_GPIO.h"
#include     "STC32G_ADC.h"
#include     "STC32G_Exti.h"
#include     "STC32G_I2C.h"
#include     "STC32G_SPI.h"
#include     "STC32G_Timer.h"
#include     "STC32G_UART.h"
#include     "STC32G_Compare.h"
#include     "STC32G_Delay.h"
#include     "STC32G_Switch.h"
#include     "STC32G_WDT.h"
#include     "STC32G_NVIC.h"
#include     "app.h"


/*-----------I/O端口配置函数-----------*/
void     GPIO_config(void)
{
    P0_MODE_IO_PU(GPIO_Pin_All);              //P0设置为准双向端口
    P1_MODE_IN_HIZ(GPIO_Pin_LOW);             //P1.0～P1.3设置为高阻输入
    P1_MODE_OUT_OD(GPIO_Pin_4 | GPIO_Pin_5);  //P1.4、P1.5设置为漏极开路
    P2_MODE_IO_PU(GPIO_Pin_All);              //P2 设置为准双向端口
    P3_MODE_IO_PU(GPIO_Pin_LOW);              //P3.0～P3.3设置为准双向端口
    P3_MODE_IO_PU(GPIO_Pin_HIGH);             //P3.4～P3.7设置为准双向端口
//  P3_MODE_IN_HIZ(GPIO_Pin_6|GPIO_Pin_7);  //P3.6、P3.7设置为高阻输入
    P4_MODE_IO_PU(GPIO_Pin_0|GPIO_Pin_6|GPIO_Pin_7);//P4.0、P4.6、P4.7设置为
准双向端口
    P6_MODE_IO_PU(GPIO_Pin_All);              //P6设置为准双向端口
    P7_MODE_IO_PU(GPIO_Pin_All);              //P7设置为准双向端口
    P1_PULL_UP_ENABLE(GPIO_Pin_4|GPIO_Pin_5); //P1.4、P1.5开启内部上拉

}


/*-----------定时器配置-----------*/
void     Timer_config(void)
{
    TIM_InitTypeDef TIM_InitStructure;                          //结构定义
    TIM_InitStructure.TIM_Mode = TIM_16BitAutoReload;          //指定工作模式
    TIM_InitStructure.TIM_ClkSource = TIM_CLOCK_1T;            //指定时钟源
    TIM_InitStructure.TIM_ClkOut = DISABLE;             //是否输出高速脉冲
    TIM_InitStructure.TIM_Value = (u16)(65536UL - (MAIN_Fosc / 1000UL));
      //中断频率，1000次/秒
    TIM_InitStructure.TIM_Run = ENABLE; //是否初始化后启动定时器
    Timer_Inilize(Timer0, &TIM_InitStructure); //初始化定时器0
    NVIC_Timer0_Init(ENABLE, Priority_0);    //中断使能
/*定时器1进行16位初值自动重装，中断频率为20000Hz，中断服务函数从P6.6取反输出10kHz的方波信号*/
//  TIM_InitStructure.TIM_Mode = TIM_16BitAutoReload;          //指定工作模式
//  TIM_InitStructure.TIM_ClkSource = TIM_CLOCK_1T;            //指定时钟源
//  TIM_InitStructure.TIM_ClkOut = DISABLE;              //是否输出高速脉冲
//  TIM_InitStructure.TIM_Value = 65536UL - (MAIN_Fosc / 20000);
//中断频率，20000次/秒
//  TIM_InitStructure.TIM_Run = ENABLE;          //是否初始化后启动定时器
//  Timer_Inilize(Timer1, &TIM_InitStructure);          //初始化定时器1
//  NVIC_Timer1_Init(ENABLE, Priority_0);          //中断使能，优先级为0
```

```c
/*定时器2进行16位初值自动重装,中断频率为10000Hz,中断服务函数从P6.5取反输出5kHz的方波信号*/
//    TIM_InitStructure.TIM_ClkSource = TIM_CLOCK_1T;        //指定时钟源
//    TIM_InitStructure.TIM_ClkOut = DISABLE;  //是否输出高速脉冲
//    TIM_InitStructure.TIM_Value = 65536UL - (MAIN_Fosc / 10000);//初值
//    TIM_InitStructure.TIM_Run = ENABLE;  //是否初始化后启动定时器
//    Timer_Inilize(Timer2, &TIM_InitStructure);  //初始化定时器2
//    NVIC_Timer2_Init(ENABLE, NULL);        //中断使能,无优先级
/*定时器3进行16位初值自动重装,中断频率为100Hz,中断服务函数从P6.4取反输出50Hz的方波信号*/
//    TIM_InitStructure.TIM_ClkSource = TIM_CLOCK_12T;      //指定时钟源
//    TIM_InitStructure.TIM_ClkOut = ENABLE;                   //是否输出高速脉冲
//    TIM_InitStructure.TIM_Value = 65536UL - (MAIN_Fosc / (100*12));//初值
//    TIM_InitStructure.TIM_Run = ENABLE;            //是否初始化后启动定时器
//    Timer_Inilize(Timer3, &TIM_InitStructure);              //初始化定时器3
//    NVIC_Timer3_Init(ENABLE, NULL);                  //中断使能,无优先级
/*定时器4进行16位初值自动重装,中断频率为50Hz,中断服务函数从P6.3取反输出25Hz的方波信号*/
//    TIM_InitStructure.TIM_ClkSource = TIM_CLOCK_12T;      //指定时钟源
//    TIM_InitStructure.TIM_ClkOut = ENABLE;                   //是否输出高速脉冲
//    TIM_InitStructure.TIM_Value = 65536UL - (MAIN_Fosc / (50*12));//初值
//    TIM_InitStructure.TIM_Run = ENABLE;            //是否初始化后启动定时器
//    Timer_Inilize(Timer4, &TIM_InitStructure);              //初始化定时器4
//    NVIC_Timer4_Init(ENABLE, NULL);       //中断使能,ENABLE/DISABLE;无优先级
}
/*-----------ADC初始化-----------*/
void    ADC_config(void)
{
    ADC_InitTypeDef ADC_InitStructure;        //结构定义
    ADC_InitStructure.ADC_SMPduty = 31;        //ADC 模拟信号采样时间控制
    ADC_InitStructure.ADC_CsSetup = 0;        //ADC 通道选择时间控制, 0~31
    ADC_InitStructure.ADC_CsHold = 1;        //ADC 通道选择保持时间控制
    ADC_InitStructure.ADC_Speed = ADC_SPEED_2X1T;//设置 ADC 工作时钟频率
    ADC_InitStructure.ADC_AdjResult = ADC_RIGHT_JUSTIFIED; //ADC结果调整
    ADC_Inilize(&ADC_InitStructure);                //初始化
    ADC_PowerControl(ENABLE);                //ADC电源开关,ENABLE或DISABLE
    NVIC_ADC_Init(DISABLE, Priority_0); //中断使能,优先级为0
}
/*-----------串行端口初始化-----------*/
void    UART_config(void)
{
    COMx_InitDefine COMx_InitStructure;        //结构定义
/*-----------初始化串行端口1-----------*/
    COMx_InitStructure.UART_Mode = UART_8bit_BRTx;        //指定工作模式
    COMx_InitStructure.UART_BRT_Use = BRT_Timer1;        //选择波特率发生器
    COMx_InitStructure.UART_BaudRate = 115200ul;        //波特率
    COMx_InitStructure.UART_RxEnable = ENABLE;        //接收允许
    COMx_InitStructure.BaudRateDouble = DISABLE;        //波特率加倍
    UART_Configuration(UART1, &COMx_InitStructure);        //初始化串行端口1
    NVIC_UART1_Init(ENABLE, Priority_1);        //中断使能,优先级
/*-----------初始化串行端口2-----------*/
//    COMx_InitStructure.UART_Mode = UART_8bit_BRTx;        //指定工作模式
//    COMx_InitStructure.UART_BRT_Use = BRT_Timer2;        //选择波特率发生器
//    COMx_InitStructure.UART_BaudRate = 115200ul;        //波特率
//    COMx_InitStructure.UART_RxEnable = ENABLE;        //接收允许
//    UART_Configuration(UART2, &COMx_InitStructure);        //初始化串行端口2
```

```
//  NVIC_UART2_Init(ENABLE, Priority_1);                        //中断使能，优先级为1
}
/*-----------I²C初始化-----------*/
void I2C_config(void)
{
    I2C_InitTypeDef    I2C_InitStructure;
    I2C_InitStructure.I2C_Mode = I2C_Mode_Master;   //主机/从机选择
    I2C_InitStructure.I2C_Enable = ENABLE;           //I²C功能使能
    I2C_InitStructure.I2C_MS_WDTA = DISABLE;         //主机使能自动发送
    I2C_InitStructure.I2C_Speed = 16;                //总线速度
    I2C_Init(&I2C_InitStructure);
    NVIC_I2C_Init(I2C_Mode_Master, DISABLE, Priority_0);
    //主机/从机模式，中断使能
}
/*-----------SPI初始化-----------*/
void    SPI_config(void)
{
    SPI_InitTypeDef    SPI_InitStructure;
    SPI_InitStructure.SPI_Enable = ENABLE;           //SPI启动
    SPI_InitStructure.SPI_SSIG = ENABLE;             //片选位
    SPI_InitStructure.SPI_FirstBit = SPI_MSB;        //移位方向
    SPI_InitStructure.SPI_Mode = SPI_Mode_Slave;     //主机/从机选择
    SPI_InitStructure.SPI_CPOL = SPI_CPOL_Low;       //时钟相位
    SPI_InitStructure.SPI_CPHA = SPI_CPHA_2Edge;     //数据边沿
    SPI_InitStructure.SPI_Speed = SPI_Speed_4;       //SPI速度
    SPI_Init(&SPI_InitStructure);
    NVIC_SPI_Init(ENABLE, Priority_3);               //中断使能，优先级为3
}
/*-----------比较器初始化-----------*/
void    CMP_config(void)
{
    CMP_InitDefine CMP_InitStructure;                //结构定义
    CMP_InitStructure.CMP_EN = ENABLE;               //允许比较器
    CMP_InitStructure.CMP_P_Select = CMP_P_P37;      //比较器输入正极选择
    CMP_InitStructure.CMP_N_Select = CMP_N_GAP;      //比较器输入负极选择
    CMP_InitStructure.CMP_InvCMPO = DISABLE;         //比较器输出取反
    CMP_InitStructure.CMP_100nsFilter = ENABLE;      //内部0.1μF滤波
    CMP_InitStructure.CMP_Outpt_En = ENABLE;         //允许比较结果输出
    CMP_InitStructure.CMP_OutDelayDuty = 16;         //比较结果变化延时周期数
    CMP_Inilize(&CMP_InitStructure);                 //初始化比较器
    NVIC_CMP_Init(RISING_EDGE|FALLING_EDGE, Priority_0);//中断使能，优先级为0
}
/*-----------外部中断初始化-----------*/
void    Exti_config(void)
{
    /*-----------外部中断0-----------*/
    EXTI_InitTypeDef    Exti_InitStructure;          //结构定义
    Exti_InitStructure.EXTI_Mode = EXT_MODE_Fall;    //中断模式
    Ext_Inilize(EXT_INT0, &Exti_InitStructure);      //初始化
    NVIC_INT0_Init(ENABLE, Priority_0);              //中断使能，优先级
    /*-----------外部中断1-----------*/
    Exti_InitStructure.EXTI_Mode = EXT_MODE_Fall;    //中断模式
    Ext_Inilize(EXT_INT1, &Exti_InitStructure);      //初始化
    NVIC_INT1_Init(ENABLE, Priority_0);              //中断使能，优先级为0
```

```
/*----------外部中断2、3、4----------*/
    NVIC_INT2_Init(ENABLE, NULL);              //中断使能，ENABLE/DISABLE；无优先级
    NVIC_INT3_Init(ENABLE, NULL);              //中断使能，ENABLE/DISABLE；无优先级
    NVIC_INT4_Init(ENABLE, NULL);              //中断使能，ENABLE/DISABLE；无优先级
}
/*----------功能脚切换----------*/
void    Switch_config(void)
{
    UART1_SW(UART1_SW_P30_P31);                //串行端口1引脚切换
    UART2_SW(UART2_SW_P46_P47);                //串行端口2引脚切换
    UART3_SW(UART3_SW_P00_P01);                //串行端口3引脚切换
    UART4_SW(UART4_SW_P02_P03);                //串行端口4引脚切换
//  I2C_SW(I2C_P14_P15);                       //I²C引脚切换
//  COMP_SW(CMP_OUT_P34);                      //比较器输出引脚切换
    SPI_SW(SPI_P22_P23_P24_P25);               //SPI总线引脚切换
    LCM_CTRL_SW(LCM_CTRL_P45_P44_P42);         //LCM控制引脚切换
    LCM_DATA_SW(LCM_D8_NA_P6);                 //LCM数据引脚切换
}
/*----------系统初始化----------*/
void SYS_Init(void)
{
//  GPIO_config();
    Timer_config();
//  ADC_config();
//  UART_config();
//  Exti_config();
//  I2C_config();
//  SPI_config();
//  CMP_config();
    Switch_config();
    EA = 1;
    APP_config();
}
```

（3）说明：本文件包含了定时器、串行端口、外部中断、GPIO、A/D 转换模块、比较器、SPI 总线、I²C 总线，以及硬件引脚切换等相关函数的定义，使用时可根据需要进行设置，并统一集成到 SYS_Init(void)函数中，未用到的函数加上注释符即可，使用时只需要调用 SYS_Init(void)函数即可。此外，源文件中每项参数设置语句的注释中都包含了对应的参数，为了压缩篇幅，本书相关内容中未体现。

4．task.h 与 task.c

（1）task.h 文件中的内容如下：

```
ifndef      __TASK_H
#define     __TASK_H
#include    "config.h"
/*----------结构变量定义----------*/
typedef struct
{
    u8 Run;                 //任务状态：Run/Stop
    u16 TIMCount;           //定时计数器
    u16 TRITime;            //重载计数器
    void (*TaskHook) (void); //任务函数
} TASK_COMPONENTS;
/*----------外部函数和变量声明----------*/
```

```
void Task_Marks_Handler_Callback(void);
void Task_Pro_Handler_Callback(void);
#endif
```

说明：一是定义结构变量 TASK_COMPONENTS；二是对外部函数 Task_Marks_Handler_
Callback(void)、Task_Pro_Handler_Callback(void)的声明。

（2）task.c 文件中的内容如下：

```
#include     "Task.h"
#include     "app.h"
/*-----------本地结构数组变量的定义与赋值-----------*/
static TASK_COMPONENTS Task_Comps[]=
{
//任务标记  任务周期计数器值  任务周期重载计数器值  任务函数
    {0,250,250,Sample_Lamp},          /* task 1 Period: 250ms */
    {0,200,200,Sample_ADtoUART},      /* task 2 Period: 200ms */
//  {0,20,20,Sample_INTtoUART},       /* task 3 Period: 20ms */
//  {0,1,1,Sample_RTC},               /* task 4 Period: 1ms */
//  {0,1,1,Sample_I2C_PS},            /* task 5 Period: 1ms */
//  {0,1,1,Sample_SPI_PS},            /* task 6 Period: 1ms */
//  {0,1,1,Sample_EEPROM},            /* task 7 Period: 1ms */
//  {0,100,100,Sample_WDT},           /* task 8 Period: 100ms */
//  {0,1,1,Sample_PWMA_Output},       /* task 9 Period: 1ms */
//  {0,1,1,Sample_PWMB_Output},       /* task 10 Period: 1ms */
//  {0,500,500,Sample_DMA_AD},        /* task 12 Period: 500ms */
//  {0,500,500,Sample_DMA_M2M},       /* task 13 Period: 100ms */
//  {0,1,1,Sample_DMA_UART},          /* task 14 Period: 1ms */
//  {0,1,1,Sample_DMA_SPI_PS},        /* task 15 Period: 1ms */
//  {0,1,1,Sample_DMA_LCM},           /* task 16 Period: 1ms */
//  {0,1,1,Sample_DMA_I2C},           /* task 17 Period: 1ms */
//  {0,1,1,Sample_CAN},               /* task 18 Period: 1ms */
//  {0,1,1,Sample_LIN},               /* task 19 Period: 1ms */
//  {0,1,1,Sample_USART_LIN},         /* task 20 Period: 1ms */
//  {0,1,1,Sample_USART2_LIN},        /* task 21 Period: 1ms */
//  {0,1,1,Sample_HSSPI},             /* task 22 Period: 1ms */
//  {0,1,1,Sample_HSPWM},             /* task 22 Period: 1ms */
    /* Add new task here */
};
u8 Tasks_Max = sizeof(Task_Comps)/sizeof(Task_Comps[0]); //计算任务数
/*-----------任务标记回调函数-----------*/
void Task_Marks_Handler_Callback(void)
{
    u8 i;
    for(i=0; i<Tasks_Max; i++)
    {
        if(Task_Comps[i].TIMCount)           /* If the timer is not 0 */
        {
            Task_Comps[i].TIMCount--;        /* Time counter decrement */
            if(Task_Comps[i].TIMCount == 0) /* If time arrives */
            {
                /*Resume the timer value and try again */
                Task_Comps[i].TIMCount = Task_Comps[i].TRITime;
                Task_Comps[i].Run = 1;       /* The task can be run */
            }
        }
```

```
        }
    }
/*-----------任务处理回调函数-----------*/
void Task_Pro_Handler_Callback(void)
{
    u8 i;
    for(i=0; i<Tasks_Max; i++)
    {
        if(Task_Comps[i].Run)              /* If task can be run */
        {
            Task_Comps[i].Run = 0;         /* Flag clear 0 */
            Task_Comps[i].TaskHook();       /* Run task */
        }
    }
}
```

说明：

①TASK_COMPONENTS Task_Comps[]的定义与赋值。其中列出了 22 项应用巡回函数，此外，也可将新的应用程序添加到此结构数组中。实际应用中，可根据实际需求选择应用选项，即需要的应用选项去掉注释，不需要的加上注释符。

②任务标记回调函数的定义。巡回结构变量含 4 部分，即任务标记（0 或 1）、任务周期计数器值、任务周期重载计数器值、任务函数，每 1ms 各任务的任务周期计数器值减 1。当置位任务周期计数器时将任务周期重载计数器值赋值给任务周期计数器。

③任务处理回调函数的定义。检查各任务的任务标记，当某任务的任务标记为 1 时，执行该任务函数，同时清零该任务的任务标记。

## 5．main.c

main.c 文件中的内容如下：

```
#include    "Task.h"
#include    "System_init.h"
void main(void)
{
    WTST = 0;     //设置访问程序指令延时参数，当其为0时，CPU执行指令的速度最快
    EAXSFR();     //扩展SFR(XFR)访问使能
    SYS_Init();   //系统初始化
    while (1)
    {
        Task_Pro_Handler_Callback();
    }
}
```

说明：主函数比较简单，核心是循环检测各任务标记。当某任务的任务标记为 1 时，执行相应的任务函数，任务函数完成后会引发相应的中断，再在相应的中断服务函数中安排相应的操作。

## 6．isr.asm（如采用了拓展的 Keil C251 中断号，可不用这个文件）

isr.asm 文件中的内容如下：

```
CSEG    AT  0123H          ;RTC_VECTOR
JMP     RTC_VECTOR
CSEG    AT  012BH          ;P0INT_VECTOR
JMP     P0INT_ISR
CSEG    AT  0133H          ;P1INT_VECTOR
JMP     P1INT_ISR
CSEG    AT  013BH          ;P2INT_VECTOR
```

```
        JMP      P2INT_ISR
        CSEG     AT  0143H        ;P3INT_VECTOR
        JMP      P3INT_ISR
        CSEG     AT  014BH        ;P4INT_VECTOR
        JMP      P4INT_ISR
        CSEG     AT  0153H        ;P5INT_VECTOR
        JMP      P5INT_ISR
        CSEG     AT  015BH        ;P6INT_VECTOR
        JMP      P6INT_ISR
        CSEG     AT  0163H        ;P7INT_VECTOR
        JMP      P7INT_ISR
        CSEG     AT  016BH        ;P8INT_VECTOR
        JMP      P8INT_ISR
        CSEG     AT  0173H        ;P9INT_VECTOR
        JMP      P9INT_ISR
        CSEG     AT  017BH        ;M2MDMA_VECTOR
        JMP      M2MDMA_ISR
        CSEG     AT  0183H        ;ADCDMA_VECTOR
        JMP      ADCDMA_ISR
        CSEG     AT  018BH        ;SPIDMA_VECTOR
        JMP      SPIDMA_ISR
        CSEG     AT  0193H        ;U1TXDMA_VECTOR
        JMP      U1TXDMA_ISR
        CSEG     AT  019BH        ;U1RXDMA_VECTOR
        JMP      U1RXDMA_ISR
        CSEG     AT  01A3H        ;U2TXDMA_VECTOR
        JMP      U2TXDMA_ISR
        CSEG     AT  01ABH        ;U2RXDMA_VECTOR
        JMP      U2RXDMA_ISR
        CSEG     AT  01B3H        ;U3TXDMA_VECTOR
        JMP      U3TXDMA_ISR
        CSEG     AT  01BBH        ;U3RXDMA_VECTOR
        JMP      U3RXDMA_ISR
        CSEG     AT  01C3H        ;U4TXDMA_VECTOR
        JMP      U4TXDMA_ISR
        CSEG     AT  01CBH        ;U4RXDMA_VECTOR
        JMP      U4RXDMA_ISR
        CSEG     AT  01D3H        ;LCMDMA_VECTOR
        JMP      LCMDMA_ISR
        CSEG     AT  01DBH        ;LCMIF_VECTOR
        JMP      LCMIF_ISR
        CSEG     AT  01E3H        ;I2CTDMA_VECTOR
        JMP      I2CTDMA_ISR
        CSEG     AT  01EBH        ;I2CRDMA_VECTOR
        JMP      I2CRDMA_ISR
        CSEG     AT  01F3H        ;I2SIF_VECTOR
        JMP      I2SIF_ISR
        CSEG     AT  01FBH        ;I2STDMA_VECTOR
        JMP      I2STDMA_ISR
        CSEG     AT  0203H        ;I2SRDMA_VECTOR
        JMP      I2SRDMA_ISR
RTC_VECTOR:
P0INT_ISR:
P1INT_ISR:
```

```
P2INT_ISR:
P3INT_ISR:
P4INT_ISR:
P5INT_ISR:
P6INT_ISR:
P7INT_ISR:
P8INT_ISR:
P9INT_ISR:
M2MDMA_ISR:
ADCDMA_ISR:
SPIDMA_ISR:
U1TXDMA_ISR:
U1RXDMA_ISR:
U2TXDMA_ISR:
U2RXDMA_ISR:
U3TXDMA_ISR:
U3RXDMA_ISR:
U4TXDMA_ISR:
U4RXDMA_ISR:
LCMDMA_ISR:
LCMIF_ISR:
I2CTDMA_ISR:
I2CRDMA_ISR:
I2SIF_ISR:
I2STDMA_ISR:
I2SRDMA_ISR:
        JMP     006BH
        END
```

说明：用于执行中断号超过 31 时借用 13 号中断的操作。

## 10.3.3　应用程序的分析与编写

### 1. APP.h 与 APP.c

APP.h 与 APP.c 是通用外围端口的应用程序，控制键盘与 LED 数码管的显示。

（1）APP.h 文件中的内容如下：

```
#ifndef  __APP_H_
#define  __APP_H_
/*-----应用对应的头文件-----*/
#include   "config.h"
#include   "APP_Lamp.h"
#include   "APP_AD_UART.h"
#include   "APP_INT_UART.h"
#include   "APP_RTC.h"
#include   "APP_I2C_PS.h"
#include   "APP_SPI_PS.h"
#include   "APP_WDT.h"
#include   "APP_PWM.h"
#include   "APP_EEPROM.h"
#include   "APP_DMA_AD.h"
#include   "APP_DMA_M2M.h"
#include   "APP_DMA_UART.h"
#include   "APP_DMA_SPI_PS.h"
#include   "APP_DMA_LCM.h"
```

```
#include      "APP_DMA_I2C.h"
#include      "APP_CAN.h"
#include      "APP_LIN.h"
#include      "APP_USART_LIN.h"
#include      "APP_USART2_LIN.h"
#include      "APP_HSSPI.h"
#include      "APP_HSPWM.h"
/*-----键盘、LED数码管显示程序常量声明-----*/
#define DIS_DOT      0x20
#define DIS_BLACK    0x10
#define DIS_         0x11
/*-----键盘、LED数码管显示程序变量声明-----*/
extern u8 code t_display[];
extern u8 code T_COM[];        //位码
extern u8 code T_KeyTable[16];
extern u8  LED8[8];            //显示缓冲
extern u8  display_index;      //显示位索引
extern u8  IO_KeyState, IO_KeyState1, IO_KeyHoldCnt;    //行列键盘变量
extern u8  KeyHoldCnt;         //键按下计时
extern u8  KeyCode;            //给用户使用的键码
extern u8  cnt50ms;
extern u8  hour, minute, second; //RTC变量
extern u16 msecond;
/*-----键盘、LED数码管显示函数声明-----*/
void APP_config(void);
void DisplayScan(void);
#endif
```

说明：本头文件是公共函数的头文件，主要包括所有应用程序对应的头文件（可根据实际情况添加），以及键盘和 LED 数码管显示相应变量、函数的声明。

（2）APP.c 文件中的内容如下：

```
#include      "APP.h"
/*-----本地常量声明-----*/
u8 code t_display[]={0x3F,0x06,0x5B,0x4F,0x66,0x6D,0x7D,0x07,
0x7F,0x6F,0x77,0x7C,0x39,0x5E,0x79,0x71,
//标准字库：0，1，2，3，4，5，6，7，8，9，A，B，C，D，E，F
0x00,0x40,0x76,0x1E,0x70,0x38,0x37,0x5C,0x73,0x3E,0x78,0x3d,0x67,0x50,0x37,0x6e,
//black, -, H, J, K, L, N, o, P, U, t, G, Q, r, M, y
0xBF,0x86,0xDB,0xCF,0xE6,0xED,0xFD,0x87,0xFF,0xEF,0x46};
/*0., 1., 2., 3., 4., 5., 6., 7., 8., 9., -1*/
u8 code T_COM[]={0x01,0x02,0x04,0x08,0x10,0x20,0x40,0x80};        //位码
u8 code T_KeyTable[16] = {0,1,2,0,3,0,0,0,4,0,0,0,0,0,0,0};
/*---------本地变量声明---------*/
u8 LED8[8];            //显示缓冲
u8  display_index;     //显示位索引
u8  IO_KeyState,IO_KeyState1,IO_KeyHoldCnt;    //行列键盘变量
u8  KeyHoldCnt; //按下键计时
u8  KeyCode;        //给用户使用的键码
u8  cnt50ms;
u8  hour,minute,second; //RTC变量
u16 msecond;
u8 Key1_cnt;
u8 Key2_cnt;
```

```
bit Key1_Flag;
bit Key2_Flag;
/*------用户应用程序初始化-----*/
void APP_config(void)
{
    Lamp_init();
    ADtoUART_init();
//  INTtoUART_init();
//  RTC_init();
//  I2C_PS_init();
//  SPI_PS_init();
//  EEPROM_init();
//  WDT_init();
//  PWMA_Output_init();
//  PWMB_Output_init();
//  DMA_AD_init();
//  DMA_M2M_init();
//  DMA_UART_init();
//  DMA_SPI_PS_init();
//  DMA_LCM_init();
//  DMA_I2C_init();
//  CAN_init();
//  LIN_init();
//  USART_LIN_init();
//  USART2_LIN_init();
//  HSSPI_init();
//  HSPWM_init();
}
/*-------显示扫描函数-------*/
void DisplayScan(void)
{
    P7 = ~T_COM[7-display_index];
    P6 = ~t_display[LED8[display_index]];
    if(++display_index >= 8)    display_index = 0;  //8位结束回0
}
```

说明：本文件的主要内容为函数 APP_config(void)和 DisplayScan(void)。APP_config(void)函数中包含各应用程序的初始化函数，开发应用程序时可根据实际需要选用；DisplayScan(void)函数是 8 位 LED 数码管显示函数，LED8[]是显示缓冲区，LED8[0]是最高位，LED8[7]是最低位，将要显示的内容送显示位对应的缓冲区，调用显示函数即可。

### 2．APP_AD_UART.h 与 APP_AD_UART.c

这两个文件的主要作用是演示多路 ADC 查询采样，并将采样结果通过串行端口发送给上位机，波特率为 115200b/s，用定时器作为波特率发生器，建议使用 1T 模式（若波特率低，则可用 12T 模式），并选择可被波特率整除的时钟频率，以提高精度。下载时，选择时钟频率为 22.1184MHz，同时在配置文件 config.h 中修改时钟频率为 22.1184MHz。

（1）APP_AD_UART.h 文件中的内容如下：

```
#ifndef __ADTOUART_H_
#define __ADTOUART_H_
#include   "config.h"
void ADtoUART_init(void);
void Sample_ADtoUART(void);
#endif
```

说明：一是包含用于修改主时钟频率的 config.h 文件；二是对"多路 ADC 查询采样，并将采样结果通过串行端口发送给上位机"应用的函数声明，包括初始化函数 ADtoUART_init(void) 与应用函数 Sample_ADtoUART(void)。

（2）APP_AD_UART.c 文件中的内容如下：

```
#include     "APP_AD_UART.h"
#include     "STC32G_GPIO.h"
#include     "STC32G_ADC.h"
#include     "STC32G_UART.h"
#include     "STC32G_NVIC.h"
/*-----------变量声明----*/
u8 index = 0;
/*----------用户初始化程序----------*/
void ADtoUART_init(void)
{
    ADC_InitTypeDef ADC_InitStructure;          //结构定义
    COMx_InitDefine COMx_InitStructure;         //结构定义
    P0_MODE_IN_HIZ(GPIO_Pin_LOW | GPIO_Pin_4 | GPIO_Pin_5 | GPIO_Pin_6);
     //P0.0~P0.6 设置为高阻输入
    P1_MODE_IN_HIZ(GPIO_Pin_All);          //P1.0~P1.7设置为高阻输入
    P5_MODE_IN_HIZ(GPIO_Pin_4);            //P5.4设置为高阻输入
    P4_MODE_IO_PU(GPIO_Pin_6 | GPIO_Pin_7);//P4.6、P4.7设置为准双向端口
    COMx_InitStructure.UART_Mode= UART_8bit_BRTx;  //指定串行端口工作模式
    COMx_InitStructure.UART_BRT_Use= BRT_Timer2;   //选择波特率发生器
    COMx_InitStructure.UART_BaudRate = 115200ul;   //指定波特率
    COMx_InitStructure.UART_RxEnable = ENABLE;     //接收允许
     UART_Configuration(UART2, &COMx_InitStructure);//初始化串行端口2
    NVIC_UART2_Init(ENABLE, Priority_1);           //中断使能，优先级
    ADC_InitStructure.ADC_SMPduty = 31;     //ADC模拟信号采样时间控制
     ADC_InitStructure.ADC_CsSetup = 0;     //ADC通道选择时间控制
     ADC_InitStructure.ADC_CsHold = 1;      //ADC通道选择保持时间控制
     ADC_InitStructure.ADC_Speed = ADC_SPEED_2X1T; //设置ADC工作时钟频率
    ADC_InitStructure.ADC_AdjResult = ADC_RIGHT_JUSTIFIED; //ADC结果格式
    ADC_Inilize(&ADC_InitStructure);            //初始化
    ADC_PowerControl(ENABLE);           //ADC电源开关
    NVIC_ADC_Init(DISABLE, Priority_0); //中断使能，优先级为0
}
/*--------用户应用程序--------*/
void Sample_ADtoUART(void)
{
    u16 j;
    j = Get_ADCResult(index);
  //参数0~15，以查询方式获取一次ADC，返回值就是结果，若返回4096，说明出错
    printf("AD%02d=%04d ", index, j);
    if((index & 7) == 7)printf("\r\n");
    index++;
    if(index > 15)
    {
        index = 0;
    }
}
```

说明：本文件包含 2 个程序，一是用户初始化程序，其功能包括串行端口 2 与 A/D 转换模块的初始化；二是用户应用程序，其功能是 A/D 转换模块巡回采样，结果送串行端口 2 输出，可接 PC 串行端口显示通道号与数据。

**3. A/D 转换模块采样结果送 LED 数码管显示应用程序的编程**

（1）任务描述：A/D 转换模块采集第 15 通道的数据（1.19V 基准电压），送 8 位 LED 数码管显示，前 4 位显示采样数据，后 3 位显示采集的电压值，每 300ms 采样一次。

（2）APP_AD_LED.h 文件中的内容如下：

```
#ifndef __APP_AD_LED_H_
#define __APP_AD_LED_H_
#include    "config.h"
void ADtoLED_init(void);
void Sample_ADtoLED(void);
#endif
```

（3）APP_AD_LED.c 文件中的内容如下：

```
#include    "APP_AD_LED.h"
#include    "STC32G_GPIO.h"
#include    "STC32G_ADC.h"
#include    "STC32G_UART.h"
#include    "STC32G_NVIC.h"
#include    "APP.h"
/*-------------用户初始化程序--------*/
void ADtoLED_init(void)
{
    u8  i;
    ADC_InitTypeDef    ADC_InitStructure;   //结构化变量定义
    P0_MODE_IN_HIZ(GPIO_Pin_LOW | GPIO_Pin_4 | GPIO_Pin_5 | GPIO_Pin_6);
//P0.0~P0.6 设置为高阻输入
    P1_MODE_IN_HIZ(GPIO_Pin_All);        //P1.0~P1.7设置为高阻输入
    P5_MODE_IN_HIZ(GPIO_Pin_4);          //P5.4设置为高阻输入
    P4_MODE_IO_PU(GPIO_Pin_6 | GPIO_Pin_7);//P4.6、P4.7设置为准双向端口
    P6_MODE_IO_PU(GPIO_Pin_All);         //P6设置为准双向端口
    P7_MODE_IO_PU(GPIO_Pin_All);         //P7设置为准双向端口
     msecond = 0;                         //统计时间变量清零
    display_index = 0;                    //显示位变量清零
    for(i=0; i<8; i++)  LED8[i] = 0x10;   //上电消隐
    ADC_InitStructure.ADC_SMPduty  = 31;  //ADC模拟信号采样时间控制
    ADC_InitStructure.ADC_CsSetup = 0;    //ADC通道选择时间控制
    ADC_InitStructure.ADC_CsHold = 1;     //ADC通道选择保持时间控制
    ADC_InitStructure.ADC_Speed = ADC_SPEED_2X1T;    //设置工作时钟频率
     ADC_InitStructure.ADC_AdjResult = ADC_RIGHT_JUSTIFIED;//结果格式调整
    ADC_Inilize(&ADC_InitStructure);      //初始化
    ADC_PowerControl(ENABLE);             //电源开关
    //NVIC_ADC_Init(DISABLE, Priority_0);   //中断使能
}
/*-------------用户应用程序-------*/
void Sample_ADtoLED(void)
{
    u32 j;
    msecond++;
    if(msecond >= 300)
    {
        msecond = 0;
        j = Get_ADCResult(15);
        //参数0~15，以查询方式获取一次采样值，返回值就是结果，若返回4096，说明出错
        LED8[0] = j/1000%10;          //前4位显示ADC值
```

```
        LED8[1] = j/1000%10;
        LED8[2] = j/10%10;
        LED8[3] = j%10;
        if(LED8[0] == 0)    LED8[0] = DIS_BLACK;
        j=j*470/4096;            //实际电源电压是4.7V, 拓展100倍, 即小数点往左移动2位
        LED8[7]=j%10;           //后3位显示采集的电压值
        LED8[6]=j/10%10;
        LED8[5]=j/100%10+32;    //添加小数点
    }
    DisplayScan();
}
```

（4）循环结构参数设置：{0,1,1,Sample_ADtoLED}（循环周期时间为1ms）。

### 10.3.4　开发步骤

为了更快捷地开发应用程序，直接基于 STC32G-SOFTWARE- LIB 函数库进行开发。若是新建项目，需要手动给项目添加用户文件、驱动文件（User）、APP 文件（APP）等，如图 10.3 所示。

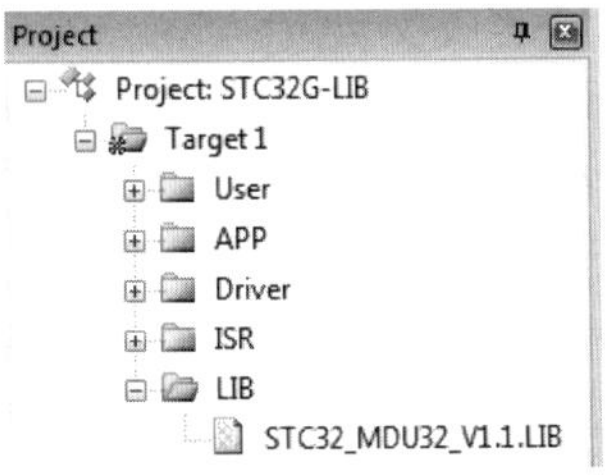

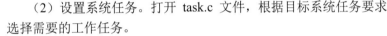

图 10.3　项目文件结构图

#### 1. 利用已有的应用程序进行开发

（1）设置系统频率。打开 config.h 文件，选择目标系统的系统频率，此频率应与程序下载时选择的系统频率一致。

（2）设置系统任务。打开 task.c 文件，根据目标系统任务要求选择需要的工作任务。

（3）设置初始化函数。打开 APP.c 文件，在 APP_config(void) 函数中选择对应任务的初始化函数。

（4）编译、生成机器代码文件。

（5）将机器代码文件下载到实验箱的单片机中，实时调试。

#### 2. 新增应用程序文件

（1）根据任务要求编写应用程序文件，包括后缀为.h（头文件）和.c（源文件）的文件，如上述的 APP_AD_LED.h 和 APP_AD_LED.c 文件。

（2）将 APP_AD_LED.h 存储在 APP→inc 文件夹中。

（3）将 APP_AD_LED.c 存储在 APP→src 文件夹中，并添加到项目的"APP"文件组中。

（4）将 APP_AD_LED.c 中的初始化函数添加到 APP.c 文件的 APP_config()函数中。

（5）将任务循环结构参数（{0，1，1，Sample_ADtoLED}）添加到 task.c 的 TASK_COMPONENTS Task_Comps[]数组中。

（6）根据前述步骤完成应用程序的开发。

## 10.4　工程训练：通过 A/D 转换模块测量内部 1.19V 基准电压

#### 1. 工程训练目标

（1）进一步理解 STC32G-SOFTWARE-LIB 的目录结构。

（2）分析 APP_AD_UART.h、APP_AD_UART.c，并在此基础上编写 APP_AD_LED.h、APP_AD_LED.c 文件。

（3）掌握基于 STC32G-SOFTWARE-LIB 的应用程序的开发与调试。

## 2. 任务概述

1）任务目标

基于 STC32G-SOFTWARE-LIB 开发应用程序，实现利用 STC32G12K128 单片机 A/D 转换模块测量内部 1.19V 基准电压的功能。

2）电路设计

直接基于实验箱搭建电路。

3）参考程序（C 语言版）

（1）程序说明。基于 STC32G-SOFTWARE-LIB 函数库开发。

（2）应用程序见 APP_AD_LED.h 和 APP_AD_LED.c。

## 3. 任务实施

（1）分析 APP_AD_LED.h 和 APP_AD_LED.c 文件。

（2）新建项目文件夹 project1041。

（3）将 STC 官方提供的库函数及示例程序包 Synthetical_Programme 复制到当前项目文件夹中。

（4）打开 Keil C251，调试 APP_AD_LED.c。

①用 Keil C251 打开项目 "..\project1141\Synthetical_Programme\RVMDK\STC32G-LIB.uvproj"。

②新建 APP_AD_LED.h，并将其保存到 "..\project1141\Synthetical_Programme\App\inc" 目录下。

③新建 APP_AD_LED.c，并将其保存到 "..\project1141\Synthetical_Programme\App\src" 目录下。

④设置工作频率。在左侧项目栏的 "User" 文件组中找到并打开 main.c 文件下的 config.h 文件，将 MAIN_Fosc 定义为 "24000000L"，即

```
#define MAIN_Fosc   24000000L
```

⑤设置应用程序初始化文件。在左侧项目栏的 "APP" 文件组中找到并打开 APP.c 文件，在 APP_config(void) 函数的定义中添加并使能 ADtoLED 的初始化函数：

```
ADtoLED_init();
```

⑥设置巡回扫描任务。在左侧项目栏的 "User" 文件组中找到并打开 task.c 文件，在 "static TASK_COMPONENTS Task_Comps[]" 数组的定义中定义与使能 "{0，1，1，Sample_ADtoLED}" 任务。

⑦修改目标机器代码文件名为 "project1041"，编译程序文件，生成 project1041.hex 文件（机器代码文件在 "...\Synthetical_Programme\RVMDK\list" 目录下）。

（5）将实验箱单片机连至 PC。

（6）利用 STC-ISP 将 project1041.hex 文件下载到实验箱单片机中。

（7）观察 LED 数码管的显示并记录。

# 思考与提高

（1）简述 STC32G-SOFTWARE-LIB 函数库的目录结构，以及各目录内容的含义。

（2）简述基于 STC32G-SOFTWARE-LIB 函数库开发应用程序的系统流程。

（3）叙述任务轮询实现的方法，列出跟任务轮询有关的各函数及其之间的关系。

（4）A/D 转换模块包含哪几个驱动函数？说明各函数的作用与参数含义。

# 第11章 SPI接口及其应用

内容提要:

本章将重点介绍 SPI 接口的应用编程与实践。

通过对 SPI 接口应用示例程序的分析,读者应重点掌握 SPI 接口的驱动函数,举一反三,学会 SPI 接口其他方面的应用编程。

STC32G12K128 单片机内部集成了一种全双工高速串行通信接口——SPI(Serial Peripheral Interface)接口,它具有两种操作模式:主机模式和从机模式。

## 11.1 SPI 接口的功能特性

### 1. SPI 接口简介

SPI 接口工作于主机模式时支持高达 3Mb/s 的传送速度(工作频率为 12MHz),可以与兼容 SPI 接口的单元(如存储器、A/D 转换器、D/A 转换器、LED 或 LCD 驱动器等)进行同步通信; SPI 接口还用于和其他微处理器通信,但工作于从机模式时传送速度无法太快,频率在 $f_{SYS}/4$ 以内 为好。此外,SPI 接口还具有传送完成标志和写冲突标志保护功能。

### 2. SPI 接口的结构

SPI 接口的结构示意图如图 11.1 所示。

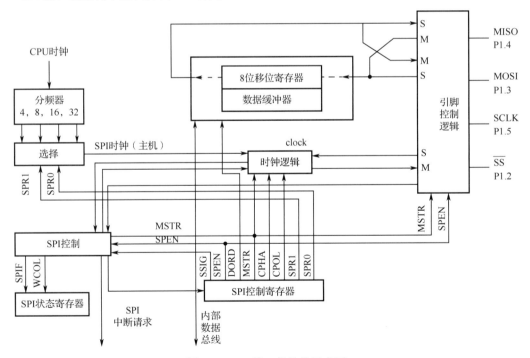

图 11.1 SPI 接口的结构示意图

SPI 接口的核心是一个 8 位移位寄存器和数据缓冲器,可以同时发送和接收数据。在借助 SPI 接口传送数据的过程中,发送和接收的数据都存储在数据缓冲器中。

任何 SPI 控制寄存器的状态改变都将复位 SPI 接口，清除相关寄存器中的内容。

### 3．SPI 接口的信号

SPI 接口主要由 MOSI（P1.3）、MISO（Pl.4）、SCLK（P1.5）和 SS（P1.2），图 11.1 中标示为 $\overline{SS}$，表示低电平有效 4 根信号线（引脚）构成，可通过设置 P_SW1 中的 SPI_S1、SPI_S0 将这 4 根信号线切换到 P2.3、P2.4、P2.5、P2.2，或 P4.0、P4.1、P4.3、P5.4，或 P3.4、P3.3、P3.2、P3.5。

主出从入（Master Out Slave In，MOSI）：用于主机向从机的串行通信。根据 SPI 接口规范，多个从机共享一根 MOSI 信号线。在时钟边界的前半周期，主机将数据放在 MOSI 信号线上，从机在该边界处获取该数据。

主入从出（Master In Slave Out，MISO）：用于从机向主机的串行通信。在 SPI 规范中，一个主机可连接多个从机。因此，主机的 MISO 信号线会连接到多个从机上，或者说，多个从机共享一根 MISO 信号线。当主机与一个从机通信时，其他从机应将其 MISO 信号线置为高阻状态。

串行时钟（SPI Clock，SCLK）：串行时钟信号由主机输出，向从机输入，用于同步主机和从机之间在 MOSI 和 MISO 信号线上的串行通信。当主机启动一次数据传送时，自动产生 8 个 SCLK 信号给从机。在 SCLK 的每个跳变处（上升沿或下降沿）移出一位数据，所以一次数据传送可以传送 1B 的数据。

SCLK、MOSI 和 MISO 通常用于将两个或更多个 SPI 接口连接在一起。数据通过 MOSI 信号线由主机传送到从机，通过 MISO 信号线由从机传送到主机。SCLK 信号在主机模式下用于输出（由主机输出），在从机模式下用于输入（向从机输入）。如果 SPI 接口被禁用，则用于进行串行通信的这些引脚都可作为普通 I/O 端口使用。

从机选择（Slave Select，SS）：SS 信号是一个输入信号，主机用它来选择（使能）处于从机模式的串行通信模块。在主机模式下，整个串行通信系统只能有一个主机，不存在主机选择问题，此时通常将主机的 SS 信号线通过 10kΩ 的上拉电阻接高电平。每一个从机的 SS 信号线必须接主机的 I/O 端口，由主机控制其电平的高低，以便主机选择从机。在从机模式下，不论发送还是接收，信号必须有效。因此，在一次数据传送开始之前必须将 SS 信号线的电平拉低。

### 4．SPI 接口的数据通信方式

STC32G12K128 单片机 SPI 接口的数据通信有 3 种方式：单主机－单从机方式，一般简称为单主单从方式；双单元方式，两个单元可互为主机和从机，一般简称为互为主从方式；单主机－多从机方式，一般简称为单主多从方式。

#### 1）单主单从方式

单主单从方式的连接示意图如图 11.2 所示。主机将 SPI 控制寄存器的 SSIG 及 MSTR 位置位，选择主机模式，此时主机可使用任何一个 I/O 端口（包括 SS）来控制从机的 SS 引脚；从机将 SPI 控制寄存器的 SSIG 及 MSTR 位清零，选择从机模式，当从机 SS 引脚电平被拉低时，从机被选中。

当主机向 SPI 数据寄存器写入 1 字节数据时，立即启动一个连续的 8 位数据移位通信过程：主机的 SCLK 引脚向从机的 SCLK 引脚发出一串脉冲，在这串脉冲的控制下，刚写入主机 SPI 数据寄存器的数据从主机的 MOSI 引脚逐位移出，送到从机的 MOSI 引脚。同时，之前写入从机 SPI 数据寄存器的数据从从机的 MISO 引脚移出，送到主机的 MISO 引脚。因此，主机既可主动向从机发送数据，又可主动读取从机中的数据。从机既可接收主机所发送的数据，也可以在接收主机所发数据的同时，向主机发送数据，但这个过程不可以由从机主动发起。

#### 2）互为主从方式

互为主从方式的连接示意图如图 11.3 所示，两片单片机可以互为主机或从机。初始化后，两片单片机都将各自设置成由 SS 引脚（P1.2）的输入信号确定主机/从机模式，即将各自的 SPI 控制寄存器中的 MSTR、SPEN 位置位，SSIG 位清零，SS 引脚（P1.2）配置为准双向（复位）模式并输出高电平。

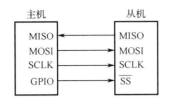 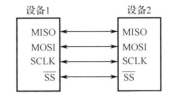

图 11.2　单主单从方式的连接示意图　　图 11.3　互为主从方式的连接示意图

当一方要向另一方主动发送数据时，先检测 SS 引脚的电平状态，如果 SS 引脚是高电平，就将自己的 SSIG 位置位，设置成忽略 SS 引脚的主机模式，并将 SS 引脚电平拉低，强制将对方设置为从机模式，这样就变成了单主单从方式。通信完毕，当前主机再次将 SS 引脚置高电平，将自己的 SSIG 位清零，回到初始状态。

把 SPI 接口设置为主机模式（MSTR=1，SPEN=1），并且 SSIG=0，此时 SPI 接口配置为由 SS 引脚（P1.2）的输入信号确定主机/从机模式。在这种情况下，SS 引脚应配置为仅为输入或准双向模式，只要 SS 引脚电平被拉低，即可实现模式的转变，并将 SPI 状态寄存器中的中断标志位 SPIF 置位。

**注意**：采用互为主从方式时，双方的串行通信速率必须相同。如果使用外部晶振，双方的晶振频率也要相同。

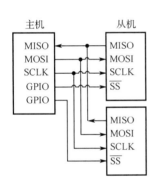

图 11.4　单主多从方式的连接示意图

3）单主多从方式

单主多从方式的连接示意图如图 11.4 所示。主机将 SPI 控制寄存器的 SSIG 及 MSTR 位置位，选择主机模式，此时主机使用不同的 I/O 端口来控制不同从机的 SS 引脚；从机将 SPI 控制寄存器的 SSIG 及 MSTR 位清零，选择从机模式。

当主机要与某一个从机通信时，只要将对应从机的 SS 引脚电平拉低，则该从机被选中。其他从机的 SS 引脚保持高电平，这时主机与该从机的通信已成为单主单从方式的通信。通信完毕，主机再将该从机的 SS 引脚置高电平。

**5. SPI 接口的数据通信过程**

在上述 3 种通信方式中，SS 引脚的使用在主机和从机上是不同的。对于主机来说，当发送 1 字节数据时，只需要将数据写到 SPI 数据寄存器中即可启动发送过程，此时 SS 引脚的信号不是必需的，SS 引脚可作为普通的 I/O 端口使用；对于从机来说，SS 引脚的电平必须在被主机驱动为低电平后才可进行数据传送，SS 引脚的电平变为高电平时，表示通信结束。

在串行通信过程中，传送总是由主机启动的。如果置位 SPEN，主机对 SPI 数据寄存器的写操作将启动 SPI 时钟发生器和数据的传送。在数据写入 SPI 数据寄存器之后的半个到一个 SPI 位时间后，数据将出现在 MOSI 引脚。

写入主机 SPI 数据寄存器的数据从 MOSI 引脚逐位移出发送到从机的 MOSI 引脚。同时，从机 SPI 数据寄存器的数据从 MISO 引脚逐位移出发送到主机的 MISO 引脚。传送完 1 字节数据后，SPI 时钟发生器停止工作，置位传送完成标志位 SPIF 并向 CPU 申请中断（SPI 中断允许时）。主机和从机的两个移位寄存器可以看作一个 16 位循环移位寄存器。数据从主机移位传送到从机的同时，数据也以相反的方向从从机移入。这意味着在一个移位周期中，主机和从机的数据相互交换。

SPI 接口在发送数据时为单缓冲，在接收数据时为双缓冲。在前一次数据发送尚未完成之前，不能将新的数据写入移位寄存器。当发送过程中对 SPI 数据寄存器进行写操作时，SPI 数据寄存器中的写冲突标志位 WCOL 将置位，以表示数据冲突。在这种情况下，当前发送的数据继续发送，而新写入的数据将丢失。接收数据时，接收到的数据传送到一个并行读数据缓冲区，从而释放移位寄存器以进行下一字节数据的接收，但必须在下一字节数据完全移入之前，将之前接收的数据从 SPI 数据寄存器中读取，否则之前接收的数据将被覆盖。

## 11.2　与 SPI 接口相关的特殊功能寄存器

与 SPI 接口相关的特殊功能寄存器如表 11.1 所示。

表 11.1　与 SPI 接口相关的特殊功能寄存器

| 符号 | 描述 | 地址 | 位地址与符号 | | | | | | | | 复位值 |
|------|------|------|------|------|------|------|------|------|------|------|--------|
| | | | B7 | B6 | B5 | B4 | B3 | B2 | B1 | B0 | |
| SPSTAT | SPI 状态寄存器 | CDH | SPIF | WCOL | — | — | — | — | — | — | 00xx,xxxx |
| SPCTL | SPI 控制寄存器 | CEH | SSIG | SPEN | DORD | MSTR | CPOL | CPHA | SPR[1:0] | | 0000,0100 |
| SPDAT | SPI 数据寄存器 | CFH | | | | | | | | | 0000,0000 |

## 11.3　SPI 接口的应用举例

### 1. 库函数中示例程序的功能

库函数中示例程序的功能是通过串行端口（如 PC 串行端口）发送数据给 MCU1（单片机 1），MCU1 将接收到的数据由 SPI 接口发送给 MCU2（单片机 2），MCU2 再通过 SPI 接口发送出去（如再发给 PC 的串行端口）。

### 2. 电路连接与设置方法

SPI 通信电路连接示意图如图 11.5 所示。

两个 MCU（单片机）都采用 SPI 接口（串行端口 2）进行通信，它们进行初始化时都设置 SSIG 为 0、MSTR 为 0，此时两个设备都是不忽略 SS 引脚状态的从机模式。当其中一个设备需要启动传送时，先检测 SS 引脚的电

图 11.5　SPI 通信电路连接示意图

平，如果为高电平，就将自己设置成忽略 SS 引脚状态的主机模式，自己的 SS 引脚输出低电平，拉低对方的 SS 引脚电平，进行数据传送。

### 3. 应用程序

（1）APP_SPI_PS.h 文件中的内容如下：

```
#ifndef __APP_SPI_PS_H_
#define __APP_SPI_PS_H_
#include "config.h"
void Sample_SPI_PS(void);    //SPI示例程序函数
void SPI_PS_init(void);      //SPI示例程序初始化函数，包括SPI、UART2
#endif
```

（2）APP_SPI_PS.c 文件中的内容如下：

```
#include    "APP.h"
#include    "STC32G_GPIO.h"
#include    "STC32G_SPI.h"
#include    "STC32G_UART.h"
#include    "STC32G_NVIC.h"
```

```c
/*----------用户初始化程序----*/
void SPI_PS_init(void)
{
    SPI_InitTypeDef SPI_InitStructure;        //SPI结构变量定义
    COMx_InitDefine COMx_InitStructure;        //串行端口结构变量定义
    COMx_InitStructure.UART_Mode = UART_8bit_BRTx;  //模式：8位UART
//  COMx_InitStructure.UART_BRT_Use = BRT_Timer2;  //选择T2为波特率发生器
    COMx_InitStructure.UART_BaudRate = 115200ul;    //设置波特率
    COMx_InitStructure.UART_RxEnable = ENABLE;       //允许接收
    UART_Configuration(UART2, &COMx_InitStructure); //串行端口2初始化
    NVIC_UART2_Init(ENABLE, Priority_1);           //串行端口2中断允许，优先级为1
    SPI_InitStructure.SPI_Enable = ENABLE;         //SPI启动
    SPI_InitStructure.SPI_SSIG = ENABLE;           //片选位为1
    SPI_InitStructure.SPI_FirstBit = SPI_MSB;      //移位方向为由高到低
    SPI_InitStructure.SPI_Mode = SPI_Mode_Slave;   //从机模式
    SPI_InitStructure.SPI_CPOL = SPI_CPOL_Low;     //设置时钟相位, CPOL为1
    SPI_InitStructure.SPI_CPHA = SPI_CPHA_2Edge;   //设置数据边沿为跳变沿
    SPI_InitStructure.SPI_Speed = SPI_Speed_4;     //设置SPI速度
    SPI_Init(&SPI_InitStructure);                  //SPI接口初始化
    NVIC_SPI_Init(ENABLE, Priority_3);             //SPI中断允许，优先级为3
    P2_MODE_IO_PU(GPIO_Pin_All);                   //P2设置为准双向端口
    P4_MODE_IO_PU(GPIO_Pin_6 | GPIO_Pin_7);        //P4.6、P4.7 设置为准双向端口
    SPI_SS_2 = 1;
}
/*----------SPI用户应用程序----------*/
void Sample_SPI_PS(void)
{
    u8 i;
    if(COM2.RX_TimeOut > 0)
    {
        if(--COM2.RX_TimeOut == 0)
        {
            if(COM2.RX_Cnt > 0)
            {
                COM2.B_RX_OK = 1;
            }
        }
    }
    if((COM2.B_RX_OK) && (SPI_SS_2))
    {
        SPI_SS_2 = 0;                          //拉低从机SS引脚电平
        SPI_SetMode(SPI_Mode_Master);
        for(i=0;i<COM2.RX_Cnt;i++)
        {
            SPI_WriteByte(RX2_Buffer[i]);      //发送串行端口数据
        }
        SPI_SS_2 = 1;                          //将从机SS引脚置为高电平
        SPI_SetMode(SPI_Mode_Slave);
        COM2.RX_Cnt = 0;      //COM2.B_RX_OK = 0;
        COM2.B_RX_OK = 0;
    }
    if(SPI_RxTimerOut > 0)
    {
        if(--SPI_RxTimerOut == 0)
```

```
            {
                if(SPI_RxCnt > 0)
                {
                    for(i=0; i<SPI_RxCnt; i++)
TX2_write2buff(SPI_RxBuffer[i]);
                }
                SPI_RxCnt = 0;
            }
        }
    }
}
```

（3）SPI 示例程序任务循环结构参数如下：

```
{0,1,1,Sample_SPI_PS}  //循环周期为1ms
```

（4）串行端口 2、SPI 中断服务函数：详见第 10 章 10.2.16 节相关内容。

# 11.4  工程训练：双机之间的串行数据通信

## 1．工程训练目标

（1）了解 SPI 接口的基本特性。

（2）通过 SPI 通信示例程序理解 SPI 接口的应用编程。

## 2．任务概述

1）任务目标

通过 PC 的串行端口发送数据给甲机，甲机将接收到的数据由 SPI 接口发送给乙机，乙机再通过 SPI 接口将该数据发送（如送至 PC 的另一个串行端口）。

2）电路设计

直接用 2 台实验箱（分别为甲机和乙机）搭建电路，用带 USB 转串行端口功能的数据线将甲机的 RS232 插座（J2）与一台 PC 的 USB 插座相连，再用一条带 USB 转串行端口功能的数据线将乙机的 RS232 插座（J2）与另一台 PC 的 USB 插座相连。甲机、乙机的 MISO、MOSI、SCLK、SS 引脚对应连接在一起，如图 11.5 所示。

3）参考程序（C 语言版）

（1）程序说明。基于 STC 官方的库函数包及示例程序模板进行编程，可减少设置开发环境等烦琐的工作环节，直接在 STC 官方提供的示例程序基础上形成程序，并在后续的环节中理解、熟悉示例程序，进而举一反三，开发 SPI 接口的其他应用。

（2）应用程序文件：APP_SPI_PS.c。

## 3．任务实施

（1）分析 APP_SPI_PS.c 程序。

（2）新建项目文件夹 project1141。

（3）将 STC 官方提供的库函数及示例程序包 Synthetical_Programme 复制到当前项目文件夹中。

（4）打开 Keil C251，调试 APP_SPI_PS.c 程序。

①用 Keil C251 打开项目 "..\project1141\Synthetical_Programme\RVMDK\STC32G-LIB.uvproj"。

②设置工作频率。在左侧项目栏的 "User" 文件组中找到并打开 main.c 文件下的 config.h 文件，将 MAIN_Fosc 定义为 "24000000L"，即

```
#define MAIN_Fosc    24000000L
```

③设置应用程序初始化文件。在左侧项目栏的 "APP" 文件组中找到并打开 APP.c 文件，在 APP_config(void)函数的定义中使能 SPI 初始化函数：

```
    SPI_PS_init();
```
④设置巡回扫描任务。在左侧项目栏的"User"文件组中找到并打开 task.c 文件，在"static TASK_COMPONENTS Task_Comps[]"数组的定义中使能"{0，1，1，Sample_SPI_PS}"任务。

⑤修改目标机器代码文件名为"project1141"，编译程序文件，生成 project1141.hex 文件（机器代码文件在"...\Synthetical_Programme\RVMDK\list"目录下）。

（5）将实验箱甲机连至 PC。

（6）利用 STC-ISP 将 project1141.hex 文件下载到实验箱甲机中。

（7）将实验箱乙机连至 PC。

（8）利用 STC-ISP 将 project1141.hex 文件下载到实验箱乙机中。

（9）按前述电路设计及图 11.5 连接电路。

（10）打开 STC-ISP 中的串行端口助手，根据与实验箱连接的串行端口号（或模拟串行端口号）选择串行端口，根据应用程序指定的波特率、数据位设置串行端口参数，通过 PC 串行端口助手发送数据，在另外一台 PC 上观察接收到的数据，记录并判断结果是否符合要求。

# 思考与提高

（1）SPI 接口有哪几种工作模式？

（2）SPI 接口有哪几个信号引脚？各自的作用是什么？

（3）SPI 接口有哪几种方式？

（4）SPI 接口有哪几个驱动函数？分析各函数的功能。

# 第 12 章　$I^2C$ 总线及其应用

**内容提要:**

本章将重点介绍 $I^2C$ 总线的应用编程与实践。

通过对 $I^2C$ 总线应用示例程序的分析，读者应重点掌握 $I^2C$ 总线的驱动函数，举一反三，学会 $I^2C$ 总线其他方面的应用编程。

## 12.1　$I^2C$ 总线概述

$I^2C$ 总线是一种由 PHILIPS 公司开发的两线式串行总线，用于连接 CPU 及其外设。$I^2C$ 总线最初是为音频和视频设备开发的，如今主要在服务器管理中使用，包括用于单个组件状态的通信。例如，管理员可对各个组件进行查询，以配置管理系统或掌握组件（如电源和系统风扇）的功能状态。使用 $I^2C$ 总线可随时监控内存、硬盘、网络、系统等的多个参数，加强了系统的安全性，方便管理。

### 1. $I^2C$ 总线的基本特性

$I^2C$ 总线是满足多主机系统需求（包括总线仲裁和高低速单元同步功能）的高性能串行总线，它具有如下基本特性。

1）$I^2C$ 总线只有两根双向信号线

两根双向信号线中的一根是数据线（SDA），另一根是时钟线（SCL）。所有连接到 $I^2C$ 总线的器件的数据线都接到 SDA 上，各器件的时钟线均接到 SCL 上。$I^2C$ 总线的基本结构如图 12.1 所示。

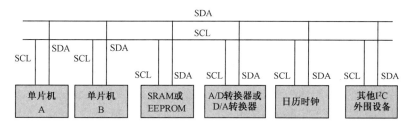

图 12.1　$I^2C$ 总线的基本结构

2）$I^2C$ 总线是一个多主机总线

$I^2C$ 总线上可以有一个或多个主机，总线运行由主机控制。这里所说的主机是指可以启动数据的传送（发起始信号）、发出时钟信号、传送结束时发出终止信号的器件。通常，主机由各种单片机或其他微处理器充当。被主机寻访的单元叫从机，它可以是各种单片机或其他微处理器，也可以是存储器、LED 驱动器、LCD 驱动器、A/D 转换器、D/A 转换器、时钟日历等。

3）$I^2C$ 总线的 SDA 和 SCL 是双向的，均通过上拉电阻接正电源

如图 12.2 所示，当 $I^2C$ 总线空闲时，两根信号线的信号电平均为高电平。连到总线上的器件（相当于节点）的输出级的漏极或集电极必须是开路的，任一器件输出的低电平，都将使总线的信号电平变低，即各器件的 SDA 及 SCL 都是"线与"关系。SCL 上的时钟信号对 SDA 上各单元间数据的传送起同步作用。SDA 上数据的起始、终止及数据的有效性均要根据 SCL 上的时钟信号来判断。

在标准 I²C 总线的普通模式下，数据的传送速率为 100kb/s，在高速模式下数据的传送速率可达 400kb/s。接入的器件越多，整体电容值越大，总线上允许接入的器件数以整体电容值不超过 400pF 为限。

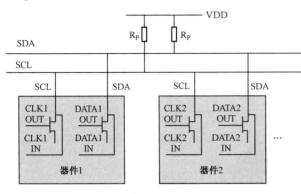

图 12.2　I²C 总线的电路结构

4）I²C 总线的总线仲裁

每个接到 I²C 总线上的器件都有唯一的地址。进行数据传送时由主机发送数据到其他器件，这时主机即为发送器，总线上接收数据的器件为接收器。

在多主机系统中，可能同时有几个主机企图启动总线传送数据。为了避免混乱，要通过总线仲裁决定由哪一台主机控制 I²C 总线。首先，不同主机（欲发送数据的器件）分别发出的时钟信号在 SCL 上进行"线与"产生系统时钟：其低电平时间为周期最长的主机的低电平时间，高电平时间则是周期最短的主机的高电平时间。仲裁的方法是：各主机在各自时钟的高电平期间送出各自要发送的数据到 SDA 上，并在 SCL 的高电平期间检测 SDA 上的数据是否与自己发出的数据相同。

由于某个主机发出的高电平信号会被其他主机发出的低电平信号所屏蔽，此时检测 SDA 上的数据就与发出的数据不符，该主机就退出竞争，并切换为从机。仲裁在起始信号后的第一位开始，并逐位进行。由于 SDA 上的数据在 SCL 为高电平期间总是与掌握控制权的主机发出的数据相同，所以在整个仲裁过程中，SDA 上的数据完全和最终取得总线控制权的主机发出的数据相同。在 8051 单片机应用系统的串行总线扩展中，经常遇到的情况是以 8051 单片机为主机、其他接口器件为从机的单主机情况。

### 2．I²C 总线的数据传送

#### 1）数据位的有效性规定

在 I²C 总线上，每一位数据位的传送都与时钟脉冲相对应，逻辑"0"和逻辑"1"的信号电平取决于相应工作电源的电压（这是因为 I²C 总线可适用于不同的半导体制造工艺，如 CMOS、NMOS 等各种类型的电路单元都可以接入 I²C 总线）。

I²C 总线进行数据传送时，时钟信号为高电平期间，SDA 上的数据必须保持稳定。只有在 SCL 上的信号为低电平期间，才允许 SDA 上的高电平或低电平状态变化，如图 12.3 所示。

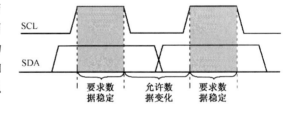

图 12.3　数据位的有效性规定

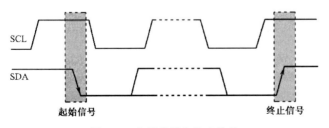

图 12.4　起始信号和终止信号

#### 2）起始信号和终止信号

根据 I²C 总线协议的规定，SCL 上的信号为高电平期间，SDA 上由高电平向低电平变化的信号表示起始信号；SCL 上的信号为高电平期间，SDA 上由低电平向高电平变化的信号表示终止信号。起始信号和终止信号如图 12.4 所示。

起始信号和终止信号都是由主机发出的。在起始信号产生后，I²C 总线就处于被占用的状态；在终止信号产生后，I²C 总线就处于空闲状态。

连接到 I²C 总线上的器件，若具有 I²C 总线的硬件端口，则很容易检测到起始信号和终止信号。对于不具备 I²C 总线硬件端口的器件来说，为了检测起始信号和终止信号，必须保证在每个时钟周期内对 SDA 取样两次。

接收器件收到完整的 1 字节数据后，有可能需要完成一些其他工作，如处理内部中断服务等，可能无法立刻接收下一字节数据，这时接收器件可以将 SCL 上的信号电平拉成低电平，从而使主机处于等待状态。直到接收器件准备好接收下一字节时，再使 SCL 上的信号电平为高电平，从而使数据传送可以继续进行。

3）数据传送格式

（1）字节传送与应答。利用 I²C 总线进行数据传送时，传送的字节数是没有限制的，但是每一个字节必须保证是 8 位长度。传送数据时，先传送最高位（MSB），每一个被传送的字节后面都必须跟随一个应答位（一帧共有 9 位），如图 12.5 所示。

当由于某种原因，从机不对主机寻址信号进行应答时（如从机正在进行实时性的处理工作而无法接收 I²C 总线上的数据），它必须将 SDA 置于高电平，而由主机产生一个终止信号以结束 I²C 总线的数据传送。

如果从机对主机进行了应答，但在数据传送一段时间后无法继续接收更多的数据，从机可以通过"非应答"通知主机，此时主机则应发出终止信号以结束数据的继续传送。

当主机接收数据时，它收到最后一字节的数据后，必须向从机发出一个结束传送的信号。这个信号是对从机的"非应答"来实现的。然后从机释放 SDA，以允许主机产生终止信号。

（2）数据帧格式。I²C 总线上传送的数据信号是广义的，既包括地址信号，又包括真正的数据信号。

I²C 总线协议规定，在产生起始信号后必须传送一个控制字用于寻址，如图 12.6 所示。D7～D1 为从机的地址（其中前 4 位为器件的固有地址码，后 3 位为器件引脚地址），D0 位是数据的传送方向位（R/$\overline{W}$），"0"表示主机发送数据，"1"表示主机接收数据。主机发送地址时，I²C 总线上的每个从机都将此地址与自己的地址进行比较，如果相同，则认为自己正被主机寻址，根据 R/$\overline{W}$ 位的值将自己确定为发送器或接收器。

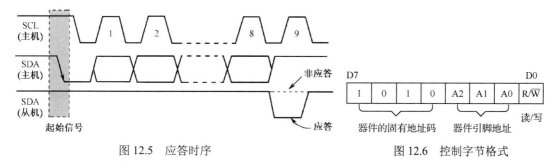

图 12.5　应答时序　　　　　　　　　　图 12.6　控制字节格式

每次传送数据总是由主机产生的终止信号结束。但是，若主机希望继续占用 I²C 总线进行新的数据传送，则可以不产生终止信号，再次发出起始信号对另一从机进行寻址。

（3）数据传送的组合方式。

①主机向无子地址从机发送数据：

| S | 从机地址 | 0 | A | 数据 | A | P |
|---|---|---|---|---|---|---|

其中，A 表示应答，$\overline{A}$ 表示非应答（高电平），S 表示起始信号，P 表示终止信号，下同。

**注意：有阴影部分表示数据由主机向从机传送，无阴影部分则表示数据由从机向主机传送。**

②主机从无子地址从机读取数据：

| S | 从机地址 | 1 | | A | 数据 | | $\overline{A}$ | P |
|---|---|---|---|---|---|---|---|---|

③主机向有子地址从机发送多个数据：

| S | 从机地址 | 0 | A | 子地址 | A | 数据 | A | ... | 数据 | A | P |
|---|---|---|---|---|---|---|---|---|---|---|---|

④主机从有子地址从机读取多个数据：

| S | 从机地址 | 0 | A | 子地址 | A | S | 从机地址 | 1 | A | 数据 | A | ... | 数据 | $\overline{A}$ | P |
|---|---|---|---|---|---|---|---|---|---|---|---|---|---|---|---|

由以上格式可见，无论采用哪种方式，起始信号、终止信号和地址均由主机发送，数据字节的传送方向则由寻址字节中的方向位确定，每个字节的传送都必须有 A 或 $\overline{A}$ 相随。

### 3. I²C 总线的时序特性

为了保证数据传送的可靠性，标准 I²C 总线的数据传送有严格的时序要求。I²C 总线的起始信号、终止信号、应答信号及非应答信号的时序如图 12.7 所示。

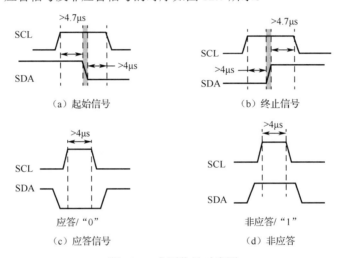

图 12.7　典型信号时序图

对于一个新的起始信号，要求起始前 I²C 总线的空闲时间大于 4.7μs，而对于一个重复的起始信号，要求建立时间大于 4μs。所以，时序图中的起始信号适用于数据传送中任何情况下的起始操作。起始信号至第一个时钟脉冲的时间间隔应大于 4μs。

对于终止信号，要保证信号的建立时间大于 4μs。终止信号结束时，要释放 I²C 总线，使 SDA、SCL 维持高电平，在经过至少 4.7μs 后才可以进行下一次起始操作。在单主机系统中，为防止非正常传送，终止信号产生后可以将 SCL 设置为低电平。

对于应答信号、非应答信号来说，其定时要求与发送数据"0"和"1"的信号定时要求完全相同。只要满足 SCL 高电平持续时间大于 4μs、SDA 上有确定的电平状态即可。

## 12.2　STC32G12K128 单片机的 I²C 总线

STC32G12K128 单片机内部集成了一个 I²C 总线控制器。对于 SCL 和 SDA 的端口分配，STC32G12K128 单片机提供了切换模式，可将 SCL 和 SDA 切换到不同的 I/O 端口上，以方便用户将一组 I²C 总线当作多组 I²C 总线进行分时复用。

与标准 I²C 总线协议相比，其忽略了如下两种机制：

（1）发送起始信号后不进行仲裁；

（2）时钟信号（SCL）停留在低电平时不进行超时检测。

STC32G12K128 单片机的 I²C 总线提供了两种操作模式：主机模式（SCL 用于输出，发送同步时钟信号）和从机模式（SCL 用于输入，接收同步时钟信号）。与 I²C 总线相关的特殊功能寄存器如表 12.1 所示。

表 12.1　与 I²C 总线相关的特殊功能寄存器

| 符号 | 描述 | 地址 | 位地址与符号 | | | | | | | | 复位值 |
|------|------|------|------|------|------|------|------|------|------|------|--------|
| | | | B7 | B6 | B5 | B4 | B3 | B2 | B1 | B0 | |
| I2CCFG | I²C 配置寄存器 | 7EFE80H | ENI2C | MSSL | MSSPEED[5:0] | | | | | | 0000,0000 |
| I2CMSCR | I²C 主机控制寄存器 | 7EFE81H | EMSI | — | — | — | MSCMD[3:0] | | | | 0xxx,0000 |
| I2CMSST | I²C 主机状态寄存器 | 7EFE82H | MSBUSY | MSIF | — | — | — | — | MSACKI | MSACKO | 00xx,xx00 |
| I2CSLCR | I²C 从机控制寄存器 | 7EFE83H | — | ESTAI | ERXI | ETXI | ESTOI | — | — | SLRST | x000,0xx0 |
| I2CSLST | I²C 从机状态寄存器 | 7EFE84H | SLBUSY | STAIF | RXIF | TXIF | STOIF | TXING | SLACKI | SLACKO | 0000,0000 |
| I2CSLADR | I²C 从机地址寄存器 | 7EFE85H | SLADR[6:0] | | | | | | | MA | 0000,0000 |
| I2CTXD | I²C 数据发送寄存器 | 7EFE86H | | | | | | | | | 0000,0000 |
| I2CRXD | I²C 数据接收寄存器 | 7EFE87H | | | | | | | | | 0000,0000 |
| I2CMSAUX | I²C 主机辅助控制寄存器 | 7EFE88H | — | — | — | — | — | — | — | WDTA | xxxx,xxx0 |

# 12.3　I²C 总线的应用

## 1．库函数中示例程序的功能

库函数中示例程序的功能是利用 STC32G12K128 单片机的 I²C 总线实现自发自收功能，即上电后主机每秒发送一次计数数据，并在左边 4 个 LED 数码管上显示发送内容；从机接收到数据后在右边 4 个 LED 数码管上显示数据；计数器的计数值每秒加 1，计数范围为 0～9999。

## 2．电路连接与设置方法

将 STC32G12K128 单片机内部集成的 I²C 总线控制器设为从机模式，其 SCL 接 P3.2、SDA 接 P3.3；I/O 端口模拟 I²C 总线作为主机模式，其 SCL 接 P0.0、SDA 接 P0.1；通过外部飞线连接，即 P0.0 接 P3.2、P0.1 接 P3.3。

## 3．应用程序

（1）APP_I2C_PS.h 文件中的内容如下：

```
#ifndef __APP_I2C_PS_H_
#define __APP_I2C_PS_H_
#include "config.h"
void Sample_I2C_PS(void);    //I²C总线示例程序函数
void I2C_PS_init(void);      //I2C总线示例程序初始化函数
#endif
```

（2）APP_I2C_PS.c 文件中的内容如下：

```
#include    "APP.h"
#include    "STC32G_GPIO.h"
#include    "STC32G_I2C.h"
#include    "STC32G_Soft_I2C.h"
#include    "STC32G_NVIC.h"
#include    "STC32G_Switch.h"
u8  temp[4];    //通用数组
/*----------用户初始化程序----------*/
void I2C_PS_init(void)
{
```

```
    u8  i;
    I2C_InitTypeDef    I2C_InitStructure;
    P0_MODE_IO_PU(GPIO_Pin_0| GPIO_Pin_1); //P0.0、P0.1设置为准双向端口
    P3_MODE_IO_PU(GPIO_Pin_3);           //P3.3设置为准双向端口
    P6_MODE_IO_PU(GPIO_Pin_All);         //P6设置为准双向端口
    P7_MODE_IO_PU(GPIO_Pin_All);         //P7设置为准双向端口
    I2C_SW(I2C_P33_P32);                 //设置SCL、SDA引脚
    I2C_InitStructure.I2C_Mode = I2C_Mode_Slave;//选择从机模式
    I2C_InitStructure.I2C_Enable = ENABLE;       //I²C功能使能
    I2C_InitStructure.I2C_SL_MA = ENABLE;        //使能从机地址比较功能
    I2C_InitStructure.I2C_SL_ADR = 0x2d;         //从机设备地址
    I2C_Init(&I2C_InitStructure);                //I²C总线初始化
    NVIC_I2C_Init(I2C_Mode_Slave,I2C_ESTAI|I2C_ERXI|I2C_ETXI|I2C_ESTOI,Pr
iority_0);
    //从机模式，中断使能，优先级为0
    display_index = 0;                   //显示位置
    DisplayFlag = 0;                     //显示标志
    for(i=0; i<8; i++)  LED8[i] = 0x10; //上电消隐
}
/*--------- 用户应用程序-----*/
void Sample_I2C_PS(void)
{
    DisplayScan();    //调用显示函数
    if(DisplayFlag)
    {
        DisplayFlag = 0;
        LED8[4] = I2C_Buffer[0];
        LED8[5] = I2C_Buffer[1];
        LED8[6] = I2C_Buffer[2];
        LED8[7] = I2C_Buffer[3];
    }
    if(++msecond >= 1000)            //1s到
    {
        msecond = 0;                 //清1000ms计数
        second++;                    //秒计数+1
        if(second >= 200)    second = 0;  //秒计数范围为0～199
        temp[0] = second / 1000;
        temp[1] = (second % 1000) / 100;
        temp[2] = (second % 100) / 10;
        temp[3] = second % 10;
        LED8[0] = temp[0];
        LED8[1] = temp[1];
        LED8[2] = temp[2];
        LED8[3] = temp[3];
        SI2C_WriteNbyte(0,temp,4);
    }
}
```

（3）I²C 总线应用示例程序任务循环结构参数：

```
{0,1,1,Sample_I2C_PS} //循环周期为1ms
```

（4）I²C 总线中断服务函数：详见第 10 章 10.2.16 节相关内容。

## 12.4　工程训练：I²C 总线的自发自收

### 1. 工程训练目标

（1）了解 I²C 总线的基本特性。

（2）通过 I²C 总线应用示例程序，理解 I²C 总线硬件通信并进行 I²C 总线应用编程。

### 2．任务概述

1）任务目标

利用 STC32G12K128 单片机的 I²C 总线实现自发自收功能，即上电后主机每秒发送一次计数数据，并在左边 4 个 LED 数码管上显示发送内容；从机接收到数据后在右边 4 个 LED 数码管上显示数据；计数器的计数值每秒加 1，计数范围为 0～9999。

2）电路设计

直接用实验箱搭建电路，将 P0.0（59 引脚）与 P3.2（29 引脚）相连，将 P0.1（60 引脚）与 P3.3（30 引脚）相连。

3）参考程序（C 语言版）

（1）程序说明。基于 STC 官方的库函数包及示例程序模板进行编程，可减少设置开发环境等烦琐的工作环节，直接在 STC 官方提供的示例程序的基础上形成程序，并在后续的环节中理解、熟悉示例程序，进而举一反三，开发 I²C 总线的其他应用。

（2）应用程序文件：APP_I2C_PS.c。

### 3．任务实施

（1）分析 APP_I2C_PS.c 程序。

（2）新建项目文件夹 project1231，并将 STC 官方提供的库函数及示例程序包 Synthetical_Programme 复制到当前项目文件夹中。

（3）打开 Keil C251，调试 APP_I2C_PS.c 程序。

① 用 Keil C251 打开项目 "..\project1231\Synthetical_Programme\RVMDK\STC32G-LIB.uvproj"。

②设置工作频率。在左侧项目栏的 "User" 文件组中找到并打开 main.c 文件下的 config.h 文件，将 MAIN_Fosc 定义为 "24000000L"，即

```
#define MAIN_Fosc  24000000L
```

③设置应用程序初始化文件。在左侧项目栏的 "APP" 文件组中找到并打开 APP.c 文件，在 APP_config(void)函数的定义中使能 I²C 初始化函数：

```
I2C_PS_init();
```

④设置巡回扫描任务。在左侧项目栏的 "User" 文件组中找到并打开 task.c 文件，在 "static TASK_COMPONENTS Task_Comps[]" 数组的定义中使能 "{0，1，1，Sample_I2C_PS}" 任务。

⑤修改目标机器代码文件名为 "project1231"，编译程序文件，生成 project1231.hex 文件（机器代码文件在 "...\Synthetical_Programme\RVMDK\list" 目录下）。

（4）将实验箱连至 PC。

（5）利用 STC-ISP 将 project1231.hex 文件下载到实验箱单片机中。

（6）观察 LED 数码管的显示并记录。

### 4．训练拓展

图 2.50 所示为 I²C 总线电路 24C02 的电路示意图，利用 24C02，编程实现以下功能：顺序写入 10 个数据，再按原顺序读出，并在 LED 数码管上显示出来。10 个数据的具体内容自定义。

## 思考与提高

（1）I²C 总线有 2 根双向信号线，分别是什么？

（2）根据 I²C 总线协议的规定，I²C 总线的起始信号和结止信号是怎么产生的？

（3）I$^2$C 总线进行数据传送时应注意什么？

（4）I$^2$C 总线协议规定，在起始信号产生后必须传送 1 个控制字节，控制字节的数据含义是什么？

（5）描述 I$^2$C 总线主机向无子地址从机发送数据的工作流程。

（6）描述 I$^2$C 总线主机从无子地址从机读取数据的工作流程。

（7）描述 I$^2$C 总线主机向有子地址从机发送数据的工作流程。

（8）描述 I$^2$C 总线主机从有子地址从机读取数据的工作流程。

（9）描述 I$^2$C 总线起始信号、终止信号、有效传送数据信号的时序要求。

（10）I$^2$C 总线有哪几个驱动函数？分析各函数的功能。

# 第 13 章　高级 PWM 定时器及其应用

**内容提要：**

本章将重点介绍高级 PWM 定时器的应用编程与实践。

通过对高级 PWM 定时器应用示例程序的分析，读者应重点掌握高级 PWM 定时器的驱动函数，举一反三，学会高级 PWM 定时器其他方面的应用编程。

## 13.1　PWMA 的功能特性

STC32G12K128 单片机内部集成了 8 通道 16 位的高级 PWM 定时器，分成两组（周期可不同），分别命名为 PWMA 和 PWMB，可分别单独设置。其中，PWMA 可配置成 4 组互补/对称/死区控制的 PWM 或用于捕捉外部信号；PWMB 可配置成 4 路 PWM 输出或用于捕捉外部信号。

PWMA 的时钟可以来自系统时钟经过寄存器 PWMA_PSCRH 和 PWMA_PSCRL 分频后得到的时钟，分频值可以是 1～65535 的任意整数值。PWMB 的时钟可以来自系统时钟经过寄存器 PWMB_PSCRH 和 PWMB_PSCRL 分频后得到的时钟，分频值可以是 1～65535 的任意整数值。两组 PWM 的时钟可分别独立设置。

PWMA 有 4 个通道（PWM1P/PWM1N、PWM2P/PWM2N、PWM3P/PWM3N、PWM4P/PWM4N），每个通道都可独立实现 PWM 输出、捕获和比较功能；PWMB 有 4 个通道（PWM5、PWM6、PWM7、PWM8），每个通道也可独立实现 PWM 输出、捕获和比较功能。两组 PWM 的唯一区别是 PWMA 可输出带死区的互补对称 PWM，而 PWMB 只能输出单端的 PWM，其他功能相同。下面关于高级 PWM 定时器的介绍只以 PWMA 为例进行说明。

当使用 PWMA 输出 PWM 波形时，可单独使能 PWM$n$P（$n$=1～4）输出，也可单独使能 PWM$n$N（$n$=1～4）输出。例如，若已单独使能 PWM1P 输出，则 PWM1N 不能再用于单独输出，除非 PWM1P 和 PWM1N 组成一组，以互补对称的方式输出。PWMA 的 4 路输出是可分别独立设置的。例如，可单独使能 PWM1P 和 PWM2N 输出，也可单独使能 PWM2N 和 PWM3N 输出。若需要使用 PWMA 进行捕获或者测量脉宽时，输入信号只能从每路的正端输入，即只有 PWM$n$P（$n$=1～4）才有捕获功能和测量脉宽功能。

使用 PWM 对外部信号进行捕获时，可选择上升沿捕获或者下降沿捕获。如果需要同时捕获上升沿和下降沿，则可将外部信号同时接入两路 PWM，一路 PWM 捕获上升沿，另外一路 PWM 捕获下降沿即可。将外部信号同时接入两路 PWM 时，可同时捕获信号的周期值和占空比值。

### 1. PWMA 的特性

（1）16 位向上、向下、向上及向下自动装载计数器。

（2）允许在指定数目的计数器周期之后更新寄存器中的计数值。

（3）含 16 位可编程（可以实时修改）预分频器，计数时钟频率的分频系数为 1～65535 的任意整数。

（4）含同步电路，用于使用外部信号控制定时器及与定时器互联。

（5）含 4 个独立通道，可以配置成以下模式，即输入捕获、输出比较、PWM 输出（边缘或中间对齐模式）、六步 PWM 输出、单脉冲输出、4 个通道互补输出（死区时间可编程）。

（6）可设置刹车信号（PWMFLT），将定时器输出信号置于复位状态或者某个确定状态。

（7）设有外部触发信号（PWMETI）输入引脚。

（8）产生中断的事件包括更新，计数器向上溢出/向下溢出，计数器初始化（通过软件或者内部/外部信号触发），触发事件（计数器启动、停止、初始化），输入捕获，输出比较，刹车信号输入。

### 2．与 PWMA 相关的特殊功能寄存器

与 PWMA 相关的特殊功能寄存器如表 13.1 所示。

表 13.1　与 PWMA 相关的特殊功能寄存器

| 符号 | 名称 | 地址 | 位位置与符号 | | | | | | | | 复位值 |
|---|---|---|---|---|---|---|---|---|---|---|---|
| | | | B7 | B6 | B5 | B4 | B3 | B2 | B1 | B0 | |
| PWMA_ENO | 输出使能寄存器 | FEB1H | ENO4N | ENO4P | ENO3N | ENO3P | ENO2N | ENO2P | ENO1N | ENO1P | 00000000 |
| PWMA_IOAUX | 输出附加使能寄存器 | FEB3H | AUX4N | AUX4P | AUX3N | AUX3P | AUX2N | AUX2P | AUX1N | AUX1P | 00000000 |
| PWMA_CR1 | 控制寄存器 1 | FEC0H | ARPEA | CMSA[1:0] | | DIRA | OPMA | URSA | UDISA | CENA | 00000000 |
| PWMA_CR2 | 控制寄存器 2 | FEC1H | TI1S | MMSA[2:0] | | | — | COMSA | — | CCPCA | 0000x0x0 |
| PWMA_SMCR | 从机模式控制寄存器 | FEC2H | MSMA | TSA[2:0] | | | — | SMSA[2:0] | | | 0000x000 |
| PWMA_ETR | 外部触发寄存器 | FEC3H | ETPA | ECEA | ETPSA[1:0] | | ETFA[3:0] | | | | 00000000 |
| PWMA_IER | 中断使能寄存器 | FEC4H | BIEA | TIEA | COMIEA | CC4IE | CC3IE | CC2IE | CC1IE | UIEA | 00000000 |
| PWMA_SR1 | 状态寄存器 1 | FEC5H | BIFA | TIFA | COMIFA | CC4IF | CC3IF | CC2IF | CC1IF | UIFA | 00000000 |
| PWMA_SR2 | 状态寄存器 2 | FEC6H | — | — | — | CC4OF | CC3OF | CC2OF | CC1OF | — | xxx0000x |
| PWMA_EGR | 事件产生寄存器 | FEC7H | BGA | TGA | COMGA | CC4G | CC3G | CC2G | CC1G | UGA | 00000000 |
| PWMA_CCMR1 | 捕获/比较模式寄存器 1（输出模式） | FEC8H | OC1CE | OC1M[2:0] | | | OC1P1 | OC1FE | CC1S[1:0] | | 00000000 |
| | 捕获/比较模式寄存器 1（输入模式） | | IC1F[3:0] | | | | IC1PSC[1:0] | | CC1S[1:0] | | 00000000 |
| PWMA_CCMR2 | 捕获/比较模式寄存器 2（输出模式） | FEC9H | OC2CE | OC2M[2:0] | | | OC2PE | OC2FE | CC2S[1:0] | | 00000000 |
| | 捕获/比较模式寄存器 2（输入模式） | | IC2F[3:0] | | | | IC2PSC[1:0] | | CC2S[1:0] | | 00000000 |
| PWMA_CCMR3 | 捕获/比较模式寄存器 3（输出模式） | FECAH | OC3CE | OC3M[2:0] | | | OC2PE | OC3FE | CC3S[1:0] | | 00000000 |
| | 捕获/比较模式寄存器 3（输入模式） | | IC3F[3:0] | | | | IC3PSC[1:0] | | CC3S[1:0] | | 00000000 |
| PWMA_CCMR4 | 捕获/比较模式寄存器 4（输出模式） | FECBH | OC4CE | OC4M[2:0] | | | OC4PE | OC4FE | CC4S[1:0] | | 00000000 |
| | 捕获/比较模式寄存器 4（输入模式） | | IC4F[3:0] | | | | IC4PSC[1:0] | | CC4S[1:0] | | 00000000 |
| PWMA_CCER1 | 捕获/比较模式使能寄存器 1 | FECCH | CC2NP | CC2NE | CC2P | CC2E | CC1NP | CC1NE | CC1P | CC1E | 00000000 |
| PWMA_CCER2 | 捕获/比较模式使能寄存器 2 | FECDH | CC4NP | CC4NE | CC4P | CC4E | CC3NP | CC3NE | CC3P | CC3E | 00000000 |
| PWMA_CNTRH | 计数器高 8 位 | FECEH | CNTA[15:8] | | | | | | | | 00000000 |

| 符号 | 名称 | 地址 | 位位置与符号 | | | | | | | | 复位值 |
|------|------|------|------|------|------|------|------|------|------|------|--------|
| | | | B7 | B6 | B5 | B4 | B3 | B2 | B1 | B0 | |
| PWMA_CNTRL | 计数器低8位 | FECFH | CNTA[7:0] | | | | | | | | 00000000 |
| PWMA_PSCRH | 预分频器高8位 | FED0H | PSCA[15:8] | | | | | | | | 00000000 |
| PWMA_PSCRL | 预分频器低8位 | FED1H | PSCA[7:0] | | | | | | | | 00000000 |
| PWMA_ARRH | 自动重装寄存器高8位 | FED2H | ARRA[15:8] | | | | | | | | 00000000 |
| PWMA_ARRL | 自动重装寄存器低8位 | FED3H | ARRA[7:0] | | | | | | | | 00000000 |
| PWMA_RCR | 重复计数器寄存器 | FED4H | REPA[7:0] | | | | | | | | 00000000 |
| PWMA_CCR1H | 捕获/比较寄存器1高8位 | FED5H | CCR1[15:8] | | | | | | | | 00000000 |
| PWMA_CCR1L | 捕获/比较寄存器1低8位 | FED6H | CCR1[7:0] | | | | | | | | 00000000 |
| PWMA_CCR2H | 捕获/比较寄存器2高8位 | FED7H | CCR2[15:8] | | | | | | | | 00000000 |
| PWMA_CCR2L | 捕获/比较寄存器2低8位 | FED8H | CCR2[7:0] | | | | | | | | 00000000 |
| PWMA_CCR3H | 捕获/比较寄存器3高8位 | FED9H | CCR3[15:8] | | | | | | | | 00000000 |
| PWMA_CCR3L | 捕获/比较寄存器3低8位 | FEDAH | CCR3[7:0] | | | | | | | | 00000000 |
| PWMA_CCR4H | 捕获/比较寄存器4高8位 | FEDBH | CCR4[15:8] | | | | | | | | 00000000 |
| PWMA_CCR4L | 捕获/比较寄存器4低8位 | FEDCH | CCR4[7:0] | | | | | | | | 00000000 |
| PWMA_BRK | 刹车寄存器 | FEDDH | MOEA | AOEA | BKPA | BKEA | OSSRA | OSSIA | LOCKA[1:0] | | 00000000 |
| PWMA_DTR | 死区寄存器 | FEDEH | DTGA[7:0] | | | | | | | | 00000000 |
| PWMA_OISR | 输出空闲状态寄存器 | FEDFH | OIS4N | OIS4 | OIS3N | OIS3 | OIS2N | OIS2 | OIS1N | OIS1 | 00000000 |

## 13.2 PWMA 的应用

### 1. 库函数中示例程序的功能

库函数中示例程序的功能是利用 PWMA 控制 P6 连接的 8 个 LED 灯，实现呼吸灯效果。PWM
周期和占空比可以根据需要自行设置。

### 2. 电路连接与设置方法

PWMA 的 8 个通道对应 P6 的 8 个引脚。

### 3. 应用程序

（1）APP_PWM.h 文件中的内容如下：

```
#ifndef __APP_PWM_H_
#define __APP_PWM_H_
```

```
#include "config.h"
void Sample_PWMA_Output(void);        //PWMA输出函数
void PWMA_Output_init(void);          //PWMA初始化函数
void Sample_PWMB_Output(void);        //PWMB输出函数
void PWMB_Output_init(void);          //PWMB初始化函数
#endif
```

（2）APP_PWMA_Output.c 文件中的内容如下：

```
#include     "APP.h"
#include     "STC32G_PWM.h"
#include     "STC32G_GPIO.h"
#include     "STC32G_NVIC.h"
PWMx_Duty PWMA_Duty;
bit PWM1_Flag;
bit PWM2_Flag;
bit PWM3_Flag;
bit PWM4_Flag;
/*-------- 用户初始化程序-----*/
void PWMA_Output_init(void)
{
    PWMx_InitDefine PWMx_InitStructure;
    PWMA_Duty.PWM1_Duty = 128;
    PWMA_Duty.PWM2_Duty = 256;
    PWMA_Duty.PWM3_Duty = 512;
    PWMA_Duty.PWM4_Duty = 1024;
    PWMx_InitStructure.PWM_Mode = CCMRn_PWM_MODE1;//模式
    PWMx_InitStructure.PWM_Duty = PWMA_Duty.PWM1_Duty; //PWM占空比时间
    PWMx_InitStructure.PWM_EnoSelect = ENO1P | ENO1N;  //输出通道选择
    PWM_Configuration(PWM1, &PWMx_InitStructure);      //初始化PWM
    PWMx_InitStructure.PWM_Mode = CCMRn_PWM_MODE1;     //模式
    PWMx_InitStructure.PWM_Duty = PWMA_Duty.PWM2_Duty; //PWM占空比时间
    PWMx_InitStructure.PWM_EnoSelect = ENO2P | ENO2N;  //输出通道选择
    PWM_Configuration(PWM2, &PWMx_InitStructure);      //初始化PWM
    PWMx_InitStructure.PWM_Mode = CCMRn_PWM_MODE1;     //模式
    PWMx_InitStructure.PWM_Duty = PWMA_Duty.PWM3_Duty;//PWM占空比时间, 0~Period
    PWMx_InitStructure.PWM_EnoSelect = ENO3P | ENO3N;  //输出通道
    PWM_Configuration(PWM3, &PWMx_InitStructure);      //初始化PWM
    PWMx_InitStructure.PWM_Mode = CCMRn_PWM_MODE1;     //模式
    PWMx_InitStructure.PWM_Duty = PWMA_Duty.PWM4_Duty; //PWM占空比时间
    PWMx_InitStructure.PWM_EnoSelect = ENO4P | ENO4N;  //输出通道
    PWM_Configuration(PWM4, &PWMx_InitStructure);      //初始化PWM
    PWMx_InitStructure.PWM_Period = 2047;              //PWM周期
    PWMx_InitStructure.PWM_DeadTime = 0;               //死区发生器设置
    PWMx_InitStructure.PWM_MainOutEnable= ENABLE;      //主输出使能
    PWMx_InitStructure.PWM_CEN_Enable = ENABLE;        //使能计数器
    PWM_Configuration(PWMA, &PWMx_InitStructure);      //初始化PWMA
    PWM1_USE_P60P61();                                 //选择PWM输出引脚
    PWM2_USE_P62P63();
    PWM3_USE_P64P65();
    PWM4_USE_P66P67();
    P4_MODE_IO_PU(GPIO_Pin_0);                //P4.0设置为准双向端口
    NVIC_PWM_Init(PWMA, DISABLE, Priority_0); //禁止PWM中断
    P40 = 0;                                  //打开LED电源
}
/*----------用户应用程序----------*/
```

```
void Sample_PWMA_Output(void)
{
    if(!PWM1_Flag)
    {
        PWMA_Duty.PWM1_Duty++;
        if(PWMA_Duty.PWM1_Duty >= 2047) PWM1_Flag = 1;
    }
    else
    {
        PWMA_Duty.PWM1_Duty--;
        if(PWMA_Duty.PWM1_Duty <= 0) PWM1_Flag = 0;
    }
    if(!PWM2_Flag)
    {
        PWMA_Duty.PWM2_Duty++;
        if(PWMA_Duty.PWM2_Duty >= 2047) PWM2_Flag = 1;
    }
    else
    {
        PWMA_Duty.PWM2_Duty--;
        if(PWMA_Duty.PWM2_Duty <= 0) PWM2_Flag = 0;
    }
    if(!PWM3_Flag)
    {
        PWMA_Duty.PWM3_Duty++;
        if(PWMA_Duty.PWM3_Duty >= 2047) PWM3_Flag = 1;
    }
    else
    {
        PWMA_Duty.PWM3_Duty--;
        if(PWMA_Duty.PWM3_Duty <= 0) PWM3_Flag = 0;
    }
    if(!PWM4_Flag)
    {
        PWMA_Duty.PWM4_Duty++;
        if(PWMA_Duty.PWM4_Duty >= 2047) PWM4_Flag = 1;
    }
    else
    {
        PWMA_Duty.PWM4_Duty--;
        if(PWMA_Duty.PWM4_Duty <= 0) PWM4_Flag = 0;
    }

    UpdatePwm(PWMA, &PWMA_Duty);
}
```

（3）PWMA 示例程序任务循环结构参数：

```
{0, 1, 1, Sample_PWMA_Output}   //循环周期为1ms
```

# 13.3  工程训练：设计呼吸灯

## 1. 工程训练目标

（1）了解高级 PWM 定时器的基本特性。

（2）通过高级 PWM 定时器应用示例程序理解高级 PWM 定时器的应用编程。

### 2. 任务概述

1）任务目标

以 P6 连接 8 个 LED 灯，利用 PWMA 控制，实现呼吸灯效果。

2）电路设计

直接用实验箱矩阵键盘电路，P6 对应 8 个 LED 灯，低电平驱动。

3）参考程序（C 语言版）

（1）程序说明。基于 STC 官方的库函数包及示例程序模板进行编程，可减少设置开发环境等烦琐的工作环节，直接在 STC 官方提供的示例程序的基础上形成程序，并在后续的环节中理解、熟悉示例程序，进而举一反三，开发其他应用。

（2）应用程序文件：APP_PWMA_Output.c。

### 3. 任务实施

（1）分析 APP_PWMA_Output.c 程序。

（2）新建项目文件夹 project1331。

（3）将 STC 官方提供的库函数及示例程序包 Synthetical_Programme 复制到当前项目文件夹中。

（4）打开 Keil C251，调试 APP_PWMA_Output.c 程序。

①用 Keil C251 打开项目 "..\project1331\Synthetical_Programme\RVMDK\STC32G-LIB.uvproj"。

②设置工作频率。在左侧项目栏的 "User" 文件组中找到并打开 main.c 文件下的 config.h 文件，将 MAIN_Fosc 定义为 "24000000L"，即

```
#define MAIN_Fosc    24000000L
```

③设置应用程序初始化文件。在左侧项目栏的 "APP" 文件组中找到并打开 APP.c 文件，在 APP_config(void) 函数的定义中使能 PWMA 初始化函数：

```
PWMA_Output_init();
```

④设置巡回扫描任务。在左侧项目栏的 "User" 文件组中找到并打开 task.c 文件，在 "static TASK_COMPONENTS Task_Comps[]" 数组的定义中使能 "{0,1,1,Sample_PWMA_Output}" 任务。

⑤修改目标机器代码文件名为 "project1331"，编译程序文件，生成 project1331.hex 文件（机器代码文件在 "...\Synthetical_Programme\RVMDK\list" 目录下）。

（5）将实验箱连至 PC。

（6）利用 STC-ISP 将 project1331.hex 文件下载到实验箱单片机中。

（7）观察 8 个 LED 灯的亮灭情况并记录。

### 4. 训练拓展

在 APP_PWMA_Output.c 文件 void PWMA_Output_init(void) 函数的定义中调整 PWM 的周期与脉宽，调试程序并记录。

# 思考与提高

（1）高级 PWM 定时器的位数有多少？共有多少个通道？

（2）PWMA 与 PWMB 有什么共性？有什么不同点？

（3）PWMA 默认的输出引脚是什么？

（4）PWMB 默认的输出引脚是什么？

（5）高级 PWM 定时器有哪几个驱动函数？分析各函数的功能。

# 第14章 RTC 时钟及其应用

**内容提要：**

本章将重点介绍 RTC 时钟的应用编程与实践。

通过对 RTC 时钟应用示例程序的分析，读者应重点掌握 RTC 时钟的驱动函数，举一反三，学会 RTC 时钟其他方面的应用编程。

## 14.1 RTC 时钟的功能特性

### 1. 主要特性

（1）低功耗：工作电流低至 10μA。

（2）长时间跨度：计时范围为 2000 年至 2099 年，并可自动判断闰年。

（3）支持闹钟设置的组数：1 组。

（4）支持的中断：闹钟中断、日中断、小时中断、分钟中断、秒中断、1/2 秒中断、1/8 秒中断、1/32 秒中断。

（5）支持掉电唤醒。

### 2. 与 RTC 时钟相关的特殊功能寄存器

与 RTC 时钟相关的特殊功能寄存器如表 14.1 所示。

表 14.1　与 RTC 时钟相关的特殊功能寄存器

| 符号 | 描述 | 地址 | 位地址与符号 | | | | | | | | 复位值 |
|---|---|---|---|---|---|---|---|---|---|---|---|
| | | | B7 | B6 | B5 | B4 | B3 | B2 | B1 | B0 | |
| RTCCR | RTC 控制寄存器 | 7EFE60H | — | — | — | — | — | — | — | RUNRTC | xxxx,xxx0 |
| RTCCFG | RTC 配置寄存器 | 7EFE61H | — | — | — | — | — | — | RTCCKS | SETRTC | xxxx,xx00 |
| RTCIEN | RTC 中断使能寄存器 | 7EFE62H | EALAI | EDAYI | EHOURI | EMINI | ESECI | ESEC2I | ESEC8I | ESEC32I | 0000,0000 |
| RTCIF | RTC 中断请求寄存器 | 7EFE63H | ALAIF | DAYIF | HOURIF | MINIF | SECIF | SEC2IF | SEC8IF | SEC32IF | 0000,0000 |
| ALAHOUR | RTC 闹钟的小时值 | 7EFE64H | — | — | — | | | | | | xxx0,0000 |
| ALAMIN | RTC 闹钟的分钟值 | 7EFE65H | — | — | | | | | | | xx00,0000 |
| ALASEC | RTC 闹钟的秒值 | 7EFE66H | — | | | | | | | | xx00,0000 |
| ALASSEC | RTC 闹钟的 1/128 秒值 | 7EFE67H | — | | | | | | | | x000,0000 |
| INIYEAR | RTC 年初始化 | 7EFE68H | — | | | | | | | | x000,0000 |
| INIMONTH | RTC 月初始化 | 7EFE69H | — | — | — | — | | | | | Xxxx,0000 |
| INIDAY | RTC 日初始化 | 7EFE6AH | — | — | — | | | | | | xxx0,0000 |
| INIHOUR | RTC 小时初始化 | 7EFE6BH | — | — | — | | | | | | xxx0,0000 |
| INIMIN | RTC 分钟初始化 | 7EFE6CH | — | — | | | | | | | xx00,0000 |
| INISEC | RTC 秒初始化 | 7EFE6DH | — | — | | | | | | | xx00,0000 |
| INISSEC | RTC 1/128 秒初始化 | 7EFE6EH | — | | | | | | | | x000,0000 |
| YEAR | RTC 的年计数值 | 7EFE70H | — | | | | | | | | x000,0000 |
| MONTH | RTC 的月计数值 | 7EFE71H | — | — | — | — | | | | | Xxxx,0000 |
| DAY | RTC 的日计数值 | 7EFE72H | — | — | — | | | | | | xxx0,0000 |

| 符号 | 描述 | 地址 | 位地址与符号 | | | | | | | | 复位值 |
|------|------|------|------|------|------|------|------|------|------|------|------|
| | | | B7 | B6 | B5 | B4 | B3 | B2 | B1 | B0 | |
| HOUR | RTC 的小时计数值 | 7EFE73H | — | — | — | | | | | | xxx0,0000 |
| MIN | RTC 的分钟计数值 | 7EFE74H | — | — | | | | | | | xx00,0000 |
| SEC | RTC 的秒计数值 | 7EFE75H | — | — | | | | | | | xx00,0000 |
| SSEC | RTC 的 1/128 秒计数值 | 7EFE76H | — | | | | | | | | x000,0000 |

## 14.2  RTC 时钟的应用

### 1．库函数中示例程序的功能

库函数中示例程序的功能是对 STC32G12K128 单片机内部集成的 RTC 时钟模块进行读写操作，并以 8 位 LED 数码管显示时间（格式为小时-分钟-秒），程序支持利用行列扫描按键调整小时、分钟的初始值。

### 2．电路连接与设置方法

行列扫描按键 0～7 的键码分别为 25～32。键码 25～28 为调整时间键：按键 0（键码 25）为小时数增加按键，按键 1（键码 26）为小时数减少按键；按键 2（键码 27）为分钟数增加按键，按键 3（键码 28）为分钟数减少按键。电路只支持单按键操作，多按键同时被按下将会导致不可预知的结果。按键被按下超过 1s 后，将以每秒 10 键的速度提供重键输出。

### 3．应用程序

（1）APP_RTC.h 文件中的内容如下：

```
#ifndef __APP_RTC_H_
#define __APP_RTC_H_
#include "config.h"
void Sample_RTC(void);  //RTC示例程序函数
void RTC_init(void);     //RTC示例程序初始化函数
#endif
```

（2）APP_RTC.c 文件中的内容如下：

```
#include    "APP.h"
#include    "STC32G_RTC.h"
#include    "STC32G_GPIO.h"
#include    "STC32G_UART.h"
#include    "STC32G_NVIC.h"
#include    "STC32G_Switch.h"
#define SleepModeSet  0      //0:不进休眠模式
void IO_KeyScan(void);       //50ms call
void DisplayRTC(void);
void WriteRTC(void);
extern bit B_1S;
extern bit B_Alarm;
/*----------用户初始化程序----------*/
void RTC_init(void)
{
    u8  i;
    RTC_InitTypeDef    RTC_InitStructure;
    COMx_InitDefine    COMx_InitStructure;      //结构定义
    RTC_InitStructure.RTC_Clock = RTC_X32KCR;   //RTC 时钟为内部32kHz
```

```
        RTC_InitStructure.RTC_Enable = ENABLE;              //RTC 功能使能
        RTC_InitStructure.RTC_Year = 21;                    //RTC 年，2021年
        RTC_InitStructure.RTC_Month = 12;                   //RTC 月，12月
        RTC_InitStructure.RTC_Day = 31;                     //RTC 日，31日
        RTC_InitStructure.RTC_Hour = 23;                    //RTC 时，23h
        RTC_InitStructure.RTC_Min = 59;                     //RTC 分，59min
        RTC_InitStructure.RTC_Sec = 55;                     //RTC 秒，55s
        RTC_InitStructure.RTC_Ssec = 00;                    //RTC 1/128s，00~127
        RTC_InitStructure.RTC_ALAHour = 00;                 //RTC 闹钟时，00
        RTC_InitStructure.RTC_ALAMin = 00;                  //RTC 闹钟分，00min
        RTC_InitStructure.RTC_ALASec = 00;                  //RTC 闹钟秒，00s
        RTC_InitStructure.RTC_ALASsec = 00;                 //RTC 闹钟1/128s，00~127
        RTC_Inilize(&RTC_InitStructure);
        NVIC_RTC_Init(RTC_ALARM_INT|RTC_SEC_INT, Priority_0);//中断使能，优先级为0
        COMx_InitStructure.UART_Mode = UART_8bit_BRTx;          //串行端口模式
//      COMx_InitStructure.UART_BRT_Use = BRT_Timer2;           //选择波特率发生器
        COMx_InitStructure.UART_BaudRate = 115200ul;            //波特率：115200
        COMx_InitStructure.UART_RxEnable = DISABLE;             //接收禁止
        UART_Configuration(UART2, &COMx_InitStructure);         //初始化串行端口2
        NVIC_UART2_Init(ENABLE, Priority_1);                //中断使能，优先级为1
        P0_MODE_IO_PU(GPIO_Pin_All);                        //P0设置为准双向端口
        P4_MODE_IO_PU(GPIO_Pin_6 | GPIO_Pin_7);             //P4.6、P4.7设置为准双向端口
        P6_MODE_IO_PU(GPIO_Pin_All);                        //P6设置为准双向端口
        P7_MODE_IO_PU(GPIO_Pin_All);                        //P7设置为准双向端口
        display_index = 0;
        for(i=0; i<8; i++)  LED8[i] = 0x10;                 //上电消隐
        KeyHoldCnt = 0;                                     //键按下计时
        KeyCode = 0;                                        //给用户使用的键码
        IO_KeyState = 0;
        IO_KeyState1 = 0;
        IO_KeyHoldCnt = 0;
        cnt50ms = 0;
        printf("STC32G RTC Test!\r\n");                     //串行端口2输出
}
/*----------用户应用程序----------*/
void Sample_RTC(void)
{
    if(B_1S)
    {
        B_1S = 0;
        DisplayRTC();
        printf("Year=20%d, Month=%d, Day=%d, Hour=%d, Minute=%d,
Second=%d\r\n", YEAR, MONTH, DAY, HOUR, MIN, SEC);
    }
    if(B_Alarm)
    {
        B_Alarm = 0;
        printf("RTC Alarm!\r\n");
    }
#if(SleepModeSet == 1)
        _nop_();    _nop_();
        PD = 1;         //STC32G系列单片机使用内部32kHz时钟，休眠无法唤醒
        _nop_();    _nop_();    _nop_();    _nop_();    _nop_();
_nop_();
```

```
#else
        DisplayScan();
    if(++cnt50ms >= 50)         //50ms扫描一次行列键盘
    {
        cnt50ms = 0;
        IO_KeyScan();
    }
    if(KeyCode != 0)            //有按键被按下
    {
        if(KeyCode == 25)   //hour +1
        {
            if(++hour >= 24)    hour = 0;
            WriteRTC();
            DisplayRTC();
        }
        if(KeyCode == 26)   //hour -1
        {
            if(--hour >= 24)    hour = 23;
            WriteRTC();
            DisplayRTC();
        }
        if(KeyCode == 27)   //minute +1
        {
            second = 0;
            if(++minute >= 60)  minute = 0;
            WriteRTC();
            DisplayRTC();
        }
        if(KeyCode == 28)   //minute -1
        {
            second = 0;
            if(--minute >= 60)  minute = 59;
            WriteRTC();
            DisplayRTC();
        }
        KeyCode = 0;
    }
#endif
}
/*------显示时钟函数------*/
void DisplayRTC(void)
{
    hour = HOUR;
    minute = MIN;
    if(HOUR >= 10)  LED8[0] = HOUR / 10;
    else            LED8[0] = DIS_BLACK;
    LED8[1] = HOUR % 10;
    LED8[2] = DIS_;
    LED8[3] = MIN / 10;
    LED8[4] = MIN % 10;
    LED8[5] = DIS_;
    LED8[6] = SEC / 10;
    LED8[7] = SEC % 10;
}
```

```
/*-------写RTC函数------*/
void WriteRTC(void)
{
    INIYEAR = YEAR;          //继承当前年、月、日
    INIMONTH = MONTH;
    INIDAY = DAY;
    INIHOUR = hour;          //修改时、分、秒
    INIMIN = minute;
    INISEC = 0;
    INISSEC = 0;
    RTCCFG |= 0x01;          //触发RTC寄存器初始化
}
/*------按键扫描延迟程序-----*/
void IO_KeyDelay(void)
{
    u8 i;
    i = 60;
    while(--i)  ;
}
/*---------按键扫描程序----*/
void IO_KeyScan(void)            //50ms call
{
    u8 j;
    j = IO_KeyState1;            //保存上一次状态
    P0 = 0xf0;                   //X低，读Y
    IO_KeyDelay();
    IO_KeyState1 = P0 & 0xf0;
    P0 = 0x0f;                   //Y低，读X
    IO_KeyDelay();
    IO_KeyState1 |= (P0 & 0x0f);
    IO_KeyState1 ^= 0xff;    //取反
    if(j == IO_KeyState1)    //连续两次读相等
    {
        j = IO_KeyState;
        IO_KeyState = IO_KeyState1;
        if(IO_KeyState != 0) //有键按下
        {
            F0 = 0;
            if(j == 0)  F0 = 1;                      //第一次按下
            else if(j == IO_KeyState)
            {
                if(++IO_KeyHoldCnt >= 20)        //1s后判定重键
                {
                    IO_KeyHoldCnt = 18;
                    F0 = 1;
                }
            }
            if(F0)
            {
                j = T_KeyTable[IO_KeyState >> 4];
                if((j != 0) && (T_KeyTable[IO_KeyState& 0x0f] != 0))
                    KeyCode = (j - 1) * 4 + T_KeyTable[IO_KeyState & 0x0f] + 16;
//计算键码，17~32
            }
```

```
            }
        else    IO_KeyHoldCnt = 0;
        }
    P0 = 0xff;
    }
```

（3）RTC 示例程序任务循环结构参数：

```
{0, 1, 1, Sample_RTC}   //循环周期为1ms
```

（4）中断服务函数：RTC 中断服务函数、串行端口 2 中断服务函数详见第 10 章 10.2.16 节相关内容。

## 14.3  工程训练：设计 24 小时时钟

### 1．工程训练目标

（1）了解 RTC 时钟的基本特性与功能。

（2）通过 RTC 时钟示例程序理解 RTC 时钟的应用编程。

### 2．任务概述

1）任务目标

利用 STC32G12K128 单片机集成的 RTC 时钟设计一个 24 小时时钟，以 8 位 LED 数码管显示时间（格式为小时-分钟-秒），程序支持利用行列扫描按键调整小时、分钟的初始值。

2）电路设计

直接用实验箱的 LED 数码管显示电路和 2×4 矩阵键盘电路搭建本实例的电路，LED 数码管显示与驱动电路示意图如图 2.33 和图 2.34 所示，2×4 矩阵键盘电路示意图如图 2.35 所示。

3）参考程序（C 语言版）

（1）程序说明。基于 STC 官方的库函数包及示例程序模板进行编程，可减少设置开发环境等烦琐的工作环节，直接在 STC 官方提供的示例程序的基础上形成程序，并在后续的环节中理解和熟悉示例程序，进而举一反三，开发 RTC 时钟的其他应用。

（2）应用程序文件：APP_RTC.c。

### 3．任务实施

（1）分析 APP_RTC.c 程序。

（2）新建项目文件夹 project1431。

（3）将 STC 官方提供的库函数及示例程序包 Synthetical_Programme 复制到当前项目文件夹中。

（4）打开 Keil C251，调试 APP_RTC.c 程序。

① 用 Keil C251 打开项目 "..\project1431\Synthetical_Programme\RVMDK\STC32G-LIB.uvproj"。

②设置工作频率。在左侧项目栏的"User"文件组中找到并打开 main.c 文件下的 config.h 文件，将 MAIN_Fosc 定义为"24000000L"，即

```
#define MAIN_Fosc   24000000L
```

③设置应用程序初始化文件。在左侧项目栏的"APP"文件组中找到并打开 APP.c 文件，在 APP_config(void)函数的定义中使能 RTC 时钟初始化函数：

```
RTC_init();
```

④设置巡回扫描任务。在左侧项目栏的"User"文件组中找到并打开 task.c 文件，在"static TASK_COMPONENTS Task_Comps[]"数组的定义中使能"{0，1，1，Sample_RTC}"任务。

⑤修改目标机器代码文件名为"project1431"，编译程序文件，生成 project1431.hex 文件（机器代码文件在"...\Synthetical_Programme\RVMDK\list"目录下）。

（5）将实验箱连至 PC。

（6）利用 STC-ISP 将 project1431.hex 文件下载到实验箱单片机中。

（7）观察 LED 数码管的显示情况并记录。

（8）按下按键 0 或按键 1，将 LED 数码管显示的"时"时间调整为当前时间，并记录。

（9）按下按键 2 或按键 3，将 LED 数码管显示的"分"时间调整为当前时间，并记录。

**4．训练拓展**

以上例为基础设计一个万年历，将 LED 数码管显示更改为 LCD12864 显示，该万年历的年、月、日、时、分计时值可调。

# 思考与提高

（1）RTC 时钟的时钟源是什么？

（2）RTC 时钟提供哪些时间信号？

（3）RTC 时钟中断包括哪些中断源？

（4）RTC 时钟有哪几个驱动函数？分析各函数的功能。

# 第15章 DMA通道及其应用

**内容提要：**

本章将重点介绍DMA通道的应用编程与实践。

通过对DMA通道应用示例程序的分析，读者应重点掌握DMA通道的驱动函数，举一反三，学会DMA通道其他方面的应用编程。

## 15.1 DMA通道的功能特性

STC32G12K128单片机支持批量数据存储功能，即传统的DMA。

### 1. 支持的DMA操作

（1）M2M_DMA：XRAM存储器到XRAM存储器的数据读写。

（2）ADC_DMA：自动扫描已被使能的ADC通道并将转换的数据自动存储到XRAM中。

（3）SPI_DMA：自动进行XRAM与SPI外设之间的数据交换。

（4）UR1T_DMA：自动将XRAM中的数据通过串行端口1发送出去。

（5）UR1R_DMA：自动将串行端口1接收到的数据存储到XRAM中。

（6）UR2T_DMA：自动将XRAM中的数据通过串行端口2发送出去。

（7）UR2R_DMA：自动将串行端口2接收到的数据存储到XRAM中。

（8）UR3T_DMA：自动将XRAM中的数据通过串行端口3发送出去。

（9）UR3R_DMA：自动将串行端口3接收到的数据存储到XRAM中。

（10）UR4T_DMA：自动将XRAM中的数据通过串行端口4发送出去。

（11）UR4R_DMA：自动将串行端口4接收到的数据存储到XRAM中。

（12）LCM_DMA：自动进行XRAM与LCM设备之间的数据交换。

（13）I2CT_DMA：自动将XRAM中的数据通过$I^2C$端口发送出去。

（14）I2CR_DMA：自动将$I^2C$端口接收到的数据存储到XRAM中。

（15）I2ST_DMA：自动将XRAM中的数据通过$I^2S$发送出去。

（16）I2SR_DMA：自动将$I^2S$接收到的数据存储到XRAM中。

### 2. DMA的特性

每次进行DMA数据传送的最大数据量为65536B。每种DMA对XRAM的读写操作都可设置4级访问优先级，由硬件自动进行XRAM总线的访问仲裁，不会影响CPU对XRAM的访问。在访问优先级相同的情况下，不同DMA对XRAM的访问顺序如下：M2M_DMA、ADC_DMA、SPI_DMA、UR1R_DMA、UR1T_DMA、UR2R_DMA、UR2T_DMA、UR3R_DMA、UR3T_DMA、UR4R_DMA、UR4T_DMA、LCM_DMA、I2CR_DMA、I2CT_DMA、I2SR_DMA、I2ST_DMA。

### 3. 与DMA相关的特殊功能寄存器

与DMA相关的特殊功能寄存器如表15.1所示。

表 15.1　与 DMA 相关的特殊功能寄存器

| 符号 | 描述 | 地址 | 位地址与符号 | | | | | | | | 复位值 |
|------|------|------|------|------|------|------|------|------|------|------|------|
| | | | B7 | B6 | B5 | B4 | B3 | B2 | B1 | B0 | |
| DMA_M2M_CFG | M2M_DMA 配置寄存器 | 7EFA00H | M2MIE | — | TXACO | RXACO | M2MIP[1:0] | | M2MPTY[1:0] | | 0x00,0000 |
| DMA_M2M_CR | M2M_DMA 控制寄存器 | 7EFA01H | ENM2M | TRIG | — | — | — | — | — | — | 00xx,xxxx |
| DMA_M2M_STA | M2M_DMA 状态寄存器 | 7EFA02H | — | — | — | — | — | — | — | M2MIF | xxxx,xxx0 |
| DMA_M2M_AMT | M2M_DMA 传送总字节数（低 8 位） | 7EFA03H | | | | | | | | | 0000,0000 |
| DMA_M2M_AMTH | M2M_DMA 传送总字节数（高 8 位） | 7EFA80H | | | | | | | | | 0000,0000 |
| DMA_M2M_DONE | M2M_DMA 传送完成字节数（低 8 位） | 7EFA04H | | | | | | | | | 0000,0000 |
| DMA_M2M_DONEH | M2M_DMA 传送完成字节数（高 8 位） | 7EFA81H | | | | | | | | | 0000,0000 |
| DMA_M2M_TXAH | M2M_DMA 发送高地址 | 7EFA05H | | | | | | | | | 0000,0000 |
| DMA_M2M_TXAL | M2M_DMA 发送低地址 | 7EFA06H | | | | | | | | | 0000,0000 |
| DMA_M2M_RXAH | M2M_DMA 接收高地址 | 7EFA07H | | | | | | | | | 0000,0000 |
| DMA_M2M_RXAL | M2M_DMA 接收低地址 | 7EFA08H | | | | | | | | | 0000,0000 |
| DMA_ADC_CFG | ADC_DMA 配置寄存器 | 7EFA10H | ADCIE | — | — | — | ADCMIP[1:0] | | ADCPTY[1:0] | | 0xxx,0000 |
| DMA_ADC_CR | ADC_DMA 控制寄存器 | 7EFA11H | ENADC | TRIG | — | — | — | — | — | — | 00xx,xxxx |
| DMA_ADC_STA | ADC_DMA 状态寄存器 | 7EFA12H | — | — | — | — | — | — | — | ADCIF | xxxx,xxx0 |
| DMA_ADC_RXAH | ADC_DMA 接收高地址 | 7EFA17H | | | | | | | | | 0000,0000 |
| DMA_ADC_RXAL | ADC_DMA 接收低地址 | 7EFA18H | | | | | | | | | 0000,0000 |
| DMA_ADC_CFG2 | ADC_DMA 配置寄存器 2 | 7EFA19H | — | — | — | — | CVTIMESEL[3:0] | | | | xxxx,0000 |
| DMA_ADC_CHSW0 | ADC_DMA 通道使能 0 | 7EFA1AH | CH15 | CH14 | CH13 | CH12 | CH11 | CH10 | CH9 | CH8 | 1000,0000 |
| DMA_ADC_CHSW1 | ADC_DMA 通道使能 1 | 7EFA1BH | CH7 | CH6 | CH5 | CH4 | CH3 | CH2 | CH1 | CH0 | 0000,0001 |
| DMA_SPI_CFG | SPI_DMA 配置寄存器 | 7EFA20H | SPIIE | ACT_TX | ACT_RX | — | SPIIP[1:0] | | SPIPTY[1:0] | | 000x,0000 |

| 符号 | 描述 | 地址 | 位地址与符号 | | | | | | | | 复位值 |
|---|---|---|---|---|---|---|---|---|---|---|---|
| | | | B7 | B6 | B5 | B4 | B3 | B2 | B1 | B0 | |
| DMA_SPI_CR | SPI_DMA控制寄存器 | 7EFA21H | ENSPI | TRIG_M | TRIG_S | — | — | — | — | CLRFIFO | 000x,xxx0 |
| DMA_SPI_STA | SPI_DMA状态寄存器 | 7EFA22H | — | — | — | — | — | TXOVW | RXLOSS | SPIIF | xxxx,x000 |
| DMA_SPI_AMT | SPI_DMA传送总字节数（低8位） | 7EFA23H | | | | | | | | | 0000,0000 |
| DMA_SPI_AMTH | SPI_DMA传送总字节数（高8位） | 7EFA84H | | | | | | | | | 0000,0000 |
| DMA_SPI_DONE | SPI_DMA传送完成字节数（低8位） | 7EFA24H | | | | | | | | | 0000,0000 |
| DMA_SPI_DONEH | SPI_DMA传送完成字节数（高8位） | 7EFA85H | | | | | | | | | 0000,0000 |
| DMA_SPI_TXAH | SPI_DMA发送高地址 | 7EFA25H | | | | | | | | | 0000,0000 |
| DMA_SPI_TXAL | SPI_DMA发送低地址 | 7EFA26H | | | | | | | | | 0000,0000 |
| DMA_SPI_RXAH | SPI_DMA接收高地址 | 7EFA27H | | | | | | | | | 0000,0000 |
| DMA_SPI_RXAL | SPI_DMA接收低地址 | 7EFA28H | | | | | | | | | 0000,0000 |
| DMA_SPI_CFG2 | SPI_DMA配置寄存器2 | 7EFA29H | — | — | — | — | — | WRPSS | SSS[1:0] | | xxxx,x000 |
| DMA_UR1T_CFG | UR1T_DMA配置寄存器 | 7EFA30H | UR1TIE | — | — | — | UR1TIP[1:0] | | UR1TPTY[1:0] | | 0xxx,0000 |
| DMA_UR1T_CR | UR1T_DMA控制寄存器 | 7EFA31H | ENUR1T | TRIG | — | — | — | — | — | — | 00xx,xxxx |
| DMA_UR1T_STA | UR1T_DMA状态寄存器 | 7EFA32H | — | — | — | — | — | TXOVW | — | UR1TIF | xxxx,x0x0 |
| DMA_UR1T_AMT | UR1T_DMA传送总字节数（低8位） | 7EFA33H | | | | | | | | | 0000,0000 |
| DMA_UR1T_AMTH | UR1T_DMA传送总字节数（高8位） | 7EFA88H | | | | | | | | | 0000,0000 |
| DMA_UR1T_DONE | UR1T_DMA传送完成字节数（低8位） | 7EFA34H | | | | | | | | | 0000,0000 |
| DMA_UR1T_DONEH | UR1T_DMA传送完成字节数（高8位） | 7EFA89H | | | | | | | | | 0000,0000 |
| DMA_UR1T_TXAH | UR1T_DMA发送高地址 | 7EFA35H | | | | | | | | | 0000,0000 |

| 符号 | 描述 | 地址 | B7 | B6 | B5 | B4 | B3 | B2 | B1 | B0 | 复位值 |
|---|---|---|---|---|---|---|---|---|---|---|---|
| | | | 位地址与符号 | | | | | | | | |
| DMA_UR1T_TXAL | UR1T_DMA发送低地址 | 7EFA36H | | | | | | | | | 0000,0000 |
| DMA_UR1R_CFG | UR1R_DMA配置寄存器 | 7EFA38H | UR1RIE | — | — | — | UR1RIP[1:0] | | UR1RPTY[1:0] | | 0xxx,0000 |
| DMA_UR1R_CR | UR1R_DMA控制寄存器 | 7EFA39H | ENUR1R | — | TRIG | —· | — | — | — | CLRFIFO | 0x0x,xxx0 |
| DMA_UR1R_STA | UR1R_DMA状态寄存器 | 7EFA3AH | — | — | — | — | — | — | RXLOSS | UR1RIF | xxxx,xx00 |
| DMA_UR1R_AMT | UR1R_DMA传送总字节数（低8位） | 7EFA3BH | | | | | | | | | 0000,0000 |
| DMA_UR1R_AMTH | UR1R_DMA传送总字节数（高8位） | 7EFA8AH | | | | | | | | | 0000,0000 |
| DMA_UR1R_DONE | UR1R_DMA传送完成字节数（低8位） | 7EFA3CH | | | | | | | | | 0000,0000 |
| DMA_UR1R_DONEH | UR1R_DMA传送完成字节数（高8位） | 7EFA8BH | | | | | | | | | 0000,0000 |
| DMA_UR1R_RXAH | UR1R_DMA接收高地址 | 7EFA3DH | | | | | | | | | 0000,0000 |
| DMA_UR1R_RXAL | UR1R_DMA接收低地址 | 7EFA3EH | | | | | | | | | 0000,0000 |
| DMA_UR2T_CFG | UR2T_DMA配置寄存器 | 7EFA40H | UR2TIE | — | — | — | UR2TIP[1:0] | | UR2TPTY[1:0] | | 0xxx,0000 |
| DMA_UR2T_CR | UR2T_DMA控制寄存器 | 7EFA41H | ENUR2T | TRIG | — | — | — | — | — | — | 00xx,xxxx |
| DMA_UR2T_STA | UR2T_DMA状态寄存器 | 7EFA42H | — | — | — | — | — | TXOVW | — | UR2TIF | xxxx,x0x0 |
| DMA_UR2T_AMT | UR2T_DMA传送总字节数（低8位） | 7EFA43H | | | | | | | | | 0000,0000 |
| DMA_UR2T_AMTH | UR2T_DMA传送总字节数（高8位） | 7EFA8CH | | | | | | | | | 0000,0000 |
| DMA_UR2T_DONE | UR2T_DMA传送完成字节数（低8位） | 7EFA44H | | | | | | | | | 0000,0000 |
| DMA_UR2T_DONEH | UR2T_DMA传送完成字节数（高8位） | 7EFA8DH | | | | | | | | | 0000,0000 |
| DMA_UR2T_TXAH | UR2T_DMA发送高地址 | 7EFA45H | | | | | | | | | 0000,0000 |
| DMA_UR2T_TXAL | UR2T_DMA发送低地址 | 7EFA46H | | | | | | | | | 0000,0000 |

| 符号 | 描述 | 地址 | 位地址与符号 | | | | | | | | 复位值 |
|---|---|---|---|---|---|---|---|---|---|---|---|
| | | | B7 | B6 | B5 | B4 | B3 | B2 | B1 | B0 | |
| DMA_UR2R_CFG | UR2R_DMA 配置寄存器 | 7EFA48H | UR2RIE | — | — | — | UR2RIP[1:0] | | UR2RPTY[1:0] | | 0xxx,0000 |
| DMA_UR2R_CR | UR2R_DMA 控制寄存器 | 7EFA49H | ENUR2R | — | TRIG | — | — | — | — | CLRFIFO | 0x0x,xxx0 |
| DMA_UR2R_STA | UR2R_DMA 状态寄存器 | 7EFA4AH | — | — | — | — | — | — | RXLOSS | UR2RIF | xxxx,xx00 |
| DMA_UR2R_AMT | UR2R_DMA 传送总字节数（低8位） | 7EFA4BH | | | | | | | | | 0000,0000 |
| DMA_UR2R_AMTH | UR2R_DMA 传送总字节数（高8位） | 7EFA8EH | | | | | | | | | 0000,0000 |
| DMA_UR2R_DONE | UR2R_DMA 传送完成字节数（低8位） | 7EFA4CH | | | | | | | | | 0000,0000 |
| DMA_UR2R_DONEH | UR2R_DMA 传送完成字节数（高8位） | 7EFA8FH | | | | | | | | | 0000,0000 |
| DMA_UR2R_RXAH | UR2R_DMA 接收高地址 | 7EFA4DH | | | | | | | | | 0000,0000 |
| DMA_UR2R_RXAL | UR2R_DMA 接收低地址 | 7EFA4EH | | | | | | | | | 0000,0000 |
| DMA_UR3T_CFG | UR3T_DMA 配置寄存器 | 7EFA50H | UR3TIE | — | — | — | UR3TIP[1:0] | | UR3TPTY[1:0] | | 0xxx,0000 |
| DMA_UR3T_CR | UR3T_DMA 控制寄存器 | 7EFA51H | ENUR3T | TRIG | — | — | — | — | — | — | 00xx,xxxx |
| DMA_UR3T_STA | UR3T_DMA 状态寄存器 | 7EFA52H | — | — | — | — | — | TXOVW | — | UR3TIF | xxxx,x0x0 |
| DMA_UR3T_AMT | UR3T_DMA 传送总字节数（低8位） | 7EFA53H | | | | | | | | | 0000,0000 |
| DMA_UR3T_AMTH | UR3T_DMA 传送总字节数（高8位） | 7EFA90H | | | | | | | | | 0000,0000 |
| DMA_UR3T_DONE | UR3T_DMA 传送完成字节数（低8位） | 7EFA54H | | | | | | | | | 0000,0000 |
| DMA_UR3T_DONEH | UR3T_DMA 传送完成字节数（高8位） | 7EFA91H | | | | | | | | | 0000,0000 |
| DMA_UR3T_TXAH | UR3T_DMA 发送高地址 | 7EFA55H | | | | | | | | | 0000,0000 |
| DMA_UR3T_TXAL | UR3T_DMA 发送低地址 | 7EFA56H | | | | | | | | | 0000,0000 |
| DMA_UR3R_CFG | UR3R_DMA 配置寄存器 | 7EFA58H | UR3RIE | — | — | — | UR3RIP[1·0] | | UR3RPTY[1:0] | | 0xxx,0000 |

| 符号 | 描述 | 地址 | 位地址与符号 | | | | | | | | 复位值 |
|---|---|---|---|---|---|---|---|---|---|---|---|
| | | | B7 | B6 | B5 | B4 | B3 | B2 | B1 | B0 | |
| DMA_UR3R_CR | UR3R_DMA控制寄存器 | 7EFA59H | ENUR3R | — | TRIG | — | — | — | — | CLRFIFO | 0x0x,xxx0 |
| DMA_UR3R_STA | UR3R_DMA状态寄存器 | 7EFA5AH | — | — | — | — | — | — | RXLOSS | UR3RIF | xxxx,xx00 |
| DMA_UR3R_AMT | UR3R_DMA传送总字节数（低8位） | 7EFA5BH | | | | | | | | | 0000,0000 |
| DMA_UR3R_AMTH | UR3R_DMA传送总字节数（高8位） | 7EFA92H | | | | | | | | | 0000,0000 |
| DMA_UR3R_DONE | UR3R_DMA传送完成字节数（低8位） | 7EFA5CH | | | | | | | | | 0000,0000 |
| DMA_UR3R_DONEH | UR3R_DMA传送完成字节数（高8位） | 7EFA93H | | | | | | | | | 0000,0000 |
| DMA_UR3R_RXAH | UR3R_DMA接收高地址 | 7EFA5DH | | | | | | | | | 0000,0000 |
| DMA_UR3R_RXAL | UR3R_DMA接收低地址 | 7EFA5EH | | | | | | | | | 0000,0000 |
| DMA_UR4T_CFG | UR4T_DMA配置寄存器 | 7EFA60H | UR4TIE | — | — | — | UR4TIP[1:0] | | UR4TPTY[1:0] | | 0xxx,0000 |
| DMA_UR4T_CR | UR4T_DMA控制寄存器 | 7EFA61H | ENUR4T | TRIG | — | — | — | — | — | — | 00xx,xxxx |
| DMA_UR4T_STA | UR4T_DMA状态寄存器 | 7EFA62H | — | — | — | — | — | TXOVW | — | UR4TIF | xxxx,x0x0 |
| DMA_UR4T_AMT | UR4T_DMA传送总字节数（低8位） | 7EFA63H | | | | | | | | | 0000,0000 |
| DMA_UR4T_AMTH | UR4T_DMA传送总字节数（高8位） | 7EFA94H | | | | | | | | | 0000,0000 |
| DMA_UR4T_DONE | UR4T_DMA传送完成字节数（低8位） | 7EFA64H | | | | | | | | | 0000,0000 |
| DMA_UR4T_DONEH | UR4T_DMA传送完成字节数（高8位） | 7EFA95H | | | | | | | | | 0000,0000 |
| DMA_UR4T_TXAH | UR4T_DMA发送高地址 | 7EFA65H | | | | | | | | | 0000,0000 |
| DMA_UR4T_TXAL | UR4T_DMA发送低地址 | 7EFA66H | | | | | | | | | 0000,0000 |
| DMA_UR4R_CFG | UR4R_DMA配置寄存器 | 7EFA68H | UR4RIE | — | — | — | UR4RIP[1:0] | | UR4RPTY[1:0] | | 0xxx,0000 |
| DMA_UR4R_CR | UR4R_DMA控制寄存器 | 7EFA69H | ENUR4R | — | TRIG | — | — | — | — | CLRFIFO | 0x0x,xxx0 |

| 符号 | 描述 | 地址 | 位地址与符号 | | | | | | | | 复位值 |
|------|------|------|------|------|------|------|------|------|------|------|--------|
| | | | B7 | B6 | B5 | B4 | B3 | B2 | B1 | B0 | |
| DMA_UR4R _STA | UR4R_DMA 状态寄存器 | 7EFA6AH | — | — | — | — | — | — | RXLOSS | UR4RIF | xxxx,xx00 |
| DMA_UR4R _AMT | UR4R_DMA 传送总字节数（低8位） | 7EFA6BH | | | | | | | | | 0000,0000 |
| DMA_UR4R _AMTH | UR4R_DMA 传送总字节数（高8位） | 7EFA96H | | | | | | | | | 0000,0000 |
| DMA_UR4R _DONE | UR4R_DMA 传送完成字节数（低8位） | 7EFA6CH | | | | | | | | | 0000,0000 |
| DMA_UR4R _DONEH | UR4R_DMA 传送完成字节数（高8位） | 7EFA97H | | | | | | | | | 0000,0000 |
| DMA_UR4R _RXAH | UR4R_DMA 接收高地址 | 7EFA6DH | | | | | | | | | 0000,0000 |
| DMA_UR4R _RXAL | UR4R_DMA 接收低地址 | 7EFA6EH | | | | | | | | | 0000,0000 |
| DMA_LCM_ CFG | LCM_DMA 配置寄存器 | 7EFA70H | LCMIE | — | — | — | LCMIP[1:0] | | LCMPTY[1:0] | | 0xxx,0000 |
| DMA_LCM_ CR | LCM_DMA 控制寄存器 | 7EFA71H | ENLCM | TRIGWC | TRIGWD | TRIGRC | TRIGRD | — | — | — | 0000,0xxx |
| DMA_LCM_ STA | LCM_DMA 状态寄存器 | 7EFA72H | — | — | — | — | — | — | TXOVW | LCMIF | xxxx,xx00 |
| DMA_LCM_ AMT | LCM_DMA 传送总字节数（低8位） | 7EFA73H | | | | | | | | | 0000,0000 |
| DMA_LCM_ AMTH | LCM_DMA 传送总字节数（高8位） | 7EFA86H | | | | | | | | | 0000,0000 |
| DMA_LCM_ DONE | LCM_DMA 传送完成字节数（低8位） | 7EFA74H | | | | | | | | | 0000,0000 |
| DMA_LCM_ DONEH | LCM_DMA 传送完成字节数（高8位） | 7EFA87H | | | | | | | | | 0000,0000 |
| DMA_LCM_ TXAH | LCM_DMA 发送高地址 | 7EFA75H | | | | | | | | | 0000,0000 |
| DMA_LCM_ TXAL | LCM_DMA 发送低地址 | 7EFA76H | | | | | | | | | 0000,0000 |
| DMA_LCM_ RXAH | LCM_DMA 接收高地址 | 7EFA77H | | | | | | | | | 0000,0000 |
| DMA_LCM_ RXAL | LCM_DMA 接收低地址 | 7EFA78H | | | | | | | | | 0000,0000 |
| DMA_I2CT_ CFG | I2CT_DMA 配置寄存器 | 7EFA98H | I2CTIE | — | — | — | I2CTIP [1:0] | | I2CTPTY [1:0] | | 0xxx,0000 |

| 符号 | 描述 | 地址 | 位地址与符号 | | | | | | | | 复位值 |
|---|---|---|---|---|---|---|---|---|---|---|---|
| | | | B7 | B6 | B5 | B4 | B3 | B2 | B1 | B0 | |
| DMA_I2CT_CR | I2CT_DMA 控制寄存器 | 7EFA99H | ENI2CT | TRIG | — | — | — | — | — | — | 00xx,xxxx |
| DMA_I2CT_STA | I2CT_DMA 状态寄存器 | 7EFA9AH | — | — | — | — | — | TXOVW | — | I2CTIF | xxxx,x0x0 |
| DMA_I2CT_AMT | I2CT_DMA 传送总字节数（低 8 位） | 7EFA9BH | | | | | | | | | 0000,0000 |
| DMA_I2CT_AMTH | I2CT_DMA 传送字节数（高 8 位） | 7EFAA8H | | | | | | | | | 0000,0000 |
| DMA_I2CT_DONE | I2CT_DMA 传送完成字节数（低 8 位） | 7EFA9CH | | | | | | | | | 0000,0000 |
| DMA_I2CT_DONEH | I2CT_DMA 传送完成字节数（高 8 位） | 7EFAA9H | | | | | | | | | 0000,0000 |
| DMA_I2CT_TXAH | I2CT_DMA 发送高地址 | 7EFA9DH | | | | | | | | | 0000,0000 |
| DMA_I2CT_TXAL | I2CT_DMA 发送低地址 | 7EFA9EH | | | | | | | | | 0000,0000 |
| DMA_I2CR_CFG | I2CR_DMA 配置寄存器 | 7EFAA0H | I2CRIE | — | — | — | I2CRIP[1:0] | | I2CRPTY[1:0] | | 0xxx,0000 |
| DMA_I2CR_CR | I2CR_DMA 控制寄存器 | 7EFAA1H | ENI2CR | TRIG | — | — | — | — | — | CLRFIFO | 00xx,xxx0 |
| DMA_I2CR_STA | I2CR_DMA 状态寄存器 | 7EFAA2H | — | — | — | — | — | — | RXLOSS | I2CRIF | xxxx,xx00 |
| DMA_I2CR_AMT | I2CR_DMA 传送总字节数（低 8 位） | 7EFAA3H | | | | | | | | | 0000,0000 |
| DMA_I2CR_AMTH | I2CR_DMA 传送总字节数（高 8 位） | 7EFAAAH | | | | | | | | | 0000,0000 |
| DMA_I2CR_DONE | I2CR_DMA 传送完成字节数（低 8 位） | 7EFAA4H | | | | | | | | | 0000,0000 |
| DMA_I2CR_DONEH | I2CR_DMA 传送完成字节数（高 8 位） | 7EFAABH | | | | | | | | | 0000,0000 |
| DMA_I2CR_RXAH | I2CR_DMA 接收高地址 | 7EFAA5H | | | | | | | | | 0000,0000 |
| DMA_I2CR_RXAL | I2CR_DMA 接收低地址 | 7EFAA6H | | | | | | | | | 0000,0000 |
| DMA_I2C_CR | I2C_DMA 控制寄存器 | 7EFAADH | RDSEL | — | — | — | — | ACKERR | INTEN | BMMEN | 0xxx,x000 |
| DMA_I2C_ST1 | I2C_DMA 状态寄存器 | 7EFAAEH | COUNT[7:0] | | | | | | | | 0000,0000 |

| 符号 | 描述 | 地址 | B7 | B6 | B5 | B4 | B3 | B2 | B1 | B0 | 复位值 |
|---|---|---|---|---|---|---|---|---|---|---|---|
| DMA_I2C_ST2 | I2C_DMA 状态寄存器 | 7EFAAFH | COUNT[15:8] | | | | | | | | 0000,0000 |
| DMA_I2ST_CFG | I2ST_DMA 配置寄存器 | 7EFAB0H | I2STIE | — | — | — | I2STIP[1:0] | | I2STPTY[1:0] | | 0xxx,0000 |
| DMA_I2ST_CR | I2ST_DMA 控制寄存器 | 7EFAB1H | ENI2ST | TRIG | — | — | — | — | — | — | 00xx,xxxx |
| DMA_I2ST_STA | I2ST_DMA 状态寄存器 | 7EFAB2H | — | — | — | — | — | TXOVW | — | I2STIF | xxxx,x0x0 |
| DMA_I2ST_AMT | I2ST_DMA 传送总字节数（低 8 位） | 7EFAB3H | | | | | | | | | 0000,0000 |
| DMA_I2ST_AMTH | I2ST_DMA 传送总字节数（高 8 位） | 7EFAC0H | | | | | | | | | 0000,0000 |
| DMA_I2ST_DONE | I2ST_DMA 传送完成字节数（低 8 位） | 7EFAB4H | | | | | | | | | 0000,0000 |
| DMA_I2ST_DONEH | I2ST_DMA 传送完成字节数（高 8 位） | 7EFAC1H | | | | | | | | | 0000,0000 |
| DMA_I2ST_TXAH | I2ST_DMA 发送高地址 | 7EFAB5H | | | | | | | | | 0000,0000 |
| DMA_I2ST_TXAL | I2ST_DMA 发送低地址 | 7EFAB6H | | | | | | | | | 0000,0000 |
| DMA_I2SR_CFG | I2SR_DMA 配置寄存器 | 7EFAB8H | I2SRIE | — | — | — | I2SRIP[1:0] | | I2SRPTY[1:0] | | 0xxx,0000 |
| DMA_I2SR_CR | I2SR_DMA 控制寄存器 | 7EFAB9H | ENI2SR | — | TRIG | — | — | — | — | CLRFIFO | 0x0x,xxx0 |
| DMA_I2SR_STA | I2SR_DMA 状态寄存器 | 7EFABAH | — | — | — | — | — | — | RXLOSS | I2SRIF | xxxx,xx00 |
| DMA_I2SR_AMT | I2SR_DMA 传送总字节数（低 8 位） | 7EFABBH | | | | | | | | | 0000,0000 |
| DMA_I2SR_AMTH | I2SR_DMA 传送总字节数（高 8 位） | 7EFAC2H | | | | | | | | | 0000,0000 |
| DMA_I2SR_DONE | I2SR_DMA 传送完成字节数（低 8 位） | 7EFABCH | | | | | | | | | 0000,0000 |
| DMA_I2SR_DONEH | I2SR_DMA 传送完成字节数（高 8 位） | 7EFAC3H | | | | | | | | | 0000,0000 |
| DMA_I2SR_RXAH | I2SR_DMA 接收高地址 | 7EFABDH | | | | | | | | | 0000,0000 |
| DMA_I2SR_RXAL | I2SR_DMA 接收低地址 | 7EFABEH | | | | | | | | | 0000,0000 |

| 符号 | 描述 | 地址 | 位地址与符号 | | | | | | | | 复位值 |
|---|---|---|---|---|---|---|---|---|---|---|---|
| | | | B7 | B6 | B5 | B4 | B3 | B2 | B1 | B0 | |
| DMA_ARB_CFG | DMA 总裁配置寄存器 | 7EFAF8H | WTRREN | — | — | — | STASEL[3:0] | | | | 0xxx,0000 |
| DMA_ARB_STA | DMA 总裁状态寄存器 | 7EFAF9H | | | | | | | | | 0000,0000 |

# 15.2 DMA 通道的应用

## 1. 库函数中示例程序的功能

库函数中示例程序的功能是以 DMA+LCM 端口驱动液晶屏显示，交替显示 "LCM Test"（白底）、"RED"（红底）、"GREEN"（绿底）、"BLUE"（蓝底）。

## 2. 电路连接与设置方法

采用由 ILI9341 驱动芯片驱动的 2.4"TFT 液晶屏（彩屏），显示模式为 I8080 模式（8bit），单片机 P2 口接液晶屏 D8~D15，LCD_RS 接 P4.5，LCD_WR 接 P4.2，LCD_RD 接 P4.4，LCD_CS 接 P3.4，LCD_RESET 接 P4.3。

对于发送的 LCM 指令，系统通过中断方式等待发送完成，设置 DMA 长度为 4096B，通过中断方式判断传送是否完成。

## 3. 应用程序

（1）APP_DMA_LCM.h 文件中的内容如下：

```
#ifndef __APP_DMA_LCM_H_
#define __APP_DMA_LCM_H_
#include    "config.h"
void DMA_LCM_init(void);
void Sample_DMA_LCM(void);
#endif
```

（2）APP_DMA_LCM.c 文件中的内容如下：

```
#include    "APP_DMA_LCM.h"
#include    "STC32G_GPIO.h"
#include    "STC32G_DMA.h"
#include    "STC32G_NVIC.h"
#include    "STC32G_LCM.h"
#include    "STC32G_Delay.h"
#include    "font.h"
sbit LCD_RS = P4^5;                 //数据/命令切换
sbit LCD_WR = P4^2;                 //写控制
sbit LCD_RD = P4^4;                 //读控制
sbit LCD_CS = P3^4;                 //片选
sbit LCD_RESET = P4^3;              //复位
#define USE_HORIZONTAL  0           //定义液晶屏顺时针旋转方向为0°旋转
#define WHITE        0xFFFF
#define BLACK        0x0000
#define BLUE            0x001F
#define BRED            0xF81F
#define GRED            0xFFE0
#define GBLUE           0x07FF
#define RED             0xF800
```

```c
#define MAGENTA      0xF81F
#define GREEN        0x07E0
#define CYAN         0x7FFF
#define YELLOW       0xFFE0
#define BROWN        0xBC40            //棕色
#define BRRED        0XFC07            //棕红色
#define GRAY         0X8430            //灰色
#define DMA_AMT_LEN  2047              //不要超过芯片 xdata 空间上限
#define LCD_W 240                      //LCD宽度
#define LCD_H 320                      //LCD高度
u16 POINT_COLOR=0x0000;                //画笔颜色
u16 LCM_Cnt;
u16 xdata Buffer[8]={0x11, 0x22, 0x33, 0x44, 0x55, 0x66, 0x77, 0x88};
u16 xdata Color[DMA_AMT_LEN+1];
bit DmaLcmFlag;
bit LcmFlag;
typedef struct
{
    u16 width;                         //LCD 宽度
    u16 height;                        //LCD 高度
    u16 id;                            //LCD ID
    u8  dir;                           //横屏还是竖屏控制: 0, 竖屏; 1, 横屏
    u8  wramcmd;                       //开始写GRAM指令
    u8  rramcmd;                       //开始读GRAM指令
    u8  setxcmd;                       //设置x坐标指令
    u8  setycmd;                       //设置y坐标指令
}_lcd_dev;
_lcd_dev lcddev;
void Test_Color(void);
void LCD_WR_DATA_16Bit(u16 Data);
void LCD_SetWindows(u16 xStar, u16 yStar, u16 xEnd, u16 yEnd);
u16 LCD_Read_ID(void);
void Show_Str(u16 x, u16 y, u16 fc, u16 bc, u8 *str, u8 size, u8 mode);
void LCD_Init(void);
/*-----DMA_LCM初始化-----*/
void DMA_LCM_init(void)
{
    LCM_InitTypeDef  LCM_InitStructure;               //结构定义
    DMA_LCM_InitTypeDef  DMA_LCM_InitStructure;       //结构定义
    P6_MODE_OUT_PP(GPIO_Pin_All);                     //P6口设置成推挽输出
    P3_MODE_OUT_PP(GPIO_Pin_4);                       //P3.4口设置成推挽输出
    P4_MODE_OUT_PP(GPIO_Pin_2 | GPIO_Pin_3 | GPIO_Pin_4 | GPIO_Pin_5);
//P4.2~P4.5 设置成推挽输出
    LCM_InitStructure.LCM_Enable = ENABLE;            //LCM端口使能
    LCM_InitStructure.LCM_Mode = MODE_I8080;          //LCM端口模式为I8080
    LCM_InitStructure.LCM_Bit_Wide = BIT_WIDE_8;      //LCM数据宽度为8
    LCM_InitStructure.LCM_Setup_Time = 2;             //LCM通信数据建立时间为2
    LCM_InitStructure.LCM_Hold_Time = 1;              //LCM通信数据保持时间为1
    LCM_Inilize(&LCM_InitStructure);                  //初始化
    NVIC_LCM_Init(ENABLE, Priority_0);                //LCM中断使能, 优先级为0
DMA_LCM_InitStructure.DMA_Enable = ENABLE;            //DMA使能
DMA_LCM_InitStructure.DMA_Length = DMA_AMT_LEN;
//DMA传送总字节数(0~65535) + 1, 不要超过芯片xdata空间上限
    DMA_LCM_InitStructure.DMA_Tx_Buffer = (u16)Color; //发送数据存储地址
```

```
      DMA_LCM_InitStructure.DMA_Rx_Buffer = (u16)Buffer;  //接收数据存储地址
      DMA_LCM_Inilize(&DMA_LCM_InitStructure);              //初始化
      NVIC_DMA_LCM_Init(ENABLE, Priority_0, Priority_0);   //中断使能, 优先级为0
      LCD_Init();
}
/*-----------应用示例程序函数-----------*/
void Sample_DMA_LCM(void)
{
    Test_Color();
}
/*-----------LCD填充-----------*/
void LCD_Fill(u16 sx, u16 sy, u16 ex, u16 ey, u16 color)
{
    u16 i, j;
    u16 width=ex-sx+1;                      //得到填充的宽度
    u16 height=ey-sy+1;                     //高度
    LCD_SetWindows(sx, sy, ex, ey);         //设置显示窗口
    for(j=0, i=0;i<=DMA_AMT_LEN;i++)
    {
        Color[i] = color;
    }
    LCM_Cnt = 75;       //(320* 240* 2) / 2048 = 75
    LCD_CS=0;
    DMA_LCM_TRIG_WD();  //Write dat
    while(!LCD_CS);
}
/*-----------颜色测试-----------*/
void Test_Color(void)
{
    LCD_Fill(0, 0, lcddev.width, lcddev.height, WHITE);
    Show_Str(20, 30, BLUE, YELLOW, "LCM Test", 16, 1);delay_ms(800);
    LCD_Fill(0, 0, lcddev.width, lcddev.height, RED);
    Show_Str(20, 30, BLUE, YELLOW, "RED ", 16, 1);delay_ms(800);
    LCD_Fill(0, 0, lcddev.width, lcddev.height, GREEN);
    Show_Str(20, 30, BLUE, YELLOW, "GREEN ", 16, 1);delay_ms(800);
    LCD_Fill(0, 0, lcddev.width, lcddev.height, BLUE);
    Show_Str(20, 30, RED, YELLOW, "BLUE ", 16, 1);delay_ms(800);
}


/*-----------写命令-----------*/
void LCD_WR_REG(u8 Reg)
{
    LCMIFDATL = Reg;
    LCD_CS=0;
    LCMIFCR = 0x84;     //Enable interface, write command out
    while(LcmFlag);
    LCD_CS = 1 ;
}
/*-----------写8位数据-----------*/
void LCD_WR_DATA(u8 Data)
{
    LCMIFDATL = Data;
    LCD_CS=0;
    LCMIFCR = 0x85;        //Enable interface, write data out
```

```
        while(LcmFlag);
        LCD_CS = 1 ;
}

/*-----------写16位数据-----------*/
void LCD_WR_DATA_16Bit(u16 Data)
{
        LCD_WR_DATA((u8)(Data>>8));
        LCD_WR_DATA((u8)Data);
}
/*-----------写寄存器-----------*/
void LCD_WriteReg(u8 LCD_Reg, u8 LCD_RegValue)
{
        LCD_WR_REG(LCD_Reg);
        LCD_WR_DATA(LCD_RegValue);
}
/*-----------写GRAM-----------*/
void LCD_WriteRAM_Prepare(void)
{
        LCD_WR_REG(lcddev.wramcmd);
}
/*-----------画点-----------*/
void LCD_DrawPoint(u16 x, u16 y)
{
        LCD_SetWindows(x, y, x, y);//设置光标位置
        LCD_WR_DATA_16Bit(POINT_COLOR);
}
/*-----------复位LCD屏-----------*/
void LCDReset(void)
{
        LCD_CS=1;
        delay_ms(50);
        LCD_RESET=0;
        delay_ms(150);
        LCD_RESET=1;
        delay_ms(50);
}
/*-----------设置方向-----------*/
void LCD_direction(u8 direction)
{
        lcddev.setxcmd=0x2A;
        lcddev.setycmd=0x2B;
        lcddev.wramcmd=0x2C;
        lcddev.rramcmd=0x2E;
        switch(direction)
{
            case 0:
                lcddev.width=LCD_W;
                lcddev.height=LCD_H;
                LCD_WriteReg(0x36, (1<<3)); break;
            case 1:
                lcddev.width=LCD_H;
                lcddev.height=LCD_W;
                LCD_WriteReg(0x36, (1<<3)|(1<<7)|(1<<5)|(1<<4));    break;
```

```
            case 2:
                lcddev.width=LCD_W;
                lcddev.height=LCD_H;
                LCD_WriteReg(0x36, (1<<3)|(1<<4)|(1<<6)|(1<<7));    break;
            case 3:
                lcddev.width=LCD_H;
                lcddev.height=LCD_W;
                LCD_WriteReg(0x36, (1<<3)|(1<<5)|(1<<6));    break;
            default:break;
    }
}
/*-----------2.4inch ILI9341初始化-----------*/
void LCD_Init(void)
{
    LCDReset();               //初始化之前复位
//  delay_ms(150);            //根据不同晶振速度可以调整延时，保障稳定显示
    LCD_WR_REG(0xCF);
    LCD_WR_DATA(0x00);
    LCD_WR_DATA(0xD9); //0xC1
    LCD_WR_DATA(0X30);
    LCD_WR_REG(0xED);
    LCD_WR_DATA(0x64);
    LCD_WR_DATA(0x03);
    LCD_WR_DATA(0X12);
    LCD_WR_DATA(0X81);
    LCD_WR_REG(0xE8);
    LCD_WR_DATA(0x85);
    LCD_WR_DATA(0x10);
    LCD_WR_DATA(0x7A);
    LCD_WR_REG(0xCB);
    LCD_WR_DATA(0x39);
    LCD_WR_DATA(0x2C);
    LCD_WR_DATA(0x00);
    LCD_WR_DATA(0x34);
    LCD_WR_DATA(0x02);
    LCD_WR_REG(0xF7);
    LCD_WR_DATA(0x20);
    LCD_WR_REG(0xEA);
    LCD_WR_DATA(0x00);
    LCD_WR_DATA(0x00);
    LCD_WR_REG(0xC0);          //Power control
    LCD_WR_DATA(0x1B);         //VRH[5:0]
    LCD_WR_REG(0xC1);          //Power control
    LCD_WR_DATA(0x12);         //SAP[2:0];BT[3:0] 0x01
    LCD_WR_REG(0xC5);          //VCM control
    LCD_WR_DATA(0x08);         //30
    LCD_WR_DATA(0x26);         //30
    LCD_WR_REG(0xC7);          //VCM control2
    LCD_WR_DATA(0XB7);
    LCD_WR_REG(0x36);          // Memory Access Control
    LCD_WR_DATA(0x08);
    LCD_WR_REG(0x3A);
    LCD_WR_DATA(0x55);
    LCD_WR_REG(0xB1);
```

```
            LCD_WR_DATA(0x00);
            LCD_WR_DATA(0x1A);
            LCD_WR_REG(0xB6);          // Display Function Control
            LCD_WR_DATA(0x0A);
            LCD_WR_DATA(0xA2);
            LCD_WR_REG(0xF2);          //3GammaFunctionDisable
            LCD_WR_DATA(0x00);
            LCD_WR_REG(0x26);          //Gammacurveselected
            LCD_WR_DATA(0x01);
            LCD_WR_REG(0xE0);          //SetGamma
            LCD_WR_DATA(0x0F);
            LCD_WR_DATA(0x1D);
            LCD_WR_DATA(0x1A);
            LCD_WR_DATA(0x0A);
            LCD_WR_DATA(0x0D);
            LCD_WR_DATA(0x07);
            LCD_WR_DATA(0x49);
            LCD_WR_DATA(0X66);
            LCD_WR_DATA(0x3B);
            LCD_WR_DATA(0x07);
            LCD_WR_DATA(0x11);
            LCD_WR_DATA(0x01);
            LCD_WR_DATA(0x09);
            LCD_WR_DATA(0x05);
            LCD_WR_DATA(0x04);
            LCD_WR_REG(0XE1);          //SetGamma
            LCD_WR_DATA(0x00);
            LCD_WR_DATA(0x18);
            LCD_WR_DATA(0x1D);
            LCD_WR_DATA(0x02);
            LCD_WR_DATA(0x0F);
            LCD_WR_DATA(0x04);
            LCD_WR_DATA(0x36);
            LCD_WR_DATA(0x13);
            LCD_WR_DATA(0x4C);
            LCD_WR_DATA(0x07);
            LCD_WR_DATA(0x13);
            LCD_WR_DATA(0x0F);
            LCD_WR_DATA(0x2E);
            LCD_WR_DATA(0x2F);
            LCD_WR_DATA(0x05);
            LCD_WR_REG(0x2B);
            LCD_WR_DATA(0x00);
            LCD_WR_DATA(0x00);
            LCD_WR_DATA(0x01);
            LCD_WR_DATA(0x3f);
            LCD_WR_REG(0x2A);
            LCD_WR_DATA(0x00);
            LCD_WR_DATA(0x00);
            LCD_WR_DATA(0x00);
            LCD_WR_DATA(0xef);
            LCD_WR_REG(0x11);          //Exit Sleep
            delay_ms(120);
            LCD_WR_REG(0x29);          //display on
```

```
        LCD_direction(USE_HORIZONTAL);    //设置LCD显示方向
}
/*-----------设置窗口-----------*/
void LCD_SetWindows(u16 xStar, u16 yStar, u16 xEnd, u16 yEnd)
{
    LCD_WR_REG(lcddev.setxcmd);
    LCD_WR_DATA((u8)(xStar>>8));
    LCD_WR_DATA(0x00FF&xStar);
    LCD_WR_DATA((u8)(xEnd>>8));
    LCD_WR_DATA(0x00FF&xEnd);
    LCD_WR_REG(lcddev.setycmd);
    LCD_WR_DATA((u8)(yStar>>8));
    LCD_WR_DATA(0x00FF&yStar);
    LCD_WR_DATA((u8)(yEnd>>8));
    LCD_WR_DATA(0x00FF&yEnd);
    LCD_WriteRAM_Prepare(); //开始写入GRAM
}
/*-----------显示字符-----------*/
void LCD_ShowChar(u16 x, u16 y, u16 fc, u16 bc, u8 num, u8 size, u8 mode)
{
    u8 temp;
    u8 pos, t;
    u16 colortemp=POINT_COLOR;
    num=num-' ';                                          //得到偏移后的值
    LCD_SetWindows(x, y, x+size/2-1, y+size-1);           //设置单个文字显示窗口
    if(!mode)                                             //非叠加方式
    {
        for(pos=0;pos<size;pos++)
        {
            if(size==12)temp=asc2_1206[num][pos];    //调用1206字体
            else temp=asc2_1608[num][pos];            //调用1608字体
            for(t=0;t<size/2;t++)
            {
                if(temp&0x01)LCD_WR_DATA_16Bit(fc);
                else LCD_WR_DATA_16Bit(bc);
                temp>>=1;
            }
        }
    }
    else//叠加方式
    {
        for(pos=0;pos<size;pos++)
        {
            if(size==12)temp=asc2_1206[num][pos];    //调用1206字体
            else temp=asc2_1608[num][pos];            //调用1608字体
            for(t=0;t<size/2;t++)
            {
                POINT_COLOR=fc;
                if(temp&0x01)    LCD_DrawPoint(x+t, y+pos);    //画一个点
                temp>>=1;
            }
        }
    }
    POINT_COLOR=colortemp;
```

```
            LCD_SetWindows(0, 0, LCD_W-1, LCD_H-1);                        //恢复窗口为全屏
    }
    /*-----------显示字符或中文-----------*/
    void Show_Str(u16 x, u16 y, u16 fc, u16 bc, u8 *str, u8 size, u8 mode)
    {
        u16 x0=x;
        u8 bHz=0;        //字符或者中文
        while(*str!=0)   //数据未结束
        {
            if(!bHz)
            {
                if(x>(LCD_W-size/2)||y>(LCD_H-size))
                return;
                if(*str>0x80)   bHz=1;   //中文
                else                     //字符
                {
                    if(*str==0x0D)        //换行符号
                    {
                        y+=size;
                        x=x0;
                        str++;
                    }
                    else
                    {
                        if(size>16)
    //字库中没有集成12×24、16×32的英文字体，用8×16代替
                        {
                            LCD_ShowChar(x, y, fc, bc, *str, 16, mode);
                            x+=8; //字符，为全字的一半
                        }
                        else
                        {
                            LCD_ShowChar(x, y, fc, bc, *str, size, mode);
                            x+=size/2; //字符，为全字的一半
                        }
                    }
                    str++;
                }
            }
            else//中文
            {
    //          if(x>(lcddev.width-size)||y>(lcddev.height-size))
    //          return;
    //          bHz=0;//有汉字库
    //          if(size==32)
    //          GUI_DrawFont32(x, y, fc, bc, str, mode);
    //          else if(size==24)
    //          GUI_DrawFont24(x, y, fc, bc, str, mode);
    //          else
    //          GUI_DrawFont16(x, y, fc, bc, str, mode);
                str+=2;
                x+=size;//下一个汉字偏移
            }
        }
    }
```

（3）中断服务函数：DMA 中断服务函数、LCM 中断服务函数详见第 10 章 10.2.16 节。

## 15.3　工程训练：TFT 彩屏的驱动与显示

### 1．工程训练目标

（1）了解高级 DMA 通道的基本特性。

（2）了解彩屏的基本特性。

（3）通过 DMA 通道示例程序理解高级 DMA 通道的应用编程。

### 2．任务概述

1）任务目标

交替显示"LCM Test"（白底）、"RED"（红底）、"GREEN"（绿底）、"BLUE"（蓝底）。

2）电路设计

直接用实验箱搭建电路，2.4"TFT 彩屏由 ILI9341 驱动，采用 I8080 模式（8bit）显示，单片机 P2 口接液晶屏 D8～D15，LCD_RS 接 P4.5，LCD_WR 接 P4.2，LCD_RD 接 P4.4，LCD_CS 接 P3.4，LCD_RESET 接 P4.3。

3）参考程序（C 语言版）

（1）程序说明。基于 STC 官方的库函数包及示例程序模板进行编程，可减少设置开发环境等烦琐的工作环节。编制本实例的程序时，可直接在 STC 官方提供的示例程序的基础上形成程序，并在后续的环节中理解、熟悉示例程序，进而举一反三，开发 DMA+LCM 的其他应用。

（2）应用程序文件：APP_DMA_LCM.c。

### 3．任务实施

（1）分析 APP_DMA_LCM.c 程序。

（2）新建项目文件夹 project1531。

（3）将 STC 官方提供的库函数及示例程序包 Synthetical_Programme 复制到当前项目文件夹中。

（4）打开 Keil C251，调试 APP_DMA_LCM.c 程序。

①用 Keil C251 打开项目 "..\project1531\Synthetical_Programme\RVMDK\STC32G-LIB.uvproj"。

②设置工作频率。在左侧项目栏的"User"文件组中打开 main.c 文件下的 config.h 文件，将 MAIN_Fosc 定义为"24000000L"，即

```
#define MAIN_Fosc    24000000L
```

③设置应用程序初始化文件。在左侧项目栏的"APP"文件组中打开 APP.c 文件，在 APP_config(void)函数的定义中使能 DMA 通道初始化函数：

```
DMA_LCM_init();
```

④设置巡回扫描任务。在左侧项目栏的"User"文件组中打开 task.c 文件，在"static TASK_COMPONENTS Task_Comps[]"数组的定义中使能"{0,1,1,Sample_DMA_LCM}"任务。

⑤修改目标机器代码文件名为"project1531"，编译程序文件，生成 project1531.hex 文件（机器代码文件在"...\Synthetical_Programme\RVMDK\list"目录下）。

（5）将实验箱连至 PC，将 TFT 彩屏插入 J1、J3 插座上。

（6）利用 STC-ISP 将 project1531.hex 文件下载到实验箱单片机中。

（7）观察 TFT 彩屏的显示情况，并记录。

### 4．训练拓展

自定义显示内容，包括图片、文字及显示颜色等，并调试程序。

# 思考与提高

（1）什么是 DMA 通道？

（2）STC32G12K128 单片机支持哪些 DMA 操作？

（3）STC32G12K128 单片机的 DMA 通道有哪几个驱动函数？分析各函数的功能。

（4）STC32G12K128 单片机的 LCM 有哪几个驱动函数？分析各函数的功能。

# 第 16 章　CAN 总线及其应用

**内容提要:**

本章将重点介绍 CAN 总线的应用编程与实践。

通过对 CAN 总线应用示例程序的分析,读者应重点掌握 CAN 总线的驱动函数,举一反三,学会 CAN 总线其他方面的应用编程。

## 16.1　CAN 总线的功能特性

STC32G12K128 单片机内部集成了两组独立的 CAN 总线功能单元,支持 CAN2.0 协议。

### 1. 主要功能

(1)标准帧和扩展帧信息的接收与传送。

(2)扩展的 64 字节接收 FIFO。

(3)在标准和扩展模式下都有单/双验收滤波器。

(4)发送、接收的错误计数器。

(5)可进行总线错误分析。

### 2. 与 CAN 总线相关的特殊功能寄存器

与 CAN 总线相关的特殊功能寄存器如表 16.1 所示。

表 16.1　与 CAN 总线相关的特殊功能寄存器

| 符号 | 描述 | 地址 | 位地址与符号 | | | | | | | | 复位值 |
|------|------|------|------|------|------|------|------|------|------|------|--------|
| | | | B7 | B6 | B5 | B4 | B3 | B2 | B1 | B0 | |
| CANICR | CANBUS 中断控制寄存器 | F1H | PCAN2H | CAN2IF | CAN2IE | PCAN2L | PCANH | CANIF | CANIE | PCANL | 0000, 0000 |
| CANAR | CANBUS 地址寄存器 | 7EFEBBH | | | | | | | | | 0000, 0000 |
| CANDR | CANBUS 数据寄存器 | 7EFEBCH | | | | | | | | | 0000, 0000 |
| AUXR2 | 辅助寄存器 2 | 97H | — | — | — | — | CANSEL | CAN2EN | CANEN | LINEN | xxxx, 0000 |

## 16.2　CAN 总线的应用

### 1. 库函数中示例程序的功能

库函数中示例程序的功能为同时使用 CAN1、CAN2 总线进行收发测试。STC32G12K128 单片机每秒通过 CAN1、CAN2 发送一帧固定数据,待收到一个标准数据帧后,CAN ID 加 1,将 CAN ID 数据通过串行端口 1(P1.6、P1.7)打印出来,再将数据原样发送出去。

### 2. 电路连接与设置方法

DCAN 是一个支持 CAN2.0B 协议的功能单元,默认波特率为 500b/s,用户可自行对其进行修改。

### 3. 应用程序

(1)APP_CAN.h 文件中的内容如下:

```
#ifndef __APP_CAN_H_
#define __APP_CAN_H_
#include     "config.h"
void CAN_init(void);          //CAN示例程序初始化函数
void Sample_CAN(void);        //CAN示例程序函数
#endif
```

（2）APP_CAN.c 文件中的内容如下：

```
#include     "APP_CAN.h"
#include     "STC32G_CAN.h"
#include     "STC32G_GPIO.h"
#include     "STC32G_NVIC.h"
#include     "STC32G_Switch.h"
#define SetExtendedFrame    0    //0：标准帧通信；1：扩展帧通信
u32 CAN1_ID;
u32 CAN2_ID;
u8 RX1_BUF[8];   u8 TX1_BUF[8];   u8 RX2_BUF[8];   u8 TX2_BUF[8];
extern bit B_Can1Read;   //CAN 收到数据标志
extern bit B_Can2Read;   //CAN 收到数据标志
extern bit B_Can1Send;   //CAN 发生数据标志
extern bit B_Can2Send;   //CAN 发生数据标志
extern u16 msecond;
//*==等待函数==*/
void WaitCan1Send(u8 i)
{
while((--i) && (B_Can1Send));
}
void WaitCan2Send(u8 i)
{
while((--i) && (B_Can2Send));
}
/*==用户初始化程序==*/
void CAN_init(void)
{
CAN_InitTypeDef CAN_InitStructure;           //结构定义
CAN_InitStructure.CAN_Enable = ENABLE;  //CAN功能使能
CAN_InitStructure.CAN_IMR = CAN_ALLIM;//CAN中断寄存器
CAN_InitStructure.CAN_SJW = 0;               //重新同步跳跃宽度
CAN_InitStructure.CAN_SAM = 0;               //总线电平采样1次
CAN_InitStructure.CAN_TSG1 = 2;              //同步采样段1
CAN_InitStructure.CAN_TSG2 = 1;              //同步采样段2
CAN_InitStructure.CAN_BRP = 3;               //波特率分频系数
CAN_InitStructure.CAN_ACR0 = 0x00;           //24000000/((1+3+2)×4×2)=500kHz
CAN_InitStructure.CAN_ACR1 = 0x00;           //总线验收代码寄存器
CAN_InitStructure.CAN_ACR2 = 0x00;
CAN_InitStructure.CAN_ACR3 = 0x00;
CAN_InitStructure.CAN_AMR0 = 0xff;
CAN_InitStructure.CAN_AMR1 = 0xff;           //总线验收屏蔽寄存器
CAN_InitStructure.CAN_AMR2 = 0xff;
CAN_InitStructure.CAN_AMR3 = 0xff;
CAN_Inilize(CAN1, &CAN_InitStructure);        //CAN1 初始化
CAN_Inilize(CAN2, &CAN_InitStructure);        //CAN2 初始化
NVIC_CAN_Init(CAN1, ENABLE, Priority_1);      //CAN1中断使能，优先级为1
    NVIC_CAN_Init(CAN2, ENABLE, Priority_1);      //CAN2中断使能，优先级为1
    P0_MODE_IO_PU(GPIO_Pin_LOW);                  //P0.0～P0.3 设置为准双向端口
```

```
CAN1_SW(CAN1_P00_P01);                          //设置CAN1引脚
CAN2_SW(CAN2_P02_P03);                          //设置CAN2引脚
/*==初始化数据==*/
CAN1_ID = 0x01234567;
TX1_BUF[0] = 0x11;  TX1_BUF[1] = 0x12;  TX1_BUF[2] = 0x13;  TX1_BUF[3] = 0x14;
TX1_BUF[4] = 0x15;  TX1_BUF[5] = 0x16;  TX1_BUF[6] = 0x17;  TX1_BUF[7] = 0x18;
CAN2_ID = 0x03456789;
TX2_BUF[0] = 0x21;  TX2_BUF[1] = 0x22;  TX2_BUF[2] = 0x23;  TX2_BUF[3] = 0x24;
TX2_BUF[4] = 0x25;  TX2_BUF[5] = 0x26;  TX2_BUF[6] = 0x27;  TX2_BUF[7] = 0x28;
}
/*==用户应用程序==*/
void Sample_CAN(void)
{
u8 sr;
u8 buffer[16];
/*==处理CAN1模块==*/
if(++msecond >= 1000)//1s到
{
    msecond = 0;
    CANSEL = CAN1;         //选择CAN1模块
    sr = CanReadReg(SR);
    if((sr & 0x88)==0x80)    //接收空闲，接收BUFFER有数据帧
    {
        CanReadFifo(buffer);
    }
    if(sr & 0x01)              //判断是否有 BS:BUS-OFF状态
    {
        CANAR = MR;
        CANDR &= ~0x04; //清除 Reset Mode，从BUS-OFF状态退出
    }
    else
    {
        B_Can1Send = 1;
#if(SetExtendedFrame)
        CanSendExtendedFrame(CAN1_ID, TX1_BUF);
#else
        CanSendStandardFrame((u16)CAN1_ID, TX1_BUF);
#endif
        WaitCan1Send(50);     //等待CAN1发送完毕
    }
    /*==处理CAN2模块==*/
    CANSEL = CAN2;         //选择CAN2模块
    sr = CanReadReg(SR);
    if((sr & 0x88)==0x80)    //接收空闲，接收BUFFER有数据帧
    {
        CanReadFifo(buffer);
    }
    if(sr & 0x01)                //判断是否有BS:BUS-OFF状态
    {
        CANAR = MR;
        CANDR &= ~0x04; //清除 Reset Mode，从BUS-OFF状态退出
    }
    else
    {
```

```
        B_Can2Send = 1;
#if(SetExtendedFrame)
        CanSendExtendedFrame(CAN2_ID, TX2_BUF);
#else
        CanSendStandardFrame((u16)CAN2_ID, TX2_BUF);
#endif
        WaitCan2Send(50);     //等待CAN2发送完毕
    }
}
if(B_Can1Read)
{
    B_Can1Read = 0;
    CANSEL = CAN1;  //选择CAN1模块
#if(SetExtendedFrame)
    CAN1_ID = CanReadExtendedFrame(RX1_BUF);          //接收CAN总线数据
    CanSendExtendedFrame(CAN1_ID+1, RX1_BUF);         //发送CAN总线数据
#else
    CAN1_ID = CanReadStandardFrame(RX1_BUF);          //接收CAN总线数据
    CanSendStandardFrame(CAN1_ID+1, RX1_BUF);         //发送CAN总线数据
#endif
}
if(B_Can2Read)
{
    B_Can2Read = 0;
    CANSEL = CAN2;  //选择CAN2模块
#if(SetExtendedFrame)
    CAN2_ID = CanReadExtendedFrame(RX2_BUF);          //接收CAN总线数据
    CanSendExtendedFrame(CAN2_ID+1, RX2_BUF);         //发送CAN总线数据
#else
    CAN2_ID = CanReadStandardFrame(RX2_BUF);          //接收CAN总线数据
    CanSendStandardFrame(CAN2_ID+1, RX2_BUF);         //发送CAN总线数据
#endif
}
}
```

（3）CAN示例程序任务循环结构参数：

```
{0, 1, 1, Sample_CAN}  //循环周期为1ms
```

（4）中断服务函数：CAN1、CAN2中断服务函数详见第10章10.2.16节相关内容。

# 16.3  工程训练：CAN总线的自发自收

## 1. 工程训练目标

（1）了解CAN1、CAN2的基本特性。

（2）通过CAN总线应用示例程序理解CAN总线的应用编程。

## 2. 任务概述

1）任务目标

同时使用CAN1、CAN2总线进行收发测试。STC32G12K128单片机每秒通过CAN1、CAN2发送一帧固定数据，待收到一个标准数据帧后，令CAN ID加1，再将数据原样发送出去。

2）电路设计

使用STC32G12K128单片机的CAN1、CAN2总线时，需要通过CAN总线收发器将数据转换为差分方式的数据进行传送，CAN1、CAN2的CAN总线收发器电路示意图如图16.1和图16.2

所示。实验箱没有配置 CAN 总线收发器，在"屠龙刀"核心板中可配置 CAN1、CAN2 的 CAN 总线收发器进行实践。

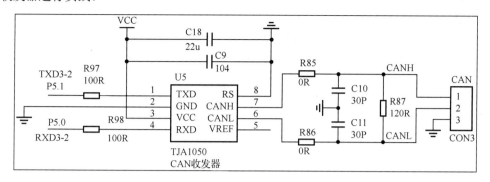

图 16.1　CAN1 的 CAN 总线收发器电路示意图

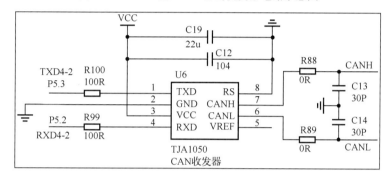

图 16.2　CAN2 的 CAN 总线收发器电路示意图

3）参考程序（C 语言版）

（1）程序说明。基于 STC 官方的库函数包及示例程序模板进行编程，可减少设置开发环境等烦琐的工作环节。编制本实例的程序时，可直接在 STC 官方提供的示例程序的基础上形成程序，并在后续的环节中理解、熟悉示例程序，进而举一反三，开发 CAN 总线的其他应用。

（2）应用程序文件：APP_CAN.c。

### 3．任务实施

（1）分析 APP_CAN.c 程序。

（2）新建项目文件夹 project1631。

（3）将 STC 官方提供的库函数及示例程序包 Synthetical_Programme 复制到当前项目文件夹中。

（4）打开 Keil C251，调试 APP_CAN.c 程序。

①用 Keil C251 打开项目 "..\project1631\Synthetical_Programme\RVMDK\STC32G-LIB. uvproj"。

②设置工作频率。在左侧项目栏的"User"文件组中找到并打开 main.c 文件下的 config.h 文件，将 MAIN_Fosc 定义为"24000000L"，即

```
#define MAIN_Fosc   24000000L
```

③设置应用程序初始化文件。在左侧项目栏的"APP"文件组中找到并打开 APP.c 文件，在 APP_config(void)函数的定义中使能 CAN 初始化函数：

```
CAN_init();
```

④设置巡回扫描任务。在左侧项目栏的"User"文件组中找到并打开 task.c 文件，在"static TASK_COMPONENTS Task_Comps[]"数组的定义中使能"{0,1,1,Sample_CAN}"任务。

⑤修改目标机器代码文件名为"project1631"，编译程序文件，生成 project1631.hex 文件（机

器代码文件在 "...\Synthetical_Programme\RVMDK\list" 目录下）。

（5）将"屠龙刀"核心板连至 PC。

（6）利用 STC-ISP 将 project1631.hex 文件下载到"屠龙刀"核心板的单片机中。

（7）将"屠龙刀"核心板的串行端口 1（J2）连至 PC，在 PC 串行端口助手中观察通过 CAN 总线接收到的数据（CAN 总线前要断开 R79、R80 电阻）。

# 思考与提高

（1）什么是 CAN 总线？

（2）STC32G12K128 单片机 CAN1 默认的信号引脚是什么？

（3）STC32G12K128 单片机 CAN2 默认的信号引脚是什么？

（4）CAN 总线的驱动函数有哪几个？分析各函数的功能。

# 第 17 章　LIN 总线及其应用

**内容提要：**

本章将重点介绍 LIN 总线的应用编程与实践。

通过对 LIN 总线应用示例程序的分析，读者应重点掌握 LIN 总线的驱动函数，举一反三，学会 LIN 总线其他方面的应用编程。

## 17.1　LIN 总线的功能特性

STC32G12K128 单片机内部集成的 LIN 总线功能单元支持 LIN2.1 和 LIN1.3 协议。

### 1. 主要功能

（1）帧头自动处理。

（2）主机、从机模式切换。

（3）超时检测。

（4）错误分析。

### 2. 与 LIN 总线相关的寄存器

与 LIN 总线相关的寄存器如表 17.1 所示。

表 17.1　与 LIN 总线相关的寄存器

| 符号 | 描述 | 地址 | 位地址与符号 | | | | | | | | 复位值 |
|------|------|------|----|----|----|----|----|----|----|----|--------|
| | | | B7 | B6 | B5 | B4 | B3 | B2 | B1 | B0 | |
| LINICR | LINBUS 中断控制寄存器 | F9H | — | — | — | — | PLINH | LINIF | LINIE | PLINL | 0000,0000 |
| LINAR | LINBUS 地址寄存器 | FAH | | | | | | | | | 0000,0000 |
| LINDR | LINBUS 数据寄存器 | FBH | | | | | | | | | 0000,0000 |
| AUXR2 | 辅助寄存器 2 | 97H | — | — | — | — | CANSEL | CAN2EN | CANEN | LINEN | xxxx,0000 |

## 17.2　LIN 总线的应用

### 1. 库函数中示例程序的功能

（1）主机模式的收发测试：按一下接在 P3.2 上的按键，主机发送一帧完整数据；按一下接在 P3.3 上的按键，主机发送帧头并获取从机应答数据（合并成一串完整的帧）。

（2）从机模式的收发测试：收到一个非本机应答的完整帧后，通过串行端口 2 输出，并将数据缓存起来；收到一个本机应答的帧头后（如 ID=0x12），发送缓存数据进行应答。

### 2. 电路参数

默认传送速率（波特率）：9600b/s，用户可对其进行自行修改。

### 3. 应用程序

（1）APP_LIN.h 文件中的内容如下：

```
#ifndef __APP_LIN_H_
#define __APP_LIN_H_
```

```
#include    "config.h"
void LIN_init(void);      //LIN示例程序初始化函数
void Sample_LIN(void);   //LIN示例程序函数
#endif
```

（2）APP_LIN.c 文件中的内容如下：

```
#include    "APP_LIN.h"
#include    "STC32G_LIN.h"
#include    "STC32G_GPIO.h"
#include    "STC32G_UART.h"
#include    "STC32G_NVIC.h"
#include    "STC32G_Switch.h"
sbit  SLP_N = P5^2;              //0: Sleep
#define  LIN_MASTER_MODE  1      //0: 从机模式; 1: 主机模式
u8 Lin_ID;
u8 TX_BUF[8];
extern bit LinRxFlag;
extern u8 Key1_cnt;
extern u8 Key2_cnt;
extern bit Key1_Flag;
extern bit Key2_Flag;
/*---------用户初始化程序--------*/
void LIN_init(void)
{
    LIN_InitTypeDef LIN_InitStructure;  //结构定义
    COMx_InitDefine COMx_InitStructure; //结构定义
    COMx_InitStructure.UART_Mode = UART_8bit_BRTx; //模式，8位UART
COMx_InitStructure.UART_BRT_Use = BRT_Timer2;       //选择波特率发生器
COMx_InitStructure.UART_BaudRate = 115200ul;        //波特率为115200
    COMx_InitStructure.UART_RxEnable = ENABLE;       //接收允许
    UART_Configuration(UART2, &COMx_InitStructure); //初始化串行端口2
    NVIC_UART2_Init(ENABLE, Priority_1);//串行端口2中断使能，优先级为1
#if(LIN_MASTER_MODE==0)
    LIN_InitStructure.LIN_IE = LIN_ALLIE;            //LIN中断使能
    LIN_LIDE/LIN_RDYE/LIN_ERRE/LIN_ABORTE/LIN_ALLIE, DISABLE
#else
    LIN_InitStructure.LIN_IE = DISABLE;              //LIN中断使能
    LIN_LIDE/LIN_RDYE/LIN_ERRE/LIN_ABORTE/LIN_ALLIE, DISABLE
#endif
    LIN_InitStructure.LIN_Enable = ENABLE;           //LIN功能使能
    ENABLE, DISABLE
    LIN_InitStructure.LIN_Baudrate = 9600;           //LIN波特率
    LIN_InitStructure.LIN_HeadDelay = 1;//帧头延时计数0～(65535*1000)/MAIN_Fosc
    LIN_InitStructure.LIN_HeadPrescaler = 1;   //帧头延时分频0～63
    LIN_Inilize(&LIN_InitStructure);            //LIN 初始化
    NVIC_LIN_Init(ENABLE, Priority_1);       //LIN中断使能，优先级为1
    P0_MODE_IO_PU(GPIO_Pin_2 | GPIO_Pin_3);     //P0.2、P0.3 设置为准双向端口
    P4_MODE_IO_PU(GPIO_Pin_6 | GPIO_Pin_7);     //P4.6，P4.7 设置为准双向端口
    P5_MODE_IO_PU(GPIO_Pin_2);           //P5.2 设置为准双向端口
    P0_PULL_UP_ENABLE(GPIO_Pin_2 | GPIO_Pin_3);
    LIN_SW(LIN_P02_P03);                     //设置LIN引脚
    /*------初始化数据--------*/
    SLP_N = 1;
    Lin_ID = 0x32;
    TX_BUF[0] = 0x81;   TX_BUF[1] = 0x22;      TX_BUF[2] = 0x33;
 TX_BUF[3] = 0x44;      TX_BUF[4] = 0x55;      TX_BUF[5] = 0x66;
 TX_BUF[6] = 0x77;      TX_BUF[7] = 0x88;
```

```
}
/*---------用户应用程序-----*/
void Sample_LIN(void)
{
    u8 i;
#if(LIN_MASTER_MODE==1)
    if(!P32)
    {
        if(!Key1_Flag)
        {
            Key1_cnt++;
            if(Key1_cnt > 50)
            {
                Key1_Flag = 1;
                LinSendFrame(Lin_ID, TX_BUF);   //发送一串完整数据
            }
        }
    }
    else
    {
        Key1_cnt = 0;
        Key1_Flag = 0;
    }
    if(!P33)
    {
        if(!Key2_Flag)
        {
            Key2_cnt++;
            if(Key2_cnt > 50)
            {
                Key2_Flag = 1;
                LinSendHeaderRead(0x13, TX_BUF);
//发送帧头, 获取数据帧, 组成一个完整的帧
                printf("接收如下: \r\n");
                for(i=0; i<FRAME_LEN; i++)    printf("%02x ", TX_BUF[i]);
                printf("\r\n");
            }
        }
    }
    else
    {
        Key2_cnt = 0;
        Key2_Flag = 0;
    }
#else
    u8 isr;
    if(LinRxFlag == 1)
    {
        LinRxFlag = 0;
        isr = LinReadReg(LID);
        if(isr == 0x12)                     //判断是否从机响应
        {
            LinTxResponse(TX_BUF);          //返回响应数据
        }
        else
        {
            LinReadFrame(TX_BUF);           //接收LIN总线数据
```

```
                printf("ID=0x%02X,接收内容: \r\n", isr);
                for(i=0; i<FRAME_LEN; i++)    printf("%02x ", TX_BUF[i]);
                printf("\r\n");
            }
        }
#endif
}
```

（3）LIN示例程序任务循环结构参数：

```
{0,1,1,Sample_LIN}   //循环周期为1ms
```

（4）中断服务函数：串行端口2、LIN中断服务函数详见第10章10.2.16节相关内容。

## 17.3    工程训练：LIN总线主机模式、从机模式的测试

### 1. 工程训练目标

（1）了解LIN总线的基本特性。

（2）通过LIN总线应用示例程序，进一步掌握LIN总线的应用编程。

### 2. 任务概述

1）任务目标

（1）主机模式收发测试：按一下接在 P3.2 上的按键，主机发送一帧完整数据；按一下接在 P3.3 上的按键，主机发送帧头并获取从机应答数据（合并成一串完整的帧）。

（2）LIN从机模式收发测试：收到一个非本机应答的完整帧后，通过串行端口2输出，并将数据缓存起来；收到一个本机应答的帧头后（如ID=0x12），发送缓存数据进行应答。

2）电路设计

应用LIN总线，需要配置LIN总线收发器进行转换，通信电路如图17.1所示，但实验箱不含LIN总线收发器，在"屠龙刀"核心板中可配置LIN总线收发器进行实践。

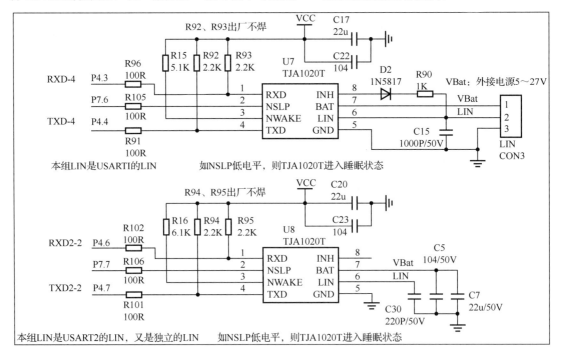

图 17.1    通信电路

3）参考程序（C 语言版）

（1）程序说明。基于 STC 官方的库函数包及示例程序模板进行编程，可减少设置开发环境等烦琐的工作环节，直接在 STC 官方提供的示例程序的基础上形成程序，并在后续的环节中理解、熟悉示例程序，进而举一反三，开发 LIN 总线的其他应用。

（2）应用程序文件：APP_LIN.c。

### 3. 任务实施

（1）分析 APP_LIN.c 程序。

（2）新建项目文件夹 project1731。

（3）将 STC 官方提供的库函数及示例程序包 Synthetical_Programme 复制到当前项目文件夹中。

（4）打开 Keil C251，调试 APP_LIN.c 程序。

①用 Keil C251 打开项目 "..\project1731\Synthetical_Programme\RVMDK\STC32G-LIB. uvproj"。

②设置工作频率。在左侧项目栏的"User"文件组中找到并打开 main.c 文件下的 config.h 文件，将 MAIN_Fosc 定义为"24000000L"，即

```
#define  MAIN_Fosc  24000000L
```

③设置应用程序初始化文件。在左侧项目栏的"APP"文件组中找到并打开 APP.c 文件，在 APP_config(void)函数的定义中使能 LIN 总线初始化函数：

```
LIN_init();
```

④设置巡回扫描任务。在左侧项目栏的"User"文件组中找到并打开 task.c 文件，在"static TASK_COMPONENTS Task_Comps[]"数组的定义中使能"{0,1,1,Sample_LIN}"任务。

（5）修改目标机器代码文件名为"project1731"，编译程序文件，生成 project1731.hex 文件。

**注意：**机器代码文件在"...\Synthetical_Programme\RVMDK\list"目录下。

（6）将"屠龙刀"核心板连至 PC。

（7）利用 STC-ISP 将 project1731.hex 文件下载到"屠龙刀"核心板的单片机中。

（8）按一下接在 P3.2 上的按键，主机发送一帧完整的数据；收到一个非本机应答的完整帧后通过串行端口 2 输出，并将数据缓存起来。

（9）按一下接在 P3.3 上的按键，主机发送帧头并获取从机应答数据（合并成一串完整的帧）；收到一个本机应答的帧头（如 ID=0x12）后，发送缓存数据进行应答。

# 思考与提高

（1）什么是 LIN 总线？

（2）LIN 总线默认的信号引脚是什么？

（3）LIN 总线的驱动函数有哪几个？分析各函数的功能。

# 第 18 章　USB 模块及其应用

**内容提要：**

本章将重点介绍 USB 模块的应用编程与实践。

通过对 USB 模块应用样例的分析，读者应重点掌握 USB 模块的驱动函数，举一反三，学会 USB 模块其他方面的应用编程。

## 18.1　概述

### 1．功能特性

STC32 单片机内部集成 USB2.0/USB1.1 兼容的全速 USB 模块，设有 6 个双向端点，支持 4 种端点传输模式（控制传输、中断传输、批量传输和同步传输），每个端点拥有 64 字节的缓冲区。

USB 模块共有 1280 字节的 FIFO，结构如图 18.1 所示。

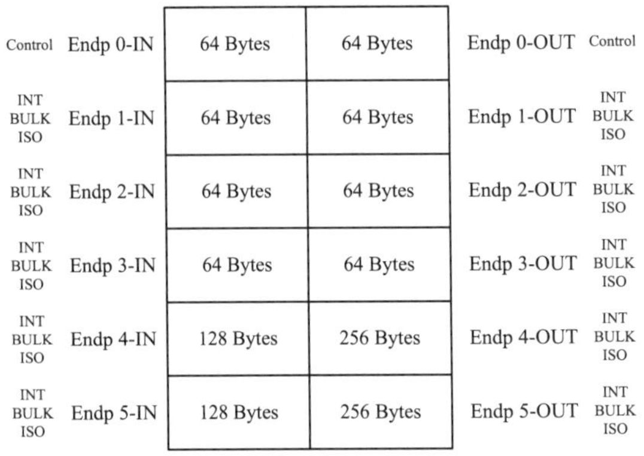

### 2．与 USB 模块相关的特殊功能寄存器

与 USB 模块相关的特殊功能寄存器如表 18.1 所示。

图 18.1　USB 模块 FIFO 的结构

**表 18.1　与 USB 模块相关的特殊功能寄存器**

| 符号 | 描述 | 地址 | 位地址与符号 | | | | | | | | 复位值 |
|---|---|---|---|---|---|---|---|---|---|---|---|
| | | | B7 | B6 | B5 | B4 | B3 | B2 | B1 | B0 | |
| USBCLK | USB 时钟控制寄存器 | DCH | ENCKM | PCKI[1:0] | | CRE | TST_USB | TST_PHY | PHYTST[1:0] | | 0010,0000 |
| USBCON | USB 控制寄存器 | F4H | ENUSB | USBRST | PS2M | PUEN | PDEN | DFREC | DP | DM | 0000,0000 |
| USBADR | USB 地址寄存器 | ECH | BUSY | AUTORD | UADR[5:0] | | | | | | 0000,0000 |
| USBDAT | USB 数据寄存器 | FCH | | | | | | | | | 0000,0000 |

## 18.2　USB 库函数（调试端口）

### 18.2.1　LED 数码管端口

#### 1．通过 LED 数码管显示字符串

（1）库函数声明：

```
int SEG7_ShowString(const char *fmt, ...);
/*fmt为显示格式，类似C语言printf()语句的格式，后面为字符串数据*/
```

（2）库函数调用：

```
SEG7_ShowString("%08lx", 0x1234abcdL);  //显示：1234abcd
```

#### 2．通过 LED 数码管显示 4 字节长整型数

（1）库函数声明：

```
void SEG7_ShowLong(long n, char radix);        /*n 为 4 字节长整型数；radix 为显示格
式，其中 0x02H(2)为二进制；0x0AH(10)为十进制；0x10H(16)为十六进制) */
```

（2）库函数调用：

```
SEG7_ShowLong(0x98765432,16);   //以十六进制方式显示数据98765432H
```

提示：当超出显示范围时自动转为科学计数法进行显示。

### 3．通过 LED 数码管显示 IEEE754 格式单精度浮点数

（1）库函数声明：

```
void SEG7_ShowFloat(float f);    //f为IEEE754格式单精度浮点型数据
```

（2）库函数调用：

```
SEG7_ShowFloat(3.14159);    //输出显示3.14159
```

提示：当超出显示范围时自动转为科学计数法进行显示。

### 4．通过 LED 数码管直接显示所给的段码

（1）库函数声明：

```
void SEG7_ShowCode(BYTE *cod); /*cod为指向显示缓冲区的指针，用于存储显示字形的段码，
低位地址是高位，高位地址是低位*/
```

（2）库函数调用：

```
BYTE cod[8];
cod[0] = 0x3f;      cod[1] = 0x06;      cod[2] = 0x5b;      cod[3] = 0x4f;
cod[4] = 0x66;      cod[5] = 0x6d;      cod[6] = 0x7d;      cod[7] = 0x27;
SEG7_ShowCode(cod);
/*定义存储缓冲区cod[8]，将显示字形对应的段码赋值给显示位，从高到低依次为0~7*/
```

HID 数码显示段码如表 18.2 所示。

表 18.2　HID 数码显示段码

| 字符 | 段码 | 字符 | 段码 | 字符 | 段码 | 字符 | 段码 |
|------|------|------|------|------|------|------|------|
| 0 | 0x3f | 5 | 0x6d | A | 0x77 | F | 0x71 |
| 1 | 0x06 | 6 | 0x7d | b | 0x7c | 空格 | 0x00 |
| 2 | 0x5b | 7 | 0x27 | C | 0x39 | | |
| 3 | 0x4f | 8 | 0x7f | d | 0x5e | | |
| 4 | 0x66 | 9 | 0x6f | E | 0x79 | | |

## 18.2.2　LCD12864 端口

### 1．关闭 LCD12864 的显示

（1）库函数声明：

```
void LCD12864_DisplayOff();
```

（2）库函数调用：

```
LCD12864_DisplayOff();
```

### 2．打开 LCD12864 的显示

（1）库函数声明：

```
void LCD12864_DisplayOn();
```

（2）库函数调用：

```
LCD12864_DisplayOn();
```

### 3．隐藏 LCD12864 的光标

（1）库函数声明：

```
void LCD12864_CursorOff();
```

（2）库函数调用：

```
LCD12864_CursorOff();
```

### 4. 显示 LCD12864 的光标

（1）库函数声明：

```
void LCD12864_CursorOn();
```

（2）库函数调用：

```
LCD12864_CursorOn();
```

### 5. 光标向左移动一个单位（16 个像素）

（1）库函数声明：

```
void LCD12864_CursorMoveLeft();
```

（2）库函数调用：

```
LCD12864_CursorMoveLeft();
```

### 6. 光标向右移动一个单位（16 个像素）

（1）库函数声明：

```
void LCD12864_CursorMoveRight();
```

（2）库函数调用：

```
LCD12864_CursorMoveRight();
```

### 7. 光标回到左上角初始位置

（1）库函数声明：

```
void LCD12864_CursorReturnHome();
```

（2）库函数调用：

```
LCD12864_CursorReturnHome();
```

### 8. LCD12864 向左滚动一个单位（16 个像素）

（1）库函数声明：

```
void LCD12864_ScrollLeft();
```

（2）库函数调用：

```
LCD12864_ScrollLeft();
```

### 9. LCD12864 向右滚动一个单位（16 个像素）

（1）库函数声明：

```
void LCD12864_ScrollRight();
```

（2）库函数调用：

```
LCD12864_ScrollRight();
```

### 10. LCD12864 向上滚动

（1）库函数声明：

```
void LCD12864_ScrollUp(BYTE line);
```

（2）库函数调用：

```
LCD12864_ScrollUp(0x10);
```

### 11. LCD12864 显示字符串超出一行时自动丢弃

（1）库函数声明：

```
void LCD12864_AutoWrapOff();
```

（2）库函数调用：

```
LCD12864_AutoWrapOff();
```

## 12. 当 LCD12864 显示字符串超出一行时自动换行

（1）库函数声明：

```
void LCD12864_AutoWrapOn();
```

（2）库函数调用：

```
LCD12864_AutoWrapOn();
```

## 13. 反白显示指定的行

（1）库函数声明：

```
void LCD12864_ReverseLine(BYTE line);
```

（2）库函数调用：

```
LCD12864_ReverseLine(2);
```

## 14. 清除显示

（1）库函数声明：

```
void LCD12864_DisplayClear();
```

（2）库函数调用：

```
LCD12864_DisplayClear();
```

## 15. 在 LCD12864 上显示 ASCII 码和简体中文字符

（1）库函数声明：

```
void LCD12864_ShowString(BYTE x, BYTE y, char *str);
//x为起始列，y为起始页，str为显示字符字模数据指针
```

（2）库函数调用：

```
LCD12864_ShowString(0, 0, "深圳国芯人工智能");
//从0列0页起显示 "深圳国芯人工智能"中文
```

## 16. 在 LCD12864 屏幕上显示图片

（1）库函数声明：

```
void LCD12864_ShowPicture(BYTE x, BYTE y, BYTE cx, BYTE cy, BYTE *dat);
/*x为起始列，y为起始行，cx为宽度（1～8），cy为高度（1～64），dat为显示图片字模数据指针*/
```

（2）库函数调用：

```
LCD12864_ShowPicture(0, 0, 8, 64, (BYTE *)&LCD12864_IMG);
//从0列0行起显示一副像素尺寸为128×64的图片
```

## 18.2.3　OLED12864 端口

### 1. 关闭 OLED12864 的显示

（1）库函数声明：

```
void OLED12864_DisplayOff();
```

（2）库函数调用：

```
OLED12864_DisplayOff();
```

### 2. 打开 OLED12864 的显示

（1）库函数声明：

```
void OLED12864_DisplayOn();
```

（2）库函数调用：

```
OLED12864_DisplayOn();
```

### 3. 用 OLED12864 显示图片内容

（1）库函数声明：

```
void OLED12864_DisplayContent();
```

（2）库函数调用：

```
OLED12864_DisplayContent();
```

### 4. 将 OLED12864 全屏点亮（用于测试）

（1）库函数声明：

```
void OLED12864_DisplayEntire();
```

（2）库函数调用：

```
OLED12864_DisplayEntire();
```

### 5. 通过 OLED12864 进行水平镜像显示

（1）库函数声明：

```
void OLED12864_HorizontalMirror();
```

（2）库函数调用：

```
OLED12864_HorizontalMirror();
```

### 6. 通过 OLED12864 进行垂直镜像显示

（1）库函数声明：

```
void OLED12864_VerticalMirror();
```

（2）库函数调用：

```
OLED12864_VerticalMirror();
```

### 7. 通过 OLED12864 进行反白显示

（1）库函数声明：

```
void OLED12864_DisplayReverse();
```

（2）库函数调用：

```
OLED12864_DisplayReverse();
```

### 8. 设置 OLED12864 的显示亮度

（1）库函数声明：

```
void OLED12864_SetContrast(BYTE bContrast);
//bContrast参数用于设置亮度，范围为0～255，255为最亮
```

（2）库函数调用：

```
OLED12864_SetContrast(0x7f); //设置亮度参数为127
```

### 9. 设置 OLED12864 连续写数据的寻址模式

（1）库函数声明：

```
void OLED12864_SetAddressMode(BYTE bMode);
/*bMode参数用于设置连续写入数据的寻址模式，范围为0～2。bMode=0为水平寻址，bMode=1为垂
直寻址，bMode=2为页寻址*/
```

（2）库函数调用：

```
OLED12864_SetAddressMode(0x00); //设置连续写入数据的寻址模式为水平寻址
```

### 10. 让 OLED12864 显示向左连续滚屏

（1）库函数声明：

```
void OLED12864_ScrollLeft(BYTE bPageStart, BYTE bPageEnd, WORD nInterval);
/*bPageStart为滚动起始页，bPageEnd为滚动结束页，范围为0～7；nInterval为滚动周期，单
位为ms*/
```

（2）库函数调用：

```
OLED12864_ScrollLeft(0, 7, 100);
//设置向左滚动，0为起始页，7为结束页，滚动周期为100ms
```

## 11. OLED12864 显示向右连续滚屏

（1）库函数声明：

```
void OLED12864_ScrollRight(BYTE bPageStart, BYTE bPageEnd, WORD nInterval);
/*bPageStart为滚动起始页，bPageEnd为滚动结束页，范围为0～7；nInterval为滚动周期，单
位为ms*/
```

（2）库函数调用：

```
OLED12864_ScrollRight(0, 7, 100);
/*设置向右滚动，0为起始页、7为结束页，滚动周期为100ms*/
```

## 12. OLED12864 显示向上连续滚屏

（1）库函数声明：

```
void OLED12864_ScrollUp(BYTE bPageStart, BYTE bPageEnd, WORD nInterval);
/*bPageStart为滚动起始页，bPageEnd为滚动结束页，范围为0～7；nInterval为滚动周期，单
位为ms*/
```

（2）库函数调用：

```
OLED12864_ScrollUp(0, 7, 100);
//设置向上滚动，0为起始页、7为结束页，滚动周期为100ms
```

## 13. OLED12864 停止连续滚屏

（1）库函数声明：

```
void OLED12864_ScrollStop();
```

（2）库函数调用：

```
OLED12864_ScrollStop();
```

## 14. OLED12864 开始连续滚屏

（1）库函数声明：

```
void OLED12864_ScrollStart();
```

（2）库函数调用：

```
OLED12864_ScrollStart();
```

## 15. 在 OLED12864 屏幕上显示图片

（1）库函数声明：

```
void OLED12864_ShowPicture(BYTE x, BYTE y, BYTE cx, BYTE cy, BYTE *dat);
/*x为开始显示图片的水平坐标（列号，范围为0～127），y为开始显示图片的垂直坐标（页号，范围
为0～7），cx为图片的宽度（列数，范围为1～128），cy为图片的高度（页数，范围为1～8）*/
```

（2）库函数调用：

```
OLED12864_ShowPicture(0, 0, 128, 8, (BYTE *)&OLED12864_IMG);
//从0列0页显示宽度为128、高度为8的图片，图片数据在OLED12864_IMG数组中
```

**注意：** 更多 OLED 屏的库函数详见 STC-ISP 中调试端口菜单中的调试端口协议。

## 18.2.4　在虚拟键盘上按键然后发送相应的键值到设备

### 1. 虚拟键盘按键与键值

虚拟键盘按键与键值（字符的 ASCII 码）如表 18.3 所示。

### 2. 按键操作

每一次按键闭合就会向在线的 USB 设备发出一组 8 字节的数据，其中 1～4 字节为命令头：4BH、45H、59H、50H，第 5、7、8 字节为保留字节，第 6 字节为键值，如按键 9 闭合，第 6 字节数据即为 39H（数字 9 的 ASCII 码）。

表 18.3 虚拟键盘按键与键值（字符的 ASCII 码）

| 按键 | 键值 | 按键 | 键值 | 按键 | 键值 | 按键 | 键值 | 按键 | 键值 |
|------|------|------|------|------|------|------|------|---------|------|
| 0 | 30H | B | 42H | M | 4DH | X | 58H | ← | 25H |
| 1 | 31H | C | 43H | N | 4EH | Y | 59H | → | 27H |
| 2 | 32H | D | 44H | O | 4FH | Z | 5AH | HOME | 24H |
| 3 | 33H | E | 45H | P | 50H | + | 6BH | End | 23H |
| 4 | 34H | F | 46H | Q | 51H | − | 6DH | PageUp | 21H |
| 5 | 35H | G | 47H | R | 52H | * | 6AH | PageDn | 22H |
| 6 | 36H | H | 48H | S | 53H | / | 6FH | Escape | 1BH |
| 7 | 37H | I | 49H | T | 54H | . | 6EH | Delete | 2EH |
| 8 | 38H | J | 4AH | U | 55H | = | 3DH | BackSp | 08H |
| 9 | 39H | K | 4BH | V | 56H | ↑ | 26H | Space | 20H |
| A | 41H | L | 4CH | W | 57H | ↓ | 28H | Enter | 0DH |

### 3. 设备接收

当接收结束标志 bUsbOutReady 为 1 时，UsbOutBuffer[0:7]存放接收到的虚拟键盘的命令码。UsbOutBuffer[0:3]依次为 4BH、45H、59H、50H，UsbOutBuffer[5]为按键的键码。

### 18.2.5 控制 DIP40 的各个引脚连接的 LED 的状态

（1）库函数声明：

```
void LED40_SendData(BYTE *dat, BYTE size);
/*dat为指向显示缓冲区的指针，第1个字节为端口屏蔽位，bit0～bit4分别对应P0～P4，bit5对
应P，"1"为使能，"0"为屏蔽；后续缓冲区的内容为使能端口对应的输出数据。size为输出显示缓冲区
数据的长度*/
```

（2）库函数调用：

```
BYTE cod[8];
cod[0] = 0x0f;  cod[1] = 0x12;  cod[2] = 0x34;  cod[3] = 0x56;  cod[4] = 0x78;
LED40_SendData(cod,5);
/*cod[0] = 0x0f,表明使能P0～P3。其中，P0状态为cod[1] = 0x12；P1状态为cod[2] = 0x34；
P2状态为cod[3] = 0x56；P3状态为cod[4] = 0x78*/
```

# 18.3 工程训练

## 18.3.1 测试 HID 调试端口（虚拟键盘、数码管、LCD12864）

### 1. 工程训练目标

通过对 HID 调试端口示例程序的测试，掌握 HID 调试端口的使用方法。

### 2. 任务概述

1）任务目标

本任务主要进行虚拟键盘、LED 数码管与 LCD12864 的测试。通过虚拟键盘向单片机发送命令，单片机根据不同的命令向 HID 调试端口的 LED 数码管、LCD12864 发送不同的信息，虚拟键盘命令与 LED 数码管、LCD12864 显示操作的关系如表 18.4 所示。

表 18.4　虚拟键盘命令与 LED 数码管、LCD12864 显示操作的关系

| 虚拟键盘 | 7 段数码管显示状态 | LCD12864 显示状态 | 虚拟键盘 | 7 段数码管显示状态 | LCD12864 显示状态 |
|---|---|---|---|---|---|
| 1 | 1234abcd | | G | | 光标回初始位置 |
| 2 | 98765432 | | H | | 向左滚动 |
| 3 | 3.1415 | | I | | 向右滚动 |
| 4 | 01234567 | | J | | 向上滚动 |
| A | | 关闭显示 | K | | 超出 1 行时自动丢弃 |
| B | | 打开显示 | L | | 超出 1 行时自动换行 |
| C | | 隐藏光标 | M | | 反白显示指定的行 |
| D | | 显示光标 | N | | 清除显示 |
| E | | 光标左移 | O | | 显示 "深圳国芯人工智能" |
| F | | 光标右移 | P | | 显示图片 "STCMCUDATA" |

2）电路设计

可直接用实验箱搭建电路，或通过"屠龙刀"核心板进行测试。

3）参考程序（C 语言版）

（1）程序说明。程序可基于"STC32G-调试端口示例代码-USB-HID-版本"程序包中的示例程序裁剪实现，去掉对"DIP40 封装 LED 端口""OLED12864 端口"的测试，重点测试"LED 数码管端口"与"LCD12864 端口"，掌握"LED 数码管端口"与"LCD12864 端口"的使用与编程方法。

（2）主程序文件 project1831.c 如下：

```
#include "stc.h"
#include "usb.h"
#include "vk.h"
void sys_init();
void DelayXms(int n);
char *USER_DEVICEDESC = NULL;
char *USER_PRODUCTDESC = NULL;
char *USER_STCISPCMD = "@STCISP#";  //设置自动复位到 ISP 区的用户端口命令
BYTE code LCD12864_IMG[64][16] =
{
0x00,0x00,0x00,0x00,0x00,0x00,0x00,0x00,0x00,0x00,0x00,0x00,0x00,0x00,0x00,0x00,
…（此处省略 21 行，每行含 16 个"0x00,"）
0x00,0x00,0x00,0x00,0x00,0x00,0x00,0x00,0x00,0x00,0x00,0x00,0x00,0x00,0x00,0x00,
0x00,0x7F,0xC0,0xFF,0xFF,0x80,0x7F,0x00,0xFC,0x01,0xF8,0x01,0xFC,0x07,0xC0,0x3E,
0x01,0xFF,0xF8,0xFF,0xFF,0x83,0xFF,0xE0,0xFC,0x03,0xF8,0x0F,0xFF,0x87,0xC0,0x3E,
0x03,0xFF,0xF9,0xFF,0xFF,0x07,0xFF,0xE1,0xFE,0x07,0xF8,0x1F,0xFF,0x87,0xC0,0x7E,
0x07,0xFF,0xF9,0xFF,0xFF,0x0F,0xFF,0xC1,0xFE,0x07,0xF0,0x3F,0xFF,0x0F,0xC0,0x7C,
0x0F,0xC0,0x70,0x07,0xC0,0x1F,0x81,0xC1,0xFE,0x0F,0xF0,0x7E,0x07,0x0F,0x80,0x7C,
0x0F,0x80,0x10,0x07,0xC0,0x3F,0x00,0x41,0xFE,0x1F,0xF0,0xFC,0x01,0x0F,0x80,0x7C,
0x0F,0x80,0x00,0x0F,0xC0,0x7E,0x00,0x03,0xFE,0x3F,0xF1,0xF8,0x00,0x0F,0x80,0xFC,
0x0F,0xE0,0x00,0x0F,0x80,0x7C,0x00,0x03,0xEE,0x3F,0xE1,0xF0,0x00,0x1F,0x80,0xF8,
0x0F,0xFC,0x00,0x0F,0x80,0x7C,0x00,0x03,0xEF,0x7B,0xE1,0xF0,0x00,0x1F,0x00,0xF8,
0x07,0xFF,0x80,0x0F,0x80,0xF8,0x00,0x03,0xEF,0xF3,0xE3,0xE0,0x00,0x1F,0x00,0xF8,
0x01,0xFF,0xC0,0x1F,0x80,0xF8,0x00,0x07,0xEF,0xF7,0xE3,0xE0,0x00,0x1F,0x01,0xF8,
0x00,0x7F,0xE0,0x1F,0x00,0xF8,0x00,0x07,0xCF,0xE7,0xC3,0xE0,0x00,0x3F,0x01,0xF0,
0x00,0x0F,0xE0,0x1F,0x00,0xF8,0x00,0x07,0xC7,0xC7,0xC3,0xE0,0x00,0x3E,0x01,0xF0,
0x00,0x03,0xE0,0x1F,0x00,0xF8,0x00,0x07,0xC7,0xC7,0xC3,0xE0,0x00,0x3E,0x01,0xF0,
```

```
0x20,0x03,0xE0,0x3F,0x00,0xFC,0x01,0x0F,0xC7,0x8F,0xC3,0xF0,0x04,0x3E,0x03,0xE0,
0x3C,0x07,0xE0,0x3E,0x00,0xFE,0x0F,0x0F,0x80,0x0F,0x83,0xF8,0x3C,0x3F,0x07,0xE0,
0x7F,0xFF,0xC0,0x3E,0x00,0x7F,0xFE,0x0F,0x80,0x0F,0x81,0xFF,0xF8,0x3F,0xFF,0xC0,
0x7F,0xFF,0x80,0x3E,0x00,0x3F,0xFE,0x0F,0x80,0x0F,0x80,0xFF,0xF8,0x1F,0xFF,0xC0,
0x7F,0xFF,0x00,0x7E,0x00,0x1F,0xFE,0x1F,0x80,0x1F,0x80,0x7F,0xF8,0x0F,0xFF,0x00,
0x0F,0xF8,0x00,0x7C,0x00,0x07,0xF0,0x1F,0x00,0x1F,0x00,0x1F,0xC0,0x03,0xFC,0x00,
0x00,0x00,0x00,0x00,0x00,0x00,0x00,0x00,0x00,0x00,0x00,0x00,0x00,0x00,0x00,0x00,
… （此处省略 19 行。每行含 16 个"0x00。"）
0x00,0x00,0x00,0x00,0x00,0x00,0x00,0x00,0x00,0x00,0x00,0x00,0x00,0x00,0x00,0x00,
};
BYTE xdata cod[8];
void main()
{
sys_init();
usb_init();
EA = 1;
while (1)
{
    if (DeviceState != DEVSTATE_CONFIGURED)
    continue;
    if (bUsbOutReady)
    {
        if ((UsbOutBuffer[0] == 'K') &&(UsbOutBuffer[1] == 'E') &&
        (UsbOutBuffer[2] == 'Y') && (UsbOutBuffer[3] == 'P'))
        {
            switch (UsbOutBuffer[5])
            {
                case VK_DIGIT_1:
                    printf("%08lx", 0x1234abcdL);break;  //SEG7_ShowString
                case VK_DIGIT_2:
                    SEG7_ShowLong(0x98765432, 16);break;
                case VK_DIGIT_3:
                    SEG7_ShowFloat(3.1415);break;
                case VK_DIGIT_4:
                    cod[0] = 0x3f;  cod[1] = 0x06;  cod[2] = 0x5b; cod[3] = 0x4f;
                    cod[4] = 0x66;    cod[5] = 0x6d;    cod[6] = 0x7d; cod[7] = 0x27;
                    SEG7_ShowCode(cod);break;
                case VK_ALPHA_A: LCD12864_DisplayOff();break;
                case VK_ALPHA_B: LCD12864_DisplayOn();break;
                case VK_ALPHA_C: LCD12864_CursorOff();break;
                case VK_ALPHA_D: LCD12864_CursorOn();break;
                case VK_ALPHA_E: LCD12864_CursorMoveLeft();break;
                case VK_ALPHA_F: LCD12864_CursorMoveRight();break;
                case VK_ALPHA_G: LCD12864_CursorReturnHome();break;
                case VK_ALPHA_H: LCD12864_ScrollLeft();break;
                case VK_ALPHA_I: LCD12864_ScrollRight();break;
                case VK_ALPHA_J: LCD12864_ScrollUp(16);break;
                case VK_ALPHA_K: LCD12864_AutoWrapOff();break;
                case VK_ALPHA_L: LCD12864_AutoWrapOn();break;
                case VK_ALPHA_M: LCD12864_ReverseLine(2);break;
                case VK_ALPHA_N: LCD12864_DisplayClear();break;
                case VK_ALPHA_O: LCD12864_ShowString(0,0,
                        "深圳国芯人工智能");break;
                case VK_ALPHA_P: LCD12864_ShowPicture(0,0,8,
```

```
                     64,(BYTE*)&LCD12864_IMG);break;
               default:break;
          }
     }
     else
     {
          memcpy(UsbInBuffer, UsbOutBuffer, 64); //原路返回，用于测试 HID
          usb_IN();
     }
     usb_OUT_done();
   }
}
}
void sys_init()
{
P3M0 = 0x00;
P3M1 = 0x00;
WTST = 0x00;
EAXFR = 1;
P3M0 &= ~0x03;
P3M1 |= 0x03;
IRC48MCR = 0x80;
while (!(IRC48MCR & 0x01));
}
```

### 3. 任务实施

（1）分析 project1831.c 程序。

（2）新建项目文件夹 project1831。

（3）将 STC 官方"STC32G-调试端口示例代码-USB-HID-版本"程序包中的 stc_hid_LED_demo
文件夹中的内容复制到当前项目文件夹中。

（4）打开 Keil C251，调试 project1831.c 程序。

①用 Keil C251 打开 "..\project1831\stc_hid_LED_demo\stc_usb_hid.uvproj" 项目。

②在左侧项目栏中打开 main.c 文件，并将其另存为 "project1831.c"。

③从当前项目中移走 main.c 文件，将 project1831.c 文件添加到当前项目中。

④编辑 project1831.c，去掉 "DIP40 封装 LED 端口""OLED12864 端口"测试相关的语句。

⑤修改目标机器代码文件名为 "project1831"，编译程序文件，生成 project1831.hex 文件。

**注意**：机器代码文件在 "..\project1831\stc_hid_LED_demo\obj" 目录下。

（5）将实验箱（或"屠龙刀"核心板）连至 PC。

（6）利用 STC-ISP 将 project1831.hex 文件下载
到实验箱（或"屠龙刀"核心板）的单片机中。

（7）在 STC-ISP 界面中单击"HID 助手"菜单，
单击"打开设备"按钮右边的下拉菜单，选择
"HID\VID_34BF\PID_FF01('STC\STC HID Demo')"，
如图 18.2 所示，然后单击"打开设备"按钮，打开
HID 设备。

（8）在 STC-ISP 界面中，单击"调试接口"菜
单并选择"接口设置"选项，在弹出的界面中选择"将
所有调试接口绑定到 HID 助手"，如图 18.3 所示。

图 18.2　选择 HID 设备

（9）在 STC-ISP 界面中单击"调试接口"菜单并依次调出"虚拟键盘"、"7 段数码管"与"LCD-12864"，并调整到一个界面上，如图 18.4 所示。

图 18.3　调试接口设置　　　　　图 18.4　"虚拟键盘"、"7 段数码管"与"LCD-12864"

（10）按表 18.4，单击虚拟键盘按键，观察 LED 数码管或 LCD12864 的显示状态，并记录。

## 18.3.2　设计秒表（HID 数码管显示）

### 1．工程训练目标

学会将 HID 调试端口应用到实际应用程序中。

### 2．任务概述

1）任务目标

利用定时器设计一个秒表，同第 4 章工程训练 4.4.1 所述的任务目标相同，采用 STC-ISP 调试端口的 HID 数码管显示。

2）电路设计

可直接用实验箱（或"屠龙刀"核心板）进行测试。

3）参考程序（C 语言版）

（1）程序说明。程序可基于"STC32G-调试端口示例代码-USB-HID-版本"程序包中的示例程序裁剪实现，只保留实现在 LED 数码管上直接显示段码的 SEG7_ShowCode(cod)函数的相关部分，以显示缓冲区存储的显示位字形的段码。因此，要先建立字形码数组，其次根据显示数据在字形码数组中查询到对应的字形码，并将其送至显示缓冲区，再将定时器秒表部分程序（project441.c）添加到主程序中。

（2）主程序文件 project1832.c 如下：

```c
#include "stc.h"
#include "usb.h"
#include "vk.h"
BYTE cnt=0;
BYTE second=0;
sbit SW17=P3^2;
BYTE
SEG7[]={0x3f,0x06,0x5b,0x4f,0x66,0x6d,0x7d,0x07,0x7f,0x6f,0x77,0x7c,
0x39,0x5e,0x79,0x71,0x00,0xbf,0x86,0xdb,0xcf,0xe6,0xed,0xfd,0x87,0xff,0xef };
void sys_init();
void DelayXms(int n);
char *USER_DEVICEDESC = NULL;
char *USER_PRODUCTDESC = NULL;
char *USER_STCISPCMD = "@STCISP#";  //设置自动复位到ISP区的用户端口命令
BYTE xdata cod[8];
void Timer0Init(void)  //5ms@24.000MHz
{
```

```
AUXR &= 0x7F;              //定时器时钟12T模式
TMOD &= 0xF0;              //设置定时器模式
TL0 = 0xF0;                //设置定时初始值
TH0 = 0xD8;                //设置定时初始值
TF0 = 0;                   //清除TF0标志
TR0 = 1;                   //T0开始计时
}
void start(void)
{
if(SW17==1)//k1松开时计时
{
    TR0 = 1;
}
else
        TR0 = 0;  //k1合上时停止计时
}
void main()
{
sys_init();
usb_init();
EA = 1;
    Timer0Init();
    cod[0] = 0; cod[1] = 0; cod[2] = 0; cod[3] = 0; cod[4] = 0; cod[5] = 0;
cod[6] = SEG7[second/10];
cod[7] = SEG7[second%10];
SEG7_ShowCode(cod);
while (1)
{
    start();              //启停控制
    if(TF0==1)  //5ms到，清零TF0，5ms计数变量加1
        {
            TF0=0;
            cnt++;
            if(cnt==200) //1s到，清零50ms计数变量，秒计数变量加1
        {
            cnt=0;
            second++;
            if(second==100) second=0;  // 100s到，秒计数变量清零
            cod[6] =SEG7[second/10] ;
            cod[7] = SEG7[second%10];
            SEG7_ShowCode(cod);
        }
    }
}
}
void sys_init()
{
P3M0 = 0x00;
P3M1 = 0x00;
WTST = 0x00;
EAXFR = 1;
P3M0 &= ~0x03;
P3M1 |= 0x03;
IRC48MCR = 0x80;
```

```
while (!(IRC48MCR & 0x01));
}
```

### 3. 任务实施

（1）分析 project1832.c 程序。

（2）新建项目文件夹 project1832。

（3）将 STC 官方程序包 "STC32G-调试端口示例代码-USB-HID-版本" 中的 stc_hid_LED_demo 文件夹中的内容复制到当前项目文件夹中。

（4）打开 Keil C251，调试 project1832.c 程序。

①用 Keil C251 打开 "..\project1832\stc_hid_LED_demo\stc_usb_hid.uvproj" 项目。

②在左侧项目栏中打开 main.c 文件，并将其另存为 "project1832.c"。

③从当前项目中移走 main.c 文件，将 project1832.c 文件添加到当前项目中。

④编辑 project1832.c。

⑤修改目标机器代码文件名为 "project1832"，编译程序文件，生成 project1832.hex 文件。

**注意**：机器代码文件在 "..\project1832\stc_hid_LED_demo\obj" 目录下。

（5）将实验箱（或"屠龙刀"核心板）连至 PC。

（6）利用 STC-ISP 将 project1832.hex 文件下载到实验箱（或"屠龙刀"核心板）单片机中。

（7）在 STC-ISP 界面中单击 "HID 助手" 菜单，单击 "打开设备" 按钮右边的下拉菜单，选择 "HID\VID_34BF\PID_FF01('STC\STC HID Demo')"，然后单击 "打开设备" 按钮，打开 HID 设备。

（8）在 STC-ISP 界面中单击 "调试接口" 菜单并选择 "接口设置" 选项，在弹出的界面中选择 "将所有调试接口绑定到 HID 助手"。

（9）在 STC-ISP 界面中单击 "调试接口" 菜单，调出 "7 段数码管" 窗口。

（10）观察 LED 数码管，在屏幕最右侧应有 2 位数据显示，内容为秒表当前计时的数值，并每过 1 秒钟数值加 1，如图 18.5 所示。

图 18.5  HID LED 数码管显示的秒表计时数值

（11）按住 SW17（P3.2），观察数码管的显示并记录。

（12）松开 SW17（P3.2），观察数码管的显示并记录。

# 思考与提高

（1）STC32G12K128 单片机中的 USB 模块支持什么协议？

（2）STC32G12K128 单片机中的 USB 模块支持哪几种端点传输模式？

（3）STC32G12K128 单片机中的 USB 模块支持 6 个双向端点，每个端点的数据缓冲区的大小是多少？

（4）STC32G12K128 单片机的 USB 模块默认的信号引脚是什么？

（5）STC-ISP 中调试接口口包括哪些？

（6）STC-ISP 中调试接口的通信设备是什么？

（7）叙述 STC-ISP 的 LED 段数码管调试接口的方法。

（8）STC32G12K128 单片机中的 USB 模块有哪几个驱动函数？分析各函数的功能。

# 第 19 章　32 位硬件乘除单元

**内容提要：**

STC32G12K128 单片机集成了 32 位硬件乘除单元 MDU32，MDU32 支持无符号和补码有符号整数操作数。本章将重点学习基于 STC32_MDU32_LARGE_Vxx.LIB 或者 STC32_MDU32_HUGE_Vxx.LIB 库文件进行的乘除运算。

## 19.1　MDU32 简介

通过 MDU32，使用者可进行快速的 32 位算术运算。MDU32 支持无符号和补码有符号整数操作数。所有 MDU32 算术操作都要通过向专用的直接内存访问控制模块（DMA）写入 DMA 指令来启动寄存器 DMAIR。MDU32 模块执行的所有算术运算的操作数和结果位于寄存器 R0～R7 中。

### 1. 32 位乘法

32 位乘法运算是对两个无符号或有符号的补码整数执行的。第一个参数位于 R4～R7 寄存器中，第二个参数位于 R0～R3 寄存器中。运算结果存储到 R4～R7 寄存器中。

### 2. 32 位无符号除法

对两个无符号整数执行 32 位无符号除法运算时，第一个参数"被除数"位于 R4～R7 寄存器中，第二个参数"除数"位于 R0～R3 寄存器中。结果存储到 R4～R7 寄存器中。余数存储到 R0～R3 寄存器中。若除数为 0，则运算结果为 0xFFFFFFFF。

### 3. 32 位有符号除法

对两个有符号的补码执行 32 位有符号除法运算时，第一个参数"被除数"位于 R4～R7 寄存器中，第二个参数"除数"位于 R0～R3 寄存器中。结果存储到 R4～R7 寄存器中。余数存储到 R0～R3 寄存器中。若除数为 0，则运算结果为 0xFFFFFFFF。

## 19.2　基于 MDU32 库文件的应用编程

### 1. 获取 MDU32 库文件

启动 STC-ISP（V6.88S 或更新的版本），单击"STC硬件数学库"，如图 19.1 所示。

（1）单击"下载 MDU32 数学库（STC32G/32F 系列-Large 模式）"按钮，下载 STC32_MDU32_LARGE_Vxx.LIB 库文件。

（2）单击"下载 MDU32 数学库（STC32G/32F 系列-Huge 模式）"按钮，下载 STC32_MDU32_HUGE_Vxx.LIB 库文件。

图 19.1　获取 MDU32 库文件的下载界面

### 2. 添加 MDU32 库文件

在需要使用 MDU32 进行运算的项目中，添加下载的 MDU32 库文件。当程序代码小于 64KB 时，添加 STC32_MDU32_LARGE_Vxx.LIB 库文件；当程序代码大于 64KB 时，添加 STC32_MDU32_HUGE_Vxx.LIB 库文件。

添加 MDU32 库文件后，就可以用"*"和"/"实现 32 位乘除运算了。

### 3．示例程序（project1931.c）

示例程序（project1931.c）如下所示：

```
#include "stc32g.h"//头文件见下载软件
#include "intrins.h"
volatile unsigned long int near uint1,uint2,xuint;
volatile long int sint1,sint2,xsint;
void main(void)
{
EAXFR = 1;          //使能访问XFR
CKCON = 0x00;       //设置外部数据总线速度为最快
WTST = 0x00;        //设置程序代码等待参数
//设置为准双向端口
P0M1 = 0; P0M0 = 0; P1M1 = 0; P1M0 = 0; P2M1 = 0; P2M0 = 0; P3M1 = 0; P3M0
= 0;
P4M1 = 0; P4M0 = 0; P5M1 = 0; P5M0 = 0; P6M1 = 0; P6M0 = 0; P7M1 = 0; P7M0
= 0;
P40=0;
P67 = 1;
sint1 = 0x31030F05; sint2 = 0x00401350; xsint = sint1 * sint2;
uint1 = 5;          uint2 = 50;         xuint = uint1 * uint2;
uint1 = 528745;     uint2 = 654689;     xuint = uint1 / uint2;
sint1 = 2000000000; sint2 = 2134135177; xsint = sint1 / sint2;
sint1 = -2000000000;    sint2 = -2134135177;    xsint = sint1 / sint2;
sint1 = -2000000000;    sint2 = 2134135177; xsint = sint1 / sint2;
P67 = 0;
while(1);
}
```

## 19.3　工程训练——MDU32 的应用

### 1．工程训练目标

（1）了解 STC32G12K128 单片机 MDU32 的功能。

（2）掌握基于 MDU32 库文件的应用编程。

### 2．任务概述

1）任务目标

32 位乘法、32 位无符号数除法、32 位有符号数除法测试，运算前熄灭 LED17，运算结束点亮 LED17。

2）电路设计

直接在实验箱中实现。

3）参考程序（C 语言版）

（1）程序说明。基于 STC32_MDU32_LARGE_Vxx.LIB 库文件编程。

（2）主程序文件：见 project1931.c。

### 3．任务实施

（1）分析 project1931.c 程序文件。

（2）新建 project1931 文件夹。

（3）打开 STC-ISP 软件，将 STC32_MDU32_LARGE_Vxx.LIB 库文件下载到 project1931 文件

夹中。

（4）用 Keil C251 新建 project1931 项目。

（5）新建 project1931.c 文件，将 project1931.c 文件添加到当前项目。

（6）将 STC32_MDU32_LARGE_Vxx.LIB 库文件添加到当前项目。

（7）设置编译环境，单击"编译"按钮，生成机器代码文件 project1931.hex。

（8）将实验箱连至 PC。

（9）将 project1931.hex 文件下载到实验箱单片机中。

（10）观察 LED17，运算结束后 LED17 应点亮；也可用示波器观察。

## 思考与提高

（1）STC32G12K128 单片机中的 MDU32 包含什么运算？

（2）STC32G12K128 单片机中的 MDU32 有 STC32_MDU32_LARGE_Vxx.LIB 和 STC32_MDU32_HUGE_Vxx.LIB 两种库文件，如何选择？

（3）STC32G12K128 单片机中的 MDU32 库文件的乘法与除法运算符各是什么？

# 参考文献

[1]深圳国芯人工智能有限公司. STC32G 系列单片机技术参考手册[EB/OL]. [2022-04-07].

[2]丁向荣. 单片微机原理与接口技术——基于 STC8H8K64U 系列单片机[M]. 北京：电子工业出版社，2021.9.

[3]深圳国芯人工智能有限公司. STC32G 系列函数库说明[EB/OL]. [2022-04-07].